"十四五"职业教育国家规划教材

U0267704

Web 开发人才培养系列丛书

HTML5+CSS3
Web前端开发技术

第2版

刘德山 章增安 林彬 ◉ 编著

人 民 邮 电 出 版 社
北 京

图书在版编目（CIP）数据

HTML5+CSS3 Web前端开发技术 / 刘德山，章增安，林彬编著. -- 2版. -- 北京 : 人民邮电出版社，2018.11
ISBN 978-7-115-49207-4

Ⅰ. ①H… Ⅱ. ①刘… ②章… ③林… Ⅲ. ①超文本标记语言—程序设计②网页制作工具 Ⅳ. ①TP312.8 ②TP393.092.2

中国版本图书馆CIP数据核字(2018)第194093号

内 容 提 要

本书在 HTML 和 CSS 的基础上，系统地讲述了 HTML5 和 CSS3 的 Web 前端开发技术，内容覆盖 HTML5 新增的元素、属性与 API，以及 CSS3 使用广泛、应用成熟的模块，力图帮助读者快速掌握较新的 Web 前端开发技术。

全书分为 3 部分。第 1 部分为 HTML5 及其应用，包括第 1～12 章，主要介绍的内容有 HTML 基础元素，HTML5 新增的元素和 canvas、SVG、Web Workers、Web Storage 等新增的 API；第 2 部分为 CSS3 及其应用，包括第 13～16 章，主要介绍 CSS 和 CSS3，内容有基本选择器、复合选择器、属性选择器，用 CSS 设置元素样式，CSS3 的盒模型与 CSS3 页面布局，CSS3 的响应式布局与 BootStrap 框架；第 3 部分包括第 17 章和第 18 章，主要介绍 HTML5 和 CSS3 技术综合应用的网站案例。

本书内容全面，案例丰富，易学易用，将知识点融于 200 余个案例之中，并配有全部代码和素材资源，方便读者学习和掌握网站前端开发技术。

本书适合作为高等院校、高职高专院校网站设计课程的教学用书，也可作为信息技术类相关专业的读者或从事网站前端开发人员的参考用书。

◆ 编　　著　刘德山　章增安　林　彬
责任编辑　邹文波
责任印制　彭志环

◆ 人民邮电出版社出版发行　　北京市丰台区成寿寺路 11 号
邮编　100164　　电子邮件　315@ptpress.com.cn
网址　http://www.ptpress.com.cn
北京七彩京通数码快印有限公司印刷

◆ 开本：787×1092　1/16
印张：25.75　　　　2018 年 11 月第 2 版
字数：679 千字　　　2024 年 8 月北京第 12 次印刷

定价：65.00 元

读者服务热线：(010)81055256　印装质量热线：(010)81055316
反盗版热线：(010)81055315

第 2 版前言

HTML5 与 CSS3 已经成为 Web 前端开发的主流技术。

2012 年 12 月，HTML5 规范定稿，Google、Mozilla、Opera、Microsoft 等公司的新版本浏览器都纷纷开始支持 HTML5 标准规范。W3C 称："HTML5 是开放的 Web 网络平台的奠基石。"这一年是 HTML5 发展的关键一年。2014 年 10 月，W3C 发布 HTML5 的正式推荐标准（W3C Recommendation），HTML5 不仅在 PC 端，在移动端上也有广泛的应用。到 2015 年，HTML5 已在跨平台、游戏和移动开发等领域全面应用。2017 年，HTML5 的亮点主要体现在响应式 Web 设计和移动 App 开发方面，为移动互联网行业发展助力。

Web 技术的应用与发展目标之一是追求良好的用户体验和丰富的交互。与 HTML5 一样，CSS3 则是实现良好体验和丰富交互的主流技术。

CSS3 划分为盒模型、列表、超链接、背景和边框、文字特效、媒体查询等模块，有利于规范地开发。W3C 的 CSS3 基本用户接口模块（CSS UI）的标准工作草案，逐渐成为各浏览器支持的标准。CSS3 的各模块仍在不断更新，浏览器对 CSS3 特性的支持也在变化与更新，CSS3 作为页面表现的开发标准已是众望所归。

本书第 1 版于 2016 年 11 月出版，1 年内重印 3 次，表明了读者对本书的认可。这是对编者的鼓励，也给编者增加了压力。技术在进步，一年时间，浏览器版本有的已升级，有些知识的表现已经与一年前有了变化；Web 前端开发涉及诸多在线资源，有些资源已经发生改变或有了不同的表现形式；第 1 版在写作和校对方面存在疏忽，内容上还有瑕疵；诸多因素促成编者完成本书第 2 版。与第 1 版比较，改进如下。

（1）本书主要使用 WebStorm 或 IntelliJ IDEA 开发环境，使用其内置服务器调试运行。少部分章节需要独立的服务器运行，使用了 XAMPP 的 Apache 服务器，全部代码运行无误。

（2）出于页面展示和功能可扩展性的考虑，第 1 版的部分示例代码有一定的冗余，这部分代码一定程度上影响了读者对书内容的理解。第 2 版删除了冗余代码，并且以迭代增加的方式逐层深入讲解综合示例，更有助于读者学习和理解。

（3）补充和完善了 CSS3 部分的内容和示例，增加了响应式布局和 Bootstrap 的内容，也增加了一个与 HTML 5 应用及 CSS 3 应用密切相关的 Web 应用示例。

本书示例测试环境主要使用 Google Chrome 63，它对 HTML5 和 CSS3 的支持度超过 95%。对于在 IE11 下少数不能运行的示例，给出了说明。

在 HTML5 与 HTML、CSS3 与 CSS 的内容取舍、案例选择等方面，在第 1 版基础上做了改进，主要强调以下特色。

（1）知识结构较新

本书保留了 HTML 和 CSS 中最基本的内容，删除了 HTML5 不支持或较少使用的内容。重点介绍 HTML5 和 CSS3 中最常用的 API 或模块，或是 HTML5 与 CSS3 在网站开发中经常使用、功能上有较大改进的内容。

（2）开发环境与运行环境较新

目前主流浏览器的新版本普遍支持 HTML5 与 CSS3。同时，支持 HTML5 和 CSS3 的开发环境也更加成熟，WebStorm、IntelliJ IDEA、NetBean 等平台更好地支持了 HTML5 和 CSS3 的一些新特性。

（3）案例丰富

本书知识点融于 200 余个案例之中，对一些典型案例进行讲解和拓展，达到“知其然，用其长”的效果。如果一些案例已由 HTML5 与 CSS3 代码实现，就不再介绍传统的 HTML 和 CSS 的代码实现方法。

同时，本书案例参考了极客学院的 HTML5 与 CSS3 的网络课程，相关章节提供了极客学院的教学视频二维码，扫描即可观看。

（4）易学易用

本书提供案例的全部代码和素材资源，读者可以用尽可能少的时间掌握相关技术内容。

本书的示例都经过了编者的上机实践，运行结果无误。示例代码及各种资源文件可以到人邮教育社区（www.ryjiaoyu.com）上下载。

本书的写作定位和 HTML5 的定位是一致的，是“非革命性的发展”，尝试在传统的 HTML 和 CSS 的基础上，介绍 HTML5 及 CSS3 的应用，引导读者用较短时间掌握 Web 前端开发知识，并识得 HTML5 和 CSS3 全貌。

本书内容包括以下 3 部分。

第 1 部分为 HTML5 及其应用：包括第 1 章至第 12 章，主要介绍 HTML 和 HTML5。其中，第 1 章是概述，第 2 章和第 3 章主要介绍 HTML 知识；第 4 章至第 12 章介绍 HTML5 对 HTML 的重大改进或新增的 API。

第 2 部分为 CSS3 及其应用：包括第 13 章至第 16 章，主要介绍 CSS 和 CSS3。内容包括各种选择器、用 CSS 设置元素样式，CSS3 的盒模型、CSS3 页面布局、CSS3 的响应式布局等。

第 3 部分包括第 17 章和第 18 章的两个综合案例，构建了具有现代 Web 风格的网站。

本书由刘德山、章增安、林彬编著。潘畅、魏迪、张悦在本书的写作、案例设计方面做了大量的工作。由于编者水平有限，书中可能存在疏漏之处，敬请读者批评指正。

编　者

2018 年 7 月

目 录

第1部分 HTML5及其应用

第 2 部分 CSS3 及其应用

第 3 部分 综合案例

第 1 部分
HTML5 及其应用

- 第 1 章 HTML5 概述
- 第 2 章 HTML5 的文档结构元素
- 第 3 章 HTML5 的基本页面元素
- 第 4 章 HTML5 的表单元素
- 第 5 章 HTML5 的 video 元素和 audio 元素
- 第 6 章 HTML5 的 canvas 绘图
- 第 7 章 HTML5 的 SVG 绘图
- 第 8 章 获取浏览器的地理位置信息
- 第 9 章 离线 Web 应用与 Web 存储
- 第 10 章 使用 Web Workers 处理线程
- 第 11 章 HTML5 的 IndexedDB 数据库
- 第 12 章 HTML5 的文件操作与拖放操作

第 1 章 HTML5 概述

学前提示

HTML 是一种标记语言，一般用于 Web 页面的内容或结构描述。目前的大多数网页都是采用 HTML 或者将其他程序（脚本）语言嵌入在 HTML 中编写的。HTML5 是 HTML 的新版本，但 HTML5 不再仅仅是一种标记语言，而被称为广泛应用于 Web 前端开发的下一代 Web 语言。HTML5 为 Web 应用开发提供全新的框架和平台，既包括免插件的音频、视频支持，也包括由 Canvas API 提供的图形编程接口，还包括本地存储、离线应用和多线程等内容。本章介绍 HTML5 的基础知识、特点和开发环境。

知识要点

- HTML5 简介
- HTML5 与 HTML4 的区别
- HTML5 的特性
- HTML5 的开发环境

1.1 HTML5 简介

我们首先来学习 HTML 和 HTML5 的基础知识。

1-1 HTML5 简介

1.1.1 HTML

1. HTML 的含义

HTML 是英文 HyperText Markup Language 的缩写，即超文本标记语言，是用于描述网页文档的一种标记语言。

最初设计 HTML 的目的是把存放在一台计算机中的文本或图形与另一台计算机中的文本或图形方便地联系在一起，形成一个整体。HTML 的另外一个目的是为了让所有的用户都能得到一致的信息，不会因为用户的硬件、软件、语言、地理位置等不同而有任何差别。所有的软件供应商都按照这一语言规范编写解释器，从而使数据呈现一致。

HTML 最早由欧洲原子核研究委员会的 Berners-Lee 发明，后来作为图文浏览器 Mosaic

的网页解释语言，并随着 Mosaic 的流行而逐渐成了网页语言的事实标准。

HTML 标准由 W3C 负责开发和制定，W3C 是 World Wide Web Consortium 的简称，也就是“万维网联盟”或“万维网协会”。各种标准的推出一般先由 W3C 委员会根据各厂商的建议制定草案（Draft），然后将草案公开并进行讨论，最后形成推荐（Recommendation，REC）标准。

2. HTML 的历史

HTML 自 1989 年首次应用于网页编辑后，便迅速崛起成为网页编辑主流语言。几乎所有的网页都是由 HTML 或者以其他程序语言嵌套在 HTML 中编写的。目前已经发布的 HTML 版本如表 1-1 所示。

表 1-1　　HTML 历史版本

版本	发表日期
HTML3.2	W3C REC:1996.4
HTML4	W3C REC:1997.12
HTML4.01	W3C REC:1999.12
HTML5	2012 年 12 月定稿

HTML 没有 1.0 版本，是因为当时有很多不同版本的 HTML。当时 W3C 并未成立，HTML 在 1993 年 6 月作为互联网工程工作小组（Internet Engineering Task Force，IETF）的一份草案发布，但并未被推荐为正式规范。

在 IETF 的支持下，根据过去的通用实践，于 1995 年整理和发布了 HTML2。但是，HTML2 是作为 RFC1866（Request For Comments，请求注解）发布的，其后经过多次修改。后来的 HTML+和 HTML3 也提出了很多好的建议，并添加了大量丰富的内容，但当时这些版本还未能上升到创建一个规范的程度。因此，有许多厂商实际上并未严格遵守这些版本的格式。

1996 年，W3C 的 HTML 工作组编撰和整理了通用的实践，并于第二年公布了 HTML3.2 规范。同期 IETF 宣布关闭 HTML 工作组，从此 W3C 开始开发和维护 HTML 规范。

HTML4 于 1997 年 12 月被 W3C 推荐为正式规范，并于 1999 年 12 月推出修订版 HTML4.01。这个版本被证明是非常合理的，它引入了样式表、脚本、框架、嵌入对象、双向文本显示、更具表现力的表格、增强的表单以及强大的可访问性。

之后，到 2012 年，HTML5 定稿并逐渐被各种浏览器支持。

1.1.2　HTML5

在 HTML4.01 发布之后，HTML 规范长时间处于停滞状态，W3C 转向开发 XHTML，直到发布 XHTML1 规范和 XHTML2 规范。XHTML2 规范越来越复杂，并没有被浏览器厂商接受。

与此同时，Web 超文本应用技术工作组（Web Hypertext Application Technology Working Group，WHATWG）则认为 XHTML 并非用户所需要，于是继续开发 HTML 的后续版本，并定名为 HTML5。随着万维网的发展，WHATWG 的工作获得了很多厂商的支持，并最终取得 W3C 认可，终止 XHTML 的开发。HTML 工作组重新启动，在 WHATWG 工作的基础上开发 HTML5，并最终发布 HTML5 规范。

HTML5 用于取代 1999 年所制定的 HTML4.01 和 XHTML1 标准的 HTML 标准版本，现

在仍处于发展阶段，但大部分浏览器已经支持 HTML5 技术。HTML5 有两大特点，首先，强化了 Web 网页的表现性能；其次，追加了本地数据库等 Web 应用的功能。广义的 HTML5 实际指的是包括 HTML、CSS 和 JavaScript 在内的一套技术组合，能够减少浏览器对于需要插件的丰富性网络应用服务（plug-in-based rich internet application，RIA），如 Adobe Flash、Microsoft Silverlight 与 Oracle JavaFX 的需求，并且提供更多能有效增强网络应用的标准集。

2012 年 12 月，W3C 宣布凝结了大量网络工作者心血的 HTML5 规范正式定稿。W3C 在发言稿中称："HTML5 是开放的 Web 网络平台的奠基石"。尽管 W3C 的正式标准尚未发布，但这份技术规范意味着 HTML5 的功能特性已经完成定义，对于企业和开发者而言有了一个可以参照实现和规划的目标。

支持 HTML5 的国外浏览器包括 Firefox（火狐浏览器）、IE9 及其更高版本、Chrome（谷歌浏览器）、Safari、Opera 等；国内浏览器包括遨游浏览器（Maxthon），以及基于 IE 或 Chromium（称为 Chrome 的工程版或实验版）所推出的 360 浏览器、搜狗浏览器、QQ 浏览器等。

1.2 HTML5 与 HTML4 的区别

HTML5 的出现，对于 Web 前端开发有着非常重要的意义，其核心目的在于解决当前 Web 开发中存在的各种问题。第一个问题是解决 Web 浏览器之间的兼容性问题。在一个浏览器上正常显示的网页（或运行的 Web 应用程序），很可能在另一个浏览器上不能显示或显示效果不一致；第二个问题是文档结构描述的问题。HTML4 之前的各版本中，HTML 文档的结构一般用 div 元素描述，文档元素的结构含义不够清晰；第三个问题，使用 HTML+CSS+JavaScript 开发 Web 应用程序时，开发功能受到很大的限制，比如本地数据存储功能、多线程访问、获取地理位置信息等，这些都影响了用户的体验。HTML5 试图解决以上提到的问题。

HTML5 和以前的 HTML 版本比较，一些区别体现在语法的变化、增加和删除的元素、属性和全局属性等方面，而 HTML5 新增的各种特性将在 1.2.1 节和后续章节中陆续介绍。

1-2 HTML5 与 HTML4 的区别

1.2.1 HTML5 文档结构的变化

1. 内容类型（ContentType）

HTML5 的文件扩展名和内容类型与之前的 HTML 版本相同。也就是说，HTML5 文件的扩展名仍然是".html"或".htm"，内容类型（ContentType）仍然是"text/html"。

2. DOCTYPE 声明

DOCTYPE 声明是 HTML 文件中必不可少的一部分，它位于文件第一行。HTML4 的 DOCTYPE 声明如下。

```
<!DOCTYPE HTML PUBLIC "-//W3C//DTD HTML 4.01 Transitional//EN""http://www.w3.org/TR/html4/loose.dtd">
```

上面声明对应的是 HTML4 过渡版，实际上，HTML4 的版本声明还有严格版本和 XHTML 版本，不同的 HMTL 版本的声明内容略有区别。

在 HTML5 中，DOCTYPE 声明做了简化，该声明适用于所有 HTML。声明如下。

```
<!DOCTYPE html>
```

3. 指定的字符编码

在早期的 HTML 版本中，使用 meta 标记指定 HTML 文件的字符编码，如下所示。

```
<meta http-equiv="Content-Type" content="text/html; charset=utf-8">
```

在 HTML5 中，直接指定 meta 标记的 charset 属性可以设置字符编码，如下所示。

```
<meta charset="utf-8">
```

从 HTML5 开始，对于 HTML 文件的字符编码推荐使用 UTF-8。

1.2.2 HTML5 语法的变化

HTML5 的语法格式和之前的 HTML 版本没有太大的变化。但从规范的角度，HTML5 为提高各浏览器之间的兼容性，重新定义了在原 HTML 的基础上修改而来的语法，现在的新版本浏览器几乎都封装了 HTML5 的语法分析器，这套语法规范也就得到了几乎所有新版本浏览器的支持。下面从省略标记的元素、具有 boolean 值属性的元素、可以省略引号的元素等几方面来介绍 HTML5 语法的变化。

1. 可以省略标记的元素

在 HTML5 中，部分元素的标记可以省略。实际上，在 HTML4 或之前的版本中，部分元素的标记也可以省略，但在 HTML5 中，标记省略成为一种规范，绝大多数浏览器予以支持。省略标记的元素可以分为“不允许写结束标记”“可以省略结束标记”和“开始标记和结束标记全部可以省略”3 种情况。如表 1-2 所示。

表 1-2 省略标记元素的 3 种情况

不允许写结束标记的元素	area、base、br、col、command、embed、hr、img、input、keygen、link、meta、param、source、track、wbr
可以省略结束标记的元素	li、dt、dd、p、rt、rp、optgroup、option、colgroup、thead、tbody、tfoot、tr、td、th
可以省略全部标记的元素	html、head、body、colgroup、tbody

需要说明的是，“不允许写结束标记的元素”是指不允许用开始标记与结束标记将元素内容括起来的形式，只允许使用“<元素/>”的形式进行书写。例如“<img>...</img>”的书写方式是错误的，只允许“<img……/>”的书写形式。“可以省略全部标记的元素”是指该元素可以完全被省略。但即使元素的标记被省略了，元素还是以隐式的方式存在的。例如，省略不写 body 元素时，在文档结构中它还是存在的，可以使用 document.body 来访问 body 对象。

2. 具有 boolean 值属性的元素

一些元素，如果有 boolean 值的属性，如 checked、autofocus 与 readonly 等，当只写属性而不指定属性值时，表示属性值为 true；如果想要将属性值设为 false，则可以不使用该属性。另外，要想将属性值设定为 true 时，也可以将属性名设定为属性值，或将空字符串设定为属性值。属性值的设定方法可以参考下面的代码。

```
<!--只写属性名不写属性值代表属性为 true-->
<input type="checkbox" checked />
<!--不写属性代表属性为 false-->
<input type="checkbox" />
```

```
<!--属性值=属性名，代表属性为 true-->
<input type="checkbox" checked="checked"/>
<!--属性值=空字符串，代表属性为 true-->
<input type="checkbox" checked=""/>
```

3. 可以省略引号的元素

在不同版本的 HTML 中，在指定属性值的时候，属性值两边加引号时既可以用双引号，也可以用单引号。

HTML5 在此基础上做了一些改进，当属性值不包括空字符串、“<”“>”“=”、单引号、双引号等字符时，属性值两边的引号可以省略，代码如下。

```
<!--请注意 type 的属性值两边的引号-->
<input type="text"/>
<input type='text' />
<input type=text />
```

1.2.3 HTML5 增加和删除的元素

为了增强 Web 开发的功能，HTML5 增加了一些元素和属性，也废除了很多不常用的元素，取消了一些属性。HTML5 增加和废除的属性将在相关章节中介绍，本节主要介绍 HTML5 新增和删除的元素。

1. HTML5 增加的元素

HTML5 新增的元素可以分为文档结构元素（section、article、aside 等）、多媒体元素（video、audio、embed 等）和扩展 HTML 功能的元素（canvas）等，具体如表 1-3 所示。

表 1-3 HTML5 新增的主要元素

元素	说明	备注
section	可以替代 div 的文档结构元素，用于表示页面中的一个内容区块	文档结构元素
article	可以替代 div 的文档结构元素，表示页面中的一块与上下文不相关的独立内容	
aside	可以替代 div 的文档结构元素，aside 元素表示 article 元素内容之外的、与 article 元素的内容相关的辅助信息	
nav	可以替代 div 元素或 ul 元素的文档结构元素，nav 元素表示页面中导航链接的部分	
header	可以替代 div 的文档结构元素，header 元素表示页面中一个内容区块或整个页面的标题	
footer	可以替代 div 的文档结构元素，footer 元素表示整个页面或页面中一个内容区块的脚注。一般来说，它会包含创作者的姓名、创作日期以及创作者联系信息	
figure	figure 元素表示一段独立的流内容，一般表示文档主体流内容中的一个独立单元。一般使用 figcaption 元素为 figure 元素添加标题	
main	可以替代 div 的文档结构元素，用于表示网页中的主要内容	
video	用于定义视频	多媒体元素
audio	用于定义音频	
embed	embed 元素用来插入各种多媒体，格式可以是 Midi、Way、AIFF、AU、MP3 等	
mark	mark 元素主要用来实现文字的突出显示或高亮显示。在搜索结果中向用户高亮显示搜索关键词是 mark 元素的一个典型应用	其他元素
progress	progress 元素表示运行中的进程条，可以使用 progress 元素来显示 JavaScript 中耗费时间的函数的进程	

续表

元素	说明	备注
meter	meter 元素表示度量衡，仅用于已知最大值和最小值的度量。必须定义度量的范围，既可以在元素的文本中，也可以在 min、max 属性中定义	
time	用于表示日期或时间，也可以同时表示两者	
ruby	ruby 元素表示 ruby 注释（中文注音或字符）	
wbr	wbr 元素表示软换行。wbr 元素与 br 元素有一定的区别，br 元素是强制换行，而 wbr 元素是浏览器窗口或父级元素的宽度足够宽时(没必要换行时)，不进行换行，而当宽度不够时，主动在此处进行换行。wbr 元素主要应用在字符型的语言中	
canvas	canvas 元素表示绘图画布。可以通过 JavaScript 脚本在画布上绘制图形	
command	command 元素表示命令按钮，比如单选按钮、复选框或按钮。在 HTML5 中的代码示例：<command onclick="cut()" label="cut">	
details 和 summary	details 元素表示用户要求得到并且可以得到的细节信息。它可以与 summary 元素配合使用。summary 元素提供标题或图例。标题是可见的，用户单击标题时，会显示细节信息。summary 元素应该是 details 元素的第一个子元素。HTML5 中的代码示例： <details><summary>HTML5</summary> This document teaches you everything you have to learn about HTML5. </details>	其他元素
datalist	datalist 元素表示可选数据的列表，与 input 元素配合使用，可以制作出输入值的下拉列表	
datagrid	datagrid 元素表示可选数据的列表，它以树形列表的形式显示	
keygen	keygen 元素表示生成密钥	
output	output 元素表示不同类型的输出，比如脚本的输出。在 HTML4 中可以使用 span 元素替代	
source	source 元素为媒体元素（比如<video>和<audio>）定义媒体资源	
menu	menu 元素表示菜单列表。当希望列出表单控件时使用该标记	
dialog	dialog 元素表示对话框	

HTML5 中新增了很多 input 元素的类型，例如，email、url、number、range、color 等，具体内容将会在第 4 章中介绍。

2. HTML5 废除的元素

HTML5 废除的元素包括能用 CSS 代替的元素、frame 框架、只有部分浏览器支持的元素等，具体如表 1-4 所示。

表 1-4　HTML5 废除的主要元素

废除元素	说明
basefont	文档格式控制元素，使用 CSS 替代
big	
center	
font	
s	
strike	
tt	
u	

续表

废除元素	说明
frameset	HTML5 不再支持 frame 框架
frame	
noframes	
applet	部分浏览器支持，使用 embed 元素或 object 元素替代
bgsound	部分浏览器支持，使用 audio 元素替代
blink	部分浏览器支持，废除
marquee	IE 浏览器支持，使用 JavaScript 程序替代
rb	使用 ruby 元素替代
acronym	使用 abbr 元素替代
dir	使用 ul 元素替代
isindex	使用 form 元素与 input 元素相结合的方式替代
listing	使用 pre 元素替代
xmp	使用 code 元素替代
nextid	使用 guids 元素替代
plaintex	使用“text/plian”（无格式正文）MIME 类型替代

1.2.4 HTML5 的全局属性

在 HTML5 中，新增了一个“全局属性”的概念。所谓全局属性，是指可以对任何元素都使用的属性。

表 1-5 给出了 HTML 的全局属性，并标明了 HTML5 新增的全局属性。

表 1-5 HTML 元素的全局属性

属性	描述	HTML5 新增
accesskey	规定访问元素的快捷键	
class	规定元素的类名（用于规定样式表中的类）	
contenteditable	规定是否允许用户编辑内容	是
contextmenu	规定元素的上下文菜单	是
dir	规定元素中内容的文本方向	
designmode	规定页面是否可编辑	是
dropzone	规定当被拖动的数据在拖放到某个元素上时，是否被复制、移动或链接	是
hidden	规定该元素是无关的。被隐藏的元素不会显示	是
id	规定元素的唯一 ID	
lang	规定元素中内容的语言代码	
spellcheck	规定是否必须对元素进行拼写或语法检查	是
style	规定元素的行内样式	
tabindex	规定元素的 tab 键控制次序	
title	规定有关元素的额外信息	

1. contenteditable 属性

该属性允许用户编辑元素中的内容，可以获得鼠标焦点，属性为布尔值，可被指定为 true 或 false。另外，该属性还有个隐藏 inherit 状态，为 true 时允许编辑，为 false 时不允许编辑，未指定时，由 inherit 决定。

示例 1-1 设置了一个 div 元素的 contenteditable 属性，为了突出显示效果，为 div 元素设置了 CSS 样式，显示结果如图 1-1 所示。

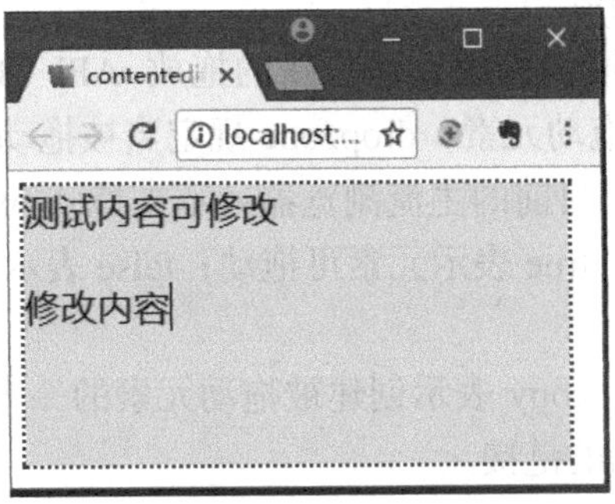

图 1-1 测试 contenteditable 属性

```
<!--demo0101.html-->
<!DOCTYPE HTML>
<html>
<head>
<meta charset="utf 8">
<title>contenteditable</title>
<style>
[contenteditable]:hover,[contenteditable]:focus {
    width:300px;
    height:150px;
    outline: 2px dotted red;
    background-color:#FCF;
}
</style>
</head>
<body>
    <div contenteditable>测试内容可修改</div>
</body>
</html>
```

2. designMode 属性

该属性用来决定整个页面是否可编辑。属性取值为“on”或“off”。属性为“on”时可编辑，为“off”时不可编辑。当页面可编辑时，页面中任何支持 contenteditable 属性的元素都变成了可编辑状态。

3. hidden 属性

所有元素都允许使用一个 hidden 属性，该属性类似于 input 元素中的 hidden 元素，功能是通知浏览器不渲染该元素，使该元素处于不可见状态。该属性值为布尔值，为 true 时不可见，为 false 时可见。

4. spellcheck 属性

该属性是 HTML 5 针对 input 元素（type=text）与 textarea 这两个文本输入框提供的一个

新属性，主要对用户输入内容进行拼写与语法检查。属性值为布尔值，书写时必须明确声明属性值为 true 或 false，书写方式如下。

```
<!--以下两种书写方法正确-->
<textarea spellcheck="true">
<input type=text spellcheck=false>
<!--以下两种书写方法为错误-->
<textarea spellcheck >
```

5. draggable 和 dropzone

这两个属性放在一起使用，因为它们是新的拖放 API（Drag&Drop API）的一部分。draggable 表示是否允许用户拖动元素；dropzone 规定当被拖动的数据拖放到某个元素上时，是否被复制、移动或链接，但目前的主流浏览器还不支持 dropzone 属性。

draggable 属性有 3 个值：true 表示元素可拖动；false 表示元素不可拖动；auto 表示使用用户代理默认行为。

dropzone 属性有 3 个值：copy 表示创建被拖动元素的一个副本；move 将元素移动到新位置；link 创建被拖动的数据的链接。

1.3 HTML5 的特性

HTML5 在语法上与之前的 HTML 版本是兼容的，同时也增加了很多新的特性，这些特性标志着 HTML5 从标记语言的功能提升到下一代 Web 语言的开发框架。可以这样认为，HTML5 集成了 HTML+CSS3+JavaScript 的 Web 应用框架。下面列出了部分典型的 HTML5 特性。

1. 良好的语义特性

HTML5 支持微数据与微格式，增加的各种元素赋予网页更好的意义和结构，适于构建对程序、对用户都更有价值的数据驱动的 Web 应用。HTML5 所做的一个比较重大的修改就是增加了很多新的结构元素，从而使文档结构更加清晰明确，新增的结构元素包括 section 元素、article 元素、nav 元素以及 aside 元素等。

2. 强大的绘图功能

HTML5 之前的版本没有绘图功能，在网页中只能显示已有的图片；而 HTML5 则通过新增的元素集成了强大的绘图功能。在 HTML5 中既可以通过使用 Canvas API 动态地绘制各种效果精美的图形，也可以通过 SVG 绘制可伸缩矢量图形。

3. 增强的音视频播放和控制功能

HTML4 在播放音频和视频时都需要借助 Flash 等第三方插件。而 HTML5 新增了 audio 和 video 元素，可以不依赖任何插件播放音频和视频。同时，HTML5 的音视频 API 还有强大的播放控制功能，也可以通过 audio 和 video 的子元素为音频和视频增加字幕。

4. HTML5 的数据存储和数据处理的功能

HTML5 新增了一系列数据存储和数据处理的新功能，大大增强了客户端的处理能力，足以颠覆传统 Web 应用程序的设计和工作模式。使用 HTML5 桌面应用能很好地提升用户的体验和交互。HTML5 与数据存储和数据处理相关的应用如下。

（1）离线应用

传统 Web 应用程序严重依赖 Web 服务器，如果没有 Web 服务器的支持，用户不能完成任何工作。用 HTML5 可以开发支持离线的 Web 应用程序，无法连接 Web 服务器时，可以切换到离线模式；当 Web 服务器连通后，可以进行数据同步，把离线模式下完成的工作提交到 Web 服务器。

（2）Web 通信

出于安全考虑，HTML4 一般不允许一个浏览器的不同框架、不同页面、不同窗口之间的应用程序互相通信，主要用于防止恶意攻击。如果要实现跨域通信只能通过 Web 服务器来实现。HTML5 提供了跨域通信的消息机制。

（3）本地存储

HTML4 只能使用 Cookie 存储很少量的数据，比如用户名和密码，存储能力很弱。HTML5 增强了文件的本地存储能力，可以存储多达 5MB 数据。HTML5 还支持 WebSQL 和 IndexedDB 等轻量级数据库，增强了数据存储和数据检索能力。

5. 获取地理位置信息

越来越多的 Web 应用需要获取地理位置信息，例如在显示地图时标注自己的当前位置。在 HTML4 中，获取用户的地理位置信息需要借助第三方地址数据库或专业的开发包。HTML5 新增了 Geolocation API 规范，可以通过浏览器获取用户的地理位置信息，这无疑为有相关需求的用户提供了很大方便。Geolocation API 也可以应用于移动设备中的地理定位。

6. 提高页面响应的多线程

虽然 Visual C++、Visual C#和 Java 等高级语言都支持多线程，但传统的 Web 应用一直都是单线程的，只有一个任务完成后才能开始下一个任务，因此效率不高。HTML5 新增了 Web Workers 来实现多线程功能。通过 Web Workers，将耗时较长的处理交给后台线程，降低 Web 服务的响应时间，有利于增强用户体验。

7. 方便用户处理文件和访问文件系统的文件 API

HTML5 的文件 API 包括 FileReader API 和 File SystemAPI。通过 FileReader API，用户从 Web 页面上访问本地文件系统或服务器端的文件系统的相关处理将会变得十分简单。通过 File SystemAPI，应用程序将得到一个受浏览器保护的文件系统，文件系统中的数据可以永久保存在客户端的计算机中。

除了上面介绍的 HTML5 的特性之外，HTML5 还有管理浏览器历史记录的 History API。HTML5 可以通过脚本语言在浏览器历史记录中添加项目，以及在不刷新页面的前提下显式地改变浏览器地址栏中的 URL 地址；而 HTML5 的拖放功能可以使用 mousedown、mousemove、mouseup 等方法来实现拖放操作。

1.4　HTML5 的开发环境

1.4.1　HTML5 的开发工具简介

HTML 文档编辑工具，如记事本、Nodepad++、EditPlus 等文本编辑器，一般用于简单的网页或应用程序开发；Dreamweaver 是可视化的网站开发工具，它面向专业和非专业的网页设计人员；集成开发环境 WebStorm、IntelliJ IDEA、Eclipse 等，提供了对 HTML5、CSS3、

JavaScript 的支持，能显著提高开发效率。

1. HTML 文档编辑工具 Nodepad++

Nodepad++是一款绿色开源软件，作为文本编辑器，拥有撤销与重做、英文拼字检查、自动换行、列数标记、搜索替换、多文档编辑、全屏幕浏览功能。此外，它还支持大部分正则表达式、代码补齐、宏录制等功能。

Nodepad++支持语法颜色和 HTML 标记，同时支持 C、C++、Java 等语言。Nodepad++作为网页制作工具，可直接选择在不同的浏览器中打开查看，以方便网页调试。

2. 可视化网页开发软件 Dreamweaver

Dreamweaver 是集网页制作和网站管理于一身的专业的网页编辑与网站开发工具。Dreamweaver 集成了网页布局工具、应用程序开发工具和代码编辑工具等，提供了简洁高效的设计视图、代码视图和拆分视图，不同层次的开发人员和设计人员能够快速创建标准的网页、网站和应用程序。

目前，Dreamweaver 的常用版本是 Adobe Dreamweaver CS6，集成了对 CMS 的支持功能、对 CSS 的校验以及对 PHP 的支持，内置了 WebKit 引擎，可以模仿 Safari、Chrome 浏览器预览网页效果，同时可以使用不同的浏览器检查网页布局效果。但 Dreamweaver CS6 对 HTML5 和 CSS3 新增元素的支持还有待提高。

3. 集成开发环境 WebStorm 和 IntelliJ IDEA

WebStorm 和 IntelliJ IDEA 都是 jetbrains 公司的产品，是目前应用广泛的 HTML5 编辑器，也是智能的 JavaScript IDE，适用于 Web 前端开发。这两款软件整合了开发过程中众多的实用功能，在智能代码助手、代码自动提示、重构、J2EE 支持、Ant、JUnit、CVS 整合、代码审查、创新的 GUI 设计等代码编辑调试方面的功能都极其出色。

WebStorm 在 Web 前端开发方面特色突出，典型的特点包括：智能的代码补全包含 Jquery、Dojo、Prototype、Mootools and Bindows 等所有流行的库；在 html 中书写 JavaScript 的代码提示功能；代码检查和快速修复功能，可以快速找到代码中的错误并给出修改建议；代码折叠及快速预览功能等。

1.4.2 WebStorm 集成开发环境

WebStorm 被称为“Web 前端开发神器”“最强大的 HTML5 编辑器”，本书 HTML5 新增的 API 或者有大量 JavaScript 代码的章节多使用 WebStorm 开发环境。

1-3 HTML5 开发前准备

1. 软件下载和安装

软件可以到 jetbrains 的官网上 http://www.jetbrains.com/webstorm/download 下载，根据操作系统平台选择 Windows 版本、Linux 版本或 OS X 版本。下载的软件默认有 30 天的试用期，之后需要注册才能使用。

当前经常使用的软件版本是 WebStorm11.0.3，安装文件名 WebStorm-11.0.3.exe，下载后双击安装即可。

2. 建立项目和文件

使用 WebStorm 开发 Web 应用，第一步是创建项目，默认的项目类型是“空项目”，也可以根据需求选择创建的项目类型；第二步是创建文件，选择创建 HTML 文件、CSS 文件或 JavaScript 文件等。图 1-2 是建立了项目和文件的编辑窗口。

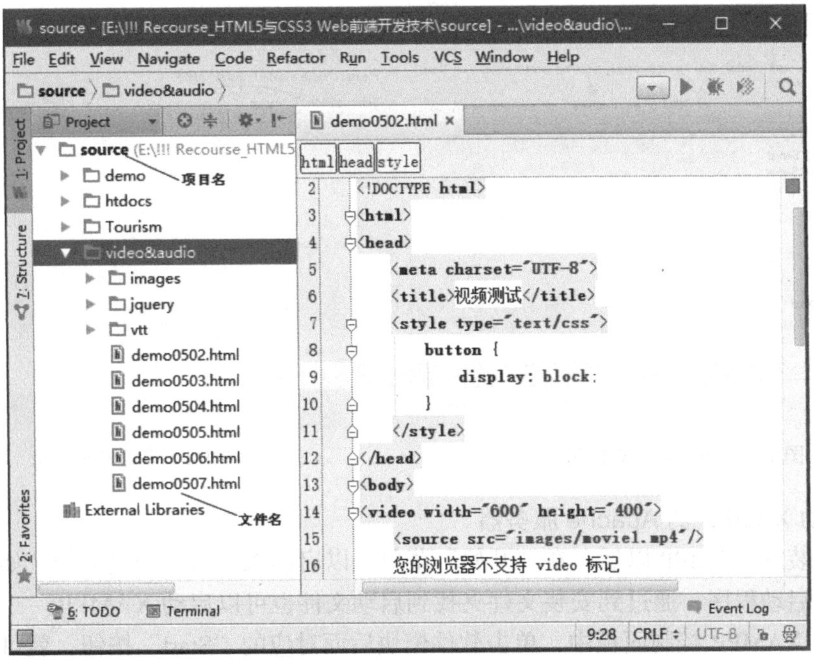

图 1-2　WebStorm 工作窗口

1.4.3　使用 XAMPP 搭建服务器环境

在 Webstorm 环境中，默认情况下，用户建立的 html 文件（在项目中）可以直接在本地运行，Webstorm 会开启 64432 端口来启动内置服务器，这样用户即使不配置复杂的服务器环境，也可以简单测试一些需要在服务器中运行的页面了。但使用 Webstorm 开发的 Web 应用，如果涉及使用 AJAX 技术、跨域访问或用 PHP 处理表单提交的数据，这样就需要搭建独立的服务器环境。

用户浏览网站上的网页实际上是从 Web 服务器读取一些内容，然后显示在本地计算机上。因此，要使网站能被访问就必须把网站的所有文件放到 Web 服务器上。除了 Web 服务器，在 Web 应用中，如果访问外部数据库中的数据，还需要数据库服务器；处理 Web 的请求，有时也需要脚本服务器。

所以，在基于 HTML5 的 Web 应用中，搭建服务器是运行 Web 应用的前提。搭建服务器有很多种方法，开源的网络服务器软件 XAMPP，具有 Linux 和 Windows 版本，集成了 Apache、MySQL、PHP、Perl 等软件，适用于搭建多种服务器环境，本节介绍基于 XAMPP 的 Apache 服务器的搭建过程。

1. XAMPP 下载和安装

XAMPP 可以在中文官网 http://www.xampp.cc 下载。如果在 Windows 环境下安装 XAMPP，下载 XAMPP 的 win32 版本即可。下面以 1.8.3 版本（xampp-win32-1.8.3-0-VC11-installer.exe）为例，简要介绍主要的安装步骤。

双击安装软件包后，第一步选择安装的软件部件，如图 1-3 所示；第二步设置安装目录（默认为 C:\xmapp），如图 1-4 所示；继续单击“Next”按钮，直至完成安装。

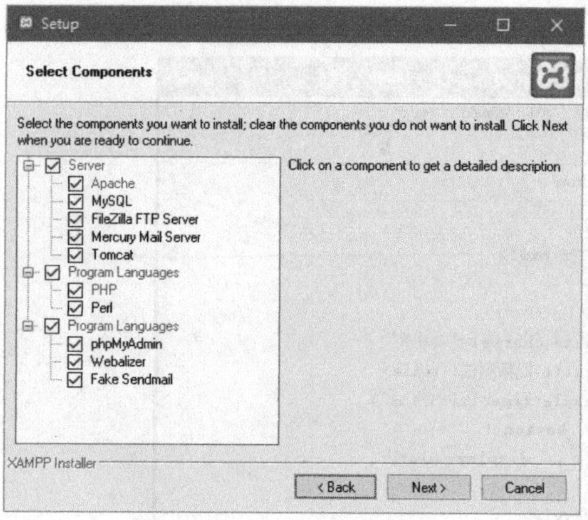

图 1-3　选择安装软件部件

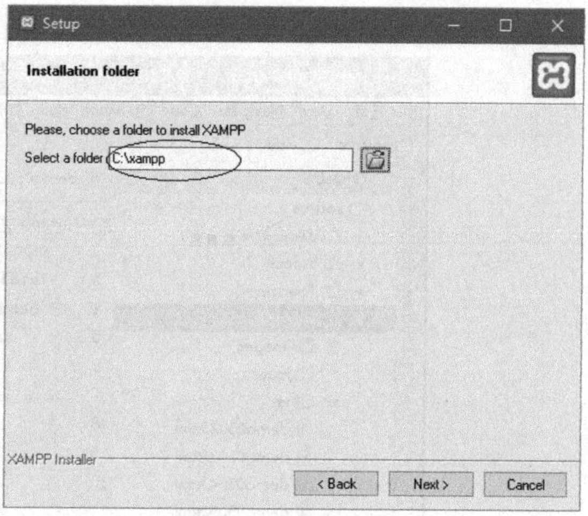

图 1-4　设置安装目录

2. 启动 XAMPP 的 Apache 服务器

（1）安装好 XAMPP 以后，在“开始”菜单可以启动 XAMPP 控制面板。如果在开始菜单中找不到启动程序，通过到安装文件夹找到启动文件也可以启动 XAMPP。

（2）在 XAMPP 控制面板中，单击软件模块后面对应的“Start”按钮，就可以启动相应的服务器程序，图 1-5 是启动了 Apache 服务的控制面板界面。

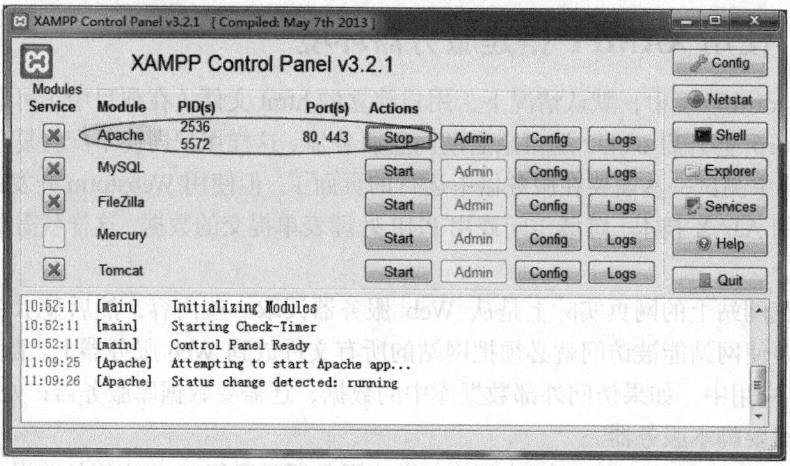

图 1-5　启动 Apache 服务的控制面板

3. 测试是否成功开启 XAMPP 服务

如果 XAMPP 安装成功，并且开启了 Apache 服务，可以测试 Apache 服务器是否开始工作。打开网页浏览器，在地址栏中输入 http://localhost。如果 XAMPP 安装成功的话，应该会有页面打开，如图 1-6 所示。

站点的默认文件夹是 c:\xampp\htdocs 文件夹，只要将用户的站点文件夹复制到该文件夹内即可通过 Apache 服务器来访问网站。如果将站点文件夹改到其他位置，例如 d:\www 文件夹，可以修改 xampp\apache\conf\httpd.conf 文件。该文件打开后，只要找到 DocumentRoot 的属性“c:/xampp/htdocs”，将 DocumentRoot 值修改为“d:\www”就可以了。

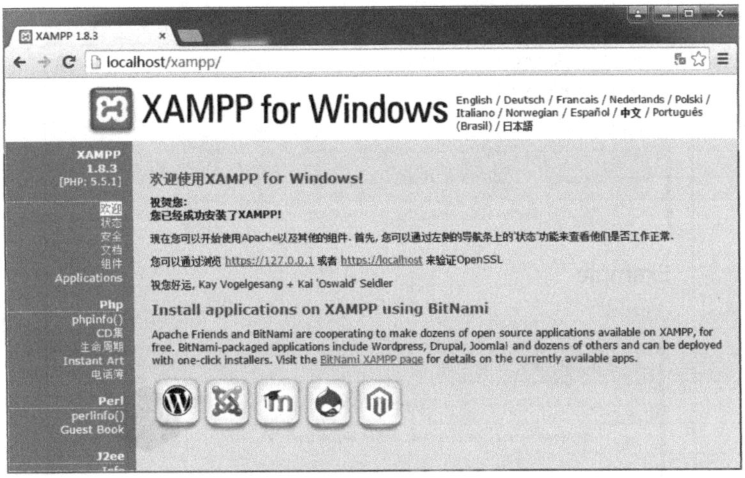

图 1-6　Apache 服务器启动界面

1.4.4　支持 HTML5 的浏览器和帮助文档

1. 支持 HTML5 的浏览器

绝大多数主流浏览器的新版本都支持 HTML5，Chrome 浏览器和 Firefox 浏览器对 HTML5 有更好的支持。一些网站，如 http://html5test.com/、http://chrome.360.cn/test/html5/都对浏览器对 HTML5 的支持程度进行了测试。本书示例的测试环境是 Chrome 62 on Windows 10，少数功能在 Firefox 或 IE 浏览器下测试。

2. 帮助文档

Web 前端开发涉及 HTML5、CSS3、JavaScript、jQuery 等诸多内容，而且很多内容还在不断更新变化，学习过程中涉及的标记、属性、方法、事件需要通过查阅文档来学习。

图 1-7 是 W3school 的 Canvas API 在线手册界面，图 1-8 是 Mozilla 的 SVG API 在线学习界面。

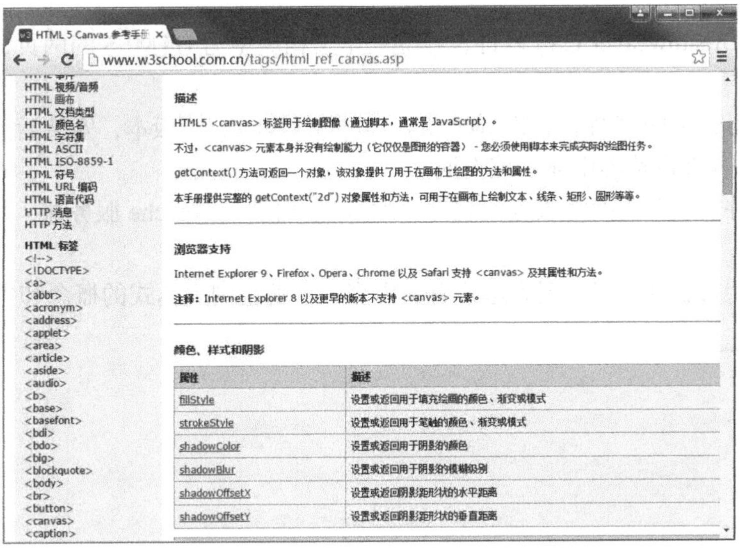

图 1-7　W3school 的 canvas 在线手册

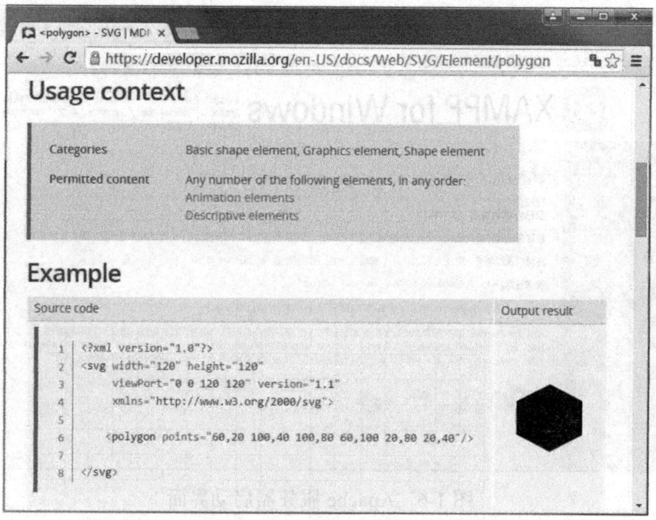

图 1-8　Mozilla 的 SVG 示例

作为 Web 前端开发，需要选择合适的开发工具和浏览器，配置好服务器，并能正确利用帮助文档，这样，学习和开发将达到事半功倍的效果。

思考与练习

1. 简答题

（1）在 Web 前端开发方面，HTML5 与 HTML4 比较，主要解决哪几方面的问题？

（2）HTML5 新增的全局属性有哪几个？描述其主要功能。

（3）HTML5 是下一代 Web 语言的开发框架，典型特性有哪些？

（4）HTML5 文档结构较 HTML4 之前的文档结构有哪些变化？

2. 操作题

（1）启动 Dreamweaver CS5 软件，建立一个文档类型为 HTML5 的网页，输入若干文字信息。

（2）从 jetbrains 的官网上下载 WebStorm 软件的 Windows 版本，安装后建立项目和一个 HTML5 文件，并在浏览器中显示该页面。

（3）下载并安装开源网络服务器软件 XAMPP，启动其 Apache 服务器，并在其中运行一个 Web 页面。

（4）到网上查找并学习正则表达式有关内容，了解正则表达式的概念和应用。

第 2 章 HTML5 的文档结构元素

学前提示

HTML 文档可分为文档头和文档体两部分。文档头的内容包括网页语言、关键字和字符集的定义等；文档体中的内容就是页面要显示的信息。文档结构描述使用 html、head、body 等基本元素。div 也是一种结构元素，在 HTML5 对 HTML4 的改进中，一个比较重大的变化就是增加了很多新的结构元素，如 article、section、aside 等。这些元素和 div 元素有类似的功能，但有更强的语义表示，从而使文档结构更加清晰。

知识要点

- HTML 的元素和属性
- HTML 文档的基本结构元素
- HTML5 新增的结构元素

2.1 HTML 的元素和属性

一个 HTML 文件是由一系列元素组成的，元素的特征通过属性来描述，属性是由属性名和属性值组成的。

2-1 HTML5 元素、属性和格式化

1. HTML 元素

HTML 文档中的元素指的是从开始标记（start tag）到结束标记（end tag）的所有代码。元素的内容是开始标记与结束标记之间的内容，具体如表 2-1 所示。

表 2-1 HTML 元素示例

开始标记	元素内容	结束标记
<p>	这是一个段落	</p>
<a href="">	这是一个超级链接	</a>

HTML 用标记来规定元素的属性和它在文档中的功能，标记最基本的格式如下。

```
<tag>…</tag>
```

标记使用时必须用尖括号“<>”括起来，通常成对出现，以开头无斜杠的标记开始，以有斜杠的标记结束。这种标记称为双标记。例如，<p>表示段落的开始，</p>表示段落的结束。还有一些标记被称为单标记，即只需单独使用就能完整地表达意思，例如最常用的
就是单标记，表示文本格式中的换行。

标记还可以嵌套使用，即标记中还可以包含标记，如表格中包含表格、行、单元格或其他标记。

2. HTML 元素的属性

属性用来说明元素的特征，每个属性总是对应一个属性值，称为“属性/值”对，语法格式如下。

```
<tag properity1 ="value1" properity2 = "value2"…>…</tag>
```

一个标记中可以定义多个“属性/值”对，属性对之间通过空格分隔，可以以任何顺序出现。属性名不区分大小写，但不能在一个标记中定义同名的属性。

标记中的属性值需要用半角的双引号或半角的单引号括起来，也可以不使用引号，但属性值中只能包含 ASCII 字符（a～z 以及 A～Z）、数字（0～9）、连字符（-）、圆点句号（.）、下画线（_）以及冒号（:）。

HTML5 已经不再支持<font>、<center>等传统的格式标记。这些标记的功能可以通过 style 属性来描述。这种 style 属性也称为内部样式表，style 属性的作用是定义样式，如文字的大小、色彩、背景颜色等。style 属性的书写格式如下。

```
<tag style = "properity1:value1;properity2:value2;">…</tag>
```

一个 style 属性中可以放置多个样式的属性名称，每个属性名称对应相应的属性值，属性之间用分号隔开。下面这段代码用 style 属性定义了红色的文字段落。

```
<p style="color:#ff0000;">该段落用 style 定义为红色</p>
```

W3C 提倡在定义属性值时使用引号，这样可以使代码更加规范，也可以顺利地与未来的新标准衔接，style 标记及其属性将在第 13 章中详细介绍。

3. HTML 的字符实体

一些字符在 HTML 中拥有特殊的含义，比如小于号（<）用于定义 HTML 标记的开始。如果用户希望浏览器正确地显示这些字符，需要在 HTML 源码中插入字符实体。

字符实体有三部分：一个符号（&），一个实体名称，以及一个分号（;）。例如，要在 HTML 文档中显示小于号，可以输入“<”。

有时，也使用实体编号来输入特殊字符，“<”也表示小于号，但实体名称相对来说更容易记忆。需要强调的是，实体书写对大小写是敏感的。表 2-2 列出了常见的实体名称。

表 2-2 常见的字符实体

显示结果	描述	实体名称
	空格	
<	小于号	<
>	大于号	>
&	和号	&
"	引号	"
'	撇号	' (IE 不支持)

续表

显示结果	描述	实体名称
§	节	§
©	版权	©
®	注册商标	®
×	乘号	×
÷	除号	÷

在字符实体中，空格是 HTML 中最普通的字符实体。通常情况下，HTML 会删除文档中的空格。假如你在文档中连续输入 10 个空格，那么 HTML 会去掉其中的 9 个。如果使用 ，就可以在文档中增加空格。

4. HTML 的颜色表示

在 HTML 中，颜色有两种表示方式。一种是用颜色的英文名称表示，比如 blue 表示蓝色，red 表示红色；另外一种是用 16 进制的数值表示 RGB 的颜色值。

RGB 颜色的表示方式为#rrggbb。其中，rr、gg、bb 三色对应的取值范围都是 00 到 FF，如白色的 RGB 值（255,255,255）用#ffffff 表示，黑色的 RGB 值（0,0,0）用#000000 表示。

关于颜色的详细介绍见本书的第 14.2.1 节。

5. HTML 标记的书写规范

- 所有标记都要用尖括号（<>）括起来，浏览器将尖括号内的标记解析为 HTML 命令。
- 标记和属性名不区分大小写，例如，将<head>写成<Head>或<HEAD>都可以。
- 空格或回车在代码中是无效的，插入空格、引号特殊字符需要使用 HTML 实体。
- 标记中不能有空格，否则浏览器可能无法识别，例如不能将<title>写成<t itle>。
- 采用标记嵌套方式可以为同一个内容应用多个标记。
- 标记中的属性值建议使用双引号或单引号括起来。

2.2 HTML 文档的基本结构元素

HTML 文档的主要结构如下。

```
<!DOCTYPE html>
<html>
<head>
…
</head>
<body>
…
</body>
</html>
```

在上面的 HTML 文件结构描述中，第一行是文档类型声明，表明该文档符合 HTML5 规范，按 HTML5 标准来解析该文档。

<html>和</html>标记表示该文档是 HTML 文档。有时也会看到一些省略<html>标记的文档，这是因为.html 或.htm 文件被 Web 浏览器默认为是 HTML 文档。

<head>和</head>标记表示的是文档头部信息，一般包括标题和主题信息，该部分信息不会显示在页面正文中。也可以在其中嵌入其他标记，如文件标题/编码方式等属性。一些 CSS 样式定义、JavaScript 脚本也可以放到文档的头部。

<body>和</body>标记是网页的主体信息，是显示在页面上的内容，各种网页元素，包括文字、表格和图片等信息都将放入这个标记内。如果为 body 元素设置 CSS 样式，还可以实现背景、边距、字体等样式的变化。

2.3 HTML5 新增的结构元素

前面介绍的 html、head、body 等元素都是基本的 HTML 结构元素。一些复杂的网页布局，往往需要使用 DIV+ CSS 实现。为了使文档结构更加清晰明确，容易阅读，HTML5 增加了几个与页眉、页脚、内容等文档结构相关联的结构元素。

2.3.1 用 DIV 描述的网页布局

div 元素可以用于页面布局。一个典型的用 div 描述的页面布局如图 2-1 所示。下面的代码清单给出了页面的结构定义，CSS 样式定义部分将在后面章节中介绍。

2-2 理解 Section 的定义

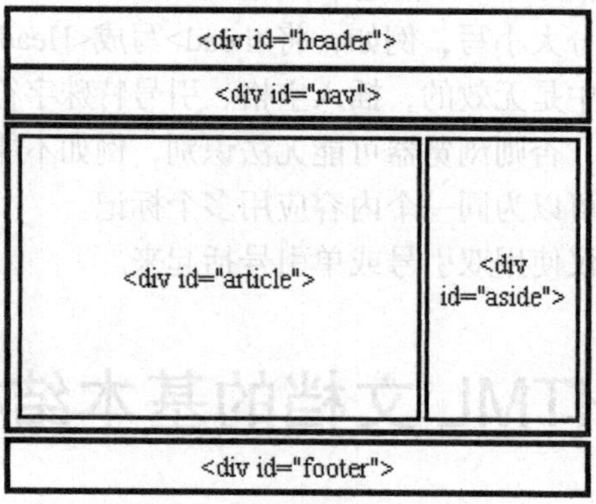

图 2-1 div 描述的页面布局

```
<body>
<div id="header">……</div>
<div id="nav">……</div>
<div id="article">……</div>
<div id="aside">……</div>
<div id="footer">……</div>
</body>
```

div 元素本身是一个容器，其中承载着需要表示的内容，在上面的布局代码中，不同的 div 块通过后面的 id 属性来表明其含义，div 本身不含任何语义特性，HTML5 在这方面做了完善。如果用 HTML5 来描述，代码清单如下。在 2.3.2 节将会对新增元素进行详细解释。

```
<body>
```

```
<header></header>
<nav></nav>
<article></article>
<aside></aside>
<footer></footer>
</body>
```

2.3.2　HTML5 增加的结构元素

2-3　HTML5 新增的主体结构元素

HTML5 增加了 article、section、nav、aside、header、footer 等布局元素，以实现更好的语义解释。但这些结构元素定义的是增强了语义的 div 块，是 HTML 页面按逻辑进行分割后的单位，并没有显示效果。和 div 一样，如果没有对其使用 CSS 样式定义，即使删除这些结构元素，也不影响页面的显示效果。

1. article 元素

article 元素代表文档、页面或应用程序中独立的、完整的、可以独自被外部引用的内容。例如，一篇博客或报刊中的文章、一篇论坛帖子、一段用户评论或独立的插件，页面中主体部分或其他任何独立的内容都可以用 article 来描述。

除了内容部分，一个 article 元素通常有它自己的标题（一般放在一个 header 元素里面），有时还有自己的脚注。如果 article 描述的结构中还有不同层次的独立内容，article 元素是可以嵌套使用的，嵌套时，内层的内容在原则上应当与外层的内容相关联。

示例 2-1 是一个使用 article 元素描述的页面结构，显示结果如图 2-2 所示，其中的 header 元素、footer 元素将在后面介绍。如果删除这几个结构元素，页面显示效果是没有变化的。

```
<!-- demo0201.html -->
<!DOCTYPE html>
<head>
    <meta charset="utf-8">
    <title>article 元素</title>
</head>
<body>
<article>
    <header>
        <h1>旅游产品</h1>
        <p>发布机构：大连市旅游局</p>
    </header>

    <p><b>市内旅游</b>，包括广场游、滨海游、公园游、老建筑游和特色景点游等。</p>
    <p><b>海岛旅游</b>，包括海王九、旅顺蛇岛、棒槌岛、海猫岛、獐子岛等。</p>

    <footer>
        <p>
            <small>著作权归***公司所有。</small>
        </p>
    </footer>
</article>
</body>
```

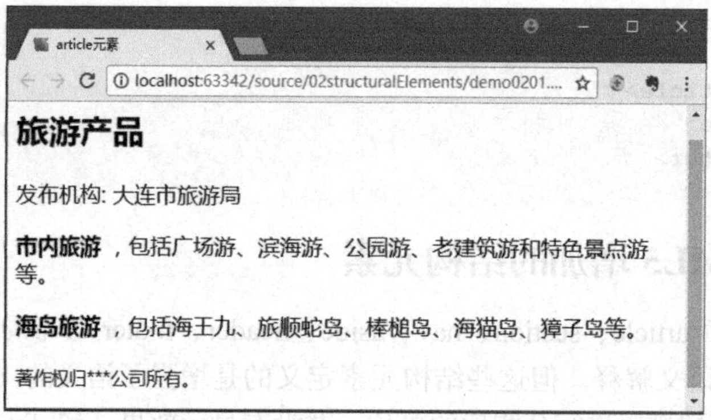

图 2-2　使用 article 元素描述的页面

2. section 元素

section 元素用于定义文档中的节。比如章节、页眉、页脚或文档中的其他部分。一般用于成节的内容，会在文档流中开始一个新的节。它用来表现普通的文档内容或应用区块，通常由内容及其标题组成。但 section 元素不是一个普通的容器元素，如果一个容器需要被直接定义样式或通过脚本定义行为时，推荐使用 div 而非 section 元素。

section 元素可以这样理解：section 元素中的内容可以单独存储到数据库中或输出到 Word 文档中。section 元素的作用是对页面上的内容进行分块，或者说对文章进行分段，但要避免与“有完整、独立的内容”的 article 元素混淆。实际应用时，section 元素和 article 元素有时很难区分。事实上，在 HTML5 中，article 元素可以看成是一种特殊类型的 section 元素。section 元素强调分段或分块，article 强调独立性和整体性。示例 2-2 是关于 section 元素的一个应用，这个案例也包括了与 article 元素的比较，显示结果如图 2-3 所示。

```
<!-- demo0202.html -->
<!DOCTYPE html>
<head>
    <meta charset="utf-8 ">
    <title>article 元素与 section 元素</title>
</head>
<body>
<article>
    <header>
        <h1>旅游产品</h1>
        <p>发布机构：大连市旅游局</p>
    </header>
    <section>
        <h2>市内旅游</h2>
        <p>包括广场游、滨海游、公园游、老建筑游和特色景点游等。</p>
    </section>
    <section>
        <h2>海岛旅游</h2>
        <p>包括海王九、旅顺蛇岛、棒槌岛、海猫岛、獐子岛等</p>
    </section>

    <footer>
        <p>
            <small>著作权归***公司所有。</small>
```

```
        </p>
    </footer>
</article>
</body>
```

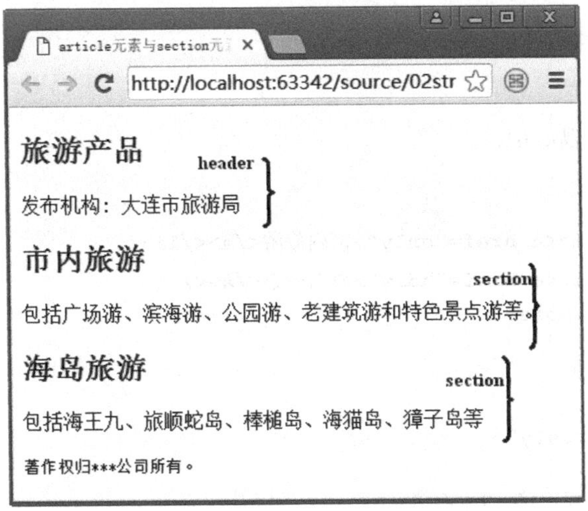

图 2-3　使用 article 和 section 元素描述的页面

在这个例子中，article 元素包含了 section 元素，这不是固定模式。实际上，经常有 section 元素包含 article 元素的情况，主要看是强调分块还是强调独立性。关于 section 元素的使用可以参考下面的规则。

- section 元素不是用作设置样式的页面容器，如果需要承载内容并需要设置样式，div 元素是一个更好的选择。
- 如果 article 元素、aside 元素或 nav 元素更符合使用场景或语义描述，就不要使用 section 元素。
- section 元素内部应当包括有标题的定义。

3. nav 元素

nav 元素是一个可以用作页面导航的链接组，其中的导航元素链接到其他页面或当前页面的其他部分，nav 元素使 html 代码在语义化方面更加精确，同时对于屏幕阅读器等设备的支持也更好。但并不是所有的链接组都要被放进 nav 元素，只需要将主要的、基本的链接组放进 nav 元素即可。例如，页脚中的服务条款、首页、版权声明等也可以是一组链接，将其放入 footer 元素中更为合适。一个页面中可以拥有多个 nav 元素，作为页面整体或不同部分的导航。

示例 2-3 是一个 nav 元素的使用示例，在这个示例中，一个页面由几部分组成，每个部分都带有链接，但只将最主要的链接放入了 nav 元素中。显示结果如图 2-4 所示。

```
<!-- demo0203.html -->
<!DOCTYPE html>
<head>
    <meta charset="utf-8">
    <title>nav 元素示例</title>
</head>
<body>
<h1>大连旅游</h1>
<nav>
```

```
        <ul>
            <li><a href="#">联系我们</a></li>
            <li><a href="#">问题反馈</a></li>
            ...more...
        </ul>
    </nav>
    <article>
        <header>
            <h1>旅游产品</h1>
            <nav>
                <ul>
                    <li><a href="snly">市内旅游</a></li>
                    <li><a href="hdly">海岛旅游</a></li>
                    ...more...
                </ul>
            </nav>
        </header>
        <article id="snly">
            <section>
                <h1>人民广场</h1>
                <p>位于大连市中心……</p>
            </section>
            ...more...
        </article>
        <article id="hdly">
            <section>
                <h1>棒棰岛</h1>
                <p>位于滨海东路……</p>
            </section>
            ...more...
            <footer>
                <p>
                    <a href="edit">编辑</a> |
                    <a href="delete">删除</a> |
                    <a href="rename">重命名</a>
                </p>
            </footer>
        </article>
        <footer>
            <p>
                <small>版权所有：XX 公司</small>
            </p>
        </footer>
</body>
```

在上述代码中，第一个 nav 元素用于页面导航，将页面跳转到其他页面上去（跳转到网站主页或开发文档目录页面）；第二个 nav 元素放置在 article 元素中，用作这篇文章中两个组成部分的页内导航。

nav 元素的使用可以参考下面的规则。

- 传统导航条。主流网站页面上都有不同层级的导航条，其作用是将当前画面跳转到网站的其他页面上去。

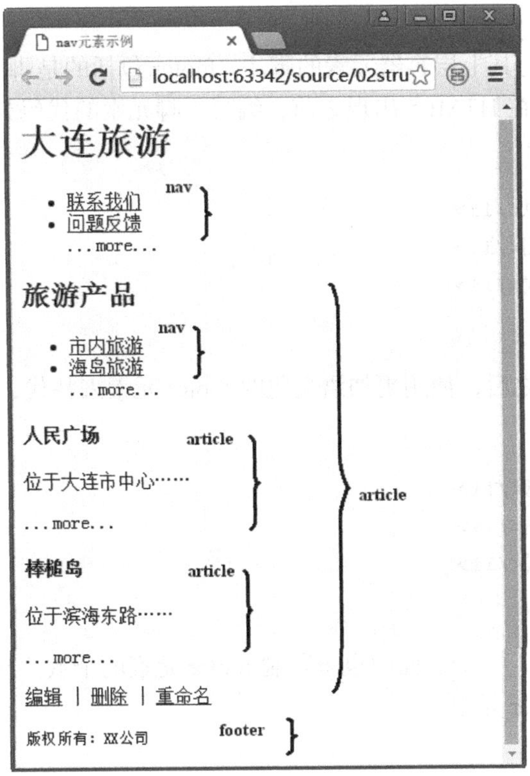

图 2-4 使用了 article、section 和 nav 等元素描述的页面

- 侧边栏导航。主流博客网站及商品网站上都有侧边栏导航，其作用是将页面从当前文章或当前商品跳转到其他文章或其他商品页面上去。
- 页内导航。页内导航的作用是在本页面几个主要的组成部分之间进行跳转。
- 翻页操作。翻页操作是指在多个页面的前后页或博客网站的前后篇文章滚动。

4. aside 元素

aside 元素用来承载非正文的内容，被视为页面里面一个单独的部分。它包含的内容与页面的主要内容是分开的，可以被删除，而不会影响到网页的内容、章节或是页面所要传达的信息。例如广告、成组的链接、侧边栏等。

aside 元素主要有以下两种使用方法。

- 被包含在 article 元素中作为主要内容的附属信息部分，其中的内容可以是与当前文章相关的参考资料、名词解释等。
- 在 article 元素之外使用，作为页面或站点全局的附属信息，典型的形式是侧边栏，其中的内容可以是友情链接、文章列表、帖子等。

5. header 元素

header 元素是一种具有引导和导航作用的结构元素，通常用来放置整个页面或页面内的一个内容区域的标题，但也可以包括表格、logo 图片等内容。整个页面的标题应该放在页面的开头，用如下所示的形式书写页面的标题更有助于理解文档的结构。

```
<header><h1>页面标题</h1></header>
```

需要强调，一个页面内并未限制 header 元素的个数，可以拥有多个，可以为每个内容区域添加一个 header 元素。

6. footer 元素

footer 元素一般作为其上层容器元素的脚注。footer 包括的是脚注信息，如作者、相关阅读链接及版权信息等。在 HTML5 出现之前，编写页脚元素的代码如下。

```
<div id="footer">
    <ul>
        <li>版权信息</li>
        <li>站点地图</li>
        <li>联系方式</li>
    </ul>
</div>
```

但是到了 HTML5 之后，使用更加语义化的 footer 元素来替代，代码如下。

```
<footer>
    <ul>
        <li>版权信息</li>
        <li>站点地图</li>
        <li>联系方式</li>
    </ul>
</footer>
```

与 header 元素一样，一个页面中也未限制 footer 元素的个数。同时，可以为 article 元素或 section 元素添加 footer 元素。

7. time 元素

time 元素是 HTML5 的一个语义化元素，主要目的是使页面语义描述更清晰，使网络搜索引擎（百度、谷歌）能很好地理解网页页面。使用 time 元素，可以插入计算机能够识别的日期和时间，同时又能以一种可读的方式显示给用户。使用 time 元素，可以为内容添加如发布时间、事件发生时间等信息，还可以为使用其他的技术（比如说日历系统）提供支持。time 元素有两个可选属性。

- datetime：终端用户浏览的内容写在 time 标记之间，而计算机可以识别 datetime 值，例如，datetime="2015-04-09T16:00Z"。“T”是日期与时间的分隔；“Z”代表的是对机器编码时，使用 UTC 标准时间。
- pubdate：布尔属性。它代表的是其最近的父 article 元素内容的发布日期和时间，如没找到任何父 article 元素，则指向整个文档。每个 article 元素只能拥有一个带 pubdate 的 time 元素。

time 元素的使用频率低，可以定义很多格式的日期和时间。下面是用 time 元素表示的各种格式的时间。

```
<body>
<time datetime="2018-3-6">2018 年 3 月 6 日</time>
<!-- datetime 属性中日期与时间之间要用"T" 分隔，"T'表示时间 -->
<time datetime="2018-3-6T20:00">2018 年 3 月 6 日 20:00</time>
<!-- 时间加上"Z"表示给机器编码时使用 UTC 标准时间 -->
<time datetime="2018-3-6T20:00Z">2018 年 3 月 6 日 20:00</time>
</body>
```

示例 2-4 使用了 time 元素和 pubdate 属性。

```
<!-- demo0204.html -->
<!DOCTYPE HTML>
```

```
<html>
<head>
    <meta charset="utf-8">
    <title>time</title>
</head>

<body>
<article>
    <footer>
        <p>This article was published on
            <time pubdate datetime="2018-03-01T16:00Z">1st March 2018 at 4pm</time>
        </p>
    </footer>
</article>

<section>
    <h1>Welcome to FS2016</h1>

    <p>The International Conference on Fuzzy System is scheduled to be held on
        <time datetime="2018-12-1">1st December 2018</time>
    </p>
    <p>Publish Date:
        <time pubdate datetime="2018-12-3">3rd December 2018</time>
    </p>
</section>
</body>
</html>
```

8. hgroup 元素

hgroup 元素从语义化上看为标题组，一般作为 header 标签的子元素，一个内容区域中包括了主标题和至少一个子标题才使用 hgroup。观察下面的代码。

```
<article>
    <header>
        <hgroup>
            <h1>about HTML5</h1>
            <h2>about Webworker</h2>
            <h3>about Websocket</h3>
        </hgroup>
    </header>
    <p>Html5 中的新功能很多……</p>
</article>
```

9. address 元素

address 元素从语义上看为地址，主要用于在文档中呈现联系信息，通常内容为作者、网站链接、电子邮箱、地址、电话号码等。address 元素只是一个语义元素，使用频率低。

```
<address>
    <a href="">作者：张三丰</a>
    <a href="">地址：武当山</a>
    <a href="">联系方式：1247</a>
</address>
```

10. main 元素

main 元素表示网页中的主要内容。主要内容区域指与网页主题或 Web 应用主要功能直接相关的内容。main 定义的内容应该为每一个网页中所特有的内容，不可以包含整个网站的导航条、版权信息、网站 LOGO、公共搜索表单等整个网站内部的共同内容。

需要注意，每个网页只能放置一个 main 元素。不能将 main 元素放置在任何 article、aside、footer、header 或 nav 元素内部。

示例 2-5 使用了 main 元素描述网页的主要内容。

```
<!-- demo0205.html -->
<!DOCTYPE html>
<html>
<head>
    <meta charset="UTF-8">
    <title>Using main</title>
</head>
<body>
<header><h1>main Test</h1></header>
<nav>
    <ul>
        <li>HTML5</li>
        <li>CSS3</li>
    </ul>
</nav>
<main>
    <article>
        <h1>main 元素</h1>
        每个网页内部只能放置一个 main 元素。不能将 main 元素放置在任何 article、aside、footer、
header 或 nay 元素内部。
    </article>
    <aside>
        More information
    </aside>
</main>
<footer>Copyright 2015</footer>
</body>
</html>
```

思考与练习

1. 简答题

（1）简述 HTML 文档的基本结构元素的功能。

（2）HTML5 增加的 article、section、nav、aside 等结构元素功能。

（3）HTML 为什么要使用字符实体？列举出 5 个常用的字符实体名称。

2. 操作题

（1）参照示例 2-2 设计一个网页，比较 article 元素与 section 元素的区别。

（2）设计一个网页，在其中显示 HTML 的部分字符实体。

（3）下载并安装 IE 浏览器、Chrome 浏览器、Firefox 浏览器，在 http://html5test.com 上测试不同类型的浏览器对 HTML5 的支持度。

第 3 章 HTML5 的基本页面元素

学前提示

按照 Web 标准，网页的结构和内容对应于 HTML 技术。第 2 章介绍了 HTML5 的结构元素，本章将介绍网页中的文字、图像和声音等元素。将 HTML 文档中的文字、段落、图像等元素按一定的形式组织起来，可以使网页美观和便于阅读；表格是一种数据组织和简单的页面布局工具。本章介绍 HTML 网页中最基本的页面元素。

知识要点

- 在网页中插入文本和列表
- 设置网页内元素的格式
- 超级链接
- 图像及多媒体元素
- 表格及内嵌框架

3.1 文本元素

HTML 的文本元素主要用段落标记、标题标记、块标记和列表标记等来描述，主要用于描述 HTML 文档的内容。一些文字标记，例如设置文字的字体、字号、颜色等属性的 font 标记，设置斜体、删除线、下划线等标记，因 HTML5 中已经不再支持，可以用 CSS 代替，本节不再赘述。

3.1.1 段落标记<p>和换行标记

浏览器在显示网页时，完全是按 HTML 标记来解释 HTML 代码，忽略多余的空格和换行。HTML 文档中连续输入的多个空格（空格键）都将被看作是一个空格。按 Enter 键产生的换行在显示时也是无效的。在 HTML 文件中，使用段落标记<p>来描述段落。网页显示时，包含在<p></p>标记对中的内容会显示在一个段落里。如果想另起一行，可以使用换行标记
。

合理地使用段落会使文字显示更加美观，要表达的内容也更加清晰。示例 3-1 运用段落标记和换行标记实现了一个内容以文字为主的网页。

```
<!--demo0301.html -->
<!DOCTYPE html>
<head>
<meta charset="UTF-8">
</head>
<h3>段落标记的使用</h3>
<hr/>
<p>段落标记是文档结构描述的重要元素</p>
<p>    段落标记实现了文本的换行显示，并且，段落之间有一行的间距。<br
/>段落标记虽然有开始和结束标记，但结束标记可以省略，如果浏览器遇到一个新的段落标记，将会结束前面的
段落，开始新的段落……</p>
```

代码中的字符串“ ”用于在正文中插入空格，标记<hr/>用于添加水平线。同时，这个例子省略了标记<html>和</html>，也省略了标记<body>和</body>。代码在 WebStorm 环境中编辑，运行结果如图 3-1 所示。

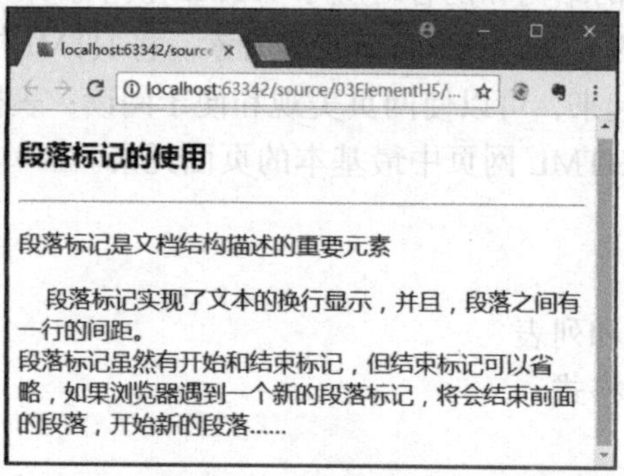

图 3-1　使用标题标记和段落标记的显示效果

3.1.2　标题标记<hn>

HTML 文档中，通过设置不同级别的标题（Heading）标记，可以清晰地表示出文档的结构。标题是通过<h1>～<h6>6 对标记进行定义的。<h1>定义最大的标题，<h6>定义最小的标题。

示例 3-2 的代码分别用<h1>、<h2>、<h3>这 3 个标记定义了 3 级标题，表达了文档的层次关系。

```
<!-- demo0302.html -->
<!DOCTYPE html>
<html>
<head>
    <meta charset="UTF-8">
</head>
<body>
    <h1>Web 前端开发</h1>
    <h2>CSS 3</h2>
    <h2>JavaScript</h2>
    <h2>HTML 5</h2>
    <h3>文本标记</h3>
    <h3>图像标记</h3>
```

```
    <h3>链接标记</h3>
</body>
</html>
```

3.1.3 块标记<div>和<span>

<div>和<span>标记都是用于定义页面内容的容器，可以用于实现页面布局，本身没有具体的显示效果，显示效果由 style 属性或 CSS 来定义。

示例 3-3 定义了两个<div>和<span>容器，通过显示结果的对比可以发现<div>是一种块（block）容器，默认的状态是占据一行，而<span>是一个行间（inline）的容器，其默认状态是行间的一部分，占据行的长短由内容的多少决定。示例在浏览器中显示的效果如图 3-2 所示，为了区分<div>和<span>，设置了这两个元素的 style 属性。

```
<!-- demo0303.html -->
<!DOCTYPE html >
<html>
<head>
    <meta charset="utf-8">
    <title><div>和<span>标记示例</title>
</head>
<body>
<div style="background-color:#3399FF">块状区域 1</div>
<div style="background-color:#99DDEE">块状区域 2</div>
<span style="background-color:#FFCCFF">行间区域 1</span>
<span style="background-color:#993399">行间区域 2</span>
</body>
</html>
```

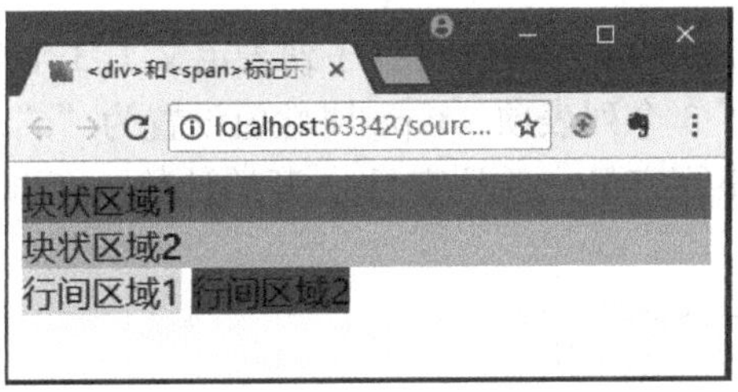

图 3-2 div 标记和 span 标记的不同效果

3.2 列表元素

HTML 提供的列表元素可以对网页中的元素进行更好的布局和定义。所谓列表，就是在网页中将项目有序或无序地罗列显示。列表项目以项目符号开始，这样有利于将不同的内容分类呈现，并体现出重点。HTML 可以设置序号样式、重置计数，或设置个别列表项目或整个列表项目的符号样式选项。

3-1 HTML5 列表、块和布局

HTML 中的列表元素有 3 种形式——有序列表、无序列表和自定义列表。

3.2.1 有序列表标记<ol>

有序列表是一个项目的序列，各项目前标有数字以表示顺序。有序列表由<ol></ol>标记对实现，在<ol></ol>标记之间使用成对的<li></li>标记添加列表项目。定义有序列表的语法格式如下。

```
<ol type="" start="">
    <li>列表信息</li>
    <li>列表信息</li>
    <li>列表信息</li>
    ……
</ol>
```

默认情况下，有序列表的列表项目前显示 1、2、3…序号，从数字 1 开始计数。可以使用 type 属性修改有序列表序号的样式，也可以定义 start 属性设置列表序号的起始值。type 属性的具体取值及说明如表 3-1 所示。

表 3-1 有序列表 type 属性值及说明

属性值	说明
1	数字 1、2、3…
a	小写字母 a、b、c…
A	大写字母 A、B、C…
i	小写罗马数字 i、ii、iii…
I	大写罗马数字 Ⅰ、Ⅱ、Ⅲ…

示例 3-4 定义了两组有序列表。第一组有序列表定义了 3 个列表项，采用默认的列表样式；第二组有序列表定义了 3 个列表项，type 属性值设置为“a”，start 属性值设置为“3”，即列表项目的序号样式为小写字母，并从字母 c 开始计数。在浏览器中显示的效果如图 3-3 所示。

```
<!-- demo0304.html -->
<!DOCTYPE HTML>
<html>
<head>
    <meta charset="utf-8">
    <title>有序列表默认样式</title>
</head>
<body>
<!--有序列表默认样式-->
<ol>
    <li>中国大连国际葡萄酒美食节</li>
    <li>2015 大连长山群岛国际海钓节</li>
    <li>2015 大连国际沙滩文化节</li>
</ol>
<!--修改有序列表序号样式及初始值-->
<ol type="a" start="3">
    <li>第二十六届大连赏槐会暨东北亚国际旅游文化周</li>
```

```
    <li>第十三届大连国际徒步大会</li>
    <li>大连啤酒节</li>
</ol>
</body>
</html>
```

有序列表的项目中可以加入段落、换行、图像、链接或其他的列表等。

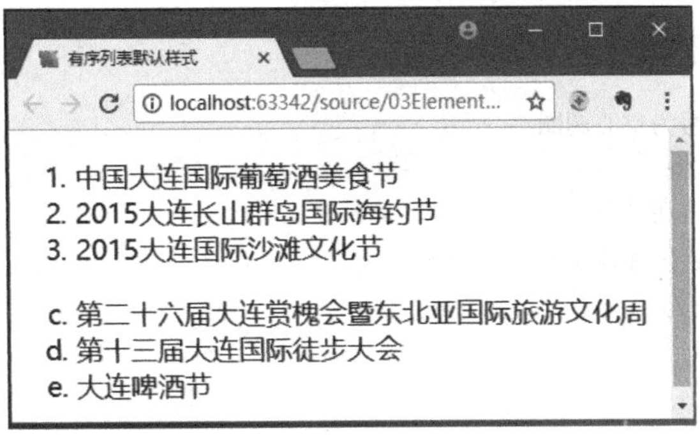

图 3-3　有序列表

3.2.2　无序列表标记<ul>

无序列表也是一个项目的序列，不用数字而采用一个符号标志每个项目。无序列表由成对的<ul></ul>标记对实现，<ul></ul>标记之间使用成对的<li></li>标记可添加列表项目。无序列表的语法格式如下。

```
<ul type="">
    <li>列表信息</li>
    <li>列表信息</li>
    <li>列表信息</li>
    ......
</ul>
```

默认情况下，无序列表的每个列表项目前显示黑色实心圆点。可以使用 type 属性修改无序列表符号的样式，type 属性的具体取值及说明如表 3-2 所示，其中，type 属性值必须小写。

表 3-2　无序列表 type 属性值及说明

属性值	说明
disc	实心圆点（默认）
circle	空心圆圈
square	方形

示例 3-5 定义了两组无序列表，第一组的每个列表项目前显示默认的黑色实心圆点，第二组无序列表的 type 属性值设置为“circle”，即项目符号样式为空心圆圈，显示效果如图 3-4 所示。

```
<!-- demo0305.html -->
<!DOCTYPE HTML>
<html>
<head>
    <meta charset=utf-8>
```

```
    <title>无序列表示例</title>
</head>
<body>
<!--无序列表符号默认为黑点实心圆点-->
<ul>
    <li>中国大连国际葡萄酒美食节</li>
    <li>2015 大连长山群岛国际海钓节</li>
    <li>2015 大连国际沙滩文化节</li>
</ul>
<!--修改无序列表符号为空心圆圈-->
<ul type="circle">
    <li>第二十六届大连赏槐会暨东北亚国际旅游文化周</li>
    <li>第十三届大连国际徒步大会</li>
    <li>大连啤酒节</li>
</ul>
</body>
</html>
```

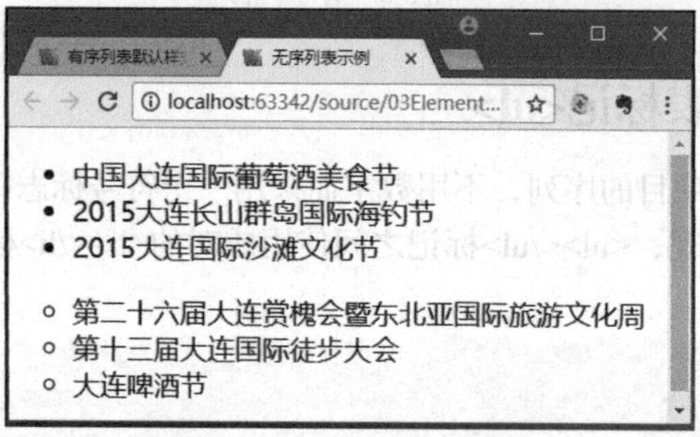

图 3-4　无序列表

无序列表的项目中可以加入段落、换行、图像、链接或其他的列表等。

3.2.3　自定义列表<dl>

自定义列表不是一个项目的序列，它是一系列项目和它们的解释。自定义列表以<dl>标记开始，列表项目以<dt>开始，列表的解释以<dd>开始。自定义列表的语法格式如下。

```
<dl>
    <dt>名称<dd>说明
    <dt>名称<dd>说明
    <dt>名称<dd>说明
    ……
</dl>
```

<dt>标记定义了组成列表项的名称部分，此标记只能在<dl>标记中使用。<dd>用于解释说明<dt>标记所定义的项目，此标记也只能在<dl>标记中使用。

示例 3-6 定义了自定义列表，效果如图 3-5 所示。

```
<!-- demo0306.html -->
<!DOCTYPE HTML>
<html>
<head>
```

```
    <meta charset=utf-8>
    <title>自定义列表示例</title>
    </head>
    <body>
        <dl>
            <dt>用户名<dd>6~18 个字符，需以字母开头
            <dt>密码<dd>6~16 个字符，区分大小写
        </dl>
    </body>
    </html>
```

自定义列表的定义（标记<dd>）中可以加入段落、换行、图像、链接或其他列表等。

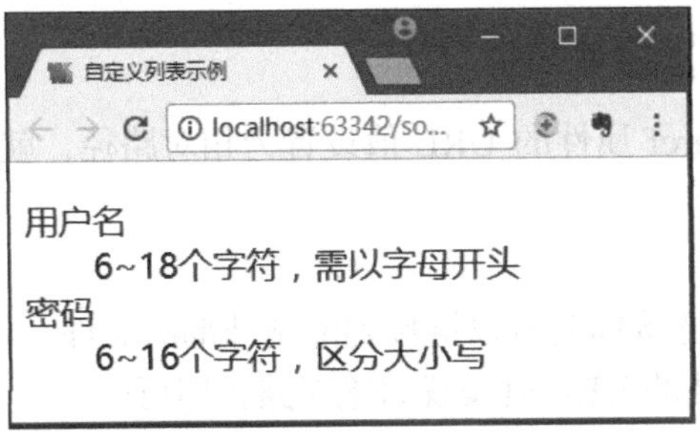

图 3-5　自定义列表

3.3　超链接元素

Web 上的网页都是互相连接的。在浏览网页时，单击一张图片或者一段文字就可以跳转到其他页面，这些功能就是通过超链接来实现的。掌握 HTML 文件中的超链接知识对网页制作也是至关重要的。

3-2　HTML5
超链接属性及使用

3.3.1　超链接属性

在 HTML 文件中，超链接通常使用标记<a>来定义，具体链接对象通过标记中的 href 属性来设置。通常，可以将当前文档称为链接源，href 的属性值便是链接目标。定义超链接的语法格式如下。

```
<a href="url" target="target-windows">链接标题</a>
```

链接标题可以是文字、图像或其他网页元素。

- href 属性定义了链接标题所指向的目标文件的 URL 地址。
- target 属性指定用于打开链接的目标窗口，默认方式是原窗口，其属性值如表 3-3 所示。

表 3-3　标记<a>中 target 的属性值及说明

属性值	说明
parent	当前窗口的上级窗口，一般在框架中使用
blank	在新窗口中打开
self	在同一窗口中打开，和默认值一致
top	在浏览器的整个窗口中打开，忽略任何框架

下面的代码为文字“访问搜狐”定义了超链接。

```
<a href="http://www.sohu.com">访问搜狐</a>
```

链接目标为搜狐网站首页的 URL 地址“http://www.sohu.com”。网页在浏览器中加载后，用鼠标单击文字标题“访问搜狐”，就可以在当前窗口打开搜狐网站的页面。

3.3.2 超链接类型

在 HTML 文件中，超链接可以分为内部链接、外部链接和书签链接。内部链接指的是一个网站内部文件之间的链接，即在同一个站点下不同网页之间的链接；外部链接是指网站内的文件链接到站点以外的文件；书签链接是在一个文档内部的链接，适用于文档比较长的情况。

1. 内部链接

将超链接标记<a>中 href 属性的 URL 值设置为相对路径，就可以在 HTML 文件中定义内部超链接。

2. 外部链接

外部链接指网页中的链接标题可以链接到网站外部的文件，定义外部链接时，在超链接标记<a>中，将其 href 属性的 URL 值设置为绝对路径即可。

3. 书签链接

如果有的网页内容特别多，页面特别长，需要不断翻页才能看到想要的内容，这时，可以在页面中（一般是页面的前部）定义一些书签链接。这里的书签相当于方便浏览者查看的目录，单击书签时，就会跳转到相应的内容。实际上，跳转的地址也可以是其他文档中的某一位置。

在使用书签链接之前，首先要建立称为“锚记”的链接目标地址，格式如下。

```
<a name="anchorname"></a>
```

在超级链接部分，指明用户定义的锚记名称，即可链接到指定的位置。

示例 3-7 中包含了内部链接和外部链接，显示结果如图 3-6 所示。

网页中为前两项文字标题和第三项图像素材分别添加了外部链接，单击链接标题或链接源图像时，浏览器会跳转到目标站点的网页上。

而<a href="..\pages\about.html">关于我们</a>则是内部链接，链接的地址是站点内和当前文件所在文件夹同级的 pages 文件夹下面的文件。

```
<!-- demo0307.html -->
<!DOCTYPE HTML>
<html>
<head>
<meta charset="utf-8">
<title>链接示例</title>
</head>
<body>
    友情链接：
    <a href="http://www.tuniu.com/">途牛旅游网</a>|
    <a href="http://www.ctrip.com/">携程旅行网</a>|
    <a href="http://www.oceanpark.com.hk"><img src="images/hklogo.png"
  style="height:30px;"></a>
    <p>*2015 大连国际徒步大会时间<br/>
```

```
        时间：2015 年 5 月 16-17 日<br/>
        分会场：金石滩分会场、甘井子分会场、旅顺口区分会场</p>
        <a href="../pages/about.html">关于我们</a>
    </body>
    </html>
```

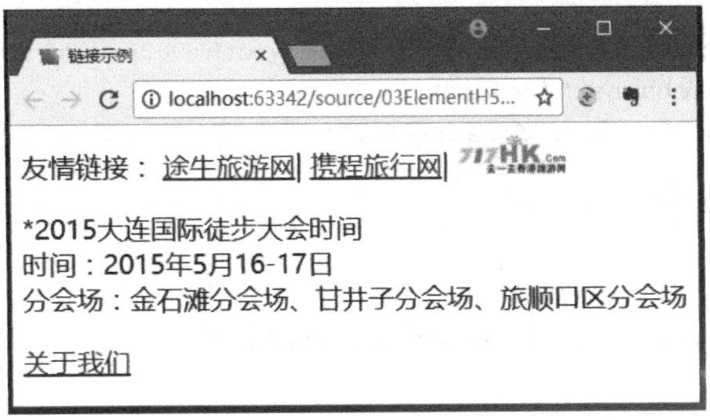

图 3-6　链接示例

3.3.3　超链接路径

HTML 文件中提供了 3 种路径——绝对路径、相对路径、根路径。

1. 绝对路径

绝对路径指文件的完整路径，包括文件传输的协议 HTTP、FTP 等，一般用于网站的外部链接，例如，http://www.sohu.com。

2. 相对路径

相对路径是指相对于当前文件的路径，它包含了从当前文件指向目的文件的路径，适用于网站的内部链接。只要是处于站点文件夹内，即使不属于同一个文件目录下，相对路径建立的链接也适用。采用相对路径建立两个文件之间的相互关系，可以不受站点和服务器位置的影响。相对路径的使用方法如表 3-4 所示。

表 3-4　相对路径使用方法

相对位置	输入方法	举例
同一目录	直接输入要链接的文档名	index.html
链接上一目录	先输入“../”，再输入目录名	../images/pic1.jpg
链接下一目录	先输入目录名，后加入“/”	videos/v1.mov

3. 根路径

根路径的设置以“/”开头，后面紧跟文件路径，例如/download/index.html。根路径的设置也适用于内部链接的建立，一般情况下不使用根路径。根路径必须在配置好的服务器环境中才能使用。

示例 3-8 运用嵌套列表的方法定义了几组列表，并为每一个列表项添加内部链接或外部链接，实现了网站导航页面。在浏览器中查看网页，效果如图 3-7 所示。需要注意的是，超链接目标文件 a1.html、a2.html、…、d3.html 等需要用户自行定义；span 标记中的浮动属性 float 将在第 15 章中介绍。

```
<!-- demo0308.html -->
```

```
<!DOCTYPE HTML>
<html>
<head>
    <meta charset="utf-8">
    <title>超链接示例</title>
</head>
<body>
<div><img src="images/header.jpg" style="width:980px; height:200px; "
title="花花旅游在线 banner"/></div>
<span style="width:323px; float:left;">
     <ul>
          <li>旅游须知</li>
          <ul>
               <li><a href="a1.html">参加旅行社注意事项</a></li>
               <li><a href="a2.html">旅游保险常识</a></li>
          </ul>
          <li>旅游景点</li>
          <ul>
               <li><a href="b1.html">广场/建筑</a></li>
               <li><a href="b2.html">博物馆/纪念馆/展览馆</a></li>
               <li><a href="b3.html">主题公园/游乐场</a></li>
               <li><a href="b4.html">海水浴场/嬉水游泳馆</a></li>
          </ul>
     </ul>
 </span>
<span style="width:323px;  float:left;">
     <ul>
          <li>旅游图库</li>
          <ul>
               <li><a href="c1.html">广场</a></li>
               <li><a href="c2.html">海滨</a></li>
               <li><a href="c3.html">建筑</a></li>
          </ul>
          <li>特色美食</li>
          <ul>
               <li><a href="d1.html">美食推荐</a></li>
               <li><a href="d2.html">街边小吃</a></li>
               <li><a href="d3.html">时令海鲜</a></li>
          </ul>
    </ul>
 </span>
<span style="width:323px; float:left;">
    <ul>
          <li>友情链接</li>
          <ul>
               <li><a href=" http://www.tuniu.com/">途牛旅游网</a></li>
               <li><a href=" http://www.mafengwo.cn/">马峰窝旅游网</a></li>
               <li><a href=" http://www.ctrip.com/">携程旅游网</a></li>
          </ul>
    </ul>
```

```
    </span>
  </body>
</html>
```

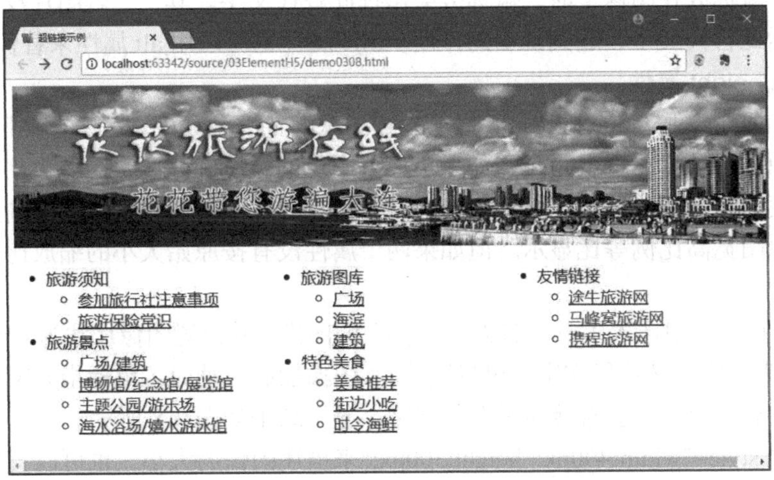

图 3-7　网站导航页面效果

3.4　图像元素和多媒体元素

3.4.1　图像标记<img>

<img>标记用于向网页中插入图像，有时也通过使用 CSS 为一些元素设置背景图像。本质上，<img>标记并不是在网页中插入图像，而是从网页上链接并显示一幅图像。<img>标记创建的是被引用图像的占位空间，语法格式如下。

```
<img src="url" title="description"/>
```

<img>标记的作用就是嵌入图像，该标记含有多个属性，具体的属性及说明如表 3-5 所示。其中，width 属性、height 属性、border 属性、align 属性已经不建议使用，而是通过 CSS 来描述。

表 3-5　img 标记的常用属性

属性名	说明
src	图像地址
title	添加图像的替代文字
width/height	设置图像宽度/高度
border	设置图像边框
align	设置图像对齐方式

1. src 属性

src 属性为必需属性，其他属性为可选项。src 属性用来指定图像文件所在的路径，这个路径可以是相对路径，也可以是绝对路径。

2. title 属性

title 属性用于添加图像的替代文字。替代文字有两个作用。其一，当浏览网页时，若图像下载完成，鼠标放在图像上时，鼠标旁会出现此替代文字。其二，若图片没有被下载，图片位置会显示此替代文字，起到说明的作用。title 属性也可以用 alt 属性来替代。

3. width/height 属性

<img>标记的属性 width 和 height 用于设置图像的宽度和高度。默认情况下，网页中显示的图像保持原图的尺寸。也就是说，如果不设置图像的宽度和高度，图像大小与原图一致。

图像高度和宽度的单位可以是像素，也可以是百分比。若只设置宽度或高度中的一个，则图像会按原图宽高比例等比显示。但如果两个属性没有按原始大小的缩放比例设置，图像会变形显示。

示例 3-9 在网页中插入了一幅名为“tu.jpg”的图像，并设置图像尺寸为 400×300（单位：像素），同时为图像定义替代文字“风景图片”。图像加载成功时，鼠标指向图像会显示替代文字；图像加载失败时，会直接显示替代文字，显示结果如图 3-8 所示。

示例中用 style="width:400px; height:300px;"来描述图像的大小，也可以直接使用图像的 width/height 属性。代码为：<img src="images/tu.jpg" width=400 height=300 title="风景图片">。

```
<!-- demo0309.html -->
<!DOCTYPE HTML>
<head>
<meta charset="utf-8">
</head>
<img src="images/tu.jpg" style="width:400px; height:300px;" title="风景图片">
```

示例 3-10 在网页中插入了两幅相同的图像，并进行了不同的尺寸设置，显示结果如图 3-9 所示。

图 3-8　插入带 title 属性的图片

图 3-9　改变图片的大小

```
<!-- demo0310.html -->
<!DOCTYPE HTML>
<html>
<head>
<meta charset=utf-8>
<title>设置图像宽度和高度示例</title>
</head>
```

```
<body>
   <img src="images/tu.jpg" title="风景图片">
   <img src="images/tu.jpg" style="width:80px;" title="风景图片">
</body>
</html>
```

第一张图像显示为原始尺寸，宽度为 160 像素，高度为 120 像素；第二张图像只设置了宽度为 80 像素，高度则按原比例缩小为 60 像素，如图 3-9 所示。

4. border 属性和 align 属性

border 属性用来设置图像边框，align 属性用来设置图像对齐方式。

（1）border 属性

图像默认是没有边框的。<img>标记的 border 属性可以为图像定义边框的宽度，边框的颜色默认为黑色。

（2）align 属性

图像和正文文字的对齐方式可通过<img>标记的 align 属性来定义。图像的绝对对齐方式和正文的对齐方式一样，有左对齐、居中对齐和右对齐；而相对正文文字的对齐方式则是指图像与同行文字的相对位置。

align 属性的取值及说明如表 3-6 所示。

表 3-6　　align 属性的取值及说明

align 属性值	说明
top	图像顶部与同行的文字或图像顶部对齐
middle	图像中部与同行的文字或图像中部对齐
bottom	图像底部与同行的文字或图像底部对齐
left	图像在文字左侧
right	图像在文字右侧
absbottom	图像底部与同行最大元素的底部对齐，常用于 Netscape
absmiddle	图像中部与同行最大元素的中部对齐，常用于 Netscape
baseline	图像底部与文本基准线对齐，常用于 Netscape
texttop	图像顶部与同行最大元素的顶部对齐，常用于 Netscape

示例 3-11 插入了 3 幅图像，并分别定义了不同效果的图像边框。在浏览器中，3 幅图像的显示效果如图 3-10 所示。

```
<!--demo0311.html -->
<!DOCTYPE html>
<html>
<head>
<meta charset="utf-8">
<title>设置图像边框示例</title>
</head>
<body>
     <h2>设置图像边框</h2>
      <hr>
      原图无边框           
 
边框为 10 像素           
```

```
 边框为 4 像素<br>
    <img src="images/tu.jpg">
    <img src="images/tu.jpg" style="border:10px solid blue;" >
    <img src="images/tu.jpg" style="border:4px solid blue;" >
</body>
</html>
```

图 3-10　3 幅图像不同的边框

HTML5 中不再支持<img>标记的 border 属性和 align 属性。如需对网页中插入的图像进行边框和对齐方式的定义，可以使用 CSS 样式表来实现，从而定义更丰富的图像效果，详细内容见 14.3.1 节。

3.4.2　多媒体文件标记<embed>

除了图像文件以外，网页中的多媒体文件还包括音频和视频文件以及 Flash 文件等。音频文件常用格式有 MP3、MID 和 WAV 等，视频文件常用格式有 MOV、AVI、ASF 以及 MPEG 等。要在网页中插入这些文件就要使用<embed>标记，<embed>标记用来定义嵌入的内容，利用<embed>标记可直接调用多媒体文件。

<embed>标记在 HTML5 中支持全局属性和事件属性，语法格式如下。

```
<embed src="url" autostart=""  loop=""></embed>
```

- src 属性用来指定插入的多媒体文件的地址或多媒体文件名，文件名一定要加上扩展名。
- autostart 属性用于设置多媒体文件是否自动播放，有 true 和 false 两个取值。true 表示在打开网页时自动播放多媒体文件；false 是默认值，表示打开网页时不自动播放。
- loop 属性用于设置多媒体文件是否循环播放，有 true 和 false 两个取值。true 表示无限循环播放多媒体文件；false 为默认值，表示只播放一次。

下面分别在网页中插入 Flash 动画、音频文件和视频文件来说明标记<embed>的用法。

1. 插入 Flash 动画

示例 3-12 在网页中插入了 Flash 动画 "flash.swf"，并设置该动画显示宽度为 300 像素，未设置高度时，高度按原始宽高比例自动取值。显示效果如图 3-11 所示。

```
<!-- demo0312.html -->
<!DOCTYPE HTML>
<html>
<head>
<meta charset="utf-8">
```

```
<title>插入 flash 文件示例</title>
</head>
<body>
<h3>插入 flash 文件</h3>
<embed src="images/flash.swf" style="width:300px;">
</embed>
</body>
</html>
```

图 3-11　网页中插入 Flash 的效果

2. 插入音频

示例 3-13 在网页中插入了音频文件“hi.wav”，并设置为自动播放和无限循环效果。

```
<!-- demo0313.html -->
<!DOCTYPE HTML>
<html>
<head>
<meta charset="utf-8">
<title>插入音频文件示例</title>
</head>
<body>
<h3>插入音频文件</h3>
<embed src="images/hi.wav" autostart="true" loop="true" style="height:60px;">
</embed>
</body>
</html>
```

网页显示时自动显示音乐播放器，播放器显示高度为 60 像素，同时音乐文件“hi.wav”自动开始播放，Chrome 浏览器的音乐播放效果如图 3-12 所示。若未设置 autostart 属性，则播放器会显示一个播放按钮，只要单击该按钮就开始播放多媒体音乐。部分浏览器插入音频时需要加入插件。

3. 插入视频

示例 3-14 在网页中插入视频文件，名为“test.wmv”，并设置该视频的显示宽度为 300 像素，高度为 200 像素，同时定义自动播放和无限循环效果。Chrome 浏览器对 embed 插件支持不好，需要安装“Windows Media Player HTML5 Extension for Chrome”插件。在 IE11 浏览器中播放效果如图 3-13 所示。

```
<!--demo0314.html -->
```

```
<!DOCTYPE HTML>
<html>
<head>
<meta charset="utf-8">
<title>插入视频文件示例</title>
</head>
<body>
<h3>插入视频文件</h3>
<embed src="images/test.wmv" style="width:300px; height:200px;" autostart="true"
loop="true">
</embed>
</body>
</html>
```

图 3-12　播放音频的效果

图 3-13　插入视频的效果

3.5　表格元素

表格是一种常用的 HTML 页面元素。使用表格组织数据，可以清晰地显示数据间的关系。表格用于网页布局，能将网页分成多个矩形区域，比较方便地在网页上组织图形和文本。

3-3　HTML 表格的使用

3.5.1　HTML 的表格标记

使用成对的<table></table>标记就可以定义一个表格，定义表格常常会用到表 3-7 所示的标记。需要说明的是，尽管表格有丰富的标记和属性，但在 HTML5 中仅保留了表格的 border 属性和单元格的 colspan、rowspan 属性，因此，HTML5 中修饰表格应通过 CSS 样式来实现。

表 3-7　　表格常用标记及其说明

标记	说明
<table>	表格标记
<tr>	行标记
<td>	单元格标记
<th>	表头标记

表格由<table>标记定义，并包含一个或多个<tr>、<th>、<td>标记。<tr>标记用于定义表格行，<th>标记用于定义表头，<td>标记用于定义具体的表格单元格。复杂的表格也可能包含<caption>、<col>、<colgroup>、<thead>、<tfoot>、<tbody>等标记。定义表格的基本语法格式如下。

示例 3-15 定义了一个 7 行 6 列的表格，在浏览器中查看时效果如图 3-14 所示。

图 3-14　用表格呈现价目表

```
<!-- demo0315.html -->
<!DOCTYPE HTML>
<html>
<head>
    <meta charset="utf-8">
    <title>表格示例</title>
</head>
<body>
<h2>旅行社报价单</h2>
<table border="1" style="width:400px;">
    <tr>
        <th>起点</th> <th>目的地</th> <th>天数</th>
        <th>价格</th><th>备注</th>
    </tr>
    <tr>
        <td>大连</td><td>广州/td><td>4</td>
        <td>3200</td><td></td>
    </tr>
    <tr>
        <td>大连</td><td>海南</td><td>6</td>
        <td>3900</td><td></td>
    </tr>
    <tr>
        <td>沈阳</td><td>广州</td><td>5</td>
        <td>3200</td><td></td>
    </tr>
  ......
</table>
</body>
</html>
```

从示例 3-15 可以看出表格的标记和属性的使用方法。

- <table></table>用来定义表格，整个表格需包含在<table></table>标记对中。<tr></tr>用来定义表格中的一行，可以通过在<tr>标记中设置属性来修改该行的显示效果。
- <th>和<td>用来定义单元格，表格的每一行都可以包含若干单元格，其中可能会包含两种类型的单元格，对应着两种信息，一种是数据，另一种是头信息。<td>标记和<th>标记就是分别用来创建这两种单元格的。

示例的表格设置了 border 属性，为表格添加了 1 像素粗的边框线，宽度设置为 400 像素。

3.5.2 HTML 表格的属性

制作网页的过程中，为了修饰表格效果，常常需要对表格属性进行一些设置。下面对 HTML5 支持的表格属性和 HTML4 支持的属性分别进行介绍。

1. HTML5 支持的表格属性

（1）设置表格边框宽度——border

默认情况下，表格的边框为 0，即不显示表格边框线。可以使用 border 属性指定表格边框线的宽度，该属性的单位是像素。

例如，语句<table border= "2">，作用是设置表格边框线宽度为两个像素。

（2）设置单元格跨列——colspan

单元格可以向右跨越多个竖列，跨越竖列的数量可以通过 th 或 td 元素的 colspan 属性进行设置，其语法格式如下。

```
<td colspan="value">
```

其中，value 的值为大于等于 2 的整数，表示该单元格向右跨越的列数。

（3）设置单元格跨行——rowspan

单元格可以向下跨越多个横行，跨越横行的数量通过 th 或 td 元素的 rowspan 属性进行设置，其语法格式如下。

```
<td rowspan="value">
```

其中，value 的值为大于等于 2 的整数，表示该单元格向下跨越的行数。

2. 表格的其他属性

早期的 HTML 支持设置表格的宽度和高度、表格边框颜色、表格背景颜色等属性，具体如表 3-8 所示。

表 3-8　　早期 HTML 支持的表格属性

属性名	说明
width	设置表格宽度
height	设置表格高度
bordercolor	设置表格边框颜色
bgcolor	设置表格的背景颜色
background	设置表格背景图像
align/ valign	设置表格对齐方式
cellspacing	设置单元格间距
cellpadding	设置单元格边距

示例 3-16 定义宽度为 600 像素、边框 1 像素、3 行 3 列的表格，cellspacing="6"设置表格的单元格间距为 6 像素，cellpadding="10"设置表格单元格边距为 10 像素。通过 colspan="3"设置第 1 行的第 1 个单元格向右跨 3 竖列，通过 rowspan="2"设置第 2 行第 2 个单元格向下跨 2 横行，valign="top"定义该单元格垂直方向顶对齐。示例 3-16 在浏览器中的显示效果如图 3-15 所示。

图 3-15　示例 3-16 在浏览器中的显示效果

```
<!-- demo0316.html -->
<!DOCTYPE HTML>
<html>
<title>表格属性示例</title>
<meta charset="utf-8">
<body>
<table style="width:600px;" border="1" bordercolor="blue" cellspacing="6"
      cellpadding="10" align="center">
   <tr>
      <td colspan="3" bgcolor="#CCCC00" align="center">
         欢迎来自世界各地的朋友，祝您旅途愉快!
      </td>
   </tr>
   <tr>
      <td>
         <img src="images/tu.jpg">
      </td>
      <td rowspan="2" valign="top" width="15" bgcolor="CCCC66">
         旅顺口
      </td>
      <td>
              旅顺口地处辽东半岛最南端，三面环海，……
      </td>
   </tr>
   <tr>
      <td>
         <img src="images/tu2.jpg">
      </td>
```

```
        <td>
                 旅顺口历史悠久，最早名称叫"将军山"，将军山是老铁山的一部分。……
        </td>
    </tr>
</table>
</body>
</html>
```

3.5.3 表格嵌套

在网页制作过程中，有时会用到嵌套的表格，即在表格的一个单元格中嵌套使用一个或者多个表格。

在 HTML 中，第一个<table>标记表示在网页中插入一个表格，第二个<table>标记插在第一个表格的单元格标记<td></td>之间，表示在该单元格中插入另一个表格，也就是定义嵌套表格。

示例 3-17 先定义了一个 1 行 2 列的表格，在第 1 个单元格中嵌套一个 2 行 2 列的表格，在第二个单元格中显示一幅图片。在浏览器中查看网页的效果如图 3-16 所示。

```
<!-- demo0317.html -->
<!DOCTYPE HTML>
<html>
<head>
    <meta charset="utf-8">
    <title>嵌套表格示例</title>
</head>
<body>
<h2>嵌套表格</h2>
<table width="400px" height="160px" border="1px">
    <tr>
        <td width="240px" height="160px">
            这是嵌入的表格
            <table width="240px" border="1"  borbgcolor="#CCC">
                <tr>
                    <td width="60px">地址：</td>
                    <td>大连市甘井子区柳树南街 1 号</td>
                </tr>
                <tr>
                    <td>景点</td>
                    <td>大连成园温泉山庄</td>
                </tr>
            </table>
        </td>
        <td>
            <img src="images/tu1.jpg">
        </td>
    </tr>
</table>
</body>
</html>
```

图 3-16　嵌套的表格效果

示例 3-18 定义的第一个表格为 4 行 2 列。将第 1、2 行单元格均设置为跨 2 竖列效果，在第 2 行单元格中插入了 1 行 4 列的嵌套表格，并为表格内容添加超链接，制作成页面导航的效果。在浏览器中查看网页如图 3-17 所示。

```
<!--demo0318.html-->
<html>
<head>
    <title>嵌套表格示例</title>
    <meta charset=utf-8>
</head>
<body>
<table style="width:600px;" border=1 cellspacing="0">
    <tr>
        <td colspan="2"><img src="images/header.jpg" style="width:600px">
        </td>
    </tr>
    <tr>
        <td colspan="2">
            <table style="width:100%" border="0" bordercolor="#000000">
                <tr style="text-align:center;">
                    <td><a href="#">旅游须知</a></td>
                    <td><a href="#">旅游景点</a></td>
                    <td><a href="#">旅游图库</a></td>
                    <td><a href="#">特色美食</a></td>
                </tr>
            </table>
        </td>
    </tr>
    <tr>
        <td><img src="images/tu.jpg"></td>
        <td>    旅顺口地处辽东半岛最南端，三面环海，一面与大连市区相
连，隔海与山东半岛相望。全区土地面积 506 平方公里，其中城区规划面积 37 平方公里，海岸线总长 169 公里。
是国家级重点风景名胜区、国家级自然保护区、国家森林公园和历史文化名城。旅顺口区距大连市中心 45 公里，
有三条高级公路通往大连市区。
        </td>
    </tr>
    <tr>
        <td><img src="images/tu2.jpg"></td>
```

```
            <td>    旅顺口历史悠久，最早名称叫"将军山"，将军山是老铁山的一部分。早在四五千年前，老铁山下就有人类的活动，现今铁山街道郭家村北大岭新石器时期遗址就证实了这一点。铁山街道于家头坨出土的铜器则告诉我们商朝时期人类在这里活动的情况。战国时这里属燕国的"辽东郡"。
            </td>
        </tr>
    </table>
    </body>
    </html>
```

图 3-17　示例 3-18 的显示效果

3.6　内嵌框架

框架是一种在一个浏览器窗口中显示多个 HTML 文件的网页制作技术。通过框架，把一个浏览器窗口划分为若干个小窗口，每个窗口可以显示不同的网页内容。使用框架可以非常方便地完成页面导航。HTML5 已经不支持 Frameset 框架集，本节主要介绍更为通用的 iframe 内嵌框架。

3-4　HTML5 框架

内嵌框架也称为浮动框架，是在浏览器窗口中嵌入子窗口，即将一个文档嵌入在另一个网页中显示。在当今互联网网络广告盛行的时代，iframe 能将嵌入的文档与整个页面的内容相互融合，形成一个整体。与框架相比，内嵌框架更容易对网站的导航进行控制，最大的优点在于其灵活性。

使用成对的<iframe></iframe>标记即可在网页中插入内嵌框架，语法格式如下。

```
<iframe src="url"></iframe>
```

HTML5 中对<iframe>标记的支持只限于 src 属性，<iframe>标记各种属性及含义如表 3-9 所示。

表 3-9　　内嵌框架属性

属性	描述
src	设置源文件的地址
width	设置内嵌框架窗口宽度
height	设置内嵌框架窗口高度
bordercolor	设置边框颜色
align	设置框架对齐方式，可选值为 left、right、top、middle、bottom
name	设置框架名称，是链接标记的 target 所需参数
scrolling	设置是否显示滚动条，默认为 auto，表示根据需要自动出现。yes 表示有，no 表示无
frameborder	设置框架边框，1 表示显示边框，0 表示不显示（不提倡用 yes 或 no）
framespacing	设置框架边框宽度
marginheight	设置内容与窗口上下边缘的边距，默认为 1
marginwidth	设置内容与窗口左右边缘的距离，默认为 1

1. src 属性和 name 属性

（1）src 属性

在 HTML 文件中，利用 src 属性可以设置框架中显示文件的路径和文件名。此文件是框架窗口的初始内容，可以是一个 HTML 文档，也可以是一张图片。当浏览器加载完网页文档时，就会加载框架窗口的初始文档。

如果 src 属性中所指定文件与当前网页文档不在同一目录，则需在 src 属性中指明文件路径。

（2）name 属性

<iframe>标记中的 name 属性可以为框架自定义名称。

用 name 属性定义框架名称不会影响框架的显示效果。只要设置了 iframe 的名称，那么在引用 iframe 的页面时，就可以通过 target 属性控制在 iframe 的内嵌框架窗口中链接到不同的页面。

示例 3-19 在表格的单元格中定义内嵌框架，同时指定内嵌窗口的名称，并在框架页面定义超链接，指定目标窗口。

```
<!-- demo0319.html -->
<!DOCTYPE HTML>
<html>
<head>
   <meta charset="utf-8">
   <title>内嵌框架网页</title>
</head>
<body>
<table width="85%" border="1" align="center" bgcolor="#99CCFF">
   <tr>
      <td width="150px" align="center">
         友情链接：
      </td>
      <td width="600px" height="400px" rowspan="4">
         <iframe src="" width="100%" height="100%" name="test"></iframe>
      </td>
```

```
        </tr>
        <tr>
            <td align="center"><a href="http://www.baidu.com/" target="test">百度
</a></td>
        </tr>
        <tr>
            <td align="center"><a href="http://www.bing.com" target="test">必应
</a></td>
        </tr>
        <tr>
            <td align="center"><a href="http://www.sogou.com/" target="test">搜狗
</a></td>
        </tr>
    </table>
    </body>
    </html>
    </html>
```

在浏览器中查看网页初始效果，右侧没有链接到任何网页，显示为空白。用鼠标单击左侧的链接标题“必应”，可在名为“test”的框架窗口中打开链接目标网页，即搜狗搜索的首页，如图 3-18 所示。如果定义超链接时没有指定 target，就会在浏览器当前窗口中打开链接页面。

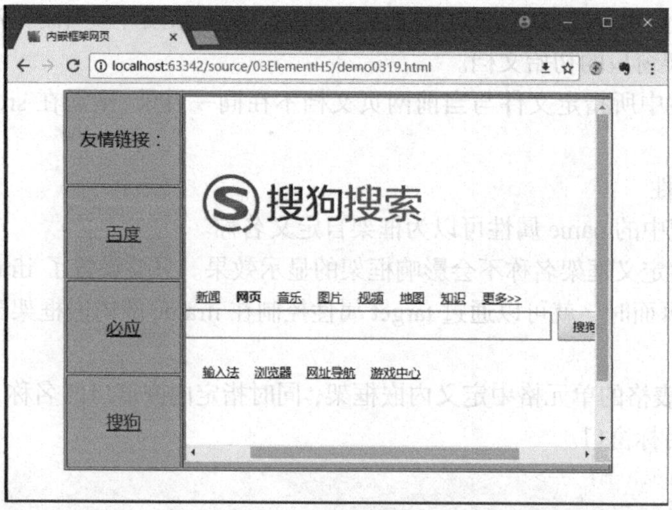

图 3-18　单击链接标题，在框架窗口打开链接目标的效果

2. width/height 属性和 scrolling 属性

（1）在 HTML 中，可以使用 width 和 height 属性设定内嵌框架窗口的大小。

例如，<td><iframe src="test.html" height="150" width="300"></iframe></td>，将 test.html 网页嵌入到框架中，内嵌窗口的宽度为 300 像素，高度为 150 像素。

<td><iframe src="test.html" height="50%" width="90%"></iframe></td>，将 test.html 网页嵌入到框架中，同时定义内嵌窗口的宽度为所在单元格宽度的 90%，高度为所在单元格高度的 50%。

（2）使用 scrolling 属性指定内嵌窗口是否显示滚动条。

例如，语句<td><iframe src="test.html" scrolling="no"></iframe></td>表示定义 test.html 为

内嵌网页，同时隐藏内嵌窗口的滚动条。

3.7 页面基本元素的应用

3.7.1 多层嵌套列表示例

在网页文件中，有时需要使用嵌套的列表，嵌套列表是指包含其他列表的列表（列表里可以含有子列表）。通常用嵌套列表表示层次较多的内容，这不仅可以使网页布局更加美观，而且可以使显示的内容更加清晰、明白。定义时，只需在无序列表标记<ul></ul>之间或有序列表标记<ol></ol>之间插入所需的列表标记即可。当然，也可以在有序列表标记对<ol></ol>间嵌套无序或有序列表。

示例 3-20 定义了嵌套列表的效果，第一层无序列表中又分别嵌套了一组无序列表和一组有序列表，在浏览器中显示的效果如图 3-19 所示。

```
<!-- demo0320.html -->
<!DOCTYPE HTML>
<html>
<head>
    <meta charset=utf-8>
    <title>嵌套列表示例</title>
</head>
<body>
<h2>2015 大连旅游资讯简介 </h2>
<ul>
    <li>旅游景点</li>
    <ul>
        <li>广场/建筑</li>
        <ol>
            <li>星海广场</li>
            <li>中山广场</li>
        </ol>
        <li>博物馆/纪念馆/展览馆</li>
        <li>海水浴场/嬉水游泳馆</li>
        <ul>
            <li>星海浴场</li>
            <li>付家庄浴场</li>
        </ul>
    </ul>
    <li>旅游图库</li>
    <ol>
        <li>广场</li>
        <li>海滨</li>
        <li>建筑</li>
    </ol>
</ul>
</body>
```

```
</html>
```

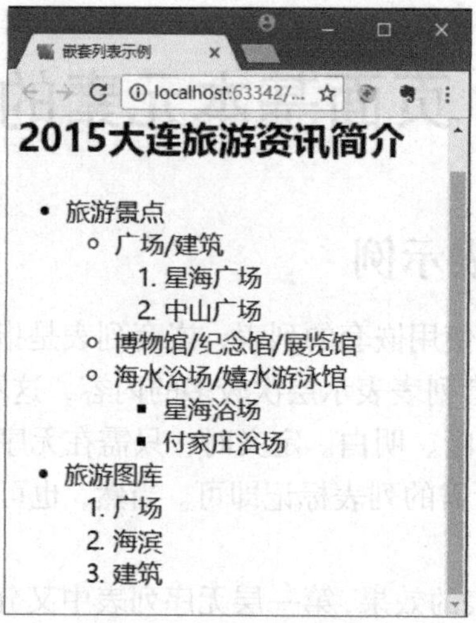

图 3-19　多层嵌套的列表

3.7.2　旅游网站首页示例

示例 3-21 综合运用本章的主要知识点定义了一个旅游网站的首页。页面在浏览器中的效果如图 3-20 所示。示例所需的超链接目标文件 a1.html、a2.html、…、d3.html 等的内容需要读者自行完成。

```
<!-- demo0321.html -->
<!DOCTYPE HTML>
<html>
<head>
   <meta charset="utf-8">
   <title>网站首页应用案例</title>
</head>
<body style="font-size: 14px">
<div><img src="images/header.jpg" style="width:980px; height:200px;"></div>
<span style="width:240px; float:left;"> <!--span 定义的左侧导航-->
    <ul>
       <li>旅游须知</li>
       <ul>
          <li><a href="a1.html">参加旅行社注意事项</a></li>
          <li><a href="a2.html">旅游保险常识</a></li>
       </ul>
       <li>旅游景点</li>
       <ul>
          <li><a href="b1.html">广场/建筑</a></li>
          <li><a href="b2.html">博物馆/纪念馆/展览馆</a></li>
          <li><a href="b3.html">主题公园/游乐场</a></li>
          <li><a href="b4.html">海水浴场/嬉水游泳馆</a></li>
       </ul>
       <li>旅游图库</li>
       <ul>
```

```
            <li><a href="c1.html">广场</a></li>
            <li><a href="c2.html">海滨</a></li>
            <li><a href="c3.html">建筑</a></li>
        </ul>
        <li>特色美食</li>
        <ul>
            <li><a href="d1.html">美食推荐</a></li>
            <li><a href="d2.html">街边小吃</a></li>
            <li><a href="d3.html">时令海鲜</a></li>
        </ul>
    </ul>
     <form>  友情链接<br/><br/>
            
        <select>
            <option value="s1"><a href="#">北京旅游信息网</a></option>
            <option value="s2"><a href="#">香港旅游网</a></option>
            <option value="s3">上海旅游网</option>
        </select>
     </form>
 </span>
<!--span 定义的中部图片-->
 <span style="width:500px;  float:left;">
    <img src="images/tu10.jpg" style="width:490px; height:390px;"/>
 </span>
<!--span 定义的右侧边栏-->
 <span style="width:240px; float:left;"><br/>
            *2015 大连长山群岛国际海钓节<br/>
        时间：2015-05-1 至 2015-10-31<br/>
        地址：獐子岛<br/><br/>
        *2015 大连国际沙滩文化节<br/>
        时间：2015-06-27 至 2015-08-30<br/>
        地址：金石滩国家旅游度假区<br/><br/>
        *第二十六届大连赏槐会暨东北亚国际旅游文化周<br/>
        时间：2015-05-24 至 2015-05-30<br/>
        地址：东方水城游艇广场<br/><br/>
        *2015 年第十三届大连国际徒步大会<br/>
        时间：2015-05-16 至 2015-05-17<br/>
        地址：滨海路、金石滩等地<br/><br/>
        *2015 大连国际啤酒节<br/>
        时间：2015-07-30 至 2015-08-10<br/>
        地址：大连星海广场<br/><br/>
 </span>

<div style="width:980px;float:left;text-align: center">
    <hr/>版权所有&copy;花花旅游在线
</div>
</body>
</html>
```

图 3-20　网站首页应用示例

3.7.3　内嵌框架示例

示例 3-22 的网页布局为 2 行 2 列，第 1 行跨列显示标题图片，表格的第 2 行第 1 列为网页的内容导航，第 2 行第 2 列的单元格中定义了内嵌框架（框架窗口初始显示文件 demo-lyxz.html），同时指定内嵌窗口的名称为“test”，并在页面中定义超链接，指定在内嵌窗口中打开链接目标网页。

```
<!-- demo0322.html -->
<!DOCTYPE HTML>
<html>
<head>
    <meta charset="utf-8">
    <title>内嵌框架应用案例</title>
</head>
<body>
<table style="width:980px; border: 1px solid #ccc">
    <tr>
        <td colspan="2">
          <img src="images/header.jpg" style="width:980px; height:200px; ">
        </td>
    </tr>
    <tr>
        <td>
            <table style="width:200px; border:1px solid #ccc;" cellpadding="3">
                <tr style="background-color:#CCCCCC;">
                    <td><a href="demo-lyxz.html" target="test">旅游须知</a></td>
                </tr>
                <tr>
                    <td>
```

```
                <span style="font-size:12px;">-参加旅行社注意事项<br>
                    -旅游保险常识
                </span>
                </td>
            </tr>
            <tr style="background-color:#FFFF66;">
                <td><a href="demo-lyjd.html" target="test">旅游景点</a></td>
            </tr>
            <tr>
                <td>
                <span style="font-size:12px;">-广场/建筑<br>
                    -博物馆/纪念展览馆<br>
                    -主题公园/游乐场<br>
                    -海水浴场/游泳馆
                </span>
                </td>
            </tr>
            <tr style="background-color:#99FF33">
                <td><a href="demo-lytk.html" target="test">旅游图库</a>
                </td>
            </tr>
            <tr>
                <td>
                <span style="font-size:12px;">-广场<br>
                    -海滨<br/>
                    -建筑
                </span>
                </td>
            </tr>
            <tr>
                <td>友情链接</td>
            </tr>
            <tr>
                <td><a href="#">
            <img src="images/hklogo.png" style="width:165px;height:40px;">
            </a>
                </td>
            </tr>
        </table>
    </td>
    <td style="width:780px; height:400px;">
        <iframe src="demo-lyxz.html" name="test" width="100%" height="100%">
     </iframe>
    </td>
  </tr>
</table>
</body>
</html>
```

在浏览器中查看网页的初始效果，如图 3-21 所示，右侧内嵌框架显示网页文件 demo-lyxz.html。用鼠标单击左侧链接标题“旅游图库”，就会在名为“test”的内嵌窗口中打开链接目标 demo-lytk.html，打开超链接页面后的网页如图 3-22 所示。

图 3-21 内嵌框架初始效果

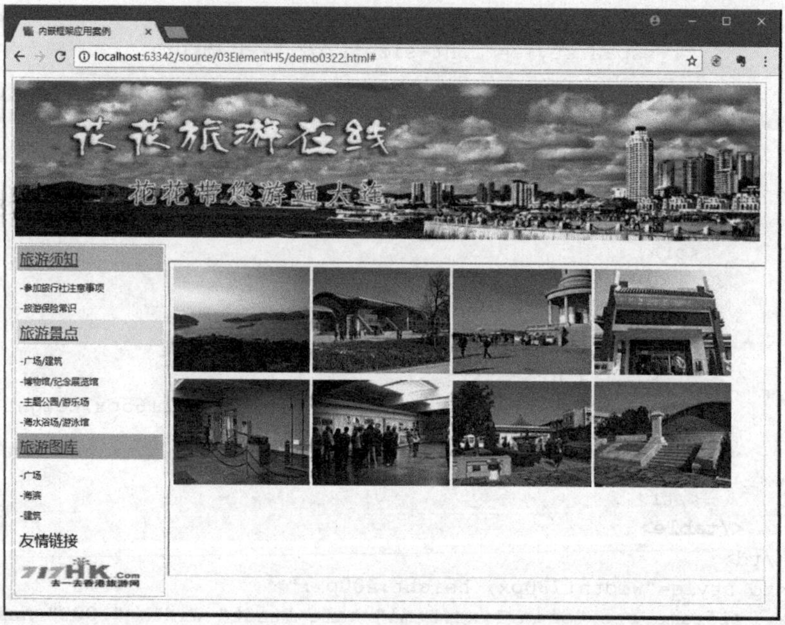

图 3-22 单击链接标题，在框架窗口打开链接目标的效果

思考与练习

1. 简答题

（1）定义列表的标记有哪几种？各种列表标记之间都可以嵌套使用吗？

（2）在 HTML 文档中插入图像使用什么标记？该标记有哪些常用属性？分别实现什么功能？

（3）绝对路径、相对路径和根路径的区别是什么？

（4）如何为网页添加超链接？定义超链接时如何指定打开链接文件的目标窗口？有几种目标窗口形式？

2. 操作题

（1）使用无序列表标记<ul>和有序列表标记<ol>定义图 3-23 所示的嵌套列表，用户可自行定义链接文件地址或使用空链接。

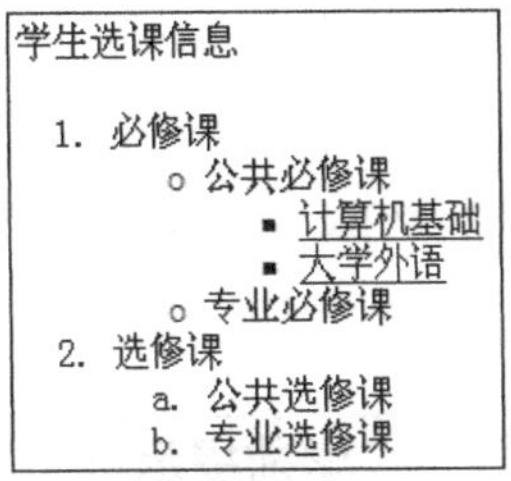

图 3-23　嵌套列表效果

（2）在网页中插入图像，并对图像做如下设置。

图像宽为浏览器窗口的 1/2，图像边框宽 5 像素；替代文字为“图片欣赏”；图像显示在文字左侧。

（3）使用表格及表格嵌套等技术，对网页进行图 3-24 所示的布局设计。

① 表格宽度为 600 像素；

② 插入 2 个 2×2 的表格，将每个表格第一行第一个单元格设置为跨 2 竖列，也可以根据图示，自行设计表格结构；

③ 标题单元格的背景颜色可以自行设计。

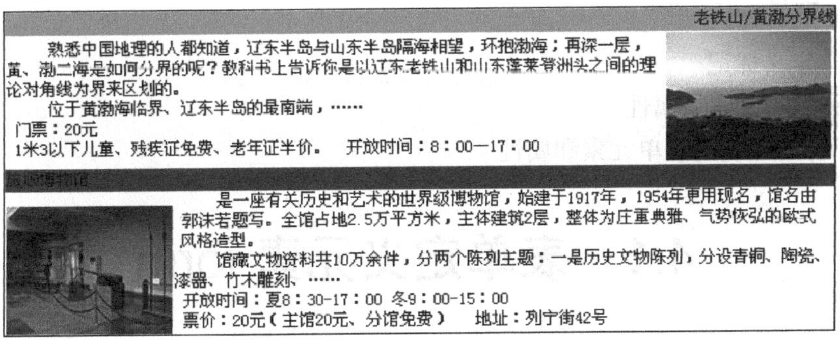

图 3-24　表格示例

第 4 章

HTML5 的表单元素

学前提示

表单（Form）是 HTML 的重要内容，是网页提供的一种交互式操作手段，主要用于采集用户输入的信息。无论是搜索信息还是网上注册，都需要使用表单提交数据。用户提交数据后，由服务器端程序对用户提交的数据进行处理。本章介绍 HTML 表单的常用标记和属性，包括 HTML5 新增的表单元素和属性。

知识要点

- 表单定义标记
- 各种表单元素及属性
- HTML5 新增的表单元素和属性

4.1 表单定义元素 form

在 HTML 中，只要在需要使用表单的地方插入成对的表单标记<form></form>，就可以完成表单的定义，基本语法格式如下。

4-1 HTML5 表单的创建

```
<form name="formName" method="post|get" action="url"enctype="encoding"></form>
```

表单标记的部分属性及说明如表 4-1 所示。

表 4-1 表单标记的属性及说明

属性	说明
name	表单名称
method	表单发送的方式，可以是“post”或者“get”
action	表单处理程序
enctype	表单编码方式

表单的 name 属性用于标识表单，也可以由 id 属性标识，主要用于使用 JavaScript 代码调用表单中的元素。method 属性定义浏览器将表单传送到服务器的方式，取值可以是 GET 或 POST，如果取值是 GET，表单字段名称将附在 action 属性指定的 URL 地址后发送至 Web

服务器，在地址栏中会显示传递的表单元素及其值；如果 method 值是 POST，传送的数据不会显示在地址栏中。

action 属性用来指定接收表单内容的处理程序的 URL，当用户提交表单后，由指定的服务器端程序处理数据。

下面是定义表单的一段代码。

```
<form name="myform" method="post" action="processing.php" enctype="text/plain">
  <!--提交的数据-->
</form>
```

上面的代码定义了名为“myform”的表单，采用“text/plain”的编码方式，将输入数据按照 HTTP 中的 POST 传输方式传送给处理程序“processing.php”。提交的数据将由表单中的各种元素及属性来说明。

4.2　HTML 表单输入元素及属性

表单中用于数据输入的有 input 元素、列表框元素 select、文本域输入元素 textarea 等，这些元素被称为表单控件，其中，应用最广泛的是 input 元素。

4.2.1　表单输入元素 input

表单是网页提供的交互式操作手段，首先，用户必须在表单控件中输入必要的信息，发送到服务器请求响应，然后服务器将结果返回给用户，这样就体现了交互性。<input>标记用于在表单中输入数据，通常包含在<form>和</form>标记中，其语法格式如下。

```
<input type="controlType" name="controlName">
```

其中，name 属性用于定义与用户交互控件的名称；type 属性设置控件的类型，可以是文本框、密码框、单选按钮、复选框等。<input>标记的 type 属性值及说明如表 4-2 所示。

表 4-2　　<input>标记的 type 属性值及说明

属性值	说明	属性值	说明
text	文本框	button	标准按钮
password	密码框	submit	提交按钮
file	文件域	reset	重置按钮
checkbox	复选框	image	图像域
radio	单选按钮		

1．文本框——text

将<input>标记中的 type 属性值设置为 text，就可以在表单中插入文本框。在此文本框中可以输入任何类型的数据，但输入的数据将以单行显示，不会换行。例如，使用<input>标记输入姓名的代码如下。

```
姓名：<input type="text" name="username" maxlength="12" size="8" value="myname" />
```

其中，name 属性用于定义文本框的名称。maxlength 和 size 属性用于指定文本框的宽度和允许用户输入的最大字符数，更多情况下，采用 CSS 设置。value 指定文本框的默认值。

2. 密码框——password

将<input>标记中的 type 属性值设置为 password，就可以在表单中插入密码框，涉及各属性的含义与文本框相同。在此密码框中可以输入任何类型的数据，这些数据都将以实心圆点的形式显示，以保护密码的安全，代码如下。

```
密码：<input type="password" name="pwd" maxlength="8" size="8"/>
```

3. 复选框——checkbox

复选框允许在一组选项中选择任意多个选项。将<input>标记中的 type 属性值设置为 checkbox，就可以在表单中插入复选框。通过复选框，用户可以在网页中实现多项选择。例如，

```
请选择：<input type="check" name="check1" value="football" checked />
```

其中，value 属性指定复选框被选中时该控件的值，checked 用来设置复选框默认被选中。

4. 单选按钮——radio

单选按钮表示互相排斥的选项。在某单选按钮组（由两个或多个同名的按钮组成）中选择一个按钮时，就会取消对该组中其他所有按钮的选择。将<input>标记中的 type 属性值设置为 radio，就可以在表单中插入一个单选按钮。在选中状态时，按钮中心会有一个实心圆点。单选按钮与复选框使用方法类似，下面通过代码来说明。

示例 4-1 在网页中定义表单，并在其中插入文本框、密码框、单选按钮和复选框。

```
<!-- demo0401.html -->
<!DOCTYPE HTML>
<html>
<head>
    <meta charset="utf-8">
    <title>文本框、密码框、单选按钮、复选框示例</title>
</head>
<body>
<form>
    用户名：<input type="text" name="texta" maxlength="12" size="8"
            value="username"/><br/>
    密  码：<input name="textb" type="password" maxlength="8" size="8"/><br/>
    <p>兴趣爱好<br/>
        <input type="checkbox" name="check1"  value="sport"/>户外运动
        <input type="checkbox" name="check2"  value="music"/>音乐
        <input type="checkbox" name="check3"  value="movie"/>电影
        <input type="checkbox" name="check4"  value="shopping"/>购物</p>
    <p>收入情况<br/>
        <input type="radio" name="radio"  value="a1"/>2000~4000
        <input type="radio" name="radio"  value="a2"/>4000~8000<br/>
        <input type="radio" name="radio"  value="a3"/>8000~10000
        <input type="radio" name="radio"  value="a4"/>10000~20000</p>
</form>
</body>
</html>
```

以上代码在表单中插入一个名为“texta”的单行文本框，最多输入 12 个字符，文本框宽度为 8，默认值为 username。同时插入一个名为“textb”的密码框，最多输入 12 个字符，密码框宽度为 8。

在表单中插入 4 个复选框，值分别为 sport、music、movie、shopping。注意，复选框和单选按钮的值并不显示在网页页面上，当表单提交时，这些值一般由 JavaScript 来处理。表单插入 4 个同名的单选按钮构成单选按钮组。注意，几个单选按钮的 name 属性值必须相同，才能构成一组单选项。表单在浏览器中的显示效果如图 4-1 所示。

图 4-1　表单 input 元素显示效果

5. 标准按钮——button

将 input 标记中的 type 属性值设置为 button，就可以在表单中插入标准按钮，例如，

```
<input type="button" name="button1" value="确认"/>
```

其中，“value”属性定义的是按钮上显示的标题文字，button 按钮一般由 onclick 事件响应。

6. 提交/重置按钮——submit/reset

将 input 标记中的 type 属性设置为 submit，就可以在表单中插入一个提交按钮，例如，

```
<input type="submit" name="submit1" value="提交" />
```

其中，“value”属性定义的是按钮上显示的标题文字。当用户单击此按钮时，表单中所有控件的“名称/值”被提交，提交目标是 form 元素的 action 属性所定义的 URL 地址。

若将 type 属性设置为 reset 则插入重置按钮，例如，

```
<input type="reset" name="reset1" value="重置" />
```

7. 图像域——image

用户在浏览网页时，有时会看到某些网站的按钮不是普通样式，而是用一张图像做的提交或其他类型的按钮，这种效果就可以通过插入图像域来实现。将 input 标记中的 type 属性值设置为 image，就可以在表单中插入图像域，语法格式如下。

```
<input type="image" name="buttonname" src="url" />
```

其中，“src”属性定义插入图像的来源路径。

示例 4-2 在表单中分别插入标准按钮、提交按钮、重置按钮和图像按钮。

- 标准按钮名为“ok”，值为“确定”，即按钮上显示的标题文字为“确定”。
- 提交按钮名为“submit”，值为“提交”；重置按钮名为“reset”，值为“重置”。
- 图片按钮是在表单中插入一个名为“image”的图像域，图像的来源路径为 images 目录中的 play1.gif。

```
<!-- demo0402.html -->
<!DOCTYPE HTML>
<html>
```

```
<head>
    <meta charset="utf-8">
    <title>按钮、图像域示例</title>
</head>
<body>
请输入
<form>
    用户名: <input type="text" name="texta" size="8" value="username"><br/>
    密  码: <input type="password" name="textb" maxlength="8" size="8">
    <p>
        <input type="button" name="ok" value="确定"/>
        <input type="submit" name="submit" value="提交"/>
        <input type="reset" name="reset" value="重置"/>
        <input type="image" name="image" src="images/play1.gif"></p>
</form>
</body>
</html>
```

表单在浏览器中的显示效果如图 4-2 所示。

图 4-2　表单中的按钮

4.2.2　列表框元素 select

在 HTML 表单中，使用列表框标记 select，同时嵌套列表项标记 option，可以实现列表框效果，其语法格式如下。

```
<form>
    <select name="列表框名称" size="">
        <option value="选项值" />选项显示内容
        <option value="选项值" />选项显示内容
        ......
    </select>
</form>
```

其中，<select>标记用于定义列表框，<option>标记用于向列表框中添加列表项目。<select>标记中的 size 属性用于定义列表框的行数，size 属性未定义具体值或设置为 1 时，控件显示为下拉列表效果。如果将 size 属性设置为大于 1 的正整数，控件显示为列表框。

示例 4-3 通过在两个<select>标记中设置不同的 size 值分别定义了列表框 menu1 和下拉列表框 menu2。网页在浏览器中显示的效果如图 4-3 所示。

```
<!-- demo0403.html -->
<!DOCTYPE HTML>
```

```
<html>
<head>
   <meta charset="utf-8">
   <title>插入列表框示例</title>
</head>
<body>
请选择:
<form>
   <select name="menu1" size="4">
      <option value="1">旅游须知
      <option value="2">旅游景点
      <option value="3">旅游图库
   </select>

   <p>
      <select name="menu2" size="">
         <option value="1">餐饮娱乐
         <option value="2">购物街区
         <option value="3">酒店住宿
      </select></p>
</form>
</body>
</html>
```

图 4-3　表单中的列表框和下拉列表框

4.2.3　文本域输入元素 textarea

有时网页中需要一个多行的文本域，用来输入更多的文字信息，行间可以换行，并将这些信息作为表单元素的值提交到服务器。例如，

```
<form><textarea name="mytext" rows="5" cols="100"></textarea></form>
```

在表单中，只要使用成对的<textarea></textarea>就可以插入文本域。

示例 4-4 在表单中插入了名为“texta”的多行输入文字域，行数为“5”，列数为“100”。多行文字域在浏览器中显示并输入文本的效果，如图 4-4 所示。

```
<!-- demo0404.html -->
<!DOCTYPE HTML>
<html>
```

```
<head>
    <meta charset="utf-8">
    <title>多行输入文本示例</title>
</head>
<body>
<img src="images/header.jpg" style="width:980px; height:200px; "/>
<h5>请对本次旅游服务做出评价：</h5>
<form>
    <textarea name="texta" rows="5" cols="80"></textarea>
</form>
</body>
</html>
```

图 4-4　表单中的多行文字域

4.3　HTML5 新增的表单元素和属性

为了增强表单的交互功能，HTML5 新增了大量的 input 类型元素，也增加了很多新的属性。这些元素或属性可以实现在 HTML5 之前需要使用 JavaScript 才能实现的功能。

4.3.1　HTML5 新增 input 类型

HTML5 中 input 标记的 type 属性增加多个新类型，这些新类型提供了更好的输入控制和验证功能。HTML5 中 input 标记新增的 type 属性在主流浏览器中均得到支持，如果浏览器不支持所定义的输入类型，会将此输入域显示为常规的文本框。下面介绍几种常用的 input 类型。

4-2　HTML5 改良的 input 元素

1．数值输入域——number

将 input 标记中的 type 属性设置为 number，可以在表单中插入数值输入域，还可以限定输入数字的范围，其语法格式如下。

```
<input type="number" name="" min="" max="" step="" value="">
```

数值输入域的属性及具体说明如表 4-3 所示。

表 4-3　　数值输入域的属性、取值及说明

属性	值	说明
max	number	定义允许输入的最大值
min	number	定义允许输入的最小值
step	number	定义步长（如果 step= “2”，则允许输入的数值为-2，0，2，4，6 等或-1，1，3，5 等）
value	number	定义默认值

示例 4-5 在表单中定义了 3 个数值输入域，名称分别为 no1～no3。

- 第一个名为 no1 的数值域默认值为 3，可以输入任意数值。
- 第二个名为 no2 的数值域允许输入的最小值为 1，如果单击右侧的数值选择按钮，出现的值均大于等于 1。
- 第三个名为 no3 的数值域允许输入的最小值为 1，最大值为 10，数字间隔为 3。若在数值输入域中输入 2，点击右侧的数值选择按钮可以出现 2、5、8 等数字。

网页在 Chrome 浏览器中的显示效果如图 4-5 所示；对于不支持 HTML5 新增的输入类型的浏览器，这些输入域将显示为文本框。

```
<!-- demo0405.html -->
<!DOCTYPE HTML>
<html>
<head>
    <meta charset="utf-8">
    <title>插入数值输入域示例</title>
</head>
<body>
<form>
    <p>请输入数字:
        <input type="number" name="no1" value="3"/></p>
    <p>请输入大于等于 1 的数字:
        <input type="number" name="no2" min="1"/></p>
    <p>请输入 1-10 之间的数字:
        <input type="number" name="no3" min="1" max="10" step="3"/></p>
</form>
</body>
</html>
```

2. 滑动条——range

将 input 标记中的 type 属性设置为 range，可以在表单中插入表示数值范围的滑动条，还可以限定可接受数值的范围，其语法格式如下。

```
<input type="range" name="" min="" max="" step="" value="">
```

语法中的属性及用法与数值输入域中的相同。

示例 4-6 定义了 2 个滑动条，分别为 r1 和 r2。滑动条 r1 允许的最小值为 1，默认值为 1；滑动条 r2 允许的最小值为 1，最大值为 10，数值间隔为 3，默认值为 2。网页的效果如图 4-6 所示。

```
<!-- demo0406.html -->
<!DOCTYPE HTML>
<html>
<head>
```

```
    <meta charset="utf-8">
    <title>插入滑动条示例</title>
</head>
<body>
<form>
    <p>请输入大于等于 1 的数字：
        <input type="range" name="r1" min="1" value="1"/></p>
    <p>请输入 1-10 之间的数字：
        <input type="range" name="r2" min="1" max="10" step="3" value="2"/></p>
</form>
</body>
</html>
```

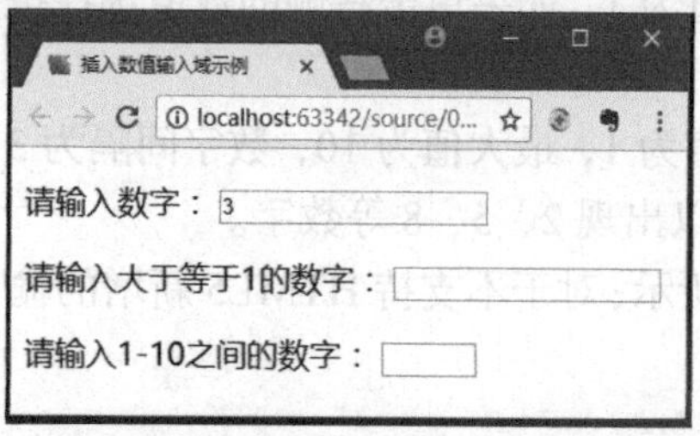

图 4-5　数值输入域在浏览器中的显示效果

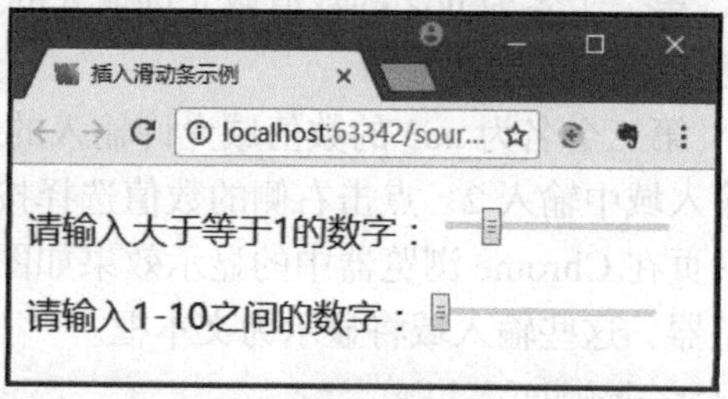

图 4-6　滑动条的显示效果

3. 日期选择器——date pickers

HTML5 拥有多个可供选取日期和时间的新输入类型，只要将 input 标记中的 type 属性设置为以下几种类型中的一种就可以完成网页中日期选择器的定义。

- date——选取日、月、年。
- month——选取月、年。
- week——选取周和年。
- time——选取时间（小时和分钟）。
- datetime——选取时间、日、月、年（UTC——世界标准时间）。
- datetime-local——选取时间、日、月、年（本地时间）。

示例 4-7 定义了一个日期选择器，类型为 date，即可以在日期选择器中选择日、月、年等数据，效果如图 4-7 所示。

```
<!-- demo0407.html -->
<!DOCTYPE HTML>
<html>
<head>
<meta charset="utf-8">
<title>插入日期选择器示例</title>
</head>
<body>
<form>请选择日期:<input type="date" name="user_date"/></form>
</body>
</html>
```

如果将上述代码中的 type 属性值修改为“month”，则在浏览器中使用日期选择器时，只能选择月、年等数据，效果如图 4-8 所示。

图 4-7　date 类型的日期选择器

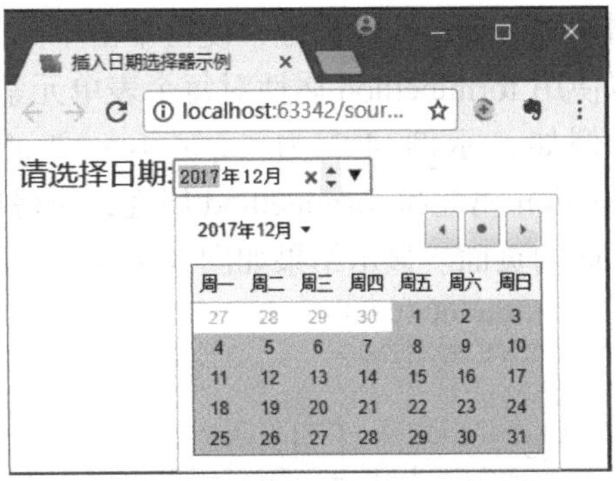

图 4-8　month 类型的日期选择器

4. url 类型

url 类型的 input 元素是一种专门用来输入 url 地址的文本框。提交时，如果该文本框中的内容不是 url 地址格式的文字，则不允许提交。使用了 url 类型的 input 元素的代码如下。

```
<input type="url" name="url1" value="http://www.icourses.cn"/>
```

5. email 类型

email 类型的 input 元素是一种专门用来输入 email 地址的文本框。提交时，如果该文本框中的内容不是 email 地址格式的文字，则不允许提交，但是它并不检查该 email 地址是否存在。提交时，该 email 文本框可以为空，除非加上了 required 属性。

email 类型的文本框具有一个 multiple 属性，它允许在该文本框中输入一串以逗号分隔的 email 地址。当然，并不强制要求用户输入该 email 地址列表。email 类型的 input 元素使用方法如下。

```
<input type="email" name="email1" value="fengning@163.com"/>
```

4.3.2　HTML5 表单新增属性

在 HTML5 中，表单增加了很多新的属性，表单的功能得到了很大的增强。新增加的属性包括 form、formmethod、placeholder、autocomplete 等，这些属性多数应用于表单的 input 元素。

4-3　HTML5 表单新增元素与属性

4-4　HTML5 表单新增元素与属性（续）

1. form 属性

在 HTML4 中，表单的元素必须书写在表单内部，但是在 HTML5 中，可以将表单元素写在页面上的任何位置，然后给该元素指定一个 form 属性，属性值为该表单的 id（id 是表单的唯一属性标识），通过这种方式声明该元素属于哪个具体的表单。下面的代码为 textarea 控件指明了 form 属性。

```
<form id="myform">
  姓名：<input type="text" value="aaaa" /><br/>
  确认：<input type="submit" name="s2" />
</form><br/>
简历：<textarea form="myform"></textarea>
```

2. formmethod 和 formaction 属性

在 HTML4 中，表单通过唯一的 action 属性将表单内的所有元素统一提交到另一个页面（应用程序），也通过唯一的 method 属性来指定统一的提交方法是 GET 或 POST。在 HTML5

中增加的 formaction 属性，使得单击不同的按钮，可以将表单提交到不同的页面，同时，也可以使用 formmethod 属性对每个表单元素分别指定不同的提交方法。

例如，示例 4-8 为<input type="submit">、<input type="image">等按钮增加不同的 formaction 属性和 formmethod 属性，使得单击不同的按钮，可以使用不同的方法将表单提交到不同的页面。显示结果如图 4-9 所示。

```
<!-- demo0408.html -->
<!DOCTYPE HTML>
<html>
<head>
    <meta charset="utf-8">
    <title>formmethod&formaction</title>
</head>
<body>
<form id="testform" action="my.php">
    用户名：<input name="uname" type="text" value="username"/>
    <hr/>
    S1 处理：<input type="submit" name="s1" value="提交到 S1" formaction="s1.html"
 formmethod="post"/> <p>
    S2 处理：<input type="submit" name="s2" value="提交到 s2" formaction="s2.html"
 formmethod="get"/><p>
    S3 处理：<button type="submit" formaction="s3.html" formmethod="post">
提交到 s3</button><p>
    S4 处理：<input type="image" src="images/PLAY1.gif" formaction="s4.html"
 formmethod="post"/><p>
        <input type="submit" value="提交页面"/>
</form>
</body>
</html>
```

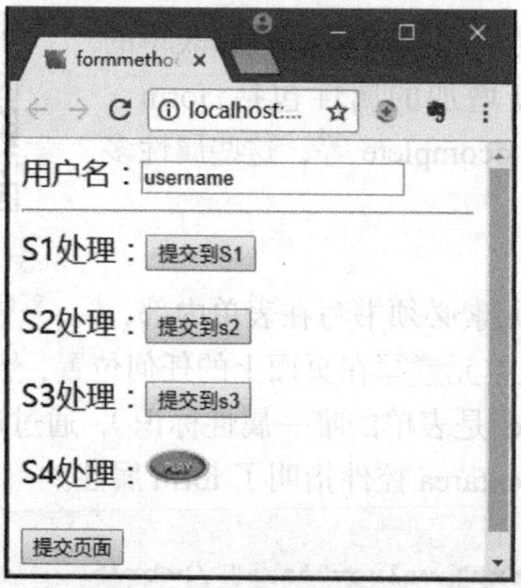

图 4-9　使用 formmethod 和 formaction 属性提交表单

3. placeholder 属性

placeholder 是指当文本框<input type="text">处于未输入状态时文本框中显示的输入提示。例如，

```
<input type="text" placeholder = "default text" />
```

4. autofocus 属性

给文本框、选择框或按钮等控件加上该属性，当页面打开时，该控件将自动获得焦点，从而替代使用 JavaScript 代码。例如，下面代码使用 autofocus 属性为文本框设置了焦点，需要注意的是，一个页面上只能有一个控件具有该属性。

```
<input type="text" autofocus>
```

5. list 属性

在 HTML5 中，为单行文本框<input type="text">增加了一个 list 属性。该属性的值是某个 datalist 元素的 id。datalist 也是 HTML5 中新增的元素，该元素类似于选择框（select 元素），但是当用户想要设定的值不在选择列表之内时，允许其自行输入。datalist 元素本身并不显示，而是当文本框获得焦点时以提示输入的方式显示。例如，下面的代码为文本框设置了 list 属性。

```
请选择文本：
<input type="text" name="greeting" list="greetings"/>
<!--使用 style="display:none;"将 datalist 元素设定为不显示-->
<datalist id="greetings" style="display: none;">
    <option value="Good Morning">Good Morning</option>
    <option value="Hello">Hello</option>
    <option value="Good Afternoon">Good Afternoon</option>
</datalist>
```

6. autocomplete 属性

autocomplete 属性可以辅助输入的自动完成，有十分方便的输入提示功能。对于 autocomplete 属性，可以指定其值为“on”“off”与“”三类值。不指定时，使用浏览器的默认值（取决于各浏览器的设定）。该属性设置为 on 时，可以显式指定待输入的数据列表。如果使用 datalist 元素与 list 属性提供待输入的数据列表，自动完成时，可以将该 datalist 元素中的数据作为待输入的数据在文本框中自动显示。下面代码为文本框设置了一个 autocomplete 属性。

```
<input type="text" name="school" autocomplete="on" />
```

7. required 属性

HTML 5 中新增的 required 属性可以应用在大多数输入元素上（隐藏元素、图片元素按钮除外）。在提交时，如果元素中内容为空白，则不允许提交，同时在浏览器中显示提示信息，提示用户在这个元素中必须输入内容。

8. pattern 属性

HTML5 新增的 email、number、url 等 input 类型的元素，要求输入内容符合一定的格式。如果对 input 元素使用 pattern 属性，并且将属性值设为某个格式的正则表达式，在提交时会检查其内容是否符合给定格式。当输入的内容不符合给定格式时，则不允许向服务器提交数据，同时在浏览器中显示提示信息。例如，要求输入内容为 1 个数字与 3 个大写字母的代码如下，关于模式定义的内容请参考正则表达式方面的书籍。

```
<input  type="text" pattern="[0-9][A-Z]{3}" name="part" placeholder="输入内容:1
个数字与 3 个大写字母。" />
```

9. min 属性与 max 属性

min 与 max 这两个属性是数值类型或日期类型的 input 元素的专用属性，它们限制了在 input 元素中输入的数值与日期的范围。

4.4 一个会员注册表单

示例 4-9 定义了会员注册表单，其中包含文本框、密码框、单选按钮、复选框、列表框、多行文字域、提交按钮以及重置按钮等 HTML4 以前的表单元素，还使用了 HTML5 表单新增的 placeholder、autofocus、list、required 等属性，也包括 HTML5 新增 input 类型，例如，数值输入域——number、滑动条——range、email 等。

嵌入的 CSS 将表格文本字号定义为 12 像素。该网页在浏览器中显示的效果如图 4-10 所示。

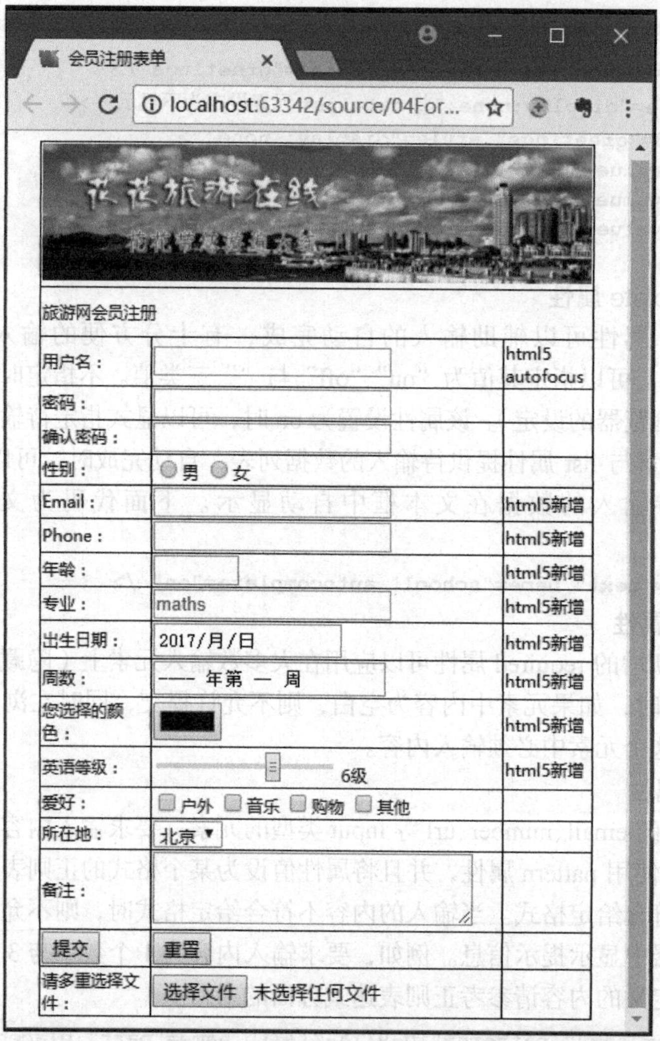

图 4-10　会员注册表单

```
<!--demo0409.html -->
<!DOCTYPE html >
<html>
<head>
```

```
    <title>会员注册表单</title>
    <meta charset=utf-8>
    <style type="text/css">    /*嵌入的样式表*/
    table {
       width: 400px;
       margin: 0 auto;
       border: 1px solid black;
       border-collapse: collapse;
       font-size: 12px;
    }
    </style>
 </head>
 <body>
 <!--以下<form></form>之间代码完成表单定义-->
 <form name="form1" method="post" action="success.html">
    <table border="1">
       <tr>
          <td colspan="3"><img src="images/header.jpg" style=" width:400px;
 margin:0 auto"></td>
       </tr>
       <tr>
          <td height="32" colspan="3">旅游网会员注册</td>
       </tr>
       <tr>
          <td width="80">用户名：</td>
          <td width="250"><input type="text" name="myname" autofocus required>
</td>
          <td width="65">html5 autofocus</td>
       </tr>
       <tr>
          <td>密码：</td>
          <td><input type="password" name="mypassword"></td>
          <td></td>
       </tr>
       <tr>
          <td>确认密码：</td>
          <td><input type="password" name="repassword"></td>
          <td></td>
       </tr>
       <tr>
          <td>性别：</td>
          <td><input type="radio" name="rad" value="rad1">男
             <input type="radio" name="rad" value="rad2">女
          </td>
          <td></td>
       </tr>
       <tr>
          <td>Email：</td>
          <td><input type="email" name="myemail" required></td>
          <td>html5 新增</td>
       </tr>
```

```
        <tr>
            <td>Phone: </td>
            <td><input type="tel" name="tel" required></td>
            <td>html5 新增</td>
        </tr>
        <tr>
            <td>年龄: </td>
            <td><input type="number" name="myage" min=16 max=28></td>
            <td>html5 新增</td>
        </tr>
        <tr>
            <td>专业: </td>
            <td><input type="text" list="alist" name="mydepartment"
placeholder="maths">
                <datalist id="alist">
                    <option value="computer"></option>
                    <option value="physics"></option>
                    <option value="chinese"></option>
                    <option value="Maths"></option>
                </datalist>
            </td>
            <td>html5 新增</td>
        </tr>

        <tr>
            <td>出生日期: </td>
            <td><input type="date" name="birthdate"></td>
            <td>html5 新增</td>
        </tr>
        <tr>
            <td>周数: </td>
            <td><input type="week" name="myweek"></td>
            <td>html5 新增</td>
        </tr>
        <tr>
            <td>您选择的颜色: </td>
            <td><input type="color" name="mycolor"></td>
            <td>html5 新增</td>
        </tr>
        <tr>
            <td>英语等级: </td>
            <td><input type="range" name="rank" min=2 max=8 step=2 value="2"
onChange="showr.value=value">
                <output id="showr">4</output>级
            </td>
            <td>html5 新增</td>
        </tr>
        <!-- 以下 HTML4 -->
        <tr>
            <td>爱好: </td>
```

```
            <td>
                <input name="check1" type="checkbox" value="sport">户外
                <input name="check2" type="checkbox" value="voice">音乐
                <input name="check3" type="checkbox" value="movie">购物
                <input name="check4" type="checkbox" value="shopping">其他
            </td>
            <td></td>
        </tr>
        <tr>
            <td>所在地：</td>
            <td>
                <select name="menu2" size="">
                    <option value="2">北京</option>
                    <option value="3">上海</option>
                    <option value="4">大连</option>
                    <option value="5">其他</option>
                </select>
            </td>
            <td></td>
        </tr>
        <tr>
            <td>备注：</td>
            <td><textarea name="texta" rows="3" cols="30" wrap="" id=""></textarea>
            </td>
            <td></td>
        </tr>
        <tr>
            <td><input name="sub" type="submit" value="提交"></td>
            <td><input name="reset" type="reset" value="重置"></td>
            <td></td>
        </tr>
        <td><label for myfile>请多重选择文件：</label></td>
        <td><input type="file" id="myfile" multiple/></td>
        <td></td>
        </tr>
    </table>
</form>
</body>
</html>
```

思考与练习

1. 简答题

（1）表单中文本框和密码框在定义方法和实现效果上有什么区别?

（2）在表单中定义一组单选按钮和一组复选按钮在方法上有什么区别?

（3）简述 HTML5 新增加的 form 属性、formmethod 属性、placeholder 属性、autocomplete

属性的功能。

（4）HTML5 中 input 标记的 type 属性增加的类型包括 number、range、date、time 等，说明其功能。

2. 操作题

制作如图 4-11 所示的表单。

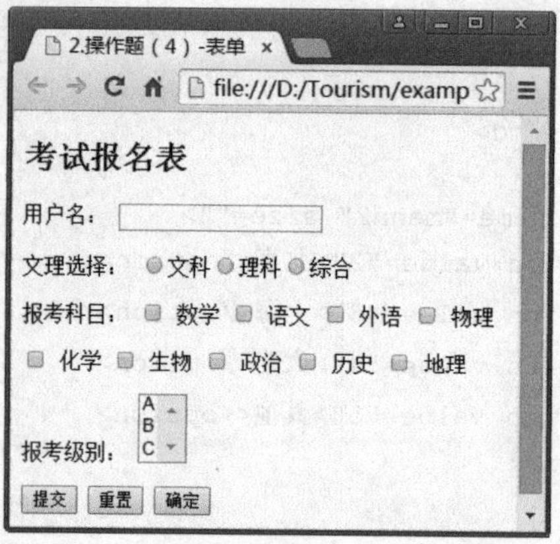

图 4-11　表单示例

第5章 HTML5的video元素和audio元素

学前提示

音频和视频是网页中最重要的多媒体元素之一。目前，在网页中播放音频、视频并没有统一的标准，早期在网页中播放音视频需要安装QuickTime Player、RealPlayer等插件，后期的插件主要是Flash Player。安装插件，存在的问题是不同的音视频格式需要不同的插件，安装麻烦，再者有时播放速度很慢，而且，iOS设备不支持Flash插件。HTML5的出现改变了这一局面。HTML5提供音频、视频的标准接口，通过HTML5的相关技术，视频、音频、动画等多媒体播放不再需要插件，只需要一个支持 HTML5 的浏览器就可以了。本章介绍HTML5中的音频和视频处理方法。

知识要点

- video元素和audio元素
- 用JavaScript控制video和audio
- 使用track元素为音频或视频添加字幕

5.1 HTML5的video元素

HTML5 提供了视频内容的标准接口，规定使用<video>标记来描述和播放视频。需要指出，视频文件包括视频流和音频流，有的视频文件还包括单独的标题、字幕等称为元数据的信息，所以，视频文件是个容器文件，需要注意视频流和音频流的同步，为视频和音频添加字幕时，也要考虑同步的问题。

5-1 HTML5音频视频（1）

5.1.1 使用video标记插入视频

<video>标记语法格式如下。

```
<video src="url" controls="controls">替代文字</video>
```

如果浏览器不支持url指定的video元素，将显示替代文字。<video>标记常用的属性及说明如表5-1所示。

表 5-1　　<video>标记常用属性及说明

属性	值	说明
src	url	要播放视频的 URL
autoplay	autoplay	视频就绪后立刻播放
controls	controls	添加播放、暂停和音量等控件
width	像素	设置视频播放器的宽度
height	像素	设置视频播放器的高度
loop	loop	设置视频是否循环播放
preload	auto/none/metadata	视频在页面加载时开始加载，并预备播放
startTime		读取媒体的开始播放时间，通常为 0
currentTime		读取或修改媒体的当前播放位置
duration		读取媒体总的播放时间
volume	0～1	读取或修改媒体的播放音量
muted	true/false	读取或修改媒体的静音状态

典型的视频文件格式有 Ogg、MPEG4、WebM 等多种格式，<video>标记支持这 3 种视频格式，各浏览器对不同格式视频的支持情况如表 5-2 所示。

表 5-2　　不同浏览器对<video>标记描述的视频格式支持情况

格式＼浏览器	IE	Firefox	Opera	Chrome	Safari
Ogg	No	3.5+	10.5+	5.0+	No
MPEG4	9.0+	No	No	5.0+	3.0+
WebM	No	4.0+	10.6+	6.0+	No

在表 5-2 中，Ogg 是带有 Theora 视频编码和 Vorbis 音频编码的 Ogg 文件；MPEG4 是带有 H.264 视频编码和 AAC 音频编码的 MPEG 4 文件；WebM 是带有 VP8 视频编码和 Vorbis 音频编码的 WebM 文件。

示例 5-1 向网页中插入视频文件 welcome.mp4，设置播放器宽度为 400 像素，高度为 300 像素，播放视频时显示播放、暂停等控件。如果浏览器不支持<video>标记，则不显示视频内容，而显示<video>与</video>之间的替代内容“您的浏览器不支持 video 标记”。

本章示例均在 WebStorm 环境下编辑，在 Chrome 浏览器中测试。示例 5-1 的显示结果如图 5-1 所示。

```
<!-- demo0501.html -->
<!DOCTYPE HTML>
<html>
<head>
<meta charset="utf-8">
<title>video 标记插入视频示例</title>
</head>
<body>
<video src="images/welcome.mp4"
 style = "width:400px;height:300px;"autoplay="autoplay" controls = "controls"/>
    您的浏览器不支持 video 标记
```

```
</video>
</body>
</html>
```

图 5-1　播放视频的效果

<video>标记允许使用多个<source>标记来链接不同格式的视频文件，浏览器将使用第一个可识别的格式。例如，以下代码使用<source>标记链接 3 种不同格式的视频，浏览器播放第一个可识别视频，若不支持<video>标记，则显示提示文字“您的浏览器不支持 video 标记”。

```
<video width="320px" height="240px" controls="controls">
    <source src="movie.ogg" type="video/ogg"/>
    <source src="movie.mp4" type="video/mp4"/>
    <source src="movie.webm" type="video/webm"/>
    您的浏览器不支持 video 标记
</video>
```

5.1.2　video 元素的访问控制

除了表 5-1 中介绍的 video 元素的主要属性外，video 元素还有一系列重要的方法和事件。调用这些方法和事件可以访问和控制 video 对象。表 5-3 给出了部分 video 元素常用的方法和事件。

表 5-3　<video>标记常用方法和事件

方法/事件	功能
play()	播放媒体，paused 属性的值自动修改为 false
pause()	暂停播放，paused 属性的值自动修改为 true
load()	重新载入媒体进行播放
play 事件	执行 play()方法时触发
pause 事件	执行 pause()方法时触发
error 事件	获取媒体数据错误时触发
timeupdate 事件	当前播放位置发生改变时触发
durationchange 事件	播放时长被改变

示例 5-2 通过用户自定义的按钮实现“播放/暂停”功能。单击按钮触发 toggle()函数。在 toggle()函数中，首先通过语句 document.getElementsByTagName("video")[0]，得到 video 对象，用类似的方法得到 button 对象；然后，通过对 paused 属性的判断，来决定 video 对象是暂停还是播放，并控制按钮上显示的文本变化。运行结果如图 5-2 所示。

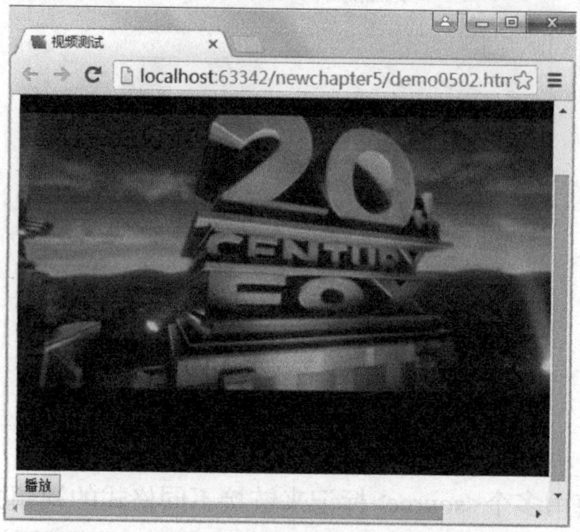

图 5-2　用 JavaScript 代码控制播放和暂停

```
<!-- demo0502.html -->
<!DOCTYPE html>
<html>
    <head>
        <meta charset="UTF-8">
        <title>视频测试</title>
        <style type="text/css">
            button {
                display: block;
            }
        </style>
    </head>
    <body>
        <video width="600" height="400">
            <source src="images/movie1.mp4" />
            您的浏览器不支持 video 标记
        </video>
        <button onclick="toggle();">播放</button>
        <script type="text/javascript">
            function toggle() {
                var video = document.getElementsByTagName("video")[0];
                var bnt = document.getElementsByTagName("button")[0];

                if(video.paused) {
                    video.play();
                    bnt.firstChild.nodeValue = "暂停";
                } else {
                    video.pause();
                    bnt.firstChild.nodeValue = "播放";
```

```
            }
        }
    </script>
</body>
</html>
```

示例 5-3 在页面上显示了 6 个按钮。单击“播放”按钮触发 video 对象的 play()方法，单击“暂停”按钮触发 video 对象的 pause()方法；音量和静音控制则是通过修改 video 对象的 volume 属性和 muted 属性实现的，显示结果如图 5-3 所示。

```
<!-- demo0503.html -->
<!DOCTYPE html>
<html>
<head>
    <meta charset="UTF-8">
</head>
<body>

<video id="myVideo" width="320" height="240" controls>
    <source src="images/lego.ogv" type="video/ogv">
    <source src=" images/lego.mp4" type="video/mp4">
    <source src=" images/lego.webm" type="video/webm">
    <object data=" images/lego.mp4" width="320" height="240">
        <embed width="320" height="240" src=" images/lego.swf">
    </object>
</video>
<br>
<button onClick="document.getElementById('myVideo').play()">播放</button>
<button onClick="document.getElementById('myVideo').pause()">暂停</button>
<button onClick="document.getElementById('myVideo').volume += 0.1">音量
+</button>
<button onClick="document.getElementById('myVideo').volume -= 0.1">音量
-</button>
<button onClick="document.getElementById('myVideo').muted = true">静音</button>
<button onClick="document.getElementById('myVideo').muted = false">取消静音
</button>
</body>
</html>
```

图 5-3　用 JavaScript 代码控制视频的播放、暂停和音量控制

示例 5-4 在页面上播放视频的同时，用<span>标记定义两个区域，分别用来显示视频时长和当前播放时间（见图 5-4）。这段代码有以下 3 个特点。

（1）通过 jQuery 来查找页面对象，由 video 对象的事件回调函数来显示具体信息。

（2）引入了在线的 jQuery 库。如果在线的 jQuery 库无法访问，也可以先下载 jQuery 库（假设保存在 jquery 文件夹下，文件名为 jquery-1.9.1.min.js），代码如下。

```
<script type="text/javascript"
    src="jquery/jquery-1.9.1.min.js"></script>
<script>
```

（3）程序中的 duration 属性和 currentTime 属性解释见表 5-1，程序中的 timeupdate 事件和 durationchange 事件的解释见表 5-3。

```
<!-- demo0504.html -->
<!doctype html>
<html>
<head>
   <meta charset="UTF-8">
   <script type="text/javascript"
 src="http://ajax.googleapis.com/ajax/libs/jquery/1.7.1/jquery.min.js">
   </script>

   <script>
      $(document).ready(function ($) {
         //返回 jQuery 对象
         var video = $('#my_video');
         //返回 HTML5 视频时长
         video.on('loadedmetadata', function () {
            $('.duration').text(video[0].duration);
         });
         //更新 HTML5 视频当前播放时间
         video.on('timeupdate', function () {
            $('.current').text(video[0].currentTime);
         });
      });
   </script>
</head>
<body>
<video id="my_video" width="320" height="240" controls>
   <source src="images/sintel.ogv" type="video/ogv">
   <source src=" images/sintel.mp4" type="video/mp4">
   <source src=" images/sintel.webm" type="video/webm">
   <object data=" images/sintel.mp4" width="320" height="240">
      <embed width="320" height="240" src=" images/sintel.swf">
   </object>
</video>
<div class="progressTime">
   当前播放时长：<span class="current"></span>
   视频时长：<span class="duration"></span>
</div>
</body>
</html>
```

图 5-4　用 JavaScript 代码控制播放和暂停视频

5.2　HTML5 的 audio 元素

HTML5 规定<video>标记的同时也规定了<audio>标记，用来实现音频的播放。

5-2　HTML5 音频视频（2）

5.2.1　使用 audio 标记插入音频

HTML5 使用<audio>标记来实现音频的播放，其语法格式如下。

```
<audio src="url" controls="controls">替代文字</audio>
```

<audio>标记中的替代文字是供不支持<audio>标记的浏览器显示的。

<audio>标记的常用属性如表 5-4 所示，支持的常见音频格式以及各浏览器对不同音频格式的支持情况如表 5-5 所示。

表 5-4　<audio>标记的常用属性、取值及说明

属性	值	说明
src	url	要播放音频的 URL
autoplay	autoplay	音频就绪后马上播放
controls	controls	向用户显示控件，例如播放、暂停、进度条等
loop	loop	设置音频是否循环播放
preload	preload	音频在页面加载时进行加载，并预备播放

表 5-5　不同浏览器对<audio>标记描述的视频格式支持情况

浏览器 / 音频格式	IE	Firefox	Opera	Chrome	Safari
OggVorbis	No	3.5+	10.5+	3.0+	No
MP3	9.0+	No	No	3.0+	3.0+
Wav	No	3.5+	10.5+	No	3.0+
AAC	9.0+	No	No	5.0+	3.0+
WebM 音频	No	4.0+	10.6+	6.0+	No

<audio>标记的属性和<video>标记的属性类似，<video>标记的 play()方法、pause()方法、load()方法也适用于<audio>标记。示例 5-5 向网页中插入音频文件 py.mp3，播放音频时显示播放、暂停等控件，在 Chrome 浏览器中显示的效果如图 5-5 所示。网页在不支持<audio>标记的浏览器中加载时不会播放音频文件，而是显示提示文字“您的浏览器不支持 audio 标记”。

图 5-5　在 Chrome 浏览器中播放音频的效果

```
<!-- demo0505.html -->
<!DOCTYPE HTML>
<html>
<head>
<meta charset="utf-8">
<title>audio 标记插入音频示例</title>
</head>
<body>
<audio src="images/py.mp3" controls="controls" autoplay="autoplay">
    您的浏览器不支持 audio 标记
</audio>
</body>
</html>
```

<audio>标记也允许定义多个<source>标记以链接不同的音频文件，浏览器将使用第一个可识别的格式。例如，以下代码使用<source>标记链接两种不同格式的音频，浏览器播放第一个可识别音频，若不支持<audio>标记，则显示“您的浏览器不支持 audio 标记”。

```
<audio controls="controls"autoplay="autoplay">
    <source src="images/py.ogg" type="audio/ogg"/>
    <source src="images/py.mp3" type="audio/mpeg"/>
    您的浏览器不支持 audio 标记
</audio>
```

5.2.2　audio 元素的访问控制

audio 元素和 video 元素的很多属性和方法都是一致的，示例 5-6 和示例 5-3 基本相同，都是通过单击按钮触发对象的 play()方法和 pause()方法，而音量和静音控制则是通过修改对象的 volume 属性和 muted 属性实现的。

```
<!-- demo0506.html -->
<!DOCTYPE html>
<html>
<head>
    <meta charset="UTF-8">
</head>
<body>
<audio id="myAudio" width="320px" height="240px" controls>
    <source src=" images/py.ogg" type="audio/ogg">
    <source src=" images/py.mp3" type="audio/mp3">
```

```
        您的浏览器不支持 HTML5 音频
    </audio>
    <br/>
    <button onclick="document.getElementById('myAudio').play()">播放</button>
    <button onclick="document.getElementById('myAudio').pause()">暂停</button>
    <button onclick="document.getElementById('myAudio').volume += 0.1">声音
+</button>
    <button onclick="document.getElementById('myAudio').volume -= 0.1">声音
-</button>
    <button onclick="document.getElementById('myAudio').muted = true">静音</button>
    <button onclick="document.getElementById('myAudio').muted = false">取消静音
</button>
    </body>
    </html>
```

5.3　使用 track 元素添加字幕

在 HTML5 中，track 元素可以为使用 video 元素播放的视频或使用 audio 元素播放的音频添加字幕、标题或章节等文字信息。track 元素为视频添加字幕的过程和为音频添加字幕的过程是相同的，为简化说明，下面仅以视频元素添加字幕为例来介绍。

track 元素的功能是为 video 元素指定媒体轨道，在轨道上承载字幕、章节标题、说明文字或元数据等附加信息，即 track 元素允许用户对 video 元素所使用的视频文件指定时间同步的文字资源，这个同步的文字资源，本质上是一个包含了一系列时间标记的文本文件。下面是插入字幕文件的过程和字幕文件的制作过程。

5.3.1　使用 track 标记插入字幕文件

track 元素是 video 元素的子元素，<track>标记必须被书写在 video 元素的开始标记与结束标记之间。如果使用<source>标记描述媒体文件，则<track>标记必须被书写在<source>标记之后。track 元素是一个空元素，其开始标记与结束标记之间不包含任何内容。

表 5-6 给出了<track>标记的常用属性及说明，除了这些属性外，track 元素还可以使用 HTML5 的全局属性。

表 5-6　<track>标记的常用属性及说明

属性	说明
src	src 属性用于指定字幕文件的存放路径，是一个必须使用的属性。src 属性的值可以是一个绝对 URL 路径，也可以是一个相对 URL 路径
srclang	srclang 属性用于指定字幕文件的语言。例如，srclang="en" 和 srclang="zh-cn"分别表示字幕文件为英语和汉语
default	default 属性用于通知浏览器在用户没有选择使用其他字幕文件的时候可以使用当前 track 文件
kind	kind 属性用于指定字幕文件(即用于存放字幕、章节标题、说明文字或元数据的文件) 的种类。可以对 kind 属性指定的属性值为 subtitles、captions、descriptions、chapters 与 metadata

下面对 kind 属性的属性值进行具体说明。

- subtitles：用于在视频中显示字幕。
- captions：定义在视频中显示的简短说明。
- chapters：表示字幕为章节标题，所以通常被用在对视频文件进行导航的时候。在浏览器中，该元素通常起到一个导航菜单的作用。
- descriptions：表示字幕为对视频中的可视内容提供的一个声音描述，该属性值通常用于用户看不见可视内容的场合。
- metadata：表示字幕为视频提供的元数据内容，该属性值通常用于被 JavaScript 等脚本语言所调用。metadata 属性值所指定的内容通常不显示在浏览器中。

示例 5-7 的功能是使用 video 元素播放一段视频，同时使用 track 元素在视频中显示字幕信息。这段代码的特点是，使用 track 元素为 video 元素添加了两个字幕文件，本例中的两个文件存放在了 vtt 文件夹下。如果是中文环境，播放的是中文字幕，如果是英文环境，播放的是英文字幕。显示效果如图 5-6 所示。字幕文件的设计在 5.3.2 节中介绍。

图 5-6　插入字幕的视频

```
<!-- demo0507.html -->
<!DOCTYPE html>
<html>
<head>
    <meta charset="UTF-8">
</head>
<body>
<video width="600" id="clip" controls>
    <source src="images/sintel.mp4" type="video/mp4"/>
    <track kind="captions" src="vtt/sintel-en.vtt" srclang="en"
          label="English captions"/>
    <track kind="captions" src="vtt/sintel-zh.vtt" srclang="zh-cn"
          label="Chinese" default/>
</video>
</body>
</html>
```

5.3.2　建立 WebVTT 文件

track 元素引用的文件是内部包含了一系列时间标记的文本文件，WebVTT 文件就是可以添加到轨道中的视频播放器可以显示的文本文件。在 HTML5 中通过<track>标记引用 WebVTT 文件，这表示可以为音频或视频等媒体资源提供诸如字幕、标题或描述等信息，并将这些信息同步显示在媒体资源中。

1. WebVTT 文件格式

WebVTT（Web Video Text Tracks）是一种文件格式，本质上是一种文本文件，需要使用 UTF-8 编码方式保存，文件扩展名为.vtt。它使用 HTML5 标准中指定的格式，该文件格式简单易用。WebVTT 文件包括的时间标记中可以包含诸如 JSON 或 CSV 之类格式的数据。这些时间标记是非常有用的，因为可以通过它实现深层链接或媒体导航，或根据媒体的播放时间执行界面上的一些自动变化或脚本代码的自动处理。

2. WebVTT 标记

WebVTT 文件内容由一些 WebVTT 标记组成，标记之间用行分隔符分开。用户可以在 WebVTT 标记中书写字幕与字幕应用的时间范围。用户也可以为 WebVTT 标记指定唯一一个标识符，这个唯一标识符可以在脚本代码中用来控制 WebVTT，比如下面的标识符[idstring]。

标记采用如下形式。

```
[idstring]
[hh:]mm:ss.msmsms --> [hh:]mm:ss.msmsms
文字内容
[空行]
```

时间戳（[hh:]mm:ss.msmsms--> [hh:]mm:ss.msmsms）必须为标准格式，小时部分[hh:]是可选的，毫秒与秒之间采用点分隔符(.)，而不是冒号分隔符(:)。时间戳范围的第二部分必须大于第一部分。不同的时间戳可以重叠。

标记中的文字内容可以为一行文字，也可以为多行文字。任何时间戳后的文字内容均被应用在该时间戳范围内。下面是示例 5-7 中使用的字幕文件 sintel-en.vtt 和 sintel-zh.vtt。可以看出，中文和英文是对应的。通常情况下，读者复制一个 WebVTT 文件，然后修改其中的时间戳和对应的内容，可以提高文件的制作效率。

（1）sintel-en.vtt 文件内容

```
WEBVTT

00:00.000 --> 00:15.290
Hello  jmt, entering title............

00:15.290 --> 00:19.600
some text

00:19.600 --> 00:38.802
beautifulgir...
```

（2）sintel-zh.vtt 文件内容

```
WEBVTT

00:00.000 --> 00:04.020
您好，jmt

00:04.020 --> 00:18.862
一些文字....
```

```
00:18.862 --> 00:24.483
漂亮的女孩子........
```

3. 使用 HTML5 Video Caption Maker 生成 WebVTT 文件

为媒体添加字幕的关键是构建 WebVTT 轨道文件。WebVTT 文件可以手动创建，也可以使用创作工具构建。如果手工创建文件，写代码非常麻烦，并且字幕与媒体的同步需要反复测试修改。HTML5 视频字幕制作工具是一个非常简单但有效的工具，该工具可以用于创建 WebVTT 文件。其网址是：https://testdrive-archive.azurewebsites.net/Graphics/CaptionMaker/，图 5-7 是该在线工具的使用界面。

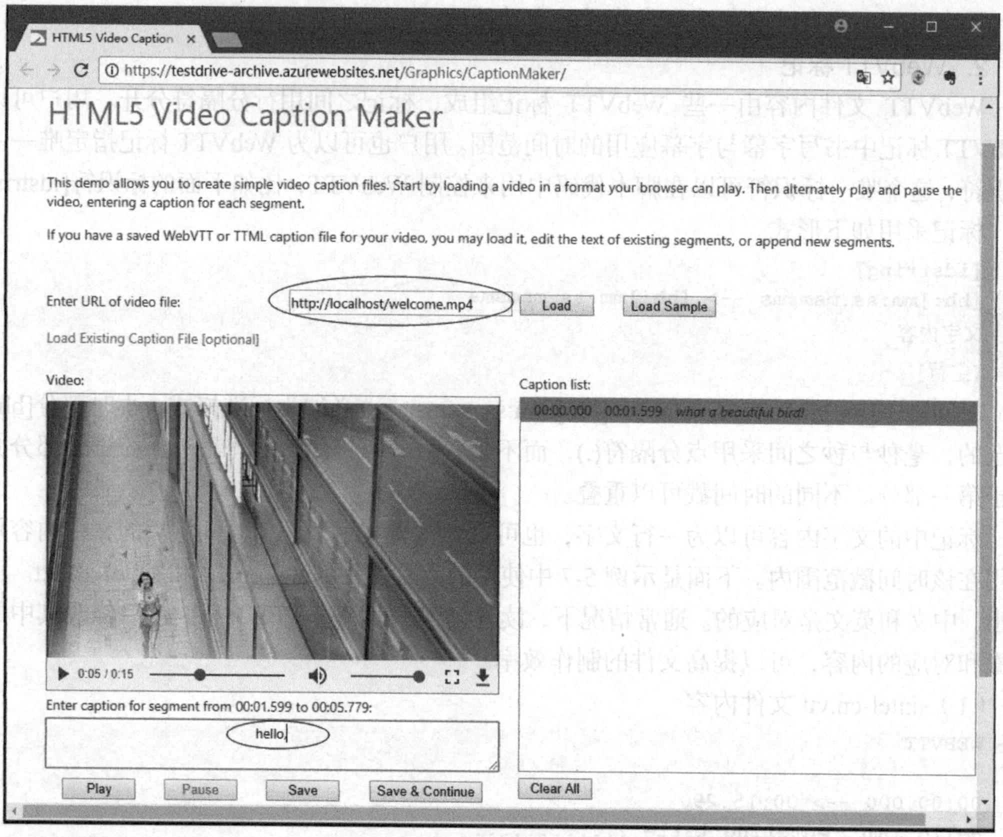

图 5-7　HTML5 视频字幕制作工具

使用该在线工具，可以查看 mp4 格式、OGV 等格式的视频文件，设置提示和添加文本字幕以及保存用户创建的文件，还可以加载已创建的文件并进行编辑。使用该在线工具的过程如下。

（1）加载视频文件

将用户的视频文件载入字幕制作工具，视频文件需要从服务器上加载，图 5-7 中使用的服务器是 xmapp 的 Apache 服务器，视频地址是：http://localhost/welcome.mp4。

（2）构建视频中的计时文本文件

创建字幕文件时，用户播放一个时间段的视频后暂停，为该段视频键入字幕；保存后继续播放、暂停和输入字幕。HTML5 视频字幕制作工具自动记录开始和结束时间。

计时文本标准指定的开始和结束时间可以是不连续的。时间段可以有间隔，甚至可以重叠，视频播放器仍将读取该文件。但为简化使用，HTML5 视频字幕制作工具创建开始时间和结束时间是连续的计时文本文件。如果某部分视频没有字幕，可设置该段视频的字幕为空，但该段视频仍需保存。

在使用 HTML5 视频字幕制作工具制作字幕过程中，用户不能更改当前工具中的时间。但用户可以在保存文件后，在文本编辑器（例如 Notepad++）中打开该文件并进行更改。

需要注意，HTML5 视频字幕制作工具的时间格式为将前导零用于小时、分钟和秒，并且保留秒数小数部分的小数点右侧的 3 位。在文本编辑器中编辑时间时最好保留相同的时间格式。

（3）保存计时文本文件

在完成视频字幕的创建后，可将生成的代码复制到 WebVTT 文件中保存。

思考与练习

1. 简答题

（1）HTML5 中插入视频使用什么标记？描述其语法格式及含义、该标记的属性及功能。

（2）简述 video 元素常用的方法和事件（各列出 3 种即可）。

（3）简述 track 元素的功能和常用的属性。

2. 操作题

（1）在网页中插入视频，并对视频做如下设置。

① 320 像素宽，240 像素高；

② 显示视频播放器控件；

③ 循环播放；

④ 首选播放 OGG 格式文件，其次分别为 MP4 格式和 WEBM 格式（此处需准备 3 种不同格式的文件）；

⑤ 若不支持 video 元素，则显示提示文字“请选用其他高版本浏览器尝试播放此视频”。

（2）使用 HTML5 视频字幕制作工具创建 WebVTT 文件，并通过 track 元素为一个视频文件添加字幕。

第 6 章 HTML5 的 canvas 绘图

学前提示

在 HTML5 出现之前，用户不能在网页页面绘制图形，只能通过 img 元素在网页中引用并显示图形。HTML5 新增了 canvas 元素，以及与这个元素相关的一套编程接口——Canvas API。使用 Canvas API，用户可以在页面上绘制出任何图形，使用 JavaScript 的一些方法，还可以绘制简单的动画。本章介绍 canvas 绘图的相关知识。

知识要点

- canvas 概述
- 使用 canvas 绘制图形
- 绘制渐变图形
- 使用坐标变换和矩阵变换绘图
- 使用图像绘制

6.1 canvas 概述

canvas 是 HTML5 在网页上绘制图形的容器。在页面上放置一个 canvas 元素，就相当于放置了一块矩形画布，canvas 通过 JavaScript 脚本可以绘制矩形、圆形、直线、字符以及图像等图形。

6-1 HTML5 canvas 标签的使用

6.1.1 创建 canvas 元素

向 HTML5 页面添加 canvas 元素，需要指定元素的 id、width 和 height 属性。在网页中嵌入 canvas 元素的语法格式如下。

```
<canvas id="canvasId" width="" height="">提示文字</canvas>
```

其中，id 是 canvas 的标识，可供 JavaScript 脚本调用；width 指明 canvas 元素的宽度，height 指明 canvas 元素的高度，单位是像素。<canvas >和</canvas>之间的文字用来指定当浏览器不支持 canvas 元素时的提示信息。

示例 6-1 在页面中放置了一个宽度和高度各为 200 像素的 canvas 画布，用 CSS 定义画布边框为 1 像素的黑色实线。如果使用的浏览器不支持 canvas 元素，则显示标记内的文字提示“您的浏览器不支持 canvas”。

canvas 元素本身没有绘图能力，需要通过 JavaScript 脚本来完成图形的绘制。示例 6-1 仅仅创建了 canvas 元素，需要调用外部脚本文件（这里是 script01.js）中定义的 draw()方法绘图。脚本文件 script01.js 通过下面的代码引入。

```
<!--demo0601.html-->
<!DOCTYPE html>
<head>
<meta charset=UTF-8>
<title>创建 canvas 元素</title>
<script type="text/javascript" src="script01.js" ></script>
<style type="text/css">
        canvas { border: 1px solid black; }
</style>
</head>
<body onload="draw('myCanvas');">
<canvas id="myCanvas" width="200px" height="200px">
您的浏览器不支持 canvas
</canvas>
</body>
</html>
```

下面是 script01.js 脚本文件的内容，功能是绘制一个矩形。

```
//script01.js
function draw(id){
    var canvas=document.getElementById(id);
    var ctx=canvas.getContext("2d");
    ctx.strokeStyle="blue";
    ctx.strokeRect(20,20,150,75);
}
```

绘图结果如图 6-1 所示。其中，strokeStyle 属性用来定义边框颜色为蓝色，使用 strokeRect() 方法绘制矩形边框，外部的边框是 canvas 的边界。

图 6-1　绘制一个最基本的矩形

6.1.2　canvas 绘图的步骤

下面通过分析 script01.js 这个脚本文件的内容，来说明使用 canvas 元素绘制图形的一般步骤。

脚本文件 script01.js 只有一个 draw()方法。

（1）获取 canvas 元素

用 document.getElementById()、document.getElementsByName()等方法取得 canvas 元素，然后才能在 canvas 画布上绘制图形。

（2）获取绘图上下文（context）

绘图时，需要使用 canvas 对象的 getContext()方法获得绘图上下文，代码如下。

```
var ctx=canvas.getContext("2d");
```

绘图上下文（graphics context）是一个封装了很多绘图方法的对象，可以理解为一支画笔。使用 getContext("2d")方法创建的对象是 HTML5 的内置对象，用于绘制“2d”图形，拥有多种绘制路径、矩形、圆形、字符以及添加图像的方法。

（3）设定绘图样式（style）

绘图时，首先要设定好绘图的样式（style），然后调用绘图方法完成图形的绘制。绘图样式，一般指图形的颜色、边框的线宽、边框的线型等。

例如，fillStyle 属性用于设定填充图像的样式，strokeStyle 属性用于设定图像边框的样式，属性值为设置图形填充的颜色值。例如，ctx.fillStyle="rgb(255,0,0)";表示设定填充样式颜色为红色，并将用此样式填充图形。

（4）绘制图形

用 canvas 元素绘制图形时，有两种方式——填充（fill）和绘制边框（stroke）。填充是指把图形内部填满；绘制边框是只绘制图形外框。canvas 元素一般在路径创建完成后，使用 fill()方法填充图形或者使用 stroke()方法绘制图形边框。绘图上下文 ctx 绘制矩形边框代码如下，其中的参数定义了矩形的位置。

```
ctx.strokeRect(20,20,150,75);
```

6.2 绘制矩形

canvas 绘图中，最基本的图形就是矩形，其他各种图形都需要使用路径绘制。本节介绍绘制矩形的方法，还包括绘图的颜色和透明度的知识。

6-2 HTML5 canvas 标签—绘制图形

6.2.1 绘制矩形的方法

Canvas API 中绘制矩形方法包括以下 4 个，如表 6-1 所示。

表 6-1 canvas 绘制矩形的方法

方法	描述
rect()	创建矩形
fillRect()	绘制被填充的矩形
strokeRect()	绘制矩形（无填充）
clearRect()	在给定的矩形内清除指定的像素

示例 6-2（script02.js）使用了绘制矩形的各种方法。调用该脚本文件的 HTML 文件与示例 6-1 相同，如果不加以说明，后面的脚本文件均可使用示例 6-1 中的 HTML 文件。

```
//script02.js
function draw(id){
    var canvas=document.getElementById(id);
    var ctx=canvas.getContext("2d");
    ctx.fillStyle="#FFFF00";
    ctx.fillRect(20,20,150,150);
    ctx.lineWidth=2;
    ctx.strokeStyle="#0000FF";
    ctx.strokeRect(20,20,150,150);
    ctx.clearRect(65,65,60,60);
}
```

以上代码的绘图效果如图 6-2 所示。fillStyle 属性定义图形填充颜色为黄色，并使用 fillRect()方法绘制矩形，strokeStyle 属性定义边框颜色为蓝色，lineWidth 属性定义边框宽度为两个像素，使用 strokeRect()方法绘制蓝色矩形边框，clearRect()方法用来清除一块矩形区域。

ctx.fillRect(x,y,width,height)和 ctx.strokeRect(x,y,width,height)两个方法的参数含义相同，x、y 分别是绘制矩形的起点横坐标和纵坐标，坐标原点是 canvas 画布的左上角，width 指绘制矩形的宽度，height 指绘制矩形的高度。

clearRect()方法用于擦除指定图形的矩形区域，代码如下。

```
ctx.clearRect(x,y,width,height)
```

这里的 4 个参数与上面绘制矩形方法中的 4 个参数含义和用法相同。

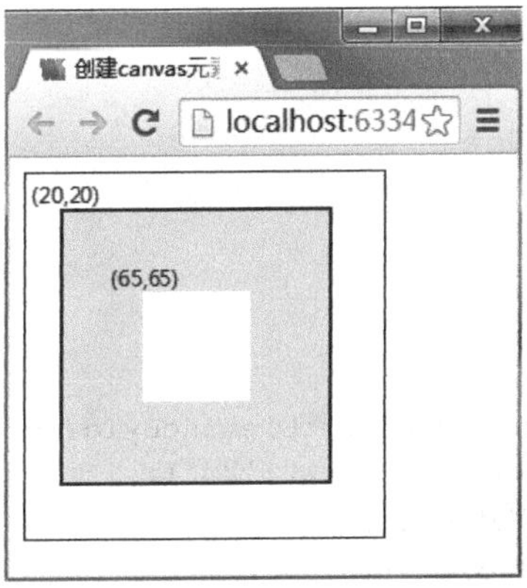

图 6-2　绘制矩形和各种方法示例

6.2.2　绘图时的颜色与透明度属性

1. 颜色

canvas 绘图时，绘图上下文的 fillStyle 属性与 strokeStyle 属性用来指定填充的颜色或边框的颜色，颜色定义方法与 CSS 中颜色定义方法基本相同。下面是定义颜色的各种方法。

- 颜色名：直接使用颜色的英文名称作为属性值，例如，blue 表示蓝色。
- #rrggbb：用一个 6 位的十六进制数表示颜色，例如，#0000FF 表示蓝色。
- #rgb：是#rrggbb 的一种简写方式，例如，#0000FF 可以表示为#00F，#00FFDD 表示为#0FD。
- rgb(rrr,ggg,bbb)：使用十进制数表示颜色的红、绿、蓝分量，其中，rrr、ggg、bbb 都是 0～255 的十进制整数。例如，rgb(0,0,0)代表黑色。

- rgb(rrr%,ggg%,bbb%)：使用百分比表示颜色的红、绿、蓝分量，例如，rgb(50%,50%,50%)表示 rgb(128,128,128)。
- rgba(rrr,ggg,bbb,alpha)：使用十进制数表示颜色的红、绿、蓝分量，alpha 表示颜色的透明度，例如 rgba(0,128,0,0.5)表示半透明的绿色。

示例 6-3 中绘制了不同颜色的图形和边框，使用嵌套的 for 循环设置不同的颜色值，也设置了图形的位置。绘制圆形的方法将在 6.3 节介绍。效果如图 6-3 所示。

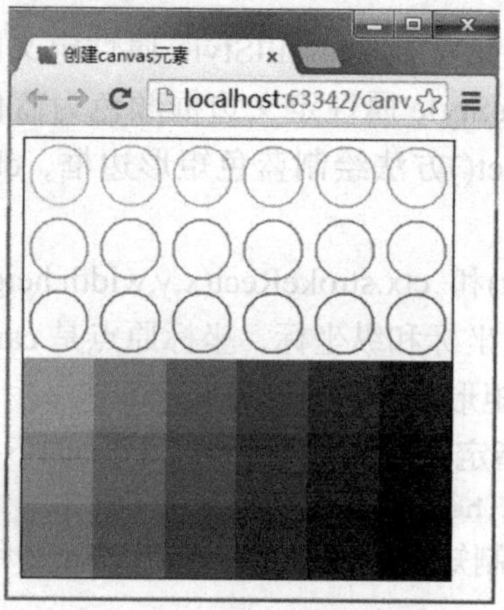

图 6-3　绘制不同颜色图形和边框

```
<!--demo0603.html-->
<!DOCTYPE html>
<head>
<meta charset=UTF-8>
<title>创建 canvas 元素</title>
<script >
        function draw(id) {
            var canvas = document.getElementById(id);
            var ctx =canvas.getContext('2d');
            //绘制不同边框颜色的圆形
            for (var i=0;i<3;i++){
                for (var j=0;j<6;j++){
                    ctx.strokeStyle = 'rgb(0,' + Math.floor(255-90*i) + ',' +
                    Math.floor(255-90*j) + ')';
                    ctx.beginPath();
                    ctx.arc(25+j*50,25+i*50,20,0,Math.PI*2,true);
                    ctx.stroke();
                }
            }
            //绘制不同填充颜色的矩形
            for (var i=3;i<6;i++){
                for (var j=0;j<6;j++){
                    ctx.fillStyle = 'rgb(' + Math.floor(255-50*i) + ',' +
                    Math.floor(255-50*j) + ',0)';
                    ctx.fillRect(j*50,i*50,50,50);
                }
            }
```

```
        }
</script>
<style type="text/css">
      canvas { border: 1px solid black; }
</style>
</head>
<body onload="draw('myCanvas');">
<canvas id="myCanvas" width="300px" height="300px">
您的浏览器不支持 canvas
</canvas>
</body>
</html>
```

2. 透明度

使用绘图上下文的 globalAlpha 属性设置或返回图形的当前透明度值（alpha 或 transparency）。使用该属性的代码如下。

```
ctx.globalAlpha=number;
```

globalAlpha 属性值 number 必须介于 0（完全透明）到 1（不透明）之间，其默认值为 1。使用 globalAlpha 属性修改透明度之后绘制的图形，均采用所设置的透明度值进行绘图。

示例 6-4（script04.js）绘制的图形使用了透明度属性。首先，绘制一个不透明的红色矩形，然后将透明度（globalAlpha）设置为 0.5，再绘制一个绿色和一个蓝色的矩形。调用该脚本文件的 HTML 文件与示例 6-1 相同，执行效果如图 6-4 所示。

```
//script04.js
function draw(id){
    var canvas = document.getElementById(id);
    var ctx = canvas.getContext('2d');
    ctx.fillStyle="red";
    ctx.fillRect(20,20,75,50);
    // 修改透明度
    ctx.globalAlpha=0.5;
    ctx.fillStyle="blue";
    ctx.fillRect(50,50,75,50);
    ctx.fillStyle="green";
    ctx.fillRect(80,80,75,50);
}
```

示例 6-5（script05.js）在四色背景上绘制透明度相同，半径不同的 7 个同心圆。显示效果如图 6-5 所示。

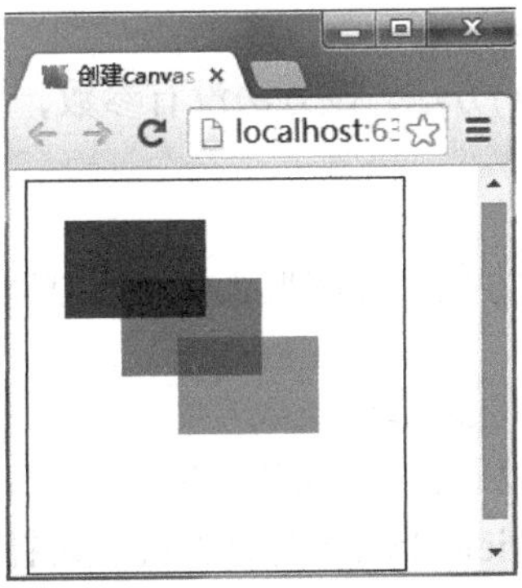

图 6-4　不同图形的透明度

图 6-5　设置了透明度的同心圆

```
//script05.js
function draw(id) {
    var context= document.getElementById(id);
    var ctx=context.getContext('2d');
    //绘制四色背景
    ctx.fillStyle = '#FD0';
    ctx.fillRect(0,0,100,100);
    ctx.fillStyle = '#6C0';
    ctx.fillRect(100,0,100,100);
    ctx.fillStyle = '#09F';
    ctx.fillRect(0,100,100,100);
    ctx.fillStyle = '#F30';
    ctx.fillRect(100,100,100,100);
    ctx.fillStyle = '#FFF';
    //设置透明度值
    ctx.globalAlpha = 0.3;
    // 绘制半透明圆形
    for (i=0;i<10;i++){
        ctx.beginPath();
        ctx.arc(100,100,10+10*i,0,Math.PI*2,true);
        ctx.fill();
    }
}
```

6.3 使用路径绘制图形

矩形是 canvas 唯一支持的一个基本形状，所有其他形状必须通过组合一个或多个路径来创建。使用路径来绘制图形，先要取得绘图上下文，然后按照开始创建路径、创建图形路径、关闭路径、调用绘图方法等步骤来完成。

6-3 HTML5 使用路径

6.3.1 绘制圆形

下面以绘制圆形路径为例，介绍使用路径绘制图形的过程，其中，ctx 为绘图上下文对象。

1. 开始创建路径

开始创建路径时，使用绘图上下文对象的 beginPath()方法，该方法没有参数，代码如下。

```
ctx.beginPath();
```

2. 绘制图形路径

绘制图形路径时，需要使用绘图上下文对象的 arc()方法。以圆形为例，绘制路径的代码如下。

```
ctx.arc(x,y,radius,startAngle,endAngle,anticlockwise)
```

该方法需要指定 6 个参数，x、y 分别为绘制圆形的圆心横坐标和纵坐标，radius 为圆形半径，startAngle 为开始角度，endAngle 为结束角度，anticlockwise 为是否按逆时针方向进行绘制。

除了可以用来绘制圆形，arc()方法通过指定开始角度与结束角度，还可以绘制圆弧，这两个角度就决定了绘制的弧度。anticlockwise 为布尔值参数，参数值为 true 时，按逆时针绘制；参数值为 false 时，则按顺时针绘制。

3. 关闭路径

路径创建完成后，使用绘图上下文对象的 closePath()方法关闭路径，代码如下。

```
ctx.closePath();
```

关闭路径后，路径的创建工作就完成了。但此时只是创建了路径，还没有真正绘制任何图形。

4. 设定绘制样式，绘制图形

路径创建完成后，使用 fillStyle、strokeStyle、lineWidth 等属性定义填充或边框的样式，并继续使用 fill()和 stroke()方法完成图形的绘制。

示例 6-6（script06.js）绘制了圆形和圆弧边框。代码执行效果如图 6-6 所示。

```
//script06.js
function draw(id){
    var canvas = document.getElementById(id);
    ctx = canvas.getContext('2d');
    // 绘制黄色矩形区域
    ctx.fillStyle="yellow";
    ctx.fillRect(0,0,200,200);
    // 使用路径绘制蓝色圆形
    ctx.beginPath();
    ctx.arc(60,100,30,0,Math.PI*2,true);
    ctx.closePath();
    ctx.fillStyle="blue";
    ctx.fill();
    // 使用路径绘制绿色圆弧边框
    ctx.beginPath();
    ctx.arc(140,100,30,0,3.5,true);
    ctx.closePath();
    ctx.strokeStyle="green";
    ctx.stroke();
}
```

如果绘制绿色圆弧时未使用 closePath()方法，则绘制出的圆弧没有封闭圆弧端点的线段，如图 6-7 所示。

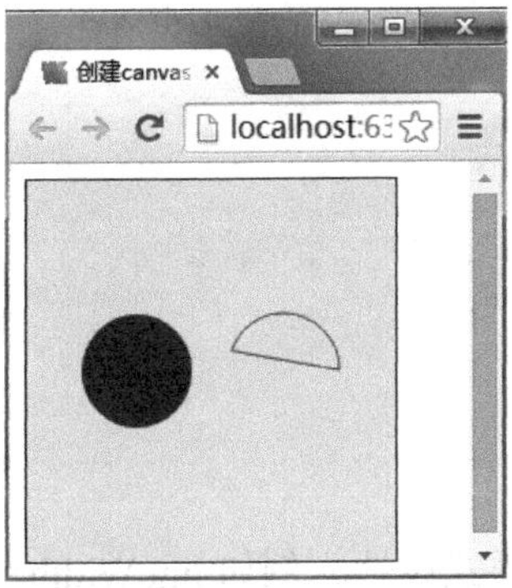

图 6-6　绘制圆形和封闭的圆弧

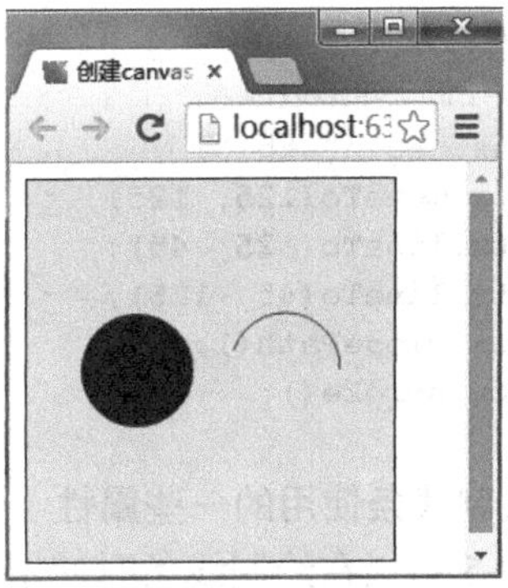

图 6-7　未封闭圆弧

6.3.2 绘制直线

6-4 move To 与 line To

1．绘制直线的方法

绘制直线也需要使用路径，这里的直线实际上是线段（条），有起点和终点。绘制直线使用 moveTo()和 lineTo()两个方法，代码如下。

```
moveTo(x,y);
lineTo(x,y);
```

这两个方法均使用 x、y 两个参数，分别指定绘图点的横坐标和纵坐标。

moveTo()方法的作用是将光标移动到指定坐标点(x,y)，绘制直线的时候以这个坐标点为起点；lineTo()方法指定绘制直线的终点，在 moveTo()方法中指定的起点与此方法指定的终点之间绘制一条直线。

在创建路径时，需要使用 moveTo()方法将光标移动到直线起点，然后使用 lineTo()方法在直线起点与终点间创建路径。此后，坐标移动到直线终点，如果继续使用 lineTo()方法，将以刚才的直线终点作为下次绘制的起点，在下一个 lineTo()方法指定的终点之间创建路径，不断重复此过程，来完成复杂图形的路径绘制。

下面的示例绘制了一条直线。

```
function draw(id) {
    var canvas = document.getElementById(id);
    var ctx = canvas.getContext('2d');
    //绘制直线
    ctx.moveTo(0, 0);
    ctx.lineTo(200, 100);
    ctx.stroke();
}
```

示例 6-7（script07.js）给出了多路径组合绘制图形的代码。执行效果如图 6-8 所示。

```
//script07.js
function draw(id) {
    var canvas = document.getElementById(id);
    var ctx = canvas.getContext('2d');
    //填充三角形
    ctx.beginPath();
    ctx.moveTo(25, 25);
    ctx.lineTo(105, 25);
    ctx.lineTo(25, 105);
    ctx.fill();
    //虽然路径起点与终点未重合封闭图形，但填充时自动在起点和终点间进行封闭填充
    //绘制三角形边框
    ctx.beginPath();
    ctx.moveTo(125, 125);
    ctx.lineTo(125, 45);
    ctx.lineTo(45, 125);
    ctx.closePath();
    ctx.stroke();
}
```

2．绘制线条使用的一些属性

HTML5 可以在绘制线条时使用绘图上下文的一些样式属性，例如 lineWidth、lineCap、lineJoin 等，取值及功能如表 6-2 所示。

表 6-2　描述线条样式的一些属性

属性	描述	值
lineWidth	线条的宽度	线条宽度的数值，单位是像素
lineCap	线条的端点样式	butt：默认属性值，不为直线添加端点 round：为直线添加圆形端点 square：为直线添加正方形端点
lineJoin	两条线相交时，交汇处的拐角形状	miter：默认属性值，创建尖角拐角 round：创建圆角拐角 bevel：创建斜角拐角

示例 6-8（script08.js）绘制了宽度从 2～10 像素不等的 5 条直线。如图 6-9 所示。

```
//script08.js
function draw(id) {
    var canvas= document.getElementById(id);
    var ctx=canvas.getContext('2d');
    for (var i = 1; i <6; i++){
        ctx.lineWidth = 2*i;
        ctx.beginPath();
        ctx.moveTo(i*30,20);
        ctx.lineTo(i*30,180);
        ctx.stroke();
    }
}
```

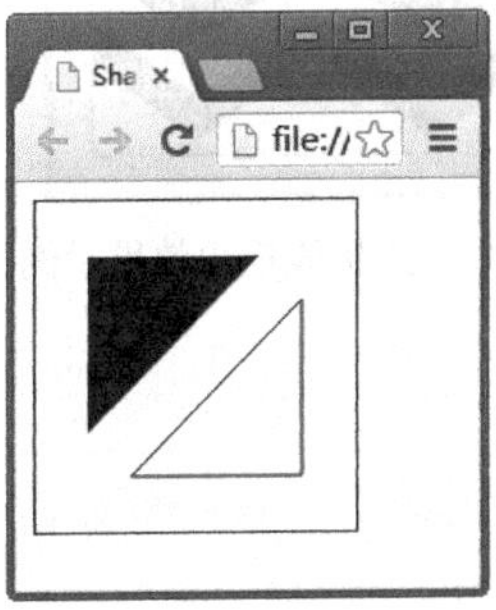

图 6-8　绘制组合路径

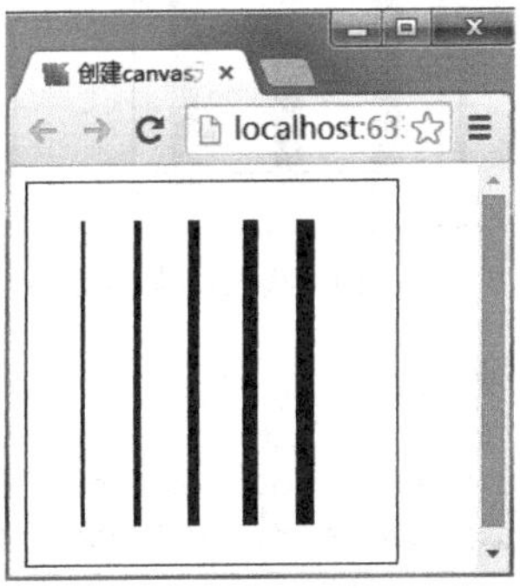

图 6-9　不同宽度直线示例

示例 6-9（script09.js）展现的是 3 种不同的线条端点。在这个示例中，绘制了两条参考线，参考线以上的即为线条端点。示例中先用数组保存 butt、round、square 3 种线条端点属性值，然后使用循环访问数组元素，为每条直线添加不同端点，代码执行效果如图 6-10 所示。

```
//script09.js
function draw(id) {
    var context= document.getElementById(id);
    var ctx=context.getContext('2d');
    var lineCap = ['butt','round','square'];
    //绘制参考线
    ctx.strokeStyle = '#000';
    ctx.beginPath();
    ctx.moveTo(10,20);
    ctx.lineTo(160,20);
```

```
        ctx.moveTo(10,180);
        ctx.lineTo(160,180);
        ctx.stroke();
        //绘制直线
        ctx.strokeStyle = 'rgb(255,0,0)';
        for (var i=0;i<lineCap.length;i++){
            ctx.lineWidth = 15;
            ctx.lineCap = lineCap[i];
            ctx.beginPath();
            ctx.moveTo(25+i*60,20);
            ctx.lineTo(25+i*60,180);
            ctx.stroke();
        }
}
```

示例 6-10（script10.js）展示了不同拐角形状，第 1 条连接线为原始绘制效果，未定义拐角形状，之后用数组保存 round，bevel，miter 三种拐角属性值，然后使用循环访问数组元素，为第 2～4 条连接线分别定义圆角、斜角和尖角的拐角效果。代码执行结果如图 6-11 所示。

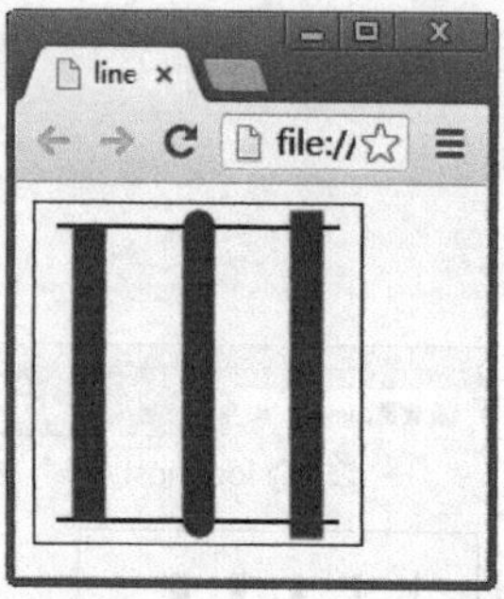

图 6-10　线条端点的效果

图 6-11　连接线拐角效果示例

```
//script10.js
function draw(id) {
    var context= document.getElementById(id);
    var ctx=context.getContext('2d');
    ctx.lineWidth =15;
    //绘制原始路径
    ctx.beginPath();
    ctx.moveTo(-5,10);
    ctx.lineTo(45,45);
    ctx.lineTo(95,10);
    ctx.lineTo(145,45);
    ctx.lineTo(195,10);
    ctx.stroke();
    //使用数组保存 3 种拐角形状值
    var lineJoin = ['round','bevel','miter'];
    for (var i=0;i<lineJoin.length;i++){
        //绘制连接线
        ctx.lineJoin = lineJoin[i];
        ctx.beginPath();
        ctx.moveTo(-5,70+i*40);
        ctx.lineTo(45,105+i*40);
```

```
        ctx.lineTo(95,70+i*40);
        ctx.lineTo(145,105+i*40);
        ctx.lineTo(195,70+i*40);
        ctx.stroke();
    }
}
```

6.3.3 绘制曲线

圆弧是一种典型的曲线，可以使用绘图上下文对象的 arcTo()方法绘制曲线，该方法与 lineTo()方法类似，将在路径中添加一条曲线，并使用直线连接当前坐标点与曲线起点。

arcTo()绘图方法如图 6-12 所示，（x_0，y_0）为当前点坐标，（x_1，y_1）为绘制圆弧时使用的控制点坐标，（x_2，y_2）为圆弧终点坐标，radius 代表圆弧半径。arcTo()方法的格式如下。

```
ctx.arcTo(x1,y1,x2,y2,radius)
```

参数 x_1 和 y_1 代表控制点的横坐标和纵坐标，参数 x_2 和 y_2 代表圆弧终点的横坐标和纵坐标，参数 radius 代表圆弧半径。

示例 6-11 使用绘图上下文对象的 arcTo()方法绘制了一条曲线，图形起点坐标为（50,50），圆弧终点坐标为（200,100），圆弧控制点坐标为（200,50），圆弧半径为 50。显示结果如图 6-12 所示。

```
<!--demo0611.html-->
<!DOCTYPE html>
<html>
<head>
<meta charset="UTF-8">
<title> arcTo()绘制弧线</title>
</head>
<body onLoad="draw()">
<!-- 为 canvas 标记添加上红色边框以便于在页面上查看 -->
<canvas id="myCanvas" width="300px" height="200px" style="border: 1px solid red;" />
<script type="text/javascript">
    function draw() {
        var canvas=document.getElementById("myCanvas"); //获取 canvas 对象
            //获取对应的 CanvasRenderingContext2D 对象(画笔)
            var ctx=canvas.getContext("2d");
            ctx.moveTo(50,50);          //指定绘制路径的起点
            //artIo()方法自动绘制一条到坐标(150,50)的水平直线
            var p1={                //控制端点
                x:200,y:50
            };
            var p2={                //圆弧终点
                x:200,y:100
            };
            //绘制与当前端点、控制端点、圆弧终点 3 个点所形成的夹角的两边相切并且半径为 50px
的圆弧
            ctx.arcTo(p1.x,p1.y,p2.x,p2.y,50);
            ctx.strokeStyle="blue";    //设置线条颜色为蓝色
            ctx.stroke();                   //绘制弧线
    }
```

```
</script>
</body>
</html>
```

示例 6-12（script12.js）绘制了两条连接在一起的弧线，显示结果如图 6-13 所示。

```
//script12.js
function draw(id){
    var canvas=document.getElementById(id);
    var ctx=canvas.getContext('2d');
    ctx.beginPath();
    ctx.strokeStyle="black";
    ctx.moveTo(30,20);
    ctx.arcTo(100,130,150,30,40);
    ctx.arcTo(150,30,180,60,30);
    ctx.stroke();
}
```

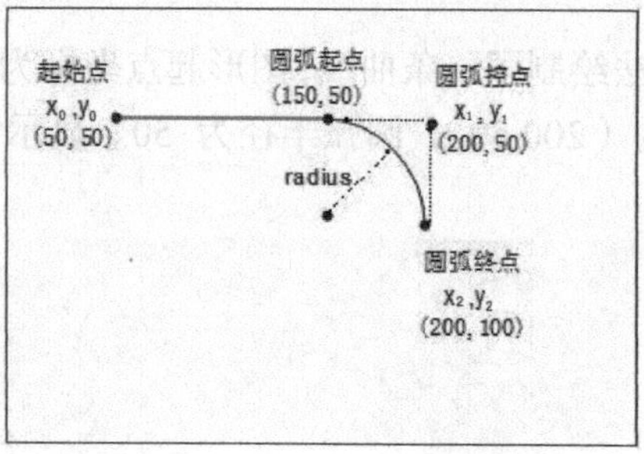

图 6-12　arcTo 方法绘制圆弧示意图

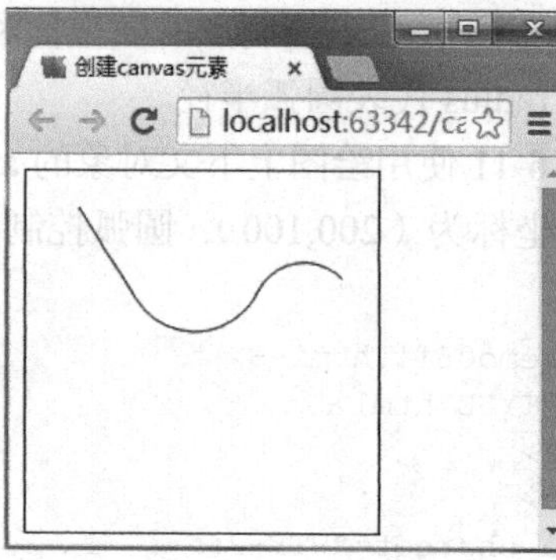

图 6-13　绘制曲线

6.4　绘制颜色渐变的图形

渐变是两种或更多种颜色的平滑过渡，使用 fillStyle()方法和 strokeStyle()方法可将渐变应用于填充样式或边框样式中。canvas 的绘图上下文支持两种类型的渐变：线性渐变和径向渐变。

6.4.1　绘制线性渐变

绘制线性渐变，需要使用到 LinearGradient 对象。使用绘图上下文对象的 createLinearGradient()方法可以创建该对象，该方法如下。

6-5　HTML5 canvas 绘制渐变图形

```
ctx.createLinearGradient(xStart,yStart,xEnd,yEnd);
```

该方法使用 4 个参数，xStart、yStart 分别为渐变起点的横坐标和纵坐标，xEnd、yEnd 分别为渐变终点的横坐标和纵坐标。

通过该方法，创建一个使用两个坐标点的 LinearGradient 对象。设定 LinearGradient 对象的渐变颜色需要使用 addColorStop()方法，该方法如下。

```
ctx.addColorStop(offset,color);
```

该方法用来追加渐变颜色。参数 offset 为设定的颜色距离渐变起点的偏移量，其值是一个 0 到 1 之间的浮点值，渐变起点的偏移量为 0，渐变终点的偏移量为 1。color 为绘制时使用的颜色。

因为是渐变，所以至少需要使用两次 addColorStop()方法来追加两个颜色（起点颜色和终点颜色），也可以追加多个颜色。例如“从红色渐变到绿色，然后再渐变到蓝色”。如果红色起点坐标到绿色终点坐标之间的距离与绿色起点坐标到蓝色终点坐标之间的距离相等，则红色的偏移量为 0，绿色的偏移量为 0.5，蓝色的偏移量为 1。

然后把 fillStyle 属性值设为 LinearGradient 对象，再执行填充的方法，就可以绘制出线性渐变图形。

示例 6-13（script13.js）绘制了线性渐变图形，lingrad1 对象是从坐标点（10,10）到坐标点（120,120）的线性渐变，渐变颜色分别为蓝色、紫色、黄色。Lingrad2 对象是从坐标点（100,100）到坐标点（160,160）的线性渐变，渐变颜色为绿色到红色。绘制的图形效果如图 6-14 所示。

```
//script13.js
function draw(id) {
    var canvas = document.getElementById(id);
    var ctx = canvas.getContext('2d');
    // 创建渐变对象
    var lingrad1 = ctx.createLinearGradient(10,10,120,120);
    lingrad1.addColorStop(0, '#00ABEB');
    lingrad1.addColorStop(0.5, '#f0f');
    lingrad1.addColorStop(1, '#ff0');
    var lingrad2 = ctx.createLinearGradient(100,100,160,160);
    lingrad2.addColorStop(0.2, '#0f0');
    lingrad2.addColorStop(1, 'rgb(255,0,0)');
    ctx.lineWidth=5;
    // 把渐变对象赋值给填充和轮廓样式
    ctx.fillStyle = lingrad1;
    ctx.strokeStyle = lingrad2;
    // 绘制渐变图形
    ctx.fillRect(0,0,100,100);
    ctx.strokeRect(90,90,100,100);
}
```

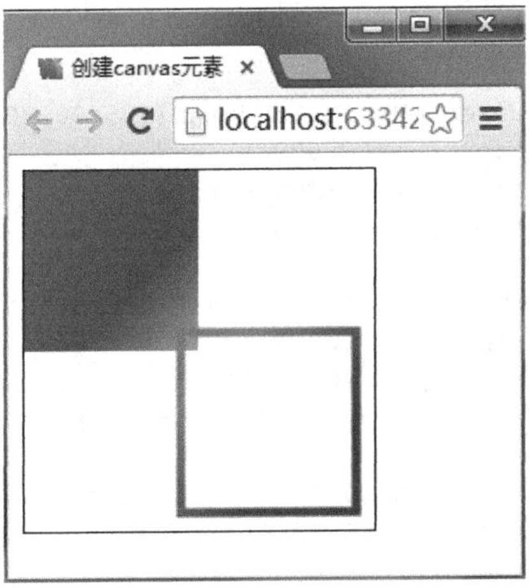

图 6-14　线性渐变图形

6.4.2 绘制径向渐变

6-6 HTML5 canvas 绘制径向渐变

除了绘制线性渐变之外，Canvas API 还可以绘制径向渐变。径向渐变是指沿着圆形的半径方向向外进行扩散的渐变方式。

使用绘图上下文对象的 createRadialGradient()方法绘制径向渐变，该方法如下。

```
ctx.createRadialGradient(xStart,yStart,radiusStart,xEnd,yEnd,
radiusEnd);
```

该方法的 6 个参数中，xStart、yStart、radiusStart 描述渐变的开始圆，分别是圆心横坐标和纵坐标、半径；xEnd、yEnd、radiusEnd 用来描述结束圆。这个方法中，分别指定了两个圆的大小和位置。从第一个圆的圆心处向外进行扩散渐变，一直扩散到第二个圆的边界。

在设定渐变颜色时，也需要使用 addColorStop()方法进行定义。同样也需要设定 0 到 1 之间的浮点数来作为渐变转折点的偏移量。

示例 6-14（script14.js）绘制了径向渐变图形。其中分别定义了 3 个径向渐变对象 radgrad1、radgrad2、radgrad3，使用这 3 个对象绘制的图形效果如图 6-15 所示。

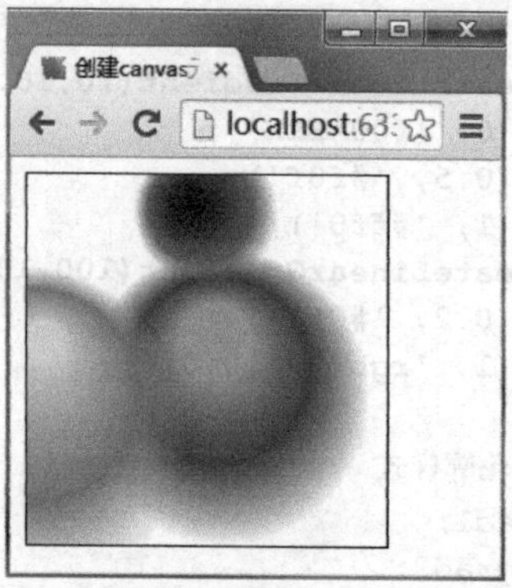

图 6-15 径向渐变图形

```
//script14.js
function draw(id) {
    var canvas= document.getElementById(id);
    var ctx=canvas.getContext('2d');
    // 创建渐变对象
    var radgrad1 = ctx.createRadialGradient(105,90,20,110,120,80);
    radgrad1.addColorStop(0, '#FF9999');
    radgrad1.addColorStop(0.5, '#FF0088');
    radgrad1.addColorStop(1, 'rgba(255,0,128,0)');

    var radgrad2 = ctx.createRadialGradient(90,15,5,100,20,40);
    radgrad2.addColorStop(0, '#0000FF');
    radgrad2.addColorStop(0.7, '#00B5E2');
    radgrad2.addColorStop(1, 'rgba(0,201,255,0)');

    var radgrad3 = ctx.createRadialGradient(10,90,10,0,140,90);
    radgrad3.addColorStop(0, '#FFFF00');
    radgrad3.addColorStop(0.6, '#00FF00');
    radgrad3.addColorStop(1, 'rgba(228,199,0,0)');
```

```
    // 绘制径向渐变图形
    ctx.fillStyle = radgrad1;
    ctx.fillRect(0,0,200,200);
    ctx.fillStyle = radgrad2;
    ctx.fillRect(0,0,200,200);
    ctx.fillStyle = radgrad3;
    ctx.fillRect(0,0,200,200);
}
```

6.5 使用坐标变换和矩阵变换绘图

6.5.1 canvas 的坐标系统

在计算机上绘制图形的时候，是以坐标为基准来绘制图形的。默认情况下，Canvas API 使用二维坐标系统，画布的左上角对应于坐标原点（0,0），向右和向下分别为 X 轴和 Y 轴，X 轴向右为正，Y 轴向下为正，以一个像素为一个坐标单位进行绘制。

图 6-16 是默认的坐标系统。

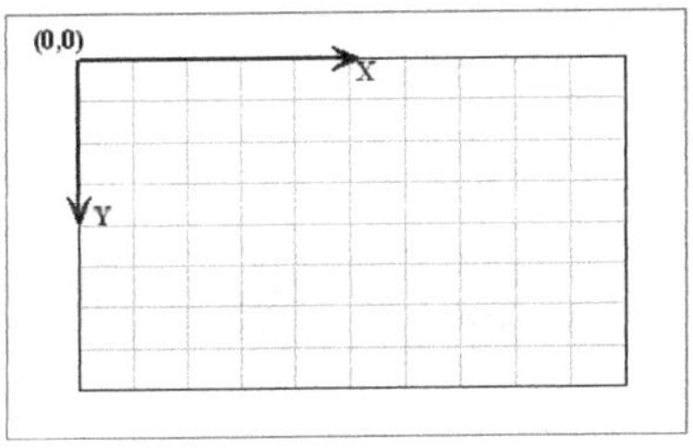

图 6-16 canvas 默认的坐标系统

6.5.2 坐标变换

6-7 HTML5 canvas 绘制变形图形

绘制图形时，如果需要旋转图形，或者对图形进行变形处理，使用 Canvas API 的坐标变换就可以实现这些效果。对坐标的变换处理有平移、缩放和旋转 3 种方式。

1. 平移

Canvas API 的 translate()方法可以将 canvas 画布的原点移动到指定的位置，移动后再绘图将按照新的坐标设置位置。该方法如下。

```
ctx.translate(x,y);
```

x 表示将坐标原点向右移动的距离，y 表示将坐标原点向下移动的距离，默认单位为像素。

2. 缩放

Canvas API 的 scale()方法可以对 canvas 图形进行缩小或放大，方法代码如下。

```
ctx.scale(x,y);
```

scale 方法中，x 表示水平方向的缩放倍数，y 表示垂直方向的缩放倍数。x，y 两个参数设置为 0 到 1 之间的小数，则表示对图形进行缩小；设置为大于 1 的数，则表示对图形进行放大。

3. 旋转

Canvas API 的 rotate()方法可以旋转图形，方法定义如下。

```
ctx.rotate(angle);
```

rotate()方法中，angle 是指旋转的角度，旋转的中心是坐标原点。旋转按顺时针方向进行，要想逆时针旋转，将 angle 设为负数即可。

示例 6-15（script15.js）中使用坐标变换方法绘制了一组变形图形。首先绘制了一个矩形，然后在循环中不断使用平移坐标、缩小图形、旋转图形等坐标变换方法，绘制出一组变形图形。显示效果如图 6-17 所示。

```
//script15.js
function draw(id){
    var canvas = document.getElementById(id);
    var context = canvas.getContext('2d');
    //图形绘制
    context.translate(60, 0);
    context.fillStyle = "rgba(0,0,255,0.25)";
    for(var i=0;i<40;i++) {
        context.translate(25,20);
        context.scale(0.9,0.9);
        context.rotate(0.25);
        context.fillRect(0,0,100,50);
    }
}
```

图 6-17　坐标变换示例

6.5.3　使用路径绘制图形的坐标变换

使用坐标变换方法对矩形这样的基本形状做变形处理比较方便。如果是使用路径绘制的图形，使用坐标变换之后，已经创建好的路径就不能用了，必须重新创建路径。重新创建好路径之后，坐标变换方法又失效了。

解决问题的办法是，先写一个创建路径的函数，然后在坐标变换时调用该函数。示例 6-16（script16.js）将坐标变换与路径结合使用，执行该示例中的代码，可以绘制一组三角形一边旋转一边缩小的图形。

示例 6-16 中，先单独定义一个 createStar()方法，用于创建一个三角形路径，然后在 draw()方法中的 for 循环中分别执行 translate()、scale()、rotate()方法，然后执行 createStar()方法创建图形路径，最后执行 fill()方法填充。

在 createStar()方法中，只创建一个三角形，但在坐标轴变换的过程中，在 canvas 画布中，从一个三角形开始，将该三角形缩小并旋转，产生一个新的三角形，最终绘制出多个具有变形效果的三角形。如图 6-18 所示。

图 6-18　坐标变换与路径相结合绘制的图形

```
//script16.js
function draw(id){
    var canvas = document.getElementById(id);
    var context = canvas.getContext('2d');
    //坐标变换
    context.translate(100,40);
    for(var i=0;i<40;i++){
        context.translate(8,8);
        context.scale(0.95,0.95);
        context.rotate(0.3);
        createStar(context);
        context.fill();
    }
}
function createStar(ctx){
    //创建路径
    ctx.beginPath();
    ctx.fillStyle='rgba(0,0,255,0.7)';
   /* var dig=Math.PI/5*4;
    for(var i=0;i<5;i++)
    {
        var x=Math.sin(i*dig);
        var y=Math.cos(i*dig);
        ctx.lineTo(100+x*50,y*50);
    }*/
    ctx.moveTo(100,20);
    ctx.lineTo(75,70);
    ctx.lineTo(125,70);
    ctx.closePath();
}
```

6.5.4　矩阵变换

矩阵变换可以实现比坐标变换更加复杂的图形变换。矩阵变换需要一个专门用来实现图形变形的变换矩阵，与坐标一起配合使用，以达到变形的目的。当绘图上下文创建完毕后，事实上也创建了一个默认的变换矩阵，如果不对这个变换矩阵进行修改，那么接下来绘制的图形将以画布左上角为坐标原点，绘制出的图形不经过缩放、变形处理，但如果修改这个变换矩阵，那绘图效果将完全发生变化。

1. 使用 transform()方法实现图形变换

使用绘图上下文对象的 transform()方法修改变换矩阵，该方法的代码如下。

```
ctx.transform(a,b,c,d,dx,dy)
```

该方法使用一个新的变换矩阵与当前变换矩阵进行乘法运算，该变换矩阵形式如下。

$$\begin{vmatrix} a & c & dx \\ b & d & dy \\ c & 0 & 1 \end{vmatrix}$$

其中 a，b，c，d 参数用来指定如何变形，dx，dy 参数用来移动坐标原点。a 和 d 分别表示水平旋转（或缩放）和垂直旋转（或缩放）的倍数值，默认为 1，b 和 c 分别表示水平倾斜和垂直倾斜的量，取值范围为-1～1，dx 和 dy 表示将坐标原点水平方向和垂直方向位移的距离，单位默认为像素。

示例 6-17 给出了使用变换矩阵进行图形变形的示例。实现了填充矩形的水平方向和垂直方向分别旋转，水平倾斜和垂直倾斜分别设置。使用 for 循环连续进行 5 次变换，绘制出 5 个不同的边界叠加的矩形，效果如图 6-19 所示。

```
<!--demo0617.html-->
<!DOCTYPE html>
<html>
<head>
<meta charset="UTF-8">
<title>transform 矩阵变换</title>
<script>
      function draw(id){
         var canvas=document.getElementById(id);
         if(canvas==null)
            return false;
         var ctx=canvas.getContext('2d');
         ctx.transform(1,0,0,1,200,150);//移动坐标原点至（200，150）
         ctx.beginPath();
         ctx.fillStyle='rgba(255,0,0,0.25)';
         rad=36*Math.PI/90;     //角度为 72 度
        //绘制 5 个矩形后，对每个矩形进行矩阵变换
         for(i=0;i<5;i++){
            ctx.fillRect(0,0,100,100);ctx.transform(Math.cos(rad),Math.sin(rad),
-Math. sin(rad),Math.cos(rad),0,0);
         }
         ctx.closePath();
         ctx.fill();
      }
</script>
</head>
<body onload="draw('myCanvas');">
<canvas id="myCanvas" width="400px" height="300px" />
</body>
</html>
```

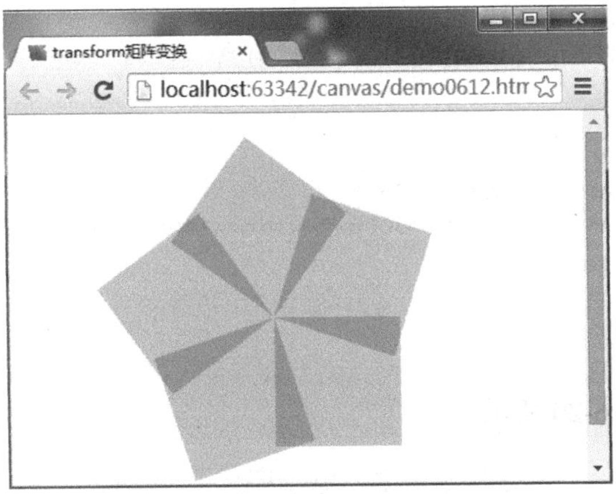

图 6-19　使用 transform()实现图形变形

使用 transform()方法对图形进行变换后，绘制图形的各点坐标都按照移动后的坐标原点与变换矩阵计算得到的结果来绘制。

2. 使用 setTransform()方法实现图形变换

setTransform()方法用来重置变换矩阵。该方法的代码如下。

```
ctx.setTransform (a,b,c,d,x,y)
```

setTransform()方法的参数及参数的用法与 transform 相同，事实上，该方法的作用是将画布上的左上角重置为坐标原点，这样，点(x,y)经过变形后的点为（x1,y1），变形的转换公式如下。

```
x1=a*x+c*y+dx
y1=b*x+d*y+dy
```

利用这个公式，可以实现一些简单的变形效果。示例 6-18 实现了一个文字的倒影效果。

程序首先在坐标（10,100）处输出一串字符，然后调用 ctx.setTransform(1,0,0,-1,0,4)方法进行变形处理。按照变换公式，可以计算出转换后的点坐标。

```
x1=1*x+0*y+0 = x
x2=0*x+(-1)*y+4=-y+4
```

可以看出，变换后 x 坐标不变，y 坐标取反。参数 dy 为文字与倒影之间的间隔。为了得到阴影效果，还设置了线性渐变。

```
<!--demo0618.html-->
<!DOCTYPE html>
<html>
<head>
<meta charset="UTF-8">
<script type="text/javascript">
    function draw(id) {
        var ctx= document.getElementById(id).getContext('2d');
        ctx.fillStyle="blue";
        ctx.font="48pt Helvetica";
        ctx.fillText("canvas", 0, 100);
        ctx.setTransform(1,0,0,-1,0,4);
        // 对角线上的渐变
        var Colordiagonal = ctx.createLinearGradient(0,-10, 0,-200);
        Colordiagonal.addColorStop(0, "blue");
        Colordiagonal.addColorStop(1, "white");
```

```
            ctx.fillStyle = Colordiagonal;
            ctx.fillText("canvas", 0, -100)
        };
</script>
</head>
<body onload="draw('myCanvas')">
<canvas id="myCanvas" height="300px" width="400px">
您的浏览器不支持 canvas
</canvas>
</body>
</html>
```

程序运行效果如图 6-20 所示。

图 6-20　使用 setTransform()方法实现图形变形

6.6　在 canvas 中使用图像

6.6.1　绘制图像

Canvas API 可以读取本地或网络上的图像文件，然后将该图像绘制在画布中，这主要是通过 drawImage()方法实现的。

6-8　HTML5 canvas 标签—绘制图片

1. drawImage()方法

drawImage()方法由绘图上下文 ctx 调用，该方法定义有 3 种形式，具体如下。

```
ctx.drawImage(image,x,y);
ctx.drawImage(image,x,y,w,h);
ctx.drawImage(image,sx,sy,sw,sh,dx,dy,dw,dh);
```

这个方法的 image 参数是一个 Image 对象，是外部图像文件的引用。

第一种方法的功能是绘制与原图大小相同的图形，参数 x、y 为绘制时该图像在画布中的起点横坐标和纵坐标。

第二种方法可以实现图像缩放功能。x、y 参数的使用方法与第一种方法相同，w、h 是指绘制图像的宽度与高度。

第三种方法可以实现图像的裁剪和缩放功能。sx、sy 分别表示源图像的被复制区域的起点横坐标和起点纵坐标；sw、sh 表示被复制区域的宽度与高度；dx、dy 表示复制后的目标图像在画布中的起点横坐标和起点纵坐标；dw、dh 表示复制后的目标图像的宽度与高度。该方法可以只复制图像的局部，也可以用来缩放复制的区域，只要将 dw 与 dh 设置为缩放后的宽度与高度就可以了。

2. ctx 绘制图像的步骤

（1）创建 Image 对象

使用不带参数的 new 方法创建 Image 对象，然后在该 Image 对象的 src 属性中指定需要绘制的图像文件的路径，具体代码如下。

```
image=new Image();
image.src="images/tu1.jpg";  //设置图像路径和文件名
```

（2）在 Image 对象的 onload 事件中同步执行绘制图像的方法

创建 Image 对象后，就可以通过 drawImage()方法绘制该图像文件了。为了实现比较流畅的绘制效果，在 Image 对象的 onload 事件中同步执行绘制图像的方法，代码如下。

```
image.onload=function(){
    //绘制图像
}
```

这样，即使需要绘制的图像文件很大，也可以边加载边绘制图像。

3. 绘制图像的示例

示例 6-19 在画布上绘制了一个简单的图像，首先使用 new 方法创建 Image 对象，加载 images 文件夹下的图像文件 tu1.jpg，然后使用 onload 方法边加载边进行图像绘制。绘制的图像可分为 3 部分，在画布原点坐标的位置绘制图像，大小与原图相同；定义嵌套的 for 循环将图像文件绘制在画布的不同位置；复制图像的一部分，并放大复制的部分。代码的执行效果如图 6-21 所示。

```
<!--demo0619.html-->
<!DOCTYPE html>
<html>
<head>
<meta charset="UTF-8" >
<script>
      function draw(id) {
         var canvas = document.getElementById(id);
         var context = canvas.getContext('2d');
         image = new Image();
         image.src = "images/tu1.jpg";
         image.onload = function () {
            drawImg(context, image);
         };
      }
      function drawImg(context,image) {
         //绘制图像，无缩放
         context.drawImage(image,0,0);
         //绘制多个缩放图像
         for (var i=1;i<5;i++){
               context.drawImage(image, 60+i*80, 30+i*60,100,70);
         }
         //复制部分图像，并放大复制部分
         context.drawImage(image,0,60,70,60,0,200,160,120);
      }
```

```
</script>
</head>
<body onload="draw('myCanvas');">
<canvas id="myCanvas" width="600" height="400" />
</body>
</html>
```

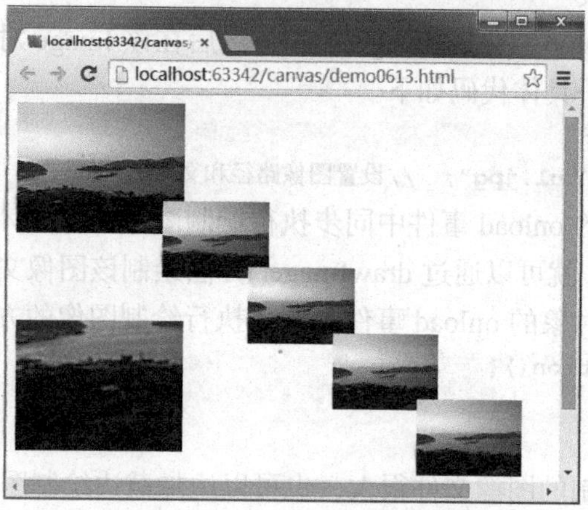

图 6-21　绘制图像的各种方法示例

6.6.2　图像平铺

canvas 绘制图像的一个用处就是将绘制的图像作为背景图片使用，这时，图片通常以平铺方式显示。图像平铺可以通过循环控制，实现重复绘制相同图像的效果。在 HTML5 中使用绘图上下文对象的 createPattern()方法来实现平铺非常容易，createPattern()方法的代码如下。

```
context.createPattern(image,type);
```

该方法需要定义两个参数，image 参数为要平铺的图像，type 参数必须取下面的字符串值之一。

- no-repeat：不平铺。
- repeat-x：横向平铺。
- repeat-y：纵向平铺。
- repeat：全方向平铺。

创建 Image 对象并指定图像文件后，使用 createPattern()方法创建填充样式，然后将该样式指定给绘图上下文对象的 fillStyle 属性，最后填充画布，就可以看到重复填充的效果了。由 createPattern()方法定义的平铺效果，图像始终保持原始尺寸。

示例 6-20 实现图片的重复填充，执行效果如图 6-22 所示。

```
<!--demo0620.html-->
<!DOCTYPE html>
<html>
<head>
<meta charset="UTF-8" >
<script>
        function draw(id){
            var image=new Image();
            var canvas = document.getElementById(id);
            var context = canvas.getContext('2d');
```

```
        image.src="images/tu1.jpg";
        image.onload=function() {
            //创建填充样式，全方向平铺
            var ptn=context.createPattern(image,'repeat');
            //指定填充样式
            context.fillStyle=ptn;
            //填充画布
            context.fillRect(0,0,600,400);
        }
    }
</script>
</head>
<body onload="draw('myCanvas');">
<canvas id="myCanvas" width="600" height="400" />
</body>
</html>
```

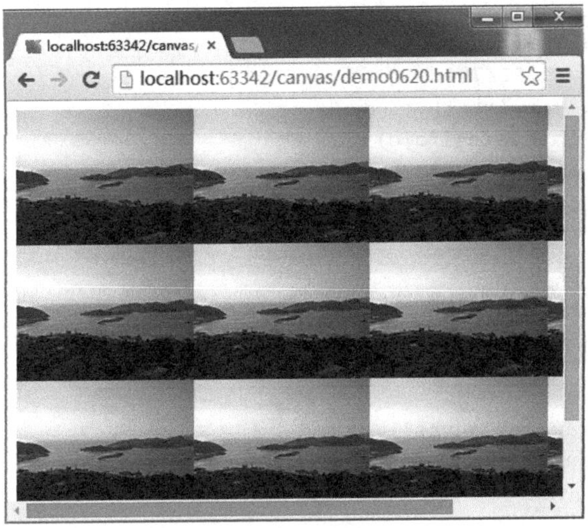

图 6-22　图像平铺

6.6.3　图像裁剪

图像裁剪是指在画布内使用路径，只显示该路径所包含区域内的图像，不显示路径外部的图像，看起来，得到的类似于裁剪或遮罩的绘制效果。Canvas API 使用绘图上下文对象的不带参数的 clip()方法来实现 canvas 元素的图像裁剪，该方法使用路径来对 canvas 画布设置一个裁剪区域。因此，必须先创建好路径，之后调用 clip()方法设置裁剪区域。

示例 6-21 实现了图像裁剪功能。该示例中，先装载图像，把画布背景绘制完成后，调用 drawImg()函数，该函数中调用 createStarClip()函数，创建一个七角星形路径，然后使用 clip()方法设置裁剪区域，最终绘制出经过裁剪的图像。代码执行效果如图 6-23 所示。

```
<!--demo0621.html-->
<!DOCTYPE html>
<html>
<head>
<meta charset="UTF-8">
<script>
```

```
        function draw(id) {
            var canvas = document.getElementById(id);
            var context = canvas.getContext('2d');
            context.fillStyle = "00FFff";
            context.fillRect(0,0,400, 300);
            image = new Image();
            image.onload = function () {
                drawImg(context, image);
            };
            image.src = "images/bg.jpg";
        }
        function drawImg(context,image) {
            createStarClip(context);
            context.drawImage(image,-50,-150,400,300);
        }
        function createStarClip(ctx)    {
        //绘制 7 角星形路径
            ctx.beginPath();
            ctx.translate(100,150);
            var dig=Math.PI/7*4;
            for(var i=0;i<7;i++)        {
                var x=Math.sin(i*dig);
                var y=Math.cos(i*dig);
                ctx.lineTo(100+x*150,y*150);
            }
            ctx.closePath();
            ctx.clip();      //裁剪
        }
    </script>
    </head>
    <body onload="draw('myCanvas');">
    <canvas id="myCanvas" width="400px" height="300px">
    您的浏览器不支持 canvas
    </canvas>
    </body>
    </html>
```

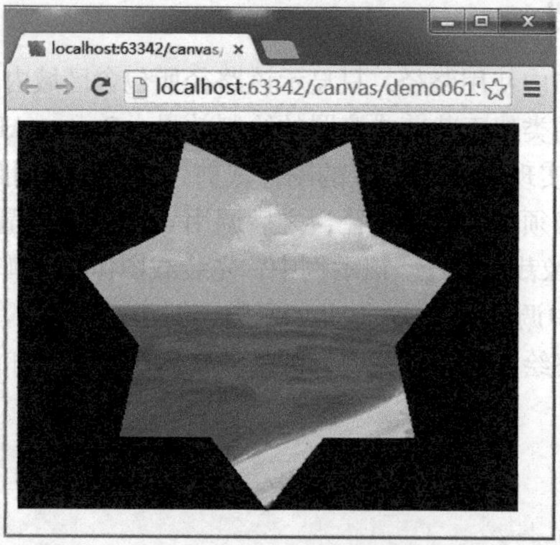

图 6-23　图像裁剪示例

6.7　绘制文字

在 canvas 画布中绘制文字的方式，与绘制其他路径图形的方式基本相同，可以描述文本的边框，也可以填充文本内部。同时，所有能应用于图形的变换和样式都能应用于文本。

1. 绘制文字的方法

绘制文字时可以主要使用 fillText()方法或 strokeText()方法。fillText()方法用填充方式绘制文本，strokeText()方法用轮廓方式绘制文本，这两个方法的格式定义如下。

```
void fillText(text,x,y,[maxwidth]);
void strokeText(text,x,y,[maxwidth]);
```

在该方法的 4 个参数中，text 表示要绘制的文字，x、y 表示绘制文字的起点的横坐标和纵坐标；maxWidth 为可选参数，表示显示文字时的最大宽度，它会将文本字体强制收缩到指定的大小。

2. 绘制文字的属性

使用 Canvas API 绘制文字，可以先设置有关文字绘制的属性。

font 属性：设置文字字体。

textAlign 属性：设置文字水平对齐方式，类似于 CSS 中的 text-align 属性，值可以为 start、end、left、right、center。默认值为 start。

textBaseline 属性：设置文字垂直对齐方式，属性值可以为 top、hanging、middle、alphabetic、ideographic、bottom。默认值为 alphabetic。

示例 6-22 分别绘制实心文字、空心文字和图片填充文字。执行效果如图 6-24 所示。

```
<!--demo0622.html-->
<!DOCTYPE html>
<html>
<head>
<meta charset="UTF-8">
<title></title>
</head>
<script>
    function draw(id){
        var canvas=document.getElementById(id);
        var ctx=canvas.getContext('2d');
        ctx.font="60px Arial bold";
        ctx.fillText("CANVAS TEXT",10,50);
        ctx.strokeText("CANVAS TEXT",10,120);
        image = new Image();
        image.src = "images/bg.jpg";
        image.onload=function()      {
            //创建填充样式，全方向平铺
            var ptn=ctx.createPattern(image,'repeat');
            //指定填充样式，并填充文本
            ctx.fillStyle=ptn;
            ctx.fillText("CANVAS TEXT",10,190);
        }
    }
</script>
```

```
<body onload="draw('myCanvas');">
<canvas id="myCanvas" width="400px" height="300px">
您的浏览器不支持 canvas
</canvas>
</body>
</html>
```

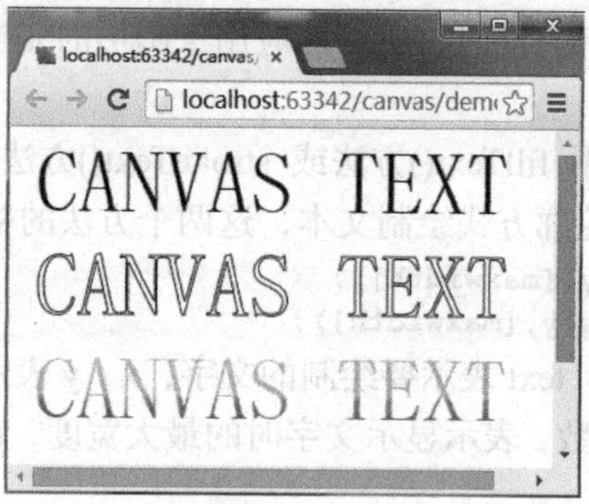

图 6-24 绘制文字示例

6.8 使用 canvas 绘制动画

6.8.1 绘制动画的步骤

在 canvas 画布中绘制动画实际上就是一个图形不断绘制、擦除、重绘的过程，具体步骤如下。

1. 编写绘图方法

绘图时一般先用 clearRect()方法将画布整体或局部擦除，然后再编写绘图的方法。

2. 使用 setInterval()方法设置画面重绘的间隔时间

setInterval()方法可按照指定的周期来调用一个方法，被调用的方法会不停地执行，直到 clearInterval() 被调用或窗口被关闭。setInterval()语法格式如下。

```
setInterval(function,interval);
```

function 是必选参数，定义要调用的函数或要执行的代码。

interval 也是必选参数，调用 function 指定的方法的周期，以毫秒为单位。

3. 保存与恢复绘图上下文的当前状态

在动画比较复杂的情况下，可以在清除与绘制动画的过程中保存与恢复当前的绘制状态，变成擦除、保存绘制状态、进行绘制、恢复状态的过程。

保存与恢复当前状态使用绘图上下文的 save()方法和 restore()方法。绘图上下文的当前状态一般指坐标原点、变形时的变换矩阵、绘图上下文对象的属性值等。

6.8.2 绘制动画的示例

1. 矩形渐进的简单动画

示例 6-23 给出了一个简单的动画，其中动画的时间间隔为 400 毫秒，执行的动画为绘制绿色的矩形。因为每次绘制图形的坐标不同，因此，动画效果为从左到右绘制若干相同的绿色矩形，具体效果如图 6-25 所示。

```
<!--demo0623.html-->
<!DOCTYPE html>
<html>
<head>
<meta charset="UTF-8">
<style type="text/css">
        #myCanvas{
            background-color: beige;
        }
</style>
<script>
        var ctx;
        var width,height;
        var i;
        function draw(id) {
            var canvas = document.getElementById(id);
            ctx=canvas.getContext('2d');
            width=canvas.width;
            height=canvas.height;
            i=0;
            setInterval(rotate,400);
        }
        function rotate(){
            ctx.fillStyle="green";
            ctx.fillRect(i,15,30,20);
            i=i+50;
        }
</script>
</head>
<body onload="draw('myCanvas')">
<canvas id="myCanvas" width="600px" height="50px">
您的浏览器不支持 canvas
</canvas>
</body>
</html>
```

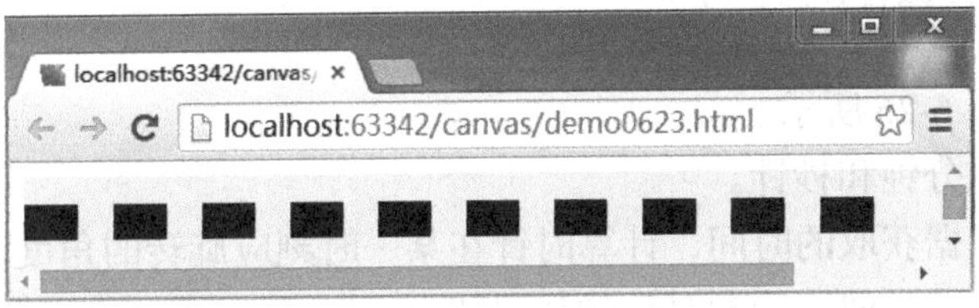

图 6-25　动画执行效果

2. 时钟运行动画

示例 6-24 实现一个比较复杂的时钟运行动画，该动画设计分为以下几部分。

（1）获取当前时间数据，当绘制时针、分针、秒针时，用于计算图形旋转的角度。代码如下。

```
var now = new Date();
var sec = now.getSeconds();
var min = now.getMinutes();
```

```
    var hr  = now.getHours();
    hr = hr>=12 ? hr-12 : hr;  //将 24 小时进制转换为 12 小时进制
```

（2）绘制表盘，包括外框、时针标识和分针标识。代码如下。

```
    //表盘的基本参数及绘制
     function draw() {
          var ctx = document.getElementById("myCanvas").getContext('2d');
          ctx.save();
          ctx.clearRect(0,0,150,150);
          ctx.translate(75,75);
          ctx.scale(0.4,0.4);
          ctx.rotate(-Math.PI/2);
          ctx.fillStyle = "white";
          ctx.lineCap = "round";
          ctx.beginPath();
          ctx.lineWidth = 14;
          ctx.strokeStyle = '#325FA2';
          ctx.arc(0,0,142,0,Math.PI*2,true);
          ctx.stroke();
          // 表盘上静态的时针标识
          ctx.save();
          for (var i=0;i<12;i++){
              ctx.beginPath();
              ctx.rotate(Math.PI/6);
              ctx.moveTo(100,0);
              ctx.lineTo(120,0);
              ctx.stroke();
          }
          ctx.restore();
          ctx.save();
          ctx.lineWidth = 5;
          for (i=0;i<60;i++){
                  ctx.beginPath();
                  ctx.moveTo(117,0);
                  ctx.lineTo(120,0);
                  ctx.stroke();
                  ctx.rotate(Math.PI/30);
          }
          ctx.restore();
      }
```

表盘的效果如图 6-26 所示。

（3）绘制时针、分钟和秒针。

以时针为例，根据获取的时间，计算时针在某一时刻应旋转的角度，分针和秒针的绘制办法类似。绘制时针的代码如下。

图 6-26　表盘的效果

```
    ctx.save();
    ctx.rotate( hr*(Math.PI/6) + (Math.PI/360)*min + (Math.PI/
21600)*sec )
    ctx.lineWidth = 14;
    ctx.beginPath();
    ctx.moveTo(-20,0);
    ctx.lineTo(80,0);
    ctx.stroke();
    ctx.restore();
```

（4）执行 setInterval(clock,1000)方法，每隔 1 秒执行 1 次 clock 方法，清除画布后重画。完整的示例代码如下，执行效果如图 6-27 所示。

```
<!--demo0624.html-->
<!DOCTYPE html>
<head>
<meta charset=UTF-8>
<title>Animation: clock</title>
<script type="text/javascript">
       function init(){
           clock();
           setInterval(clock,1000);
       }
       function clock(){
           //初始化数据
           var now = new Date();
           var sec = now.getSeconds();
           var min = now.getMinutes();
           var hr  = now.getHours();
           hr = hr>=12 ? hr-12 : hr;  //将 24 小时进制装换为 12 小时进制
           //表盘的基本参数及绘制
           var ctx = document.getElementById('canvas').getContext('2d');
           ctx.save();
           ctx.clearRect(0,0,150,150);   //清除画布，准备实现重画效果
           ctx.translate(75,75);
           ctx.scale(0.4,0.4);
           ctx.rotate(-Math.PI/2);
           ctx.strokeStyle = "black";
           ctx.fillStyle = "white";
           ctx.lineCap = "round";
           ctx.beginPath();
           ctx.lineWidth = 10; //时钟和时针的线宽
           ctx.strokeStyle = '#325FA2';
           ctx.arc(0,0,142,0,Math.PI*2,true);
           ctx.stroke();

           // 表盘上静态的时针标识
           ctx.save();
           for (var i=0;i<12;i++){
               ctx.beginPath();
               ctx.rotate(Math.PI/6);
               ctx.moveTo(100,0);
               ctx.lineTo(120,0);
               ctx.stroke();
           }
           ctx.restore();
           // 表盘上静态的分针标识
           ctx.save();
           ctx.lineWidth = 5; //分针标识的线宽
           for (i=0;i<60;i++){
               if (i%5!=0) {
                   ctx.beginPath();
                   ctx.moveTo(117,0);
                   ctx.lineTo(120,0);
```

```
                ctx.stroke();
            }
            ctx.rotate(Math.PI/30);
        }
        ctx.restore();
        ctx.fillStyle = "black";
        // 绘制时针
        ctx.save();
        ctx.rotate( hr*(Math.PI/6) + (Math.PI/360)*min + (Math.PI/21600)*sec )
        ctx.lineWidth = 14;
        ctx.beginPath();
        ctx.moveTo(-20,0);
        ctx.lineTo(80,0);
        ctx.stroke();
        ctx.restore();
        // 绘制分针
        ctx.save();
        ctx.rotate( (Math.PI/30)*min + (Math.PI/1800)*sec )
        ctx.lineWidth = 10;
        ctx.beginPath();
        ctx.moveTo(-28,0);
        ctx.lineTo(112,0);
        ctx.stroke();
        ctx.restore();

        // 绘制秒针
        ctx.save();
        ctx.rotate(sec * Math.PI/30);
        ctx.strokeStyle = "#D40000";
        ctx.fillStyle = "#D40000";
        ctx.lineWidth = 6;
        ctx.beginPath();
        ctx.moveTo(-30,0);
        ctx.lineTo(83,0);
        ctx.stroke();
        ctx.beginPath();
        ctx.arc(0,0,10,0,Math.PI*2,true);
        ctx.fill();
        ctx.beginPath();
        ctx.arc(95,0,10,0,Math.PI*2,true);
        ctx.stroke();
        ctx.fillStyle = "rgba(0,0,0,0)";
        ctx.arc(0,0,3,0,Math.PI*2,true);
        ctx.fill();
        ctx.restore();
        ctx.restore();
    }
</script>
<style type="text/css">
    canvas { border: 1px solid black; }
</style>
</head>
<body onload="init();">
<canvas id="canvas" width="150px" height="150px">
```

```
    您的浏览器不支持 canvas
</canvas>
</body>
</html>
```

图 6-27 时钟动画效果

思考与练习

1. 简答题

（1）使用 Canvas API 绘图时，直线有几种线条形态？lineCap 属性有哪些取值？分别表示什么含义？

（2）在 canvas 中使用什么方法在网页中绘制圆形？其中需要几个参数？每个参数的含义是什么？

（3）路径创建完成后，为什么要使用图形上下文对象的 closePath()方法关闭路径？

（4）canvas 定义颜色值有哪几种方法？

2. 操作题

（1）绘制如图 6-28 所示的星空效果，其中黑色矩形宽 800 像素、高 400 像素，在矩形范围内绘制 200 颗大小、位置、角度随机的黄色五角星。

图 6-28 星空效果

（2）在页面中绘制如图 6-29 所示的 4 种不同渐变色的矩形。

（3）使用 transform()方法和 arc()方法，绘制如图 6-30 所示的彩虹效果。

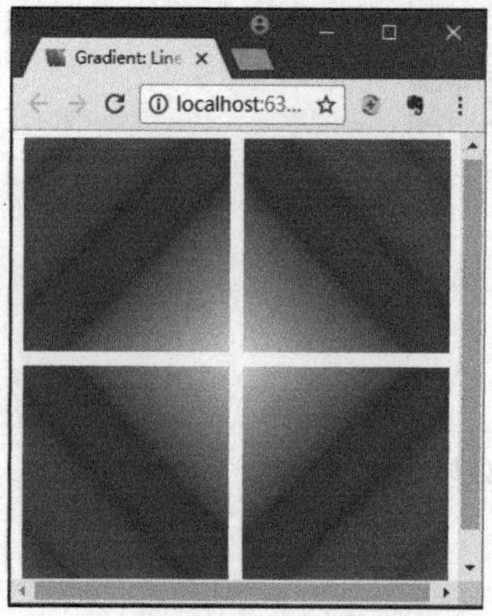

图 6-29　不同渐变色的 4 个矩形

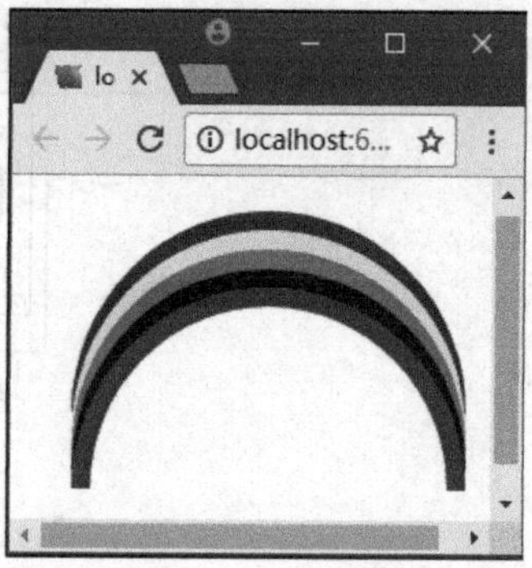

图 6-30　彩虹效果

第 7 章 HTML5 的 SVG 绘图

学前提示

可缩放矢量图形（Scalable Vector Graphics，SVG），它基于可扩展标记语言（XML），是用于描述二维矢量图形的一种图形格式标准。简单地说，SVG 就是用代码来绘制矢量图形的一种方式。SVG 可以构造 3 种类型的图形对象：矢量图形、位图图像和文本。

知识要点

- SVG 概述
- 使用 SVG 绘制基本图形
- SVG 的图形变换
- SVG 图形组合与重用
- 图形渐变与透明度
- 滤镜

7.1 SVG 概述

7.1.1 SVG 优缺点

7-1 HTML5 SVG

SVG 使用 XML 格式来定义用于网络的基于矢量的图形，除缩放不失真之外，还有以下优点。

1. SVG 绘图优点

（1）图形文件可以使用任何文本编辑器创建，可读性强并易于修改和编辑。

（2）与现有技术可以互动融合。例如，SVG 技术本身的动态部分（包括时序控制和动画）就是基于 SMIL 标准。另外，SVG 文件还可通过嵌入 JavaScript 脚本来控制 SVG 对象。

（3）SVG 图形格式可以方便地建立文字索引，从而实现基于内容的图像搜索。

（4）SVG 图形可在任何分辨率下被高质量地打印。

（5）SVG 图形格式支持多种滤镜和特殊效果，在不改变图像内容的前提下可以实现位图格式中类似文字阴影的效果。

（6）SVG 图形格式可以用来动态生成图形。例如，可以动态生成具有交互功能的地图，嵌入网页中，并显示在客户端。

2. SVG 绘图缺点

SVG 并不是具有绝对优势的图形格式，只是在某些领域具有很高的使用价值，它存在以下缺点。

（1）使用广泛性不如 Flash。

（2）SVG 本地运行环境下的厂家支持程度有待提高。

（3）由于原始的 SVG 文件遵从 XML 语法，导致数据采用压缩的方式存放，因此相较于其他的矢量图形格式，同样的文件内容会比其他的文件格式稍大。

（4）旧版的 SVG Viewer 无法正确显示出使用新版 SVG 格式的矢量图形。

3. SVG 绘图与 canvas 绘图的区别

表 7-1 列出了 canvas 绘图与 SVG 绘图的一些不同之处。

表 7-1　canvas 和 SVG 的不同点对照表

canvas	SVG
canvas 通过 JavaScript 来绘制 2D 图形	SVG 是一种使用 XML 描述 2D 图形的语言
canvas 是逐像素进行渲染的。在 canvas 中，一旦图形被绘制完成，它就不会继续得到浏览器的关注。如果其位置发生变化，那么整个场景也需要重新绘制，包括已被图形覆盖的对象	在 SVG 中，每个被绘制的图形均被视为对象。如果 SVG 对象的属性发生变化，那么浏览器能够自动重现图形
依赖分辨率	不依赖分辨率
不支持事件处理	支持事件处理
弱的文本渲染能力	最适合带有大型渲染区域的应用程序（比如谷歌地图）
能够以 .png 或 .jpg 格式保存结果图像	复杂度高会减慢渲染速度（任何过度使用 DOM 的应用都不快）
最适合图像密集型的游戏，其中的许多对象会被频繁重绘	不适合游戏应用

7.1.2 SVG 调用方式

在网页页面中添加 SVG 图形有直接嵌入 svg 元素和引用外部 SVG 文件两种方式。

1. 嵌入 svg 元素

像使用 HTML 中的其他元素一样，可以直接在 HTML 页面中嵌入 svg 元素。svg 元素包括开始标记<svg>和结束标记</svg>，使用 width 属性和 height 属性设置 svg 元素的宽度和高度。语法格式如下。

```
<svg width=" " height=" ">
    <!--绘制图形代码-->
</svg>
```

以下代码实现了通过在页面中嵌入 svg 元素绘制了一个圆环。

```
<body>
<svg width="100" height="100">
```

```
    <circle cx="50" cy="50" r="40" stroke="#00f" fill="none"
      stroke-width="8"></circle>
  </svg>
  </body>
```

在上述代码中，通过 width 属性和 height 属性设置 SVG 元素的宽度和高度均为 100 像素，在 SVG 元素中通过形状元素 circle 绘制半径为 40 像素，边框为 8 像素的蓝色圆形。

7-2　引入外部 SVG 文件

2. 引用外部 SVG 文件

也可以通过 img、embed、iframe 等元素，在 HTML 中引用外部 SVG 文件。使用这种方式，可以将一些设计人员完成的高质量 SVG 图形文件直接提供给 HTML 页面使用，有利于提高图形的设计质量，也有利于提高页面的开发效率。

在 HTML 中调用外部 SVG 文件的语法格式如下。

```
<img src="filename.svg" />
<embed src="filename.svg"></embed>
<iframe src="fileName.svg"></iframe>
```

下面是一个导入外部 SVG 文件的例子。

示例 7-1 第一部分是一个 SVG 文件，文件名必须使用.svg 作为后缀，这里命名为 import1.svg。这个文件本身是 xml 文件，第 1 行必须是 xml 文件声明，同时，xml 文件格式要求属性值必须使用引号括起来。

```
<?xml version="1.0" encoding="utf-8"?>
<svg width="160" height="110" xmlns="http://www.w3.org/2000/svg">
    <rect x="0" y="0" width="150" height="100" stroke="red" fill="#ff0"></rect>
    <text x="40" y="50" font-family="Droid Sans" stroke="#00f"
fill="#00f" font-size="30px" font-weight="bold">SVG
    </text>
</svg>
```

上面代码中 version 属性固定为 xml 版本 1.0，xmlns 属性是 SVG 的命名空间。

继续书写 HTML 文件 demo0701.html 来引入外部的 SVG 文件，代码如下。

```
<!--demo0701.html-->
<!DOCTYPE html>
<html>
<head>
<meta charset="UTF-8">
</head>
<body>
<img src="import1.svg"/>
<!--使用下面两种方式也可引用外部文件
<iframe src="import1.svg" frameborder="no"></iframe>
<embed src="import1.svg"></embed>
-->
</body>
</html>
```

执行效果如图 7-1 所示，可以看到演示图形为一个红色边框，黄色填充的矩形，并定义 30 像素、蓝色、加粗的文字，内容为“SVG”。

图 7-1　引用外部 SVG 文件

7.2　绘制 SVG 基本图形

SVG 提供了很多基本的形状元素，如矩形、圆形和椭圆等，这些基本图形的 API 可以在 https://developer.mozilla.org/zh-CN/docs/Web/SVG/Element 上查看。SVG 所有的图形元素可以直接使用，图形元素的尺寸和位置被定义成了属性。

7-3　SVG—绘制矢量图形

7.2.1　绘制矩形和直线

1. 绘制矩形

rect 元素可用来创建矩形以及矩形的各种变化，语法格式如下。

```
<rect x="" y="" rx="" ry="" width="" height="" style="">
```

该元素包括 6 个控制位置和形状的属性。

- x、y 是矩形左上角的横坐标和纵坐标，默认值均为 0。
- width、height 是矩形的宽度和高度。
- rx、ry 用于实现圆角效果。圆角分别沿 x 轴和 y 轴的半径。

圆角矩形的圆角过渡部分是一段四分之一的椭圆弧，分别代表其半长轴和半短轴。当只指明了 rx 或 ry 其中的一个时，另一个值默认与这个值相等。若省略 rx、ry，则默认值为 0，此时矩形的 4 个角为直角。如果 rx 的值大于矩形宽度的一半，默认按矩形宽度的一半处理。

下面代码的功能是绘制一个宽度 300 像素、高度 100 像素、填充为蓝色的矩形。未说明矩形左上角坐标，则默认从坐标原点位置开始绘制。

```
<svg>
    <rect width="300px" height="100px" style="fill:blue;" />
</svg>
```

2. 绘制直线

line 元素用来创建直线，这个直线实际是线段（线条），需要定义起点和终点，语法格式如下。

```
<line x1="" y1="" x2="" y2="" style=""/>
```

其中，x1、y1 是直线起点的横坐标和纵坐标，x2、y2 是直线终点的横坐标和纵坐标，style 用于定义直线的样式。

下面代码可以绘制了一条绿色的线段。

```
<svg>
    <line x1="160" y1="80" x2="220" y2="60" stroke="green" stroke-width="2"/>
```

```
</svg>
```

7.2.2　绘制圆和椭圆

1. 绘制圆形

circle 元素可用来创建一个圆，绘制圆形的语法格式如下。

```
<circle cx="" cy="" r="" style=""/>
```

其中，r 为圆的半径，cx、cy 是圆心的横坐标和纵坐标，style 用于定义圆的样式。

下面代码绘制一个黑色边框、红色填充的圆形，圆心坐标为（100,50），圆半径为 40，所有数值的单位为像素。

```
<svg>
   <line x1="160" y1="80" x2="220" y2="60" stroke="green" stroke-width="2"/>
</svg>
```

2. 绘制椭圆

ellipse 元素可用来创建椭圆，绘制椭圆的语法格式如下。

```
<ellipse cx="" cy="" rx="" ry=""style=""/>
```

椭圆与圆属性的不同之处在于横轴半径 rx 和纵轴半径 ry，而圆形只有半径 r。与圆形比较，椭圆是更加通用的圆形元素，当两个半径 rx 和 ry 相等时，就是正圆形。

下面代码绘制一个黄色的椭圆形，圆心坐标在（160,80）的位置，横轴半径 120，纵轴半径 60，单位都是像素。

```
<svg>
   <ellipse cx="160" cy="80" rx="120" ry="60" style="fill:yellow"/>
</svg>
```

7.2.3　绘制折线和多边形

1. 绘制折线

polyline 元素用来创建仅包含直线的形状，语法格式如下。

```
<polyline points=" " style="">
```

折线主要定义每条线段的端点即可，所以只需要一个点的集合 points 作为参数。points 是一系列用空格、逗号、换行符等分隔开的点。每个点必须有两个数字，即 x 坐标和 y 坐标。

下面代码可以绘制由 3 个点（60,60），（100,120）和（200,70）组成的红色折线，线条宽度为 5，没有填充色。

```
<svg>
<polyline points="60 60,100 120,200 70" stroke="red" fill="none" stroke-width="2" />
</svg>
```

2. 绘制多边形

polygon 元素用来创建含有不少于 3 个边的图形。该元素与 polyline 元素比较，把最后一个点和第一个点连起来，形成闭合图形，语法格式如下。

```
<polygon points="" style="">
```

下面代码和绘制折线的代码参数相同，由 3 个点（60,60），（100,120）和（200,70）组成的红色折线，但这个折线是封闭的，设置填充色为灰色。

```
<svg>
   <polyline points="60 60,100 120,200 70" stroke="red"  fill="#ccc" />
</svg>
```

7.2.4 绘制路径

path 元素用来定义路径。这是一个比较通用、灵活的元素。使用这个元素可以实现任何其他的图形，不仅包括上面这些基本形状，也可以实现像贝塞尔曲线那样的复杂形状。此外，使用 path 元素可以实现平滑的过渡线段，如果使用 polyline 元素来实现这种效果，需要提供的点很多，而且放大后效果也不好。path 元素控制位置和形状使用一个参数 d，它由一系列绘制指令和绘制参数（点）组成。

绘制指令分为绝对坐标指令和相对坐标指令两种，绝对指令使用大写字母，坐标也是绝对坐标；相对指令使用对应的小写字母，点的坐标表示的都是偏移量。path 元素使用的命令、命令的含义及需要的参数如表 7-2 所示。

表 7-2　　path 元素的命令和绘制参数

命令	含义	参数	说明
M	moveto	x,y	将画笔移动到点(x,y)
L	lineto	x,y	画笔从当前的点绘制线段到点(x,y)
H	horizontal lineto	x	画笔从当前的点绘制水平线段到点(x,y0)
V	vertical lineto	y	画笔从当前的点绘制竖直线段到点(x0,y)
A	elliptical Arc	rx,ry x-axis-rotation large-arc-flag sweep-flag x y	画笔从当前的点绘制一段圆弧到点(x,y)
C	curveto	x1, y1,x2 y2,x y	画笔从当前的点绘制一段三次贝塞尔曲线到点(x,y)
S	smooth curveto	x2 y2,x y	特殊版本的三次贝塞尔曲线（省略第一个控制点）
Q	quadratic Belzier curve	x1 y1,x y	绘制二次贝塞尔曲线到点(x,y)
T	smooth quadratic Belzier	x y	特殊版本的二次贝塞尔曲线（省略控制点）
Z	closepath	无参数	绘制闭合图形，如果 d 属性不指定 Z 命令，则绘制线段，而不是封闭图形

7.2.5 绘制文本和图形

1. SVG 绘制文本

在 SVG 中，使用 text 元素输出文本，语法格式如下。

```
<text x="" y="" text-anchor=" " style="">绘制文本</text>
```

参数说明如下。

- x 和 y 用于定义文本位置的坐标。
- text-anchor 定义坐标（x,y）为文本的相对位置，其取值为 start、middle、end。其中，start 表示文本位置坐标位于文本的开始处，文本从此处向右逐一显示；middle 表示文本位置坐标位于文本中间，文本从此处向左右两个方向显示；end 表示文本位置坐标位于文本的末端，文本从此处向左逐一显示。

下面代码输出从中部向两端显示的文本。

```
<svg>
    <text x="150" y="50" text-anchor="middle" style="font-family:Arial Black;
```

```
font-size:30;fill:red">SVG 文本输出</text>
</svg>
```

2. SVG 显示图形

SVG 使用 image 元素显示外部图片，其语法格式如下。

```
<image x="" y="" xlink:href =" " height ="" width ="" />
```

参数说明如下。

- x 和 y 是用于指明图片位置的坐标，位于图片左上角。
- height 和 width 用于说明图片的高度和宽度。
- xlink:href 用于指明图片的链接。

下面代码在网页中显示指定的图片。

```
<svg width="400" height="300" version="1.1" xmlns="http://www.w3.org/2000/svg">
<image x="100" y="60" xlink:href ="images/whgc.jpg" height ="200" width ="240" />
</svg>
```

示例 7-2 分别使用不同的标签，绘制了多个图形，执行结果如图 7-2 所示。

```
<!--demo0702.html-->
<!DOCTYPE html>
<html>
<head>
    <meta charset="UTF-8">
    <title>绘制基本图形</title>
    <style>
        svg {
            width: 240px;
            height: 160px;
            background-color: #CCC;
        }
    </style>
</head>
<body>
<svg>
    <rect x=40 y=20 width="150px" height="120px" style="fill:blue;"/>
    <circle cx="110" cy="85" r="40" stroke="black" fill="red"/>
</svg>
<svg>
    <ellipse cx="110" cy="80" rx="80" ry="50" style="fill:yellow"/>
</svg>
<hr/>
<svg>
    <polyline  points="60  60,100  120,200  70"  stroke="red"  fill="none"
stroke-width="2"/>
</svg>
<svg>
    <line x1="60" y1="80" x2="220" y2="60" stroke="green" stroke-width="2"/>
</svg>
<hr/>
<svg>
    <polygon points="60 60,100 120,200 70" stroke="red" fill="#ccc"/>
</svg>
<svg>
    <text x="120" y="90" text-anchor="middle" style="font-family:Arial Black;
font-size:24px; fill:red">SVG 文本输出</text>
```

```
</svg>
<svg width="400" height="300" version="1.1" xmlns="http://www.w3.org/2000/svg">
    <image x="10" y="10" xlink:href="images/whgc.jpg" height="140" width="220"/>
</svg>
</body>
</html>
```

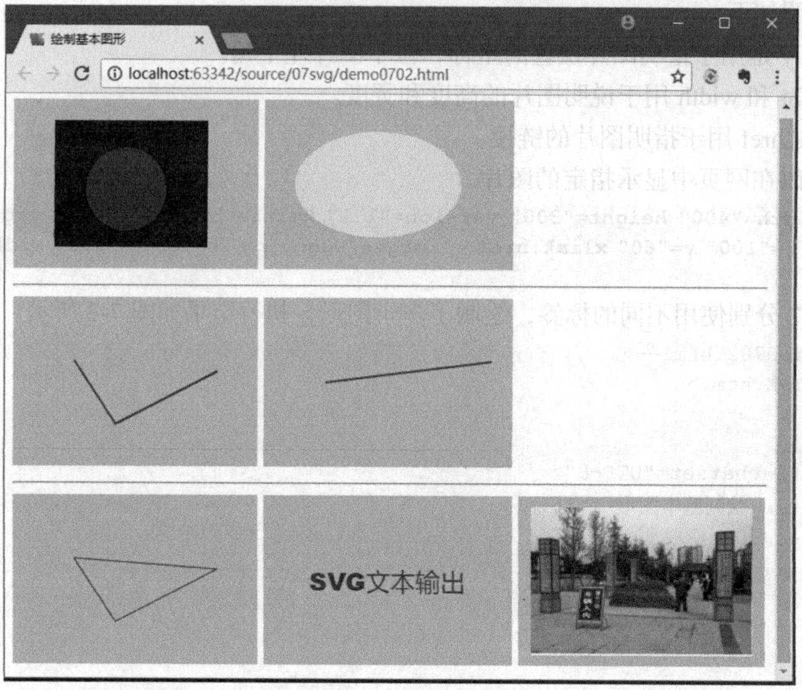

图 7-2　绘制基本图形

7.2.6　SVG 绘图的属性

1. fill 属性

该属性用于设置图形内部的填充颜色，直接将颜色值赋给这个属性即可。例如，

```
fill= "yellow";
```

如果不定义 fill 属性，则默认使用黑色填充图形，如果要取消填充，可以设置属性值为 none。颜色值的定义方法与 canvas 中的相同。

2. stroke 属性

该属性用于设置绘制图形的边框颜色，也是直接为其赋颜色值即可。例如，

```
stroke= "#f00";
```

如果不提供 stroke 属性，则默认不绘制图形边框。

实际上，边框的情况比图形内部稍微复杂一点，因为边框除了颜色，还需要定义形状。

3. stroke-width 属性

该属性用于定义图形边框的宽度，默认为 1 像素，数值越大，边框越粗。例如，

```
stroke-width="5";
```

下面的代码可以绘制一个红色填充，蓝色边框的矩形，边框宽度为 4 像素。

```
<svg>
<rectx="10" y="10" width="100" height="100" fill="red" stroke="blue"stroke-
```

```
width="4"/>
    <svg>
```

4. stroke-linecap 属性

该属性定义了线段端点的风格，即线帽的形状，有 butt、square、round 三个取值，其效果与 canvas 中的 3 个属性值相同，定义格式稍有区别，例如，

```
stroke-linecap="round";
```

5. stroke-linejoin 属性

该属性定义了线段连接处的风格，有 miter、round、bevel 三个取值，其效果与 canvas 中的 3 个属性值相同，定义格式稍有区别。例如，

```
stroke-linejoin="miter";
```

6. stroke-dasharray 属性

stroke-dasharray 属性用于绘制虚实线，其格式如下。

```
stroke-dasharray="value,value,……"
```

该属性由一系列数字组成，这些数字必须用逗号隔开。属性中如果包含空格，不作为分隔符。每个数字定义了实线段的长度，分别是按照绘制、不绘制这个顺序循环下去。

示例 7-3 中，绘制横轴（红色直线）的过程是，先画 5 像素的实线，留 5 像素的空格，再画 5 像素的实线，……，这样一直循环绘制下去。绘制曲线（黑色）时，因为参数个数为奇数，复制这 3 个数，变为 6 个参数，即“5,10,5,5,10,5”，再继续按刚才所描述的原理绘制线条。绘制效果如图 7-3 所示。

```
<!--demo0703.html-->
<!DOCTYPE HTML>
<html>
<head>
<meta charset=utf-8>
</head>
<body>
<svg width="200" height="150">
   <path d="M 10 75 L 190 75" stroke="red"
        stroke-linecap="round" stroke-width="2" stroke-dasharray="5,5"
 fill="none"/>
   <path d="M 10 75 Q 50 10 100 75 T 190 75" stroke="black"
        stroke-linecap="round" stroke-width="2" stroke-dasharray="5,10,5"
 fill="none"/>
</svg>
</body>
</html>
```

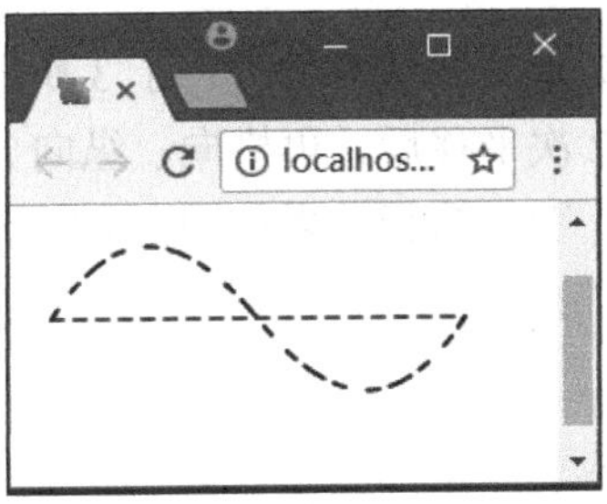

图 7-3　使用 stroke-dasharray 属性绘制的虚线

7.3 变换

SVG 元素可以通过 transform 属性，使用不同的变换方法来声明一个或多个图形变换，包括平移、旋转、缩放和倾斜变换。

7.3.1 平移

使用 translate 方法，可以移动坐标轴原点。该方法定义格式如下。

```
transform= translate(<x>[,<y>]);
```

其中，x 表示将坐标原点向左移动的距离，y 表示将坐标原点向下移动的距离，默认单位为像素。x 和 y 值可以通过空格或者逗号分隔。y 值为可选项，如果省略，默认值为 0。

7.3.2 旋转

使用 rotate 方法，可以定义目标对象绕某点旋转一定的角度。该方法定义格式如下。

```
transform=rotate(<angle>[,<x>,<y>]);
```

其中，angle 用于定义旋转角度，默认单位为度，正值表示顺时针旋转，负值表示逆时针旋转。x，y 值为可选项，代表旋转中心点坐标，如果省略，则旋转中心点为坐标原点。

7.3.3 缩放

使用 scale 方法，可以对图形元素的尺寸进行缩放。该方法定义格式如下。

```
transform=scale(<x>[,<y>]);
```

x 表示水平方向的缩放值，y 表示垂直方向的缩放值。y 为可选项，如果省略，默认值等于 x。x 和 y 可以用空格或者逗号分隔。若 x，y 设置为 0 到 1 之间的值，则表示对图形进行缩小；x，y 设置为大于 1 的值，则表示对图形进行放大。

7.3.4 倾斜

使用一个或多个倾斜方法 skewX 和 skewY，可以对 SVG 元素进行倾斜定义。该方法定义格式如下。

```
transform=skewX(<angle>);
transform=skewY(<angle>);
```

方法 skewX 声明一个沿 x 轴的倾斜，方法 skewY 声明一个沿 y 轴的倾斜。参数 x，y 默认单位为度。

示例 7-4，首先定义了 1 个矩形，然后对其进行了 3 次图形变换。第 1 次平移坐标原点，并将矩形顺时针旋转 30 度；第 2 次平移后，再横向、纵向分别放大 2.4 和 1.2 倍；第 3 次平移后，将图形沿 x 轴倾斜 30 度。变换执行效果如图 7-4 所示。

```
<!--demo0704.html-->
<!DOCTYPE HTML>
<html>
<head>
<meta charset=utf-8>
</head>
<body>
```

```
<svg width="360" height="100">
    <g id="square">
        <rect x="0" y="0" width="40px" height="50px"
              style="fill: pink; stroke:black; stroke-width:2;"/>
    </g>
    <use xlink:href="#square" transform="translate(90,0) rotate(30)"/>
    <use xlink:href="#square" transform="translate(150,0) scale(2.4,1.2)"/>
    <use xlink:href="#square" transform="translate(270,0) skewX(30)"/>
</svg>
</body>
</html>
```

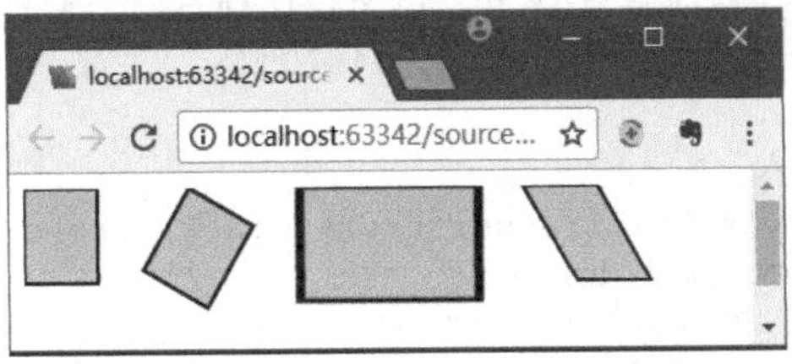

图 7-4　使用 transform 属性实现图形变换

7.4　组合与重用

SVG 提供了 g 元素、use 元素、defs 元素等，允许用户定义元素或对元素进行分组，也允许用户重用元素，从而使文档更加结构化，可读性更好，而且更易于操作。

7.4.1　g 元素

g 元素是一种把相关元素进行组合的容器元素。在<g>和</g>标记之间定义一组图形元素，这些图形就成为一个整体，既可以使文档结构清晰，又方便用户对组合元素进行操作。g 元素通常可以和 desc 注释、title 标题等元素配合使用，提供文档的结构信息。

使用 g 元素进行图形组合时，要注意以下几个问题。

- g 元素可以嵌套。
- 组合的图形元素和单个的元素一样可以定义 id 值，这样方便之后引用。
- 组合的图形元素可以统一设置这组元素的相关属性，例如 fill，stroke，transform 等。

示例 7-5 使用 g 元素定义了 3 个图形组合，分别用于绘制房子、男人、女人的图形。执行结果如图 7-5 所示。

```
<!--demo0705.html-->
<!DOCTYPE HTML>
<html>
<head>
<meta charset=utf-8>
<title>元素组合</title>
</head>
<body>
<svg width="280px" height="140px" xmlns="http://www.w3.org/2000/svg">
    <!--绘制组合图形房子-->
```

```
    <g id="house" style="fill:none;stroke:black;stroke-width:2">
        <desc>House with door</desc>
        <rect x="6" y="50" width="60" height="60"></rect>
        <polyline points="6 50,36 9,66 50"/>
        <polyline points="36 110,36 80,50 80,50 110"/>
    </g>
    <!--绘制组合图形男人-->
    <g id="man" style="fill:none;stroke:black;stroke-width:2">
        <desc>Male human</desc>
        <circle cx="85" cy="56" r="10"/>
        <line x1="85" y1="66" x2="85" y2="80"/>
        <polyline points="76 104,85 80,94 104"/>
        <polyline points="76 70,85 76,94 70"/>
    </g>
    <!--绘制组合图形女人-->
    <g id="woman" style="fill:none;stroke:black;stroke-width:2">
        <desc>Female human</desc>
        <circle cx="110" cy="56" r="10"/>
        <polyline points="110 66,110 80,100 90,120 90,110 80"/>
        <line x1="104" y1="104" x2="108" y2="90"/>
        <line x1="112" y1="90" x2="116" y2="104"/>
        <polyline points="101 70,110 76,119 70"/>
    </g>
</svg>
</body>
</html>
```

图 7-5　使用 g 元素组合图形

7.4.2　use 元素

复杂的图形中经常会出现重复的元素。SVG 使用 use 元素，为定义在 g 元素内的组合或者任意独立图形元素提供类似复制粘贴的功能。use 元素的语法格式如下。

```
<usexlink:href="URI" x="xvalue" y="yvalue"/>
```

首先，需要定义一组图形对象；然后，在<use>标记中，为 xlink:href 属性指定要引用的组合名称，同时还要定义 x、y 的值，以表示组合的原点应移动到的位置，从而实现组合图形的复制和平移。

要实现如图 7-6 所示的效果，只要将下面 3 行代码写在 7.4.1 节示例代码的 SVG 结束标记</svg>之前即可。需要注意，在定义 g 元素时，一定要设置 id 值，以方便后续的引用。

```
<use xlink:href="#house" x="200" y="20"/>
<use xlink:href="#woman" x="50" y="20"/>
<use xlink:href="#man" x="100" y="20"/>
```

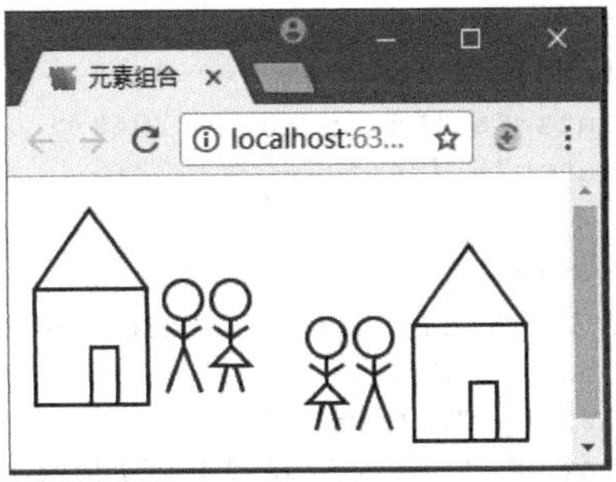

图 7-6 使用 use 元素重用图形

7.4.3 defs 元素

在 7.4.2 节中，使用 use 元素复用图形时，存在下面的问题。

- 复用 man 和 woman 组合时，需要知道原始图形的位置，并以此位置作为复用的基础，而不是简单的以原点坐标为基准。
- 房子的填充和笔画颜色由原始图形建立，并且不能通过 use 元素重新定义。这意味着用户不能构造彩色的房子。
- 文档中首先把 3 个组合图形 woman、man 和 house 都画出来，然后再根据定义进行复用。并不能将它们先定义出来（不显示），然后根据需要只绘制其中的一个或者几个。

defs 元素可以解决这些问题。通过<defs>在起始标记和结束标记之间放置这些组合对象，定义将来使用的内容，这时只定义但并不显示它们。需要的时候，使用 use 元素将 defs 元素定义的内容链接到需要的地方。通过这两个元素，可以多次重用同一内容，消除冗余。

示例 7-6 使用 defs 元素和 g 元素定义了 house、man、woman 三个图形组合，并用 man 和 woman 又组合生成了 couple。之后，在 use 元素中使用链接引用组合对象，并对其分别进行填充颜色、平移、缩放和旋转。执行效果如图 7-7 所示。

```
<!--demo0706.html-->
<!DOCTYPE HTML>
<html>
<head>
<meta charset=utf-8>
<title>图形组合与重用</title>
</head>

<body>
<svg width="400px" height="130px" xmlns="http://www.w3.org/2000/svg">
    <desc>a house and people</desc>
    <defs>
        <!--定义组合图形房子-->
        <g id="house" style="stroke:black;stroke-width:2">
            <desc>House with door</desc>
            <rect x="6" y="50" width="60" height="60"></rect>
            <polyline points="6 50,36 9,66 50"/>
            <polyline points="36 110,36 80,50 80,50 110"/>
        </g>
        <!--定义组合图形男人-->
        <g id="man" style="fill:none;stroke:black;stroke-width:2">
            <desc>Male human</desc>
```

```
            <circle cx="15" cy="56" r="10"/>
            <line x1="15" y1="66" x2="15" y2="80"/>
            <polyline points="6 104,15 80,24 104"/>
            <polyline points="6 70,15 76,24 70"/>
        </g>
        <!--定义组合图形女人-->
        <g id="woman" style="fill:none;stroke:black;stroke-width:2">
            <desc>Female human</desc>
            <circle cx="20" cy="56" r="10"/>
            <polyline points="20 66,20 80,10 90,30 90,20 80"/>
            <line x1="14" y1="104" x2="18" y2="90"/>
            <line x1="22" y1="90" x2="26" y2="104"/>
            <polyline points="11 70,20 76,29 70"/>
        </g>
        <!--定义男女人物组合-->
        <g id="couple">
            <desc>Male and female</desc>
            <use xlink:href="#man" x="0" y="0"/>
            <use xlink:href="#woman" x="20" y="0"/>
        </g>
    </defs>
    <use xlink:href="#house" style="fill:#f00;"/>
    <use x="70" xlink:href="#couple"/>
    <use xlink:href="#house" style="fill:#ff0;"
transform="translate(140,0)  scale(0.8)"/>
    <use x="250" y="20" xlink:href="#couple" transform="scale(0.8)"/>
    <use xlink:href="#man" transform="translate(230,20) rotate(315)"/>
    <use xlink:href="#woman" transform="translate(390,00) rotate(45)"/>
</svg>
</body>
</html>
```

图 7-7　使用 defs 元素、use 元素组合与重用图形

7.5　渐变与透明度

7.5.1　渐变

SVG 和 canvas 一样，可以使用渐变色填充对象，也同样支持两种渐变效果，即线性渐变和径向渐变。这些属性既可以写在元素中，也可以以 CSS 的形式保存（这是与 canvas 不一样的地方）。

1. 线性渐变

线性渐变就是一系列颜色沿着一条直线过渡。与 canvas 相同，SVG 也使用 linearGradient 元素定义线性渐变，并可以定义水平、垂直或角形的渐变。渐变的颜色可以由两种或多种颜色组成，每种颜色通过一个<stop>标记来定义。

示例 7-7 定义了 3 种线性渐变效果。下面结合这段代码说明线性渐变的定义和使用过程。

```
<!--demo0707.html-->
<body>
 <svg width="400px" height="120px">
   <defs>
      <!--定义线性渐变 Grad1，默认水平方向-->
      <linearGradient id="Grad1">
         <stop offset="0%" stop-color="black"/>
         <stop offset="50%" stop-color="yellow" stop-opacity="0.8"/>
         <stop offset="100%" stop-color="red"/>
      </linearGradient>
      <!--复用线性渐变方案 Grad1，定义垂直方向线性渐变 Grad2 和角形渐变 Grad3-->
      <linearGradient id="Grad2" x1="0" y1="0" x2="0" y2="1" xlink:href=
"#Grad1"/>
      <linearGradient id="Grad3" x1="0.1" y1="0.2" x2="0.7" y2="0.8"
 xlink:href="#Grad1"/>
   </defs>
   <!--分别使用 3 种渐变对象，填充 3 个图形的内部和边框-->
   <rect x="10" y="10" rx="15" ry="15" width="100" height="100" fill=
"url(#Grad1)"/>
   <rect x="130" y="10" rx="15" ry="15" width="100" height="100"
 fill="none" stroke-width="8" stroke="url(#Grad2)"/>
   <rect x="250" y="10" rx="15" ry="15" width="100" height="100" fill=
"url(#Grad3)"/>
 </svg>
 </body>
```

（1）defs 元素

SVG 渐变色必须在<defs>标记中进行定义。

（2）linearGradient 元素

使用 linearGradient 元素定义渐变，语法格式如下。

```
<linearGradient id=" " x1="" y1="" x2="" y2="">
    <!--用 stop 元素添加颜色信息-->
</linearGradient>
```

linearGradient 元素的属性说明如下。

- id 属性：需要定义渐变色元素的 id 属性，为渐变色指定唯一的名称，以便引用该渐变色。
- x1、y1、x2、y2 属性：这两个点定义了渐变向量的起点和终点，它们决定了渐变的方向，若省略默认水平渐变（x1、y1、y2 这三个属性默认值为 0，x2 默认值为 1）。4 个属性的取值范围均在 0 到 1 之间。

当 y1 和 y2 相等，而 x1 和 x2 不等时，创建的是水平渐变；当 x1 和 x2 相等，而 y1 和 y2 不等时，创建的是垂直渐变；当 x1 和 x2 不等，且 y1 和 y2 也不等时，创建的是角度渐变。

（3）stop 元素

渐变色的成员色使用 stop 元素定义，语法格式如下。

```
<stop offset="offsetValue" stop-color="" stop-opacity=""/>
```

stop 元素的属性说明如下。

- offset 属性：定义该成员色的作用范围，该属性取值从 0%到 100%（或者是 0 到 1）；通常第一种颜色设置成 0%，最后一种设置成 100%。
- stop-color 属性：定义该成员色的颜色。
- stop-opacity 属性：定义成员色的透明度，取值范围在 0 到 1 之间。

stop 元素的属性也可以使用 CSS 定义，它支持 class、id 等 HTML 标准属性。

（4）渐变色的使用

可以直接用 url(#id)的形式将渐变色赋值给 fill 属性或者 stroke 属性。

（5）渐变色的复用

可以使用 xlink:href 引用定义过的渐变色。

示例 7-7 中，首先定义名为 Grad1 的水平线性渐变，它由黑黄红 3 种颜色组成，其中黄色的透明度为 0.8，偏移位置在渐变过渡的 50%处。再使用 xlink:href 复用 Grad1，定义垂直渐变 Grad2；继续复用 Grad1，定义左上到右下的角形渐变 Grad3。最后绘制 3 个圆角矩形（rx、ry 指定圆弧半径均为 15 像素），使用 fill="url(#id)"为图形内部或边框填充渐变色。代码的执行效果如图 7-8 所示。

图 7-8　线性渐变示例

线性渐变指定过渡方向时，并不一定要从对象的一角到另一角，如果绘制的范围没有达到对象的边缘，可以通过设置 spreadMethod 属性来定义填充的延展效果，这个属性有以下 3 个取值。

- pad：起始和结束渐变点扩展到对象的边缘，pad 是默认值。
- repeat：渐变会重复起点到终点的过程，直到充满整个对象。
- reflect：渐变会按终点到起点、起点到终点的排列重复，直到填满整个对象。

示例 7-8 定义了线性渐变 Grad1，颜色由黑黄红组成，填充范围从（0.2,0.3）到（0.6,0.7），使用 Grad1 定义了 3 种线性渐变方案 p1、r1、r2，分别对应 pad、repeat、reflect 三种延展效果。绘制的矩形分别填充 3 种不同的渐变效果，执行结果如图 7-9 所示。

```
<!--demo0708.html-->
<!DOCTYPE HTML>
<html>
<head>
<meta charset=utf-8>
<title>线性渐变</title>
</head>
<body>
<svg width="370" height="120">
```

```
    <defs>
        <!-- 定义角形线性渐变 Grad1 -->
        <linearGradient id="Grad1" x1="0.2" y1="0.3" x2="0.6" y2="0.7">
            <stop offset="0%" stop-color="black"/>
            <stop offset="50%" stop-color="yellow"/>
            <stop offset="100%" stop-color="red"/>
        </linearGradient>
        <!-- 复用线性渐变方案 Grad1，定义三种延展方式-->
        <linearGradient id="p1" xlink:href="#Grad1" spreadMethod="pad"/>
        <linearGradient id="r1" xlink:href="#Grad1" spreadMethod="repeat"/>
        <linearGradient id="r2" xlink:href="#Grad1" spreadMethod="reflect"/>
    </defs>
    <!-- 绘制三个矩形，分别使用 3 种延展方式填充图形 -->
    <rect x="10" y="10" width="100" height="100" fill="url(#p1)"/>
    <rect x="130" y="10" width="100" height="100" fill="url(#r1)"/>
    <rect x="250" y="10" width="100" height="100" fill="url(#r2)"/>
</svg>
</body>
</html>
```

图 7-9　线性渐变延展效果

2. 径向渐变

径向渐变的每个渐变点表示一个圆形路径，从中心点向外扩散。SVG 也使用 radialGradient 元素定义径向渐变，它的设置及使用方式与线性渐变大致相同。渐变效果可由两种或多种颜色组成，每种颜色通过一个 stop 元素来定义。offset 属性用来定义渐变的开始和结束位置。

定义径向渐变的语法格式如下。

```
<radialGradient id=" " cx="" cy="" r="" fx="" fy="">
    <!--用 stop 元素添加颜色信息-->
</radialGradient>
```

径向渐变是创建一个圆形，从圆内的渐变焦点到圆形边缘产生放射状的渐变过渡。除了跟定义线性渐变用法相同的几个属性以外，径向渐变还有以下几个需要说明的属性。

- offset 属性：这个和线性渐变中的取值范围相同，但是含义不同。在径向渐变中，0 表示渐变的焦点处，1 表示渐变的圆形边缘位置。
- cx，cy，r 属性：定义径向渐变的外沿圆形，cx、cy 用于定义圆形的圆心坐标，r 用于指定半径。这 3 个属性的默认值都是 0.5。
- fx，fy 属性：定义径向渐变的焦点位置，即渐变颜色中心点的坐标，该点是初始颜色最浓的点，这个点应该定义在外圆的内部，如果不在，则 SVG 阅读器会自动把焦点移动到该圆的圆心。若未定义，则 fx、fy 这两个属性的值分别与 cx、cy 的值相等。

这里需要注意一下 cx，cy，r，fx，fy 的值，它们都是小数，那么单位是什么呢？

这个需要先了解另外一个相关的属性 gradientUnits，它指定了定义渐变色所使用的坐标单位。这个属性有 2 个可用值：userSpaceOnUse 和 objectBoundingBox。userSpaceOnUse 表示使用的是绝对坐标，objectBoundingBox 是默认值，使用的是相对于图形对象外边框的相对坐标，相对坐标取值范围是 0 到 1。

示例 7-9 中渐变终点圆形的圆心 cx,cy 的坐标值（0.5,0.5），意味着这个圆心在矩形的中心，即横坐标和纵坐标都等于矩形边框的 1/2，圆形半径 0.5 意味着半径长是矩形边框的 1/2。渐变焦点 fx,fy 的坐标值（0.25,0.25），表明这个坐标在矩形的左上角 1/4 处。具体执行效果如图 7- 10 所示。

```
<!--demo0709.html-->
<svg width="150px" height="150px">
    <defs>
        <radialGradient id="Grad5" cx="0.5" cy="0.5" r="0.5" fx="0.25" fy="0.25">
            <stop offset="0%" stop-color="black"/>
            <stop offset="70%" stop-color="yellow"/>
            <stop offset="100%" stop-color="red"/>
        </radialGradient>
    </defs>
    <rect x="10" y="10" width="140" height="140" fill="url(#Grad5)" stroke="black"
 stroke-width="2"/>
</svg>
```

同样，径向渐变也可以设置 spreadMethod 属性，也有 pad、repeat、reflect 3 个属性值，它的原理跟线性渐变相同，只是渐变的方向不同。

示例 7-10 定义了 3 种径向渐变颜色延展的效果，执行结果如图 7-11 所示。

```
<!--demo0710.html-->
<!DOCTYPE HTML>
<html>
<head>
<meta charset=utf-8>
<title>径向渐变</title>
</head>
<body>
<svg width="350px" height="120px">
    <defs>
        <radialGradient id="Grad1" cx="0" cy="0" r="0.7">
            <stop offset="0%" stop-color="black"/>
            <stop offset="50%" stop-color="yellow"/>
            <stop offset="100%" stop-color="red"/>
        </radialGradient>
        <radialGradient id="p1" xlink:href="#Grad1" spreadMethod="pad"/>
        <radialGradient id="r1" xlink:href="#Grad1" spreadMethod="repeat"/>
        <radialGradient id="r2" xlink:href="#Grad1" spreadMethod="reflect"/>
    </defs>
    <rect x="10" y="10" width="100" height="100"
        fill="url(#p1)" stroke="black" stroke-width="1"/>
    <rect x="120" y="10" width="100" height="100"
        fill="url(#r1)" stroke="black" stroke-width="1"/>
    <rect x="230" y="10" width="100" height="100"
        fill="url(#r2)" stroke="black" stroke-width="1"/>
```

```
</svg>
</body>
</html>
```

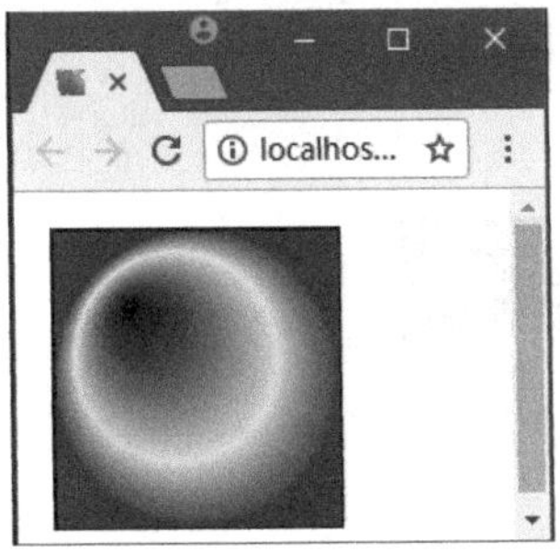

图 7-10　径向渐变示例

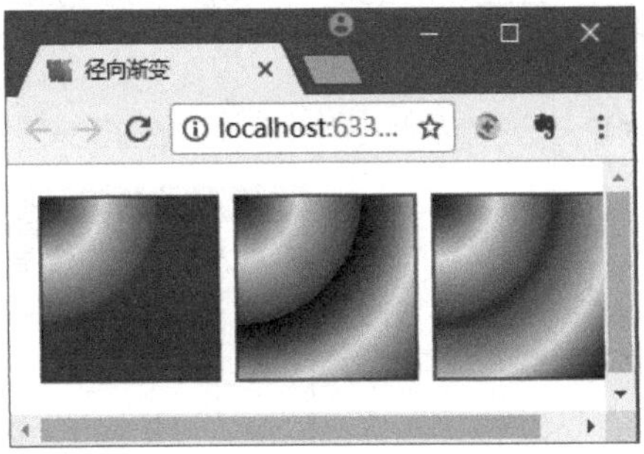

图 7-11　径向渐变延展效果示例

7.5.2　透明度

SVG 使用 opacity 属性定义整个元素的透明度，使用 fill-opacity 属性为填充（fill 属性）设置透明度，使用 stroke-opacity 属性为边框（stroke 属性）设置透明度，这些透明度取值范围都是 0 到 1 之间。

下面代码，通过 fill-opacity="0.5"、stroke-opacity="0.8"将填充的透明度设置为 0.5，边框的透明度设置为 0.8。

```
<svg height="200">
    <rect id="myRectangle" width="300" height="100" stroke="#f00" stroke-width="2" fill="#ff0" fill-opacity="0.5" stroke-opacity="0.8"/>
</svg>
```

设置图形的透明度，除了直接给 fill-opacity、stroke-opacity 和 opacity 赋值外，也可以在 style 样式中定义透明度。

例如下面的代码，在 style 属性中定义透明度。

```
<svg>
    <rect x="20" y="20" width="250" height="250"
    style="stroke:pink;stroke-width:5;opacity:0.9"/>
</svg>
```

示例 7-11 中绘制了 4 个图形，绘图过程中，黄图（指填充为黄色）和黑图使用 opacity 属性定义透明度为 0.6，蓝图和绿图设置了边框和填充的透明度属性为 0.7，执行效果如图 7-12 所示。

```
<!--demo0711.html-->
<!DOCTYPE HTML>
<html>
<head>
<meta  charset=utf-8>
<title>透明度</title>
</head>
<body>
  <svg width="300px" height="300px" xmlns="http://www.w3.org/2000/svg">
    <path d="M100 100 A 30,50 0 0,0 200,150 z"
         fill="blue" stroke="red" stroke-width="5" stroke-opacity="0.7"/>
    <path d="M100 100 A 30,50 0 0,1 200,150 z"
         fill="green" stroke="cyan" stroke-width="5" fill-opacity="0.7"/>
```

```
    <path d="M100 100 A 300,30 0 0,0 200,150"
        fill="yellow" stroke="red" stroke-width="5" opacity="0.6"/>
    <path d="M100 100 A 300,30 0 0,1 200,150" id="red"
        fill="black" stroke="yellow" stroke-width="5" opacity="0.6"/>
</svg>
</body>
</html>
```

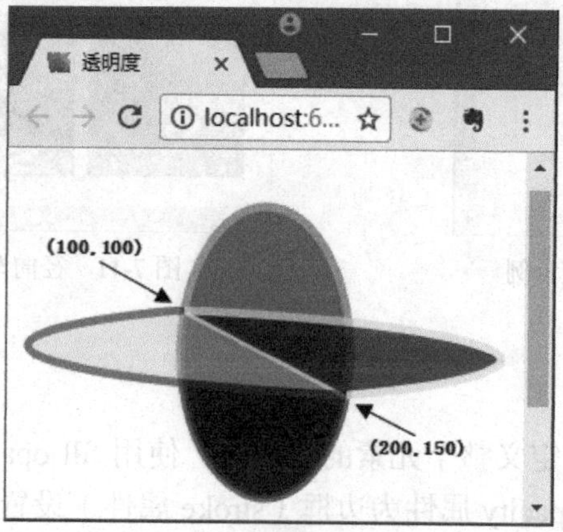

图 7-12　设置透明度属性

7.6　滤镜

滤镜是 SVG 最强大的功能之一，用来向形状和文本添加特殊的效果。使用滤镜，可以为图形（包括图形元素和容器元素）添加各种专业软件中才有的滤镜特效，用户很容易在客户端生成和修改图像。

7.6.1　滤镜的定义

SVG 使用 filter 元素定义滤镜效果，在需要滤镜效果的图形或容器上添加 filter:url 属性，引用定义好的滤镜即可。<filter>标记必须定义在<defs>标记内，需要定义 id 名称来标识滤镜，定义滤镜的语法格式如下。

```
<defs>
    <filter id="filter_id">
        <!--滤镜定义-->
    </filter>
</defs>
```

起始和结束的<filter>标记之间就是用户定义的滤镜，可以是多个，每个也称为一个滤镜基元。每个基元有一个或多个输入，但只有一个输出。输入可以是原始图形（指定为 SourceGraphic）、图形的阿尔法通道（指定为 SourceAlpha），或者是前一个滤镜基元的输出。当只对图形的形状感兴趣而不考虑其颜色时，应使用 SourceAlpha 值。

在图形或容器上引用滤镜的语法格式如下。

```
<g id="group_id" style="filter:url(#filterid);">
    <!--绘制图形-->
```

```
</g>
```

当在容器上（例如 g 元素）使用 filter 属性的时候，滤镜效果会应用到容器中的所有元素。

7.6.2　滤镜的应用

常用的滤镜类型有 feGaussianBlur、feOffset、feMerge 等，下面以高斯模糊滤镜 feGaussianBlur 和位移滤镜 feOffset 为例，介绍滤镜的应用。

1. 高斯模糊滤镜

高斯模糊滤镜可以将图形进行模糊处理，它通过<feGaussianBlur>标记进行定义，该标记的 stdDeviation 属性可定义模糊的程度，模糊程度与数值成正比，in 属性用于指定基元的输入是原始图形还是阿尔法通道。feGaussianBlur 滤镜的定义格式如下。

```
<feGaussianBlur in="in_value" stdDeviation="value"/>
```

示例 7-12 定义了高斯模糊的滤镜效果，之后绘制椭圆形，并对其应用该滤镜效果。其中，通过 in 属性指定滤镜的对象是图形，并定义模糊程度为 5。代码执行结果如图 7-13 所示。

```
<!--demo0712.html-->
<!DOCTYPE HTML>
<html>
<head>
<meta charset="utf-8">
<title>滤镜</title>
</head>
<body>
<svg width="200px">
    <defs>
        <!--定义高斯模糊滤镜 Gaussian_Blur-->
        <filter id="Gaussian_Blur">
            <feGaussianBlur in="SourceGraphic" stdDeviation="5"/>
        </filter>
    </defs>
    <!--绘制图形，并为其应用滤镜 Gaussian_Blur-->
    <ellipse cx="80" cy="50" rx="70" ry="40" style=
  "fill:#00ff00;stroke:#000000;stroke-width:2;filter:url(#Gaussian_Blur)"/>
</svg>
<svg>
    <ellipse cx="80" cy="50" rx="70" ry="40"
      style="fill:#00ff00;stroke:#000000;stroke-width:2"/>
</svg>
</body>
</html>
```

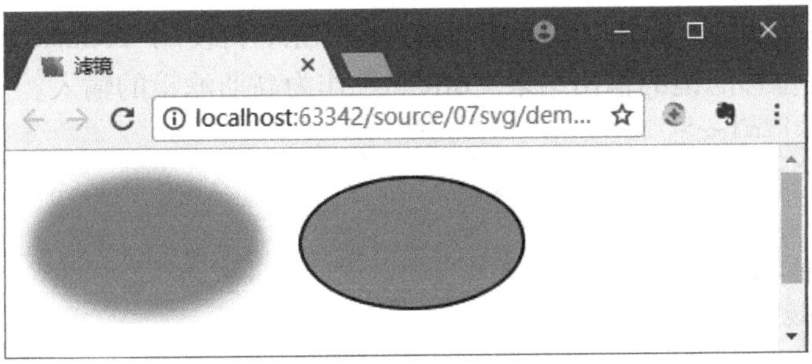

图 7-13　应用高斯模糊滤镜效果比较

示例 7-13 实现的是利用高斯模糊滤镜，为图形添加投影效果。

```
<!--demo0713.html-->
<!DOCTYPE HTML>
<html>
<head>
<meta charset=utf-8>
<title>滤镜</title>
</head>
<body>
<svg width="140" height="120" xmlns="http://www.w3.org/2000/svg">
    <defs>
        <!--定义高斯模糊滤镜 drop-shadow -->
        <filter id="drop-shadow">
            <feGaussianBlur in="SourceAlpha" stdDeviation="2"/>
        </filter>
        <!--定义组合图形 house-->
        <g id="house" style="fill:none;stroke:black;stroke-width:2">
            <rect x="6" y="50" width="60" height="60"></rect>
            <polyline points="6 50,36 9,66 50"/>
            <polyline points="36 110,36 80,50 80,50 110"/>
        </g>
    </defs>
    <!--绘制两个图形，对第 2 个图形应用高斯模糊并作平移 -->
    <use xlink:href="#house"/>
    <use xlink:href="#house" filter="url(#drop-shadow)" transform=
"translate(4,4)"/>
</svg>
</body>
</html>
```

上述代码，通过对组合图形的 Alpha 通道进行高斯模糊，并对模糊结果进行平移，为原始图形添加投影的效果，代码执行效果如图 7-14 所示。

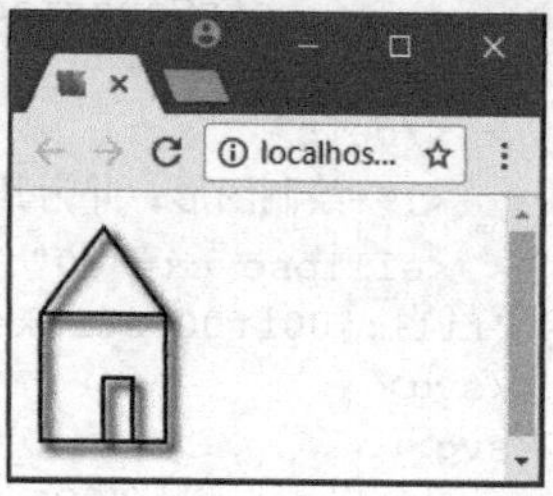

图 7-14　高斯模糊为图形添加投影效果

2. 位移滤镜

位移滤镜主要是让图形产生位置变化，类似于 transform 的 translate 操作。位移滤镜使用<feOffset>标记进行定义，其中 in 属性与其他滤镜中的用法相同，dx 和 dy 属性分别用于定义图形沿 x 轴和 y 轴位移的量。feOffset 滤镜的语法格式如下。

```
<feOffset in="in_value" dx="value" dy="value"/>
```

图 7-14 中的投影效果，也可以用示例 7-14 中的代码来实现。首先，通过<feOffset>标记定义位移滤镜，将图形沿 x 轴和 y 轴分别移动 4 个像素，再使用<feGaussianBlur>标记定义高斯模糊滤镜，并把位移滤镜的输出结果“offOut”作为高斯滤镜的输入。

```
<!--demo0714.html-->
<!DOCTYPE HTML>
<html>
<head>
<meta charset=utf-8>
<title>位移滤镜</title>
</head>
<body>
```

```
<svg width="140" height="120">
    <defs>
        <!-- 定义滤镜 f1，包括位移和高斯模糊效果 -->
        <filter id="f1" width="150%" height="150%">
            <!—这是滤镜操作-->
            <feOffset result="offOut" in="SourceGraphic" dx="4" dy="4"/>
            <feGaussianBlur in="offOut" stdDeviation="2"/>
        </filter>
         <!-- 定义组合图形 house -->
        <g id="house" style="fill:none;stroke:black;stroke-width:2">
            <rect x="6" y="50" width="60" height="60"></rect>
            <polyline points="6 50,36 9,66 50"/>
            <polyline points="36 110,36 80,50 80,50 110"/>
        </g>
    </defs>
    <!-- 分别绘制 2 个图形，并对第 2 个图形应用滤镜 f1-->
    <use xlink:href="#house"/>
    <use xlink:href="#house" filter="url(#f1)"/>
</svg>
</body>
</html>
```

思考与练习

1. 简答题

（1）在网页中使用 SVG 与 canvas 进行绘图，有哪些不同之处？

（2）列举出 3 种 path 元素用于绘制路径的命令？分别是什么功能？具体怎么定义？

（3）stroke-dasharray 属性在绘制虚线时如何设置，参数与虚线效果有什么关系？

（4）SVG 使用 linearGradient 元素定义渐变色时，<id>和<stop>元素的功能分别是什么？其中的 offset 属性和 stop-color 属性用于实现什么功能？

2. 操作题

（1）使用 g、use、defs 等元素，以及 translate、scale 等方法完成如图 7-15 所示的效果，其中 3 个房子图案分别填充不同的颜色，每种形状后两个图案的缩放比例分别为 0.8 和 0.6。

图 7-15　重用和缩放效果

（2）使用 linearGradient 元素定义黑、黄、红 3 色组成的线性渐变，并复用此渐变色修改渐变色的方向，绘制如图 7-16 所示的 4 个圆角矩形。

（3）使用 feGaussianBlur 元素，并结合 translate、skewX 等方法为图形定义经过高斯模糊的投影效果，如图 7-17 所示。

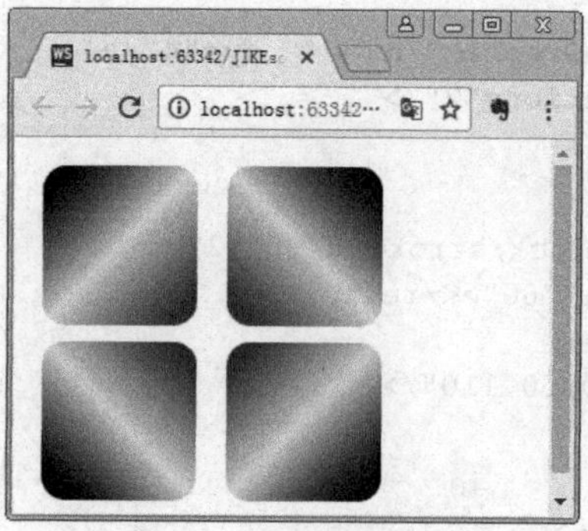

图 7-16　投影效果

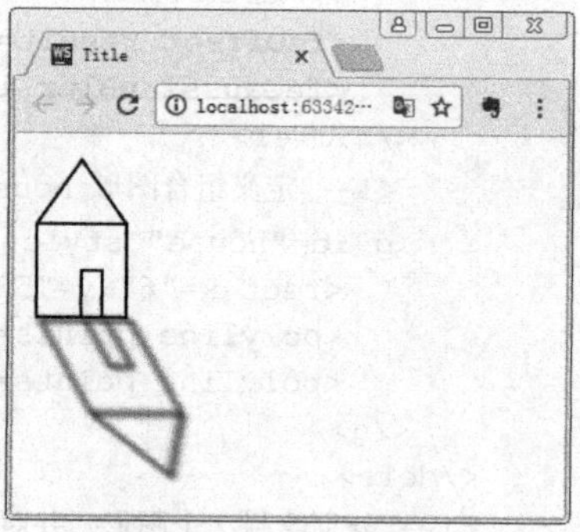

图 7-17　投影效果

第 8 章 获取浏览器的地理位置信息

学前提示

在 Web 应用中，获得地理位置信息越来越重要。例如，只要用户允许浏览器获取其位置信息，就可以在地图上标记用户的位置、提供用户附近的景点或商店、追踪用户的移动路线或移动距离等。HTML 5 新增的 Geolocation API 提供地理定位功能，它可以找出用户的位置，然后与可信任的 Web 应用程序共享位置信息或开发新的应用。

知识要点

- 地理位置信息的内容
- 地理位置信息使用过程
- 获取地理位置信息的 Geolocation API
- 获取地理位置信息的示例

8.1 地理位置信息概述

8.1.1 地理位置信息的内容

浏览器的“位置信息”是指安装浏览器的硬件设备的位置信息，主要指设备当前地理位置的纬度（latitude）与当前地理位置的经度（longitude）信息。当然，如果设备支持，还可以提供海拔、精度、方向、速度等信息，这些信息被称为地理位置元数据，也就是地理位置信息。表 8-1 给出了地理位置信息的属性及描述。

表 8-1 地理位置信息的属性及描述

属性	描述
latitude	当前地理位置的纬度信息
longitude	当前地理位置的经度信息
accuracy	经度和纬度的准确度，是监测的位置与实际位置的误差范围（以米为单位）
altitude	当前地理位置的海拔高度（以米为单位）

续表

属性	描述
altitudeAccurancy	获取到的海拔高度的精度（以米为单位）
heading	设备的前进方向，用面朝正北方向的顺时针旋转角度来表示
timestamp	获取地理位置信息的时间信息

这些属性封装在 GeolocationAPI 的 Position 对象（或这个对象的属性）中，如果数据不可用，将返回 null 值。HTML5 采用十进制格式表示纬度与经度，例如，大连市纬度约为 39.01、经度约 121.44，而广州市的纬度约 23.11、经度约 113.27。

8.1.2 地理位置信息的来源

我们使用的计算机、平板电脑、手机等设备都有位置信息。这些设备的位置信息是如何获取的呢？

1. IP 地址

通过 IP 地址获取位置信息通常对有固定 IP 地址的设备很有效，但有时不准确，因为所获取的位置信息可能是提供 IP 地址给用户的位于数千米或数十千米外的 ISP 的地址，而不是用户真正的位置。

2. GPS

GPS 定位较准确，它利用设备上的 GPS 芯片进行定位，误差范围可以缩小到几米之内。但 GPS 芯片较耗电，移动设备通常会关闭 GPS 芯片，等到有需要的时候才开启，所以从完成初始化到定位完毕，往往需要等待一段延迟时间，所以定位速度较慢。目前有很多移动设备内置 GPS 芯片。

3. 移动电话基站或无线 Wi-Fi

根据用户与移动电话基站或无线 Wi-Fi 热点的距离，通过三角定位的方式来获取位置信息，优点是定位速度较快，而且不需要配备精密的 GPS 芯片，缺点则是定位较粗略，误差范围可能是几米到几千米。

4. 用户输入

一些 Web 应用提供一个接口让用户输入地址、邮政编码或选择所在的区域，可以使用这些信息获得位置信息，这样就可以避免误差范围太大或延迟时间太久，这也是一种实用的定位方法。

8.2 地理位置信息使用过程

（1）确定用户在 Web 应用中需要使用地理位置信息，例如，用户的地理位置，需要得到当前位置的海拔，移动的方向等。

（2）调用 Geolocation API，执行地理位置方法调用，得到需要的位置数据，如果使用地图，还需要使用 Google 地图 API、百度地图 API、Bing 地图 API 等。

（3）浏览器解析用户的 Geolocation API 调用，并提示用户是否允许调用位置信息。

（4）浏览器检索运行 Web 应用设备的信息，得到包括地理位置信息的元数据。

（5）为 Web 应用提供基于位置的服务，例如 Web 页面根据当前的位置设置显示的语言、从数据库中读取当前位置的天气信息、测试位置移动距离和速度等。

8.3　地理位置 API

HTML5 的 Geolocation API 包括 3 个方法：getCurrentPosition()、watchPosition()和 clearWatch()，其中，getCurrentPosition()用来获取用户当前位置的地理信息，watchPosition()可以监听和跟踪用户的地理位置信息，clearWatch()方法可以停止监听和跟踪客户端的地理位置信息，通常与 watch Position()方法结合使用。下面重点介绍 getCurrentPosition()和 watchPosition()方法。

8.3.1　getCurrentPosition()方法

getCurrentPosition()方法用来获取用户当前位置的地理信息，其语法描述如下。

```
void getCurrentPosition(onSuccess,onError, options);
```

1. 第 1 个参数 onSuccess

该参数是获取地理位置信息成功时的回调函数句柄。它告诉浏览器在获取位置信息成功时，应该调用的回调函数。就实际应用而言，例如，在 GoogleMaps 上标记用户的位置、追踪用户的移动路线等。

回调函数 onSuccess 有一个参数 position 对象，该对象包含 coordinates 属性和 timestamp 属性。coordinates 属性本身也是一个对象，coordinates 对象的 7 个属性就是地理位置的元数据信息，如表 8-1 所示，这些信息可由用户应用程序获取。

2. 第 2 个参数 onError

这个参数是可选参数，是获取地理位置信息失败时的回调函数句柄。浏览器在获取位置信息失败时，该参数用来告诉应该调用哪个响应函数，例如下面的语句是指定了要调用 onError 函数。

```
navigator.geolocation.getCurrentPosition(onSuccess,onError);
```

建议读者编写错误处理函数，因为浏览器不一定每次都能成功获取位置信息，可能是因为用户不允许访问其位置，也可能是因为设备接收不到信号。

错误处理函数 onError 只有一个参数，这是一个 error 对象，其中包含错误信息。error 对象有两个属性 message 与 code，message 是错误信息的描述，而 code 是错误代码，其值如下。

- PERMISSION_DENIED（数值 1）：用户不允许访问其位置信息。
- POSITION_UNAVAILABLE（数值 2）：无法获取用户的位置信息。
- TIMEOUT（数值 3）：获取信息超时错误。

例如，下面的错误处理函数会在获取位置信息失败时，显示发生错误的原因。

```
function onError(error){
    switch (error.code) {
        case 1:
            alert("用户不允许访问位置信息"); break;
        case 2:
```

```
            alert("无法获取用户的位置信息"); break;
        case 3:
            alert("获取信息超时错误"); break;
    }
}
```

3. 第 3 个参数 options

options 是可选参数，用来提供一个 options 对象给地理定位服务，通过一些可选属性的列表来指定搜集数据的选项，例如设置等候超时的时间。

- enableHighAccuracy：告诉浏览器启用高准确度模式提供地理定位服务，此选项默认为 false，表示不启用。即使设置 enableHighAccuracy 选项为 true，也不一定十分准确，和位置信息获取途径有关。
- timeout：设置等待的时间（以毫秒为单位），一旦浏览器超过指定的时间尚未获取位置信息，就调用错误处理函数。此选项默认为 Infinity 或 0，表示无时间限制。
- maximumAge：设置位置信息的有效时间（以毫秒为单位），一旦超过有效时间，浏览器就必须舍弃旧的位置信息并试着去获取新的位置信息。此选项默认为 0，表示浏览器每次发出新的要求，都必须去获取新的位置信息。

例如，下面的程序语句是使用第 3 个参数加入 timeout: 10000 选项，将等候超时的时间设置为 10 秒钟，一旦浏览器超过 10 秒钟还没有取得位置信息，就调用错误处理函数，此时 errorcode（错误代码）的值会被设置为 TIMEOUT。

```
navigator.geolocation.getCurrentPosition(onSuccess,onError,{timeout: 10000});
```

8.3.2 watchPosition()方法

对于一些 Web 应用来说，仅仅获取用户当前的位置信息是不够的，例如，需要在地图上持续标记用户的活动路径、计算移动距离等，这时可以使用 watchPosition()方法来持续获取用户的地理位置信息，它会定期地自动获取，该方法定义如下。

```
Int watchPosition (onSuccess,onError,options);
```

该方法 3 个参数的说明和使用方法与 getCurrentPosition()方法的参数说明和使用方法相同，要注意的是 watchPosition()方法有返回值，该值可以当作参数传递给 clearWatch()方法，以取消追踪，这从 clearWatch()方法的格式可以看出来。clearWatch()方法定义如下。

```
void clearWatch(watcthId)
```

8.4 获取地理位置信息的应用

本节示例均在 xmapp 的 Apache 服务器上测试，示例文件夹需要保存在 xmapp 的 htdocs 文件夹下。由于当前版本的 Chrome、Firefox 等浏览器与测试代码不兼容，本章代码使用的是测试环境是 IE11 和 Microsoft Edge 42 浏览器。

1. 使用 getCurrentPosition()方法获取地理位置信息的实例

示例 8-1 中定义了一个按钮，单击该按钮时调用自定义函数 getLocation()获取地理位置信息。getLocation()函数在调用 getCurrentPosition()方法时指定回调函数 showPosition(position)，该函数用于显示获取到的位置信息。浏览此页面的结果如图 8-1 所示。

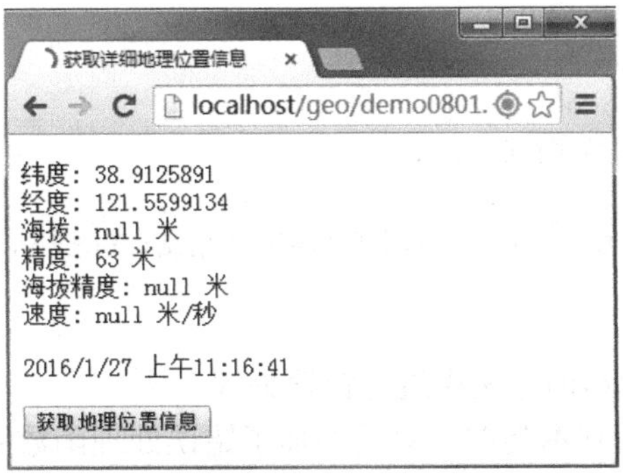

图 8-1　获取地理位置信息的结果

需要说明，单击按钮时浏览器会询问用户是否允许该网站获取你的位置信息。单击允许才可以成功获取地理位置信息。这是因为基于隐私权的考虑，HTML 5 要求，在用户表示允许之前，用户代理程序不得将位置信息传送给网站，因此，当用户第一次连接到使用 GeolocationAPI 的网站时，浏览器必须清楚地询问用户是否允许地理定位功能，只有用户表示允许，才能继续后面的操作。

```
<!--demo0801.html-->
<!DOCTYPE html>
<html>
<head>
    <meta charset="utf-8">
    <title>获取详细地理位置信息</title>
    <script>
        var loc;
        function init() {  // 页面加载完成时 onload()方法调用
            loc = document.getElementById("location");
            time = document.getElementById("time");
        }
        //  单击按钮时调用该方法
        function getLocation() {
            if (navigator.geolocation) {
                navigator.geolocation.getCurrentPosition(showPosition);
            } else {
                loc.innerHTML = "您的浏览器不支持 HTML5 地理位置.";
            }
        }
        // getCurrentPosition 方法调用成功时调用该方法
        function showPosition(position) {
            loc.innerHTML = "纬度: " + position.coords.latitude + "<br/>" +
                    "经度: " + position.coords.longitude + "<br/>" +
                    "海拔: " + position.coords.altitude + " 米<b/r>" +
                    "精度: " + position.coords.accuracy + " 米<br/>" +
                    "海拔精度: " + position.coords.altitudeAccuracy + " 米<br/>" +
                    "速度: " + position.coords.speed + " 米/秒<br/>";
            // 转换 timestamp 为可阅读格式
            var d = new Date(position.timestamp);
            time.innerHTML = d.toLocaleDateString() + "  " + d.toLocaleTimeString();
        }
```

```
    </script>
</head>
<body onLoad="init();">
<p id="location">单击按钮获取你的位置:</p>
<p id="time"></p>
<button onClick="getLocation()">获取地理位置信息</button>
</body>
</html>
```

2. 在 getCurrentPosition()方法中进行错误处理

示例 8-2 与前一个例子基本类似，只是增加了错误处理函数 showError()。当浏览器询问用户是否允许获取地理位置信息时，单击“拒绝”按钮，结果如图 8-2 和图 8-3 所示。

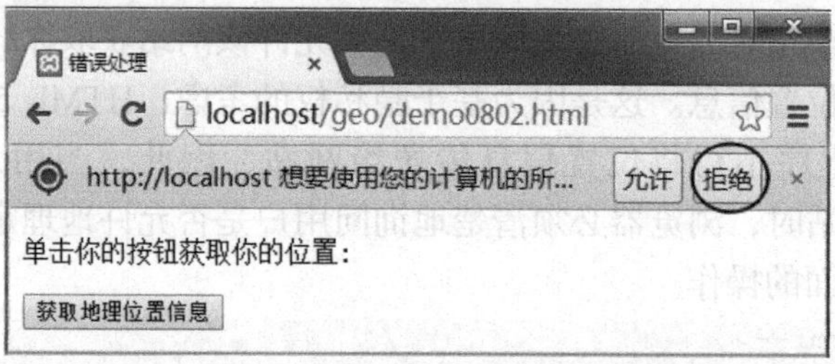

图 8-2　单击“拒绝”按钮拒绝访问位置信息

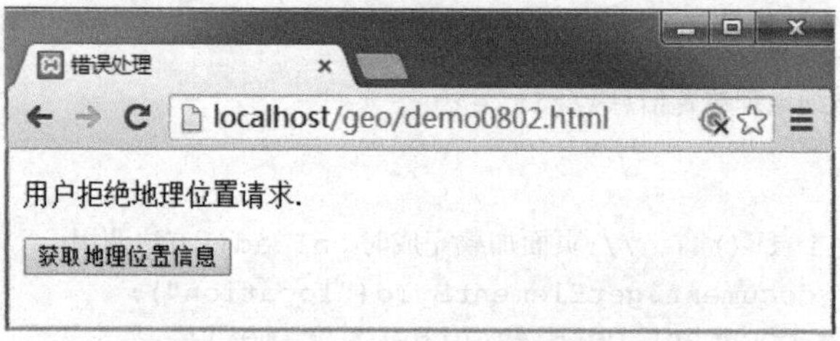

图 8-3　showError()函数给出的提示信息

代码清单如下。

```
<!--demo0802.html-->
<!DOCTYPE html>
<html>
<head>
    <meta charset="utf-8">
    <title>错误处理</title>
    <script>
        var loc;
        function init() {
            loc = document.getElementById("location");
        }
        function getLocation() {
            if (navigator.geolocation) {
                navigator.geolocation.getCurrentPosition(showPosition, showError);
            } else {
                loc.innerHTML = "你的浏览器不支持 html5 地理位置.";
            }
        }
        //当 getCurrentPosition 方法调用成功时调用该方法
```

```
        function showPosition(position) {
            loc.innerHTML = "Latitude: " + position.coords.latitude +
                    "<br>Longitude: " + position.coords.longitude;
        }
        //当 getCurrentPosition 调用失败时调用该方法
        function showError(error) {
            switch (error.code) {
                case error.PERMISSION_DENIED:
                    loc.innerHTML = "用户拒绝地理位置请求."
                    break;
                case error.POSITION_UNAVAILABLE:
                    loc.innerHTML = "位置信息不可用."
                    break;
                case error.TIMEOUT:
                    loc.innerHTML = "获取位置信息请求超时."
                    break;
                case error.UNKNOWN_ERROR:
                    loc.innerHTML = "一个未知错误发生."
                    break;
            }
        }
    </script>
</head>
<body onLoad="init();">
<p id="location">单击你的按钮获取你的位置:</p>
<button onClick="getLocation()">获取地理位置信息</button>
</body>
</html>
```

3. 在 Google 静态地图上显示用户位置

示例 8-3 用来在页面上显示一幅 Google 静态地图，地图的中心是用户的位置，并且把用户的当前地理位置用纬度和经度标注在地图下方。程序运行结果如图 8-4 所示。

图 8-4　在页面中显示的 Google 静态地图

要在页面中使用 Google 地图，需要在 showPosition()方法中使用 Google Map API。通过 Google Map API 得到地图的 url，同时需要向这个 API 提供地图显示的参数，这些参数表明地图位置、大小、放大倍数等信息，具体如下。

- center：将指定的坐标点设置为地图中心点。在本例中，将用户当前位置的纬度、经度设定为页面打开时 Google 地图的中心点，用变量 latlng 描述。代码如下。

```
var latlon = position.coords.latitude + "," + position.coords.longitude;
```

- zoom：设定放大倍数，这里为 14，即 zoom=14。
- size：设置在浏览器中显示地图的大小，即 size=600×400。
- sensor：指明应用程序是否使用传感器（例如 GPS 定位器），本例没有使用传感器，设置 sensor=false。

代码清单如下。

```
<!--demo0803.html-->
<!DOCTYPE html>
<html>
<head>
    <meta charset="utf-8">
    <script>
        var info;
        function init() {  //当页面加载完时调用该方法
            info = document.getElementById("info");
        }
        function getLocation() {   //单击按钮调用单击时调用该方法
            if (navigator.geolocation) {
                navigator.geolocation.getCurrentPosition(showPosition, showError);
            } else {
                info.innerHTML = "您的浏览器不支持 html5 地理位置.";
            }
        }
        // 当 getCurrentPosition 方法调用成功时调用该方法
        function showPosition(position) {
            var latlon = position.coords.latitude + "," + position.coords.longitude;
            var img_url = "http://maps.googleapis.com/maps/api/staticmap?center=" +
latlon + "&zoom=14&size=600x400&sensor=false";
            document.getElementById("mapholder").innerHTML = "<img src='" + img_url +
"'>";
            info.innerHTML = "纬度: " + position.coords.latitude + " 经度" +
position.coords.longitude;
        }
        // 当 getCurrentPosition 调用失败时调用该方法
        function showError(error) {
            switch (error.code) {
                case error.PERMISSION_DENIED:
                    loc.innerHTML = "用户拒绝地理位置请求."
                    break;
                case error.POSITION_UNAVAILABLE:
                    loc.innerHTML = "位置信息不可用."
                    break;
                case error.TIMEOUT:
```

```
                loc.innerHTML = "获取位置信息请求超时."
                break;
            case error.UNKNOWN_ERROR:
                loc.innerHTML = "一个未知错误发生."
                break;
        }
    }
</script>

</head>
<body onLoad="init();">
<span>单击按钮获取位置信息:</span>
<button onClick="getLocation()">获取</button>
<div id="mapholder"></div>
<div id="info"></div>
</body>
</html>
```

4. 使用 watchPosition()方法查看位置改变信息

示例 8-4 是使用 watchPosition()方法查看位置改变信息。在 Chrome 浏览器中输入 http://localhost/ geo/demo0804.html 地址后，单击“开始观察”按钮，将显示当前的位置信息；移动位置后会观察到计数器更新和经度值与纬度值的变化。

图 8-5 是位置改变后某一时刻的显示结果。代码清单如下。

```
<!--demo0804.html-->
<!DOCTYPE html>
<html>
<head>
    <meta charset="utf-8">
    <title>获取多次位置信息</title>
</head>
<body onLoad="init();">
<script>
    var loc;
    var counter = 0;
    var watchId;
    function init() {
        loc = document.getElementById("location");
    }
    // Call this function when "Start watching" button gets clicked
    function startWatch() {
        if (navigator.geolocation) {
            var options = {enableHighAccuracy: true, timeout: 2000};
            watchId = navigator.geolocation.watchPosition(showPosition, showError,
options);
        } else {
            loc.innerHTML = "您的浏览器不支持 html5 地理位置.";
        }
    }
    // Call this function when "Stop watching" button gets clicked
    function clearWatch() {
        // Cancel the updates when the user clicks a button.
```

```
        navigator.geolocation.clearWatch(watchId);
    }

    // 当 getCurrentPosition 方法调用成功时调用该方法
    function showPosition(position) {
        loc.innerHTML = "计数器: " + counter++ + "<br>" +
                "经度: " + position.coords.latitude + "<br>" +
                "纬度: " + position.coords.longitude;
    }
    // 当 getCurrentPosition 调用失败时调用该方法
    function showError(error) {
        switch (error.code) {
            case error.PERMISSION_DENIED:
                loc.innerHTML = "用户拒绝地理位置请求."
                break;
            case error.POSITION_UNAVAILABLE:
                loc.innerHTML = "位置信息不可用."
                break;
            case error.TIMEOUT:
                loc.innerHTML = "获取位置信息请求超时."
                break;
            case error.UNKNOWN_ERROR:
                loc.innerHTML = "一个未知错误发生."
                break;
        }
    }
</script>
<p id="location">单击按钮获取你的位置:</p>
<button onClick="startWatch()">开始观察</button>
<button onClick="clearWatch()">停止观察</button>
</body>
</html>
```

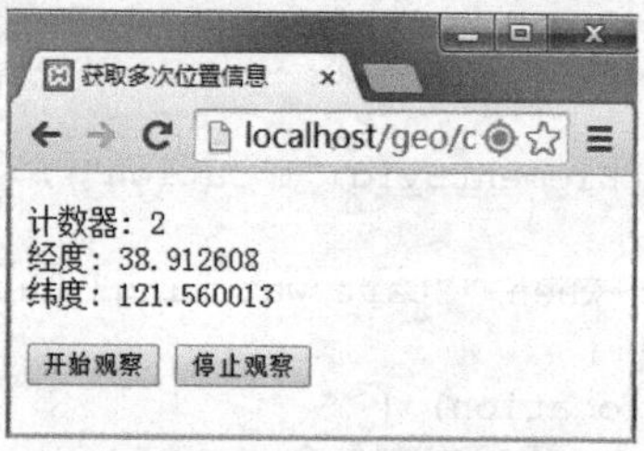

图 8-5　移动位置时位置信息的变化

思考与练习

1. 简答题

（1）计算机、平板电脑、手机等电子类设备可以通过哪些途径获取地理位置信息？

（2）简述 GeolocationAPI 中描述地理位置信息的属性及其含义。

（3）GeolocationAPI 的 getCurrentPosition()方法和 watchPosition()方法有什么区别？

2. 操作题

（1）设计一个网页，在 Google 静态地图上标注用户当前的地理位置信息（用纬度和经度表示）。

（2）设计一个网页，获取用户当前位置信息的全部数据，包括纬度、经度、海拔、海拔精度和速度等，如果不能获取当前位置，给出提示信息。

第 9 章 离线 Web 应用与 Web 存储

学前提示

Web 应用程序的资源都存储在 Web 服务器上，如果无法连接网络，或者 Web 服务器不在线，传统的 Web 应用程序就无法正常运行了。HTML5 引入了应用缓存机制，应用缓存机制可以实现将 Web 应用的部分或全部资源保存到本地缓存中，为离线 Web 应用程序的开发提供了可能。

离线的 Web 应用还可以使用 Web Storage。HTML5 的 Web Storage 是一个非常重要的功能，可以在客户端本地存储数据。Web Storage 实现了比 HTML4 的 cookie 更为强大的客户端数据访问和控制功能。本章介绍 HTML5 开发离线 Web 应用的缓存机制和 Web Storage。

知识要点

- 离线 Web 应用的概念和实现步骤
- 离线 Web 应用的实现
- Web Storage 概述
- Web Storage 的应用

9.1 离线 Web 应用

9.1.1 离线 Web 应用概述

9-1 Web 存储

HTML5 支持开发离线的 Web 应用程序，当 Web 服务器无法连接时，可以切换到离线模式；如果 Web 服务器可以连接，再进行数据同步，把离线模式下完成的工作提交到 Web 服务器。

1. 离线 Web 应用工作机制

离线 Web 应用指的是浏览器访问服务器的过程中，当服务器无法连接时，Web 应用仍然可以运行。下面是离线 Web 应用的工作过程，核心是对应用缓存文件的解析和执行。

（1）在客户端浏览器中输入要访问页面的 URL 地址，向该地址指向的 Web 服务器发出请求。

（2）Web 服务器根据浏览器送来的请求，将请求的文档和所需资源返回给浏览器。

（3）浏览器解析返回的文档，处理或显示从 Web 服务器返回的资源文件。如果支持离线 Web 应用，重点考察 manifest 缓存文件，该文件由 html 标记的 manifest 属性指定。Web 服务器的访问可分为以下 3 种情况。

① 如果是第 1 次访问 Web 服务器，浏览器向服务器请求 manifest 文件中声明缓存的所有文件到本地，同时更新本地缓存。

② 如果不是第 1 次访问 Web 服务器，并且 manifest 文件没有被修改，Web 应用将使用本地被缓存的文件。

③ 如果不是第 1 次访问 Web 服务器，并且 manifest 文件被修改或发生了版本变化，浏览器将向服务器请求 manifest 文件中声明的文件，并保存到本地缓存。

上面的过程主要面向 Web 服务器在线的情况，如果支持离线应用程序的 Web 服务器不在线时，浏览器就会使用已经下载到本地缓存中的文件，从而在离线状态下运行 Web 应用程序。

离线 Web 应用的一个典型例子，用户可以在不连接 Web 服务器的情况下，编辑一个邮件或博客，并将其保存在本地，待下次连接 Web 服务器时再完成提交工作。

2. 离线 Web 应用优点

（1）离线浏览。用户可以在离线时继续使用 Web 应用程序。

（2）提高用户 Web 应用体验。将资源缓存到本地，资源加载速度更快，缩短 Web 应用的响应时间。

（3）减轻 Web 服务器的负载。浏览器只需要从 Web 服务器下载更新过或更改过的资源。

使用应用缓存实现离线 Web 应用中，需要在 HTML 文档的<html>标记中包含 manifest 属性，并在其中指明 manifest 文件，该文件的扩展名应为“.appcache”或“manifest”。

manifest 文件是一个文本文件，其中包含离线 Web 应用程序需要加载的文件列表。

9.1.2 实现离线 Web 应用的步骤

开发离线 Web 应用通常需要完成下面几项工作。

（1）离线资源缓存。首先需要确定 Web 应用程序离线工作所需的资源文件。当处于在线状态时，下载这些文件并缓存到本地。当离线时，浏览器无法连接 Web 服务器，则可以自动加载这些资源文件，从而实现离线访问应用程序。在 HTML5 中，通过 manifest 文件清单指明需要缓存的资源。

（2）检测在线状态。在支持离线的 Web 应用程序中，浏览器应该判断在线或离线的状态，并做出对应的处理。

（3）本地数据存储。在离线时，Web 应用程序需要能够把数据存储到本地，以便以后在线时可以同步到 Web 服务器上。

9.2 离线 Web 应用的实现

HTML5 离线 Web 应用的实现，一是构造合理的 manifest 文件，从而实现资源缓存；二是检测在线状态并实现缓存更新。

9.2.1 manifest 文件

1. 在线和离线 Web 应用的效果

要使用 Application Cache API 开发离线 Web 应用程序，就需要创建一个 manifest 文件，用于指定需要缓存的文件列表。示例 9-1 的代码清单是一个 manifest 文件，命名为 test.appcache。

```
CACHE MANIFEST
#上一行是必须有的，manifest 文件的开始。
#version 5
#上一行是版本说明，缓存文件更新时可以修改版本号

CACHE:
images/ty1.jpg
images/ty2.jpg
mycss.css
# 用 CACHE 说明的部分写需要缓存的资源文件列表
# 可以是相对路径也可以是绝对路径

NETWORK:
*
# 上一部分可选，是要绕过缓存直接读取的文件

FALLBACK
online.html offline.html
# 上一部分可选，写当访问缓存失败后，备用访问的资源
# 每行两个文件，第一个是访问源，第二个是替换文件
```

示例 9-2 是一个使用了缓存文件的 html 文件。

```
<!--示例 9-2，命名为 main.html-->
<!DOCTYPE HTML>
<html manifest="test.appcache">
<head>
<meta  charset="utf-8">
<title>离线应用测试</title>
<link rel="stylesheet" type="text/css" href="mycss.css">
</head>
<body>
<h1>离线应用</h1>
<hr/>
<img src="images/Neg.gif" />
<img src="images/ty1.jpg" />
<img src="images/ty3.jpg"/>
<hr>
<div id="i1">测试文字的 CSS 样式</div>
</body>
</html>
```

本章的例子在 xmapp 的 Apache 服务器上测试，相应的文件放在 xmapp 的 htdocs 文件夹下。测试步骤如下。

（1）第一次在线访问 Web 服务器。在 Chrome 浏览器窗口的地址栏中，输入 Web 应用程

序地址，显示 Web 应用界面。然后按键盘上的功能键 F12，在出现的开发窗口中，选择 Resources 选项，可以看到 Application Cache（应用缓存）的文件，如图 9-1 所示。

图 9-1　在线访问 Web 服务器及在开发窗口中显示的缓存文件

（2）关闭 xmapp 的 Apache 服务器，离线访问 Web 服务器，在 Microsoft Edge 浏览器和 Chrome 浏览器的早期版本中，可以看到如图 9-2 所示的效果。manifest 文件未缓存的图片 Neg.gif 没有显示在浏览器窗口中，被缓存的 ty1.jpg、ty2.jpg 在离线状态下均正常显示。这说明，Web 应用程序可以在离线状态下工作。当然，如果文件 mycss.css 不被缓存，页面中显示文字的样式也将丢失。

现在的一些浏览器因为存在着网页缓存，可能看到的效果与图 9-2 不同。

图 9-2　离线访问 Web 服务器的效果

需要说明的是，不同浏览器或同一浏览器的不同版本，离线访问 Web 服务器的显示页面可能不同，也有未缓存的内容仍然显示的情况。这是因为页面中的一些资源即使没有设置 manifest 属性，如果这些资源在缓存中，也将从缓存中访问，这和具体浏览器的内部实现机制相关的。

（3）缓存被清空后，离线访问 Web 服务器。清空缓存的方法可以使用 Chrome 浏览器中的菜单命令[更多工具]/[清除浏览数据]，选择其中的选项即可；也可以在 Chrome 浏览器地址栏中输入：chrome://appcache-internals/，当存在缓存数据时，可以查看或清除，这是观察缓存的一个非常好的方式。当缓存数据被清空后，离线访问 Web 服务器的效果如图 9-3 所示。

图 9-3　缓存被清空后，离线访问 Web 服务器的显示效果

2. manifest 文件解析

manifest 缓存文件是离线 Web 应用的关键，该文件清单的内容说明如下。

- manifest 文件第一行必须是 CACHE MANIFEST，文件扩展名建议使用 appcache，也可以使用 manifest。
- CACHE：指定需要缓存的文件，清单中列出的文件在首次访问 Web 服务器时将会下载并缓存。
- NETWORK：指定的文件需要与服务器连接才能获取，不会被缓存。*是文件通配符，代表除了在 CACHE 中指明的文件外，所有其他文件都不缓存，需要从 Web 服务器获得。
- FALLBACK：在此选项下列出的文件，当页面无法访问时，使用备用的资源文件。
- 在 manifest 文件中，可以根据需要添加注释行，需要以“#”开头。
- 文件编码必须是 utf-8。

实现应用缓存，需要在<html>标记中定义 manifest 属性，从而在网页中引用 manifest 文件，例如，

```
<html manifest="test.appcache">
```

在访问网页时，按照 test.appcache 文件中指定的文件列表进行缓存。在一些 Web 服务器上可能需要配置对 manifest 文件的支持，保存后需要重新启动 Web 服务器。具体请参阅相应的 Web 服务器手册。

在示例 9-2 中，当用户在线访问 main.html 时，浏览器会缓存 main.html、mycss.css 和一些图片文件。当用户离线访问时，这个 Web 应用也可以正常使用。

需要注意以下两点。

（1）测试时，离线应用应当在服务器上进行，即需要将整个 Web 应用上传至 Web 服务器，本例中使用的是 XMAPP 的 Apache 服务器。

（2）manifest 缓存之后的资源只有在 manifest 文件本身的内容（可以是版本）发生变化时才会更新，而被缓存文件的内容更新时浏览器是不会去获取新文件的，这涉及更新缓存的问题。

9.2.2　更新缓存

当 Web 服务器中的资源文件发生变化，例如，修改 manifest 文件，增加或删除缓存文件清单的内容。支持离线的 Web 应用程序将 manifest 文件清单中指定的文件保存在本地缓存中。

但下面的情况，例如，本地已经缓存了图片文件 ty1.jpg，现在重新修改文件 ty1.jpg。这时浏览器页面不会有任何变化。本地缓存中的资源是不会自动更新的，即使更改了 manifest 文件的版本号，页面也不会自动更新，这就需要更新缓存。可以通过两种方式更新缓存，即用户手动刷新浏览器页面或调用 JavaScript 接口更新缓存。

1. 用户更新缓存

可以手动清空缓存，然后再在线访问 Web 服务器，这时页面是会更新的。浏览器会在第一次访问 Web 应用程序时将 manifest 文件中指定的文件下载并保存在本地缓存中。

如果 manifest 文件发生变化，并且重新打开了页面，这也可以更新缓存（包括注释中的版本更新，例如，#version 7.0）。

2. 调用 Javascript 接口更新缓存

HTML5 的 Application Cache API，除了可以实现离线资源缓存，也可以用其实现本地缓存更新。可以通过 window.application.Cache 对象访问 Application Cache API，该 API 提供一系列方法和事件，其中，与更新缓存相关的方法和事件主要有 window.applicationCache.update() 方法、window.applicationCache.swapcache()方法、updateready 事件等。下面逐一介绍。

（1）window.applicationCache.update()方法

该方法的作用是检查服务器上 manifest 文件是否有更新。如果有更新，浏览器会自动下载 manifest 文件和所有请求本地缓存的资源文件，这些资源文件下载完毕，会触发 updateReady 事件。

（2）updateready 事件

当服务器上的 manifest 文件被更新，并且把 manifest 文件中所要求的资源文件下载到本地后会触发 updateready 事件，通知本地缓存已被更新。除了 updateready 事件用于检查更新状态外，window.applicationCache.status 的值还表示一些其他的状态。基于 window.applicationCache.status 的状态，applicationCache 对象定义了一系列事件，具体可以参阅 HTML5 相关文档，下面是一些常用的事件或方法。

- updateready：manifest 文件更新成功并资源下载完成时触发。
- uncached：资源未缓存时触发。
- checking：正在检查，第一次下载 manifest 文件时触发。
- downloading：正在下载，第一次下载 manifest 文件列表中资源时触发。
- noupdate：检测出 mainfest 文件无更新时触发。

（3）window.applicationCache.swapCache()方法

swapCache()方法用来手工执行本地缓存的更新，它只能在 applicationCache 对象的 updateReady 事件被触发时调用。触发后，可以使用 swapCache()方法来手工更新本地缓存。

window.applicationCache.swapCache()方法主要用来控制进行本地缓存的更新及更新的时机。如果不调用 swapCache()方法，本地缓存将在下一次打开本页面时被更新；如果调用 swapCache()方法，本地缓存将会被立刻更新。

示例 9-3 是更新缓存的一个典型示例。

在该示例中，使用了 applicationCache.update()方法。在打开页面时用 setInterval()方法设定每 5 秒钟执行一次该方法，检查服务器上 manifest 文件是否有更新。如果有更新，浏览器会自动下载 manifest 文件中所有请求本地缓存的资源文件，当这些资源文件下载完毕时，会触发 updateReady 事件，调用 swapCache()方法更新本地缓存，更新完成后刷新页面。

```
<!--demo0903.html-->
<!DOCTYPE HTML>
<html manifest="test.appcache">
<head>
<meta  charset="utf-8">
<title>离线应用测试</title>
<link rel="stylesheet" type="text/css" href="mycss.css">
<script>
    function init() {
        setInterval(function(){
            applicationCache.update();
        },5000
        );
        applicationCache.addEventListener("updateready",function(){
            applicationCache.swapCache();
            location.reload();
        },true);
    }
</script>
</head>
<body onLoad="init()">
<h1>离线应用</h1>
<hr/>
<img src="images/Neg.gif" />
<img src="images/ty1.jpg" />
<img src="images/ty3.jpg"/>
<hr/>
<div id="i1">测试文字的 CSS 样式</div>
</body>
</html>
```

9.2.3 检测在线状态

除了将服务器的资源缓存在本地外，离线 Web 应用还应该能够在离线时将要提交给服务器的数据保存在本地，等在线时再将其同步到服务器。这就要求应用程序能够检测浏览器的在线状态。在 HTML5 中，可以通过 navigator.onLine 属性判断浏览器的在线状态，如果 navigator.onLine 为 true，则表示在线；否则表示离线。

示例 9-4 代码实现检测浏览器的在线状态。

```
<!--demo0904.html-->
<!DOCTYPE HTML>
<html>
<head>
<meta charset=utf-8>
</head>
<body>
<button id="check" onclick="check();">检测浏览器的在线状态</button>
<script type="text/javascript">
    function check() {
        if (navigator.onLine) {
            alert("您的浏览器在线。");
            //可以完成数据同步
        }else{
            alert("您的浏览器离线。");
        }
    }
</script>
</body>
</html>
```

9.3　Web Storage 概述

在 Web 应用中，有时会希望由 Web 页面来记录或处理一些信息，例如用户登录状态、计数器，或者用户需要和页面频繁交互的数据等。这时，可以不使用后台数据库，而是使用 Web Storage 技术将数据存储在客户端浏览器中。Web Storage 是 HTML5 引入的一个非常重要的功能，可以在客户端本地存储数据，它实现了比 HTML4 的 cookie 更为强大的客户端数据访问和控制功能。

9-2　HTML5 Web Storage 概述

9.3.1　Web Storage 的概念

在 HTML5 的 Web Storage 之前，客户端浏览器使用 cookie 来存储少量数据。现在的 Google Chrome 浏览器和 IE 浏览器都有查看或导出 cookie 的功能。WebStorage 和 cookie 在使用和管理上存在着区别。

- 存储大小不同：cookie 只允许每个网站在客户端存储 4KB 的数据，而在 HTML5 的规范中，Web Storage 的容量由客户端程序（浏览器）决定，通常是 5MB 左右。
- 安全性不同：cookie 每次处理网页的请求都会连带发送 cookie 值给服务器端（Server），使得安全性降低；而 Web Storage 运行于客户端，不会出现这样的问题。
- 都用一组 key-value 形式保存数据：cookie 是以一组 key-value 的键值对保存数据，Web Storage 也是同样的方式。

Web Storage 提供两种方式将数据保存在客户端：一种是 localStorage，另一种是 sessionStorage。从两种存储方式的名字可以看出，localStorage 被称作本地存储，将数据保存在客户端本地；sessionStorage 被称为会话存储，将数据保存在 session 中，浏览器关闭后 session 对象消失。两者的主要差异在于数据的保存周期和有效范围，如表 9-1 所示。

表 9-1　localStorage 和 sessionStorage 的区别

Web Storage 类型	数据保存周期	有效范围
localStorage	数据保存在本地存储（硬盘），网页关闭后，数据仍然存在，执行删除命令后数据会消失	同一网站的网页可以访问
sessionStorage	数据临时保存在 session 对象中，在网页浏览期间存在，网页关闭，数据丢失	仅当前浏览网页可以访问

9.3.2　Web Storage API

在使用了 localStorage 或 sessionStorage 对象的文档中，用户可以通过 window 对象来获取它们。除了数据的保存周期和有效范围外，sessionStorage 和 localStorage 可使用的 API 都相同，其功能包括保存数据、读取数据、删除数据、得到索引的 key 值等，下面主要以 localStorage 为例进行说明，请读者自行研究学习 sessionStorage API 使用方法。

1. 保存数据的 setItem()方法

localStorage 和 sessionStorage 都使用 setItem()方法来保存数据，语法格式如下。

```
localStorage.setItem("key", "value");
```

例如，localStorage.setItem("message", "myStorage")，该语句在 localStorage 对象中保存了数据“myStorage”。

保存数据也可以使用属性的形式，代码如下。

```
localStorage.key= "value";
```

上面保存数据的语句可以使用：localStorage.message= "myStorage";

2. 读取数据的 getItem()方法

localStorage 和 sessionStorage 都使用 getItem()方法来读取数据，语法格式如下。

```
var value =localStorage.getItem("key");
```

例如，读取前面“message”变量中保存的数据，可以使用如下代码。

```
var value=localStorage.getItem("message");
```

当然，也可以使用属性形式来访问，代码如下。

```
var value=localStorage.message;
```

3. 删除数据

删除数据分为删除单个数据和删除所有数据两种情况。

删除单个数据时，需要指明删除的 key 值，形式如下。如果 key 参数没有对应数据，则不执行任何操作。

```
localStorage.removeItem("key");
```

删除所有数据使用 clear()方法，它能删除存储列表中的所有数据。语法格式如下：

```
localStorage.clear();
```

空的 Storage 对象调用 clear()方法也是安全的，此时的调用不执行任何操作。

4. length 属性

length 属性表示目前 Storage 对象中存储的键值对的数量，length 属性主要用来遍历 localStorage 或 sessionStorage 中的所有对象。

5. 返回索引的 key 值

在遍历 Storage 对象时，可以使用 key(index)方法获取一个指定位置的键值。语法格式如下。

```
localStorage.key(index);
```

一般而言，键的索引从 0 开始，即第一个键的 index 值是 0，最后一个键的 index 值是 length-1。获取到键值后，用户可以用它来获取对应的 value 数据。

9.4　Web Storage 应用

9.4.1　使用 localStorage 和 sessionStorage 的网页计数器

localStorage 和 sessionStorage 的重要区别是数据的保存周期及其有效范围。localStorage 对象不会随着浏览器的关闭而消失，除非主动清除数据；sessionStorage 对象在关闭浏览器窗口后数据就会消失，适合于暂时保存数据的场合。

示例 9-5 实现一个简单的网页计数器。如果使用 sessionStorage 对象，当前网页的计数和同一网址的其他网页的计数无关；关闭当前网页，再重新打开网页后，计数清零。

如果使用 localStorage 对象，同一网址的不同网页页面的计数共享，关闭当前网页后，计数保存，请读者自行调试。

图 9-4 是使用 sessionStorage 对象的一个网页。为了说明 Web Storage，在 Chrome 浏览器窗口中按 F12 键，打开调试窗口，可以看到 sessionStorage 对象的值。

```
<!--demo0905.html-->
<!DOCTYPE HTML>
<html>
<head>
<meta  charset="utf-8">
<title>SessionStorage 文档</title>
</head>
<body>
<h3>Session 计数器</h3>
<div id="content"></div>
<p>
<hr/>
<script language="javascript">
        if(!sessionStorage["counter"]){
            sessionStorage["counter"]=0;
        }
        else {
            sessionStorage["counter"]++;
        }
        document.querySelector("#content").innerHTML=
"刷新次数  "+sessionStorage.getItem("counter");
    </script>
</body>
</html>
```

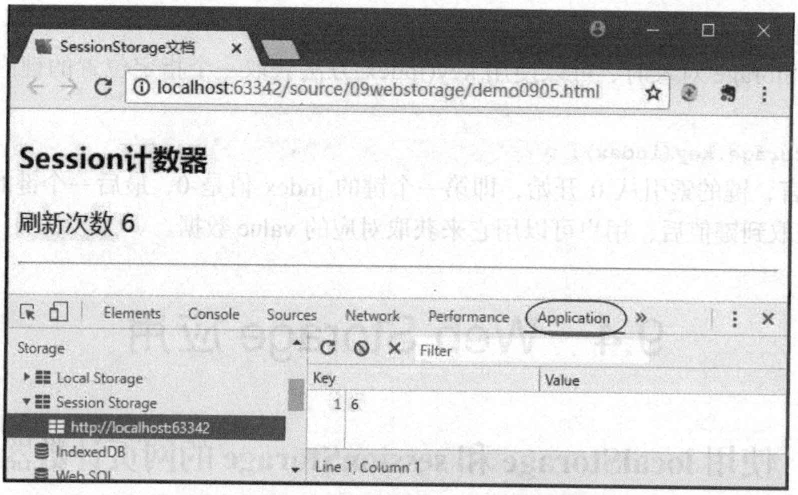

图 9-4 使用 sessionStorage 对象存储数据

9.4.2 使用 localStorage 保存、读取和清除数据

示例 9-6 使用了 localStorage 对象的各种方法。

保存数据：localStorage.setItem(key,value);

读取数据：localStorage.getItem(key);

返回 key 值：localStorage.key(i);

清除数据：localStorage.clear();

返回对象数量：localStorage.length;

其中，在读取数据时，遍历了 localStorage 的所有对象。在 Chrome 浏览器中的运行结果如图 9-5 所示。

```
<!--demo0906.html-->
<!DOCTYPE html>
<head>
<meta charset="UTF-8">
<title>Web Storage 示例</title>
<script>
    function saveStorage(id){
        var key = document.getElementById("key").value;
        var value = document.getElementById("value").value;
        localStorage.setItem(key,value);
    }
    function loadStorage(id){
        var target = document.getElementById(id);
        var result="";
        for(var i=0;i<localStorage.length;i++){
            var tempId = localStorage.key(i);
            var name = localStorage.getItem(tempId);
            result += tempId+"  "+name+"<br/>";
        }
        target.innerHTML = result;
    }
    function clearStorage(id){
        localStorage.clear()
```

```
    }
</script>
</head>
<body>
<h1>Web Storage 示例</h1>
<input type="button" value="保存数据" onclick="saveStorage('input');">
<input type="button" value="读取数据"  onclick="loadStorage('msg');">
<input type="button" value="清除数据"  onclick="clearStorage('msg');">
<hr/>
    Key:<input type="text" id="key">
    value:<input type="text" id="value">
<hr/>
<div id="msg"></div>
</body>
</html>
```

图 9-5　使用 localStorage 对象保存、读取和清除数据

9.4.3　使用 localStorage 实现电话簿管理

9-3　简单 Web 留言本

示例 9-7 使用 localStorage 对象实现了电话簿的增加、查找和显示功能，在显示时，将读取的结果放到了表格中。运行结果如图 9-6 所示。

```
<!--demo0907.html-->
<!DOCTYPE HTML>
<html>
<head>
<meta charset="utf-8">
<title>localStorage</title>
<script>
    //保存数据
    function save(){
        var phone = document.getElementById("phone").value;
        varuser_name = document.getElementById("user_name").value;
```

```
            localStorage.setItem(user_name,phone);
        }
        //查找数据
        function find(){
            var search_name = document.getElementById("search_name").value;
            var phone = localStorage.getItem(search_name);
            var find_result = document.getElementById("find_result");
            find_result.innerHTML = search_name + "电话号码: " + phone;
        }
        //将所有存储在 localStorage 中的对象提取出来，并显示到界面上
        function loadAll(){
            var list = document.getElementById("list");
            if(localStorage.length>0){
                var result = "<table border='1'>";
                result += "<tr><td>姓名</td><td>手机号码</td></tr>";
                for(var i=0;i<localStorage.length;i++){
                    var name = localStorage.key(i);
                    var phone = localStorage.getItem(name);
                    result += "<tr><td>"+name+"</td><td>"+phone+"</td></tr>";
                }
                result += "</table>";
                list.innerHTML = result;
            }else{
                list.innerHTML = "数据为空";
            }
        }
    </script>
    </head>
    <body>
    <div style="border:1px solid blue;width:320px;text-align:center; padding:5px;">
        <label for="user_name">姓名: </label>
        <input type="text" id="user_name" name="user_name"/>
        <br/>
        <label for="phone">手机: </label>
        <input type="text" id="phone"/>
        <br/>
        <input type="button" onclick="save()" value="新增记录"/>
        <hr/>
        <label for="search_name">输入姓名: </label>
        <input type="text" id="search_name" name="search_name"/>
        <input type="button" onclick="find()" value="查找信息"/>

        <p id="find_result"></p>
        <hr/>
        <input type="button" onclick="loadAll()" value="显示全部"/>
    </div>
    <div id="list">
    </div>
    </body>
    </html>
```

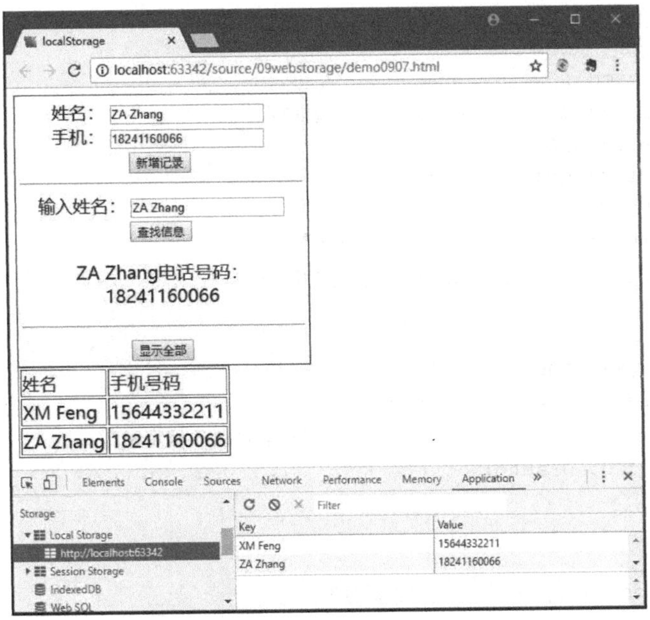

图 9-6　使用 localStorage 实现的电话簿

9.4.4　使用 JSON 对象改进电话簿的功能

示例 9-7 只实现了姓名和手机号码两个字段的管理，如果要保存更为丰富的电话簿信息，比如公司、地址等，如何实现呢？可以使用 JSON 对象。

JSON 是英文 JavaScript Object Notation 的缩写，是 JavaScript 的对象表示法，它是一种轻量级的文本数据交换格式，独立于各种编程语言。JSON 通常使用一系列键值对保存对象，下面是关于 person 对象和一个数据库对象 mydb 的描述。

```
var person={name:"Rose",ID:10011,Address: "Dalian",Postcode:"116029"}
var mydb ={
    dbVersion:7.01,
    dbName:"students"
}
```

JSON 对象可以和 JavaScript 对象相互转换，可以使用 JSON.stringify()方法从 JavaScript 对象转换为 JSON 字符串，从 JSON 转换为 JavaScript 对象，使用 JSON.parse()方法。示例 9-8 中，使用 JSON 的 stringify()方法，将复杂对象转变成字符串，存入 Web Storage 中；当从 Web Storage 中读取时，使用了 JSON 的 parse()方法再转换成 JSON 对象。

示例 9-8 的一些改进还包括如下内容。

（1）显示界面做了微调。用 CSS 样式设置了 table 和 div 的样式。

（2）使用$()方法简化数据查找的代码。

（3）save()方法进一步优化。

运行结果如图 9-7 所示。

```
<!--demo0908.html-->
<!DOCTYPE HTML>
<html>
<head>
    <meta charset="utf-8">
```

```
        <title>localStorage</title>
        <style type="text/css">
            div#region {
                border: 1px solid blue; /*边框*/
                width: 320px;
                text-align: center;
                padding: 5px;
                margin: 0 auto;         /*居中*/
                margin-bottom: 20px;    /*下边距 20px*/
            }
            table {
                width: 320px;
                border: 1px solid green;
                border-collapse: collapse; /*单表格线表格定义*/
                margin: 0 auto;
            }
        </style>
        <script>
            function $(id) {        //查找对象
                return document.getElementById(id);
            }
            function save() {
                var contact = new Object;
                contact.user_name = $("user_name").value;
                contact.phone = $("phone").value;
                contact.address = $("address").value;
                var str = JSON.stringify(contact);
                localStorage.setItem(contact.user_name, str);
                $("user_name").value = "";
                $("phone").value = "";
                $("address").value = "";
            }
            function find() {            //查找数据
                var search_name = $("search_name").value;
                var record = localStorage.getItem(search_name);
                var find_result = $("find_result");
                var contact = JSON.parse(record);
                find_result.innerHTML = search_name + "电话号码: " +contact.phone;
            }
            function loadAll() {
                var list = $("list");
                if (localStorage.length > 0) {
                    var result = "<table border='1'>";
                    result += "<tr><td>姓名</td><td>手机</td><td>地址</td></tr>";
                    for (var i = 0; i < localStorage.length; i++) {
                        var name = localStorage.key(i);
                        var str = localStorage.getItem(name);
                        var contact = JSON.parse(str);
                        result += "<tr><td>" + contact.user_name + "</td><td>" +
contact.phone + "</td><td>" + contact.address + "</td></tr>";
                    }
                    result += "</table>";
                    list.innerHTML = result;
                } else {
```

```
                list.innerHTML = "数据为空";
            }
        }
    </script>
</head>
<body>
<h2>电话簿管理</h2>
<hr/>
<div id="region">
    <label for="user_name">姓名：</label>
    <input type="text" id="user_name" autofocus/>
    <br/>
    <label for="phone">手机：</label>
    <input type="tel" id="phone"/>
    <br/>
    <label for="address">地址：</label>
    <input type="text" id="address"/>
    <br/>
    <input type="button" onclick="save()" value="新增记录"/>
    <hr/>
    <label for="search_name">输入姓名：</label>
    <input type="text" id="search_name" name="search_name"/>
    <input type="button" onclick="find()" value="查找信息"/>

    <p id="find_result"></p>
    <hr/>
    <input type="button" onclick="loadAll()" value="显示全部"/>
</div>
<div id="list">
</div>
</body>
</html>
```

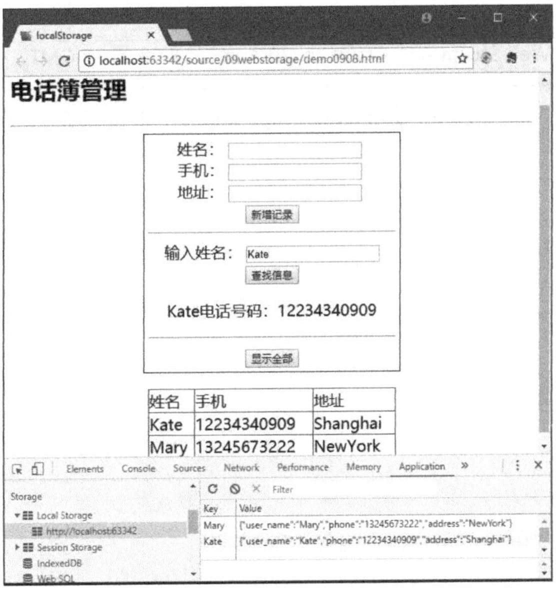

图 9-7　使用 localStorage 和 JSON 实现的电话簿

思考与练习

1. 简答题

（1）简述离线 Web 应用工作机制。

（2）开发离线 Web 应用程序需要哪些步骤？

（3）manifest 缓存文件清单的内容具体包括哪些选项，功能是什么？

（4）Web Storage API 中的 localStorage 和 sessionStorage 区别是什么？

（5）Web Storage API 有哪些常用方法，功能是什么？

2. 操作题

（1）参考示例 9-5，使用 localStorage 实现一个计数器功能，先在同一浏览器的不同页面访问，再在不同浏览器的页面访问，观察页面显示结果。

（2）构建一个包含图片、音频、文字和样式的离线 Web 应用，并在 Chrome 浏览器中进行测试，观察 Web 缓存的文件。

（3）参考使用 localStorage 实现的电话簿程序，使用 localStorage 创建一个留言本，实现增加、查找和显示功能，如图 9-8 所示。

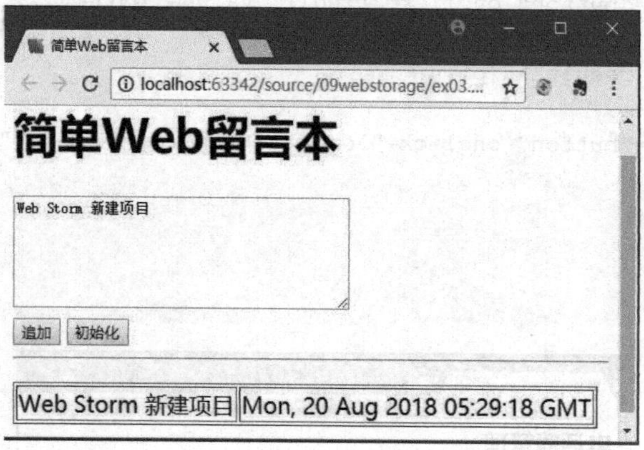

图 9-8　使用 localStorage 实现的 Web 留言本

第 10 章 使用 Web Workers 处理线程

学前提示

用户在访问网页时，有时会遇到页面无法响应用户动作的情况。例如，如果 HTML 页面在执行运算量大的一段脚本时，页面就可能无法响应用户的操作，直到脚本已执行完成。这是因为，在 HTML4 之前，JavaScript 的执行是单线程的，只有前一个任务完成后，才能开始下一个任务。HTML5 新增与线程相关的一个功能——通过 Web Workers 来实现 Web 平台上的多线程处理。使用 Web Workers，用户可以创建一个不会影响前台处理的后台线程，并且这个后台线程中还可创建多个子线程。使用 Web Workers，将耗时较长的处理交给后台线程去运行，避免用户的长时间等待，提高了用户 Web 应用的体验。

如果使用多线程，就要涉及后台线程（脚本）及数据的共享问题。HTML5 可以通过 SharedWorker 让多个页面共享同一个后台线程，同时多个页面也可以通过后台线程来实现数据的共享。本章介绍 Web Workers 提供的多线程处理机制。

知识要点

- Web Workers 的概念
- 使用 WebWorkers 实现页面与后台线程的数据交互
- 使用 SharedWorker 共享后台线程和数据

10.1 Web Workers 概述

10.1.1 Web Workers 的引入

10-1 应用缓存与 Web Workers

Web Workers 是 HTML5 提供的一种多线程机制，下面先简单介绍一下线程，再对 Web Workers 加以说明。

1. 线程的概念

线程是操作系统中的一个重要概念，在 C++、Java 等高级语言都涉及线程和线程控制。

线程是一个程序内的顺序控制流，使得一个程序具有能够“同时”执行多个任务的能力。

线程可以认为是比程序更小的可执行单元，实现了在程序内部并发执行多任务的能力。JavaScript 的执行是单线程的。在 JavaScript 中，如果使用多个线程同时更新页面，可能产生安全问题，同时，单线程实现简单。如果需要使界面的响应时间变得及时，尤其是有大量数据需要处理时，这时应考虑多线程。Web Workers 就是一种多线程机制，它本身考虑了线程安全问题，其底层是多线程技术。

示例 10-1 是一个单线程程序，实现数值累加的功能，如果输入的数据足够大，单击“Computing”按钮后，页面上的文本框是无法响应用户操作的，如图 10-1 所示。后面将通过 Web Workers 解决这个“页面快速响应用户操作”问题。

```
<!--demo1001.html-->
<!DOCTYPE HTML>
<html>
<head>
<meta  charset="utf-8">
    <title>单线程</title>
    <script type="text/javascript">
      function calculate() {
         var num=parseInt(document.getElementById("number1").value,10);
         var s=1;
         for (var i=1;i<=num;i++) {
           s+=i;
         }
         document.getElementById("result").innerHTML=s;
      }
</script>
</head>
<body>
   <h1>Sum from 1 to n</h1>
   <hr>

   <label>Number:</label>
   <input type="text" name="number1" id="number1"/>
   <button onClick="calculate();">Computing</button>
   <p>
      <label>UserName:</label>
      <input type="text" name="username"/>
   <hr/>
   Result: <div id="result"></div>
</body>
</html>
```

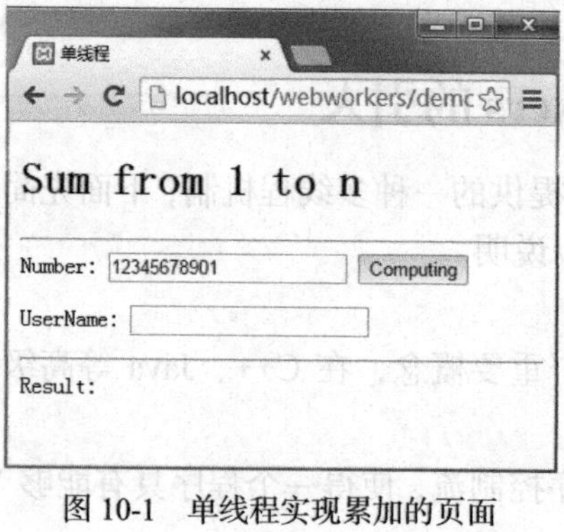

图 10-1　单线程实现累加的页面

2. Web Workers

Web应用程序的本质是处理用户与Web的交互，Web页面的功能主要是响应用户操作的，如单击、选取内容等。如果执行复杂耗时的操作，最好在后台进行。Web Workers 是运行在后台的 JavaScript，是 HTML5 实现多线程的一种方法。

Web Workers 作为一种后台执行的线程，它的功能包括创建线程，线程与前端页面的数据交互，线程本身占用大量内存资源，本身也需要关闭或销毁。HTML5 的 Web Workers API 中的方法和事件就是对上面的功能进行了封装。使用 Web Workers API，用户可以很容易地创建在后台运行的线程（Worker），并完成数据交互和终止线程。Web Workers 常用的方法和事件如表 10-1 所示。

表 10-1　　Web Workers API 中常用的方法事件

方法/事件	功能
Worker()方法	构造器，用于创建线程
postMessage()方法	用于发送信息
terminate()方法	终止线程，并释放浏览器/计算机资源
close()方法	结束线程
setTimeout()方法	在线程中实现定时处理
setInterval ()方法	在线程中实现定时处理
onmessage 事件	获得接收消息的事件句柄

10.1.2　使用 Web Workers 创建线程

1. 创建线程的方法

创建后台线程的步骤十分简单。只要在 Worker 类的构造器中，将需要在后台线程中执行的脚本文件的 URL 地址作为参数，然后创建 Worker 对象就可以了，代码如下。

```
var worker=new Worker("atask.js");
```

但是，需要注意的是，在后台线程中是不能访问页面或窗口对象的。如果在后台线程的脚本文件中使用 window 对象或 document 对象，会引发错误。

2. 传递数据

可以通过发送和接收消息来实现前台页面与后台线程之间互相传递数据。如果想接收消息，可以用下面方法之一。

第 1 种方法，通过获取 Worker 对象的 onmessage 事件的句柄可以在后台线程中接收消息，代码如下。在方法的回调函数的参数（下面代码中的 event）中，有线程交互的数据。

```
worker.onmessage=function(event) {
    //消息处理，数据为 event.data
}
```

第 2 种方法，使用 addEventListener()方法对 message 事件进行监听。

```
work.addEventListener("message",function(event) {
    //document.getElementById('message').innerHTML=e.data;
    //消息处理，数据为 event.data
},false);
```

如果想要发送消息，需要使用 postMessage()方法。使用 Worker 对象的 postMessag()方法来发送消息，代码如下。发送的消息是文本数据，也可以是 JSON。

```
worker.postMessage(message);
```

3. 创建 Web Workers 线程的一个例子

示例 10-2 是一个利用后台线程计数的示例。Web 应用程序运行时，在界面上显示 2 个按钮，分别用于启动线程和停止线程。

单击界面上的“开始 Worker”按钮后，在 startWorker()方法中，首先创建名称为 worker 的线程，线程体是 JavaScript 文件 count.js，其功能是实现每次加 2 的计数，同时使用 setTimeout()方法，每隔 1 秒使用 postMessage()方法向当前页面传递数据；当前页面通过 onmessage 事件接收消息并显示。

单击界面上的“结束 Worker”按钮，调用 stopWorker()方法，执行其中的 terminate()方法结束线程并释放资源。运行结果如图 10-2 所示。

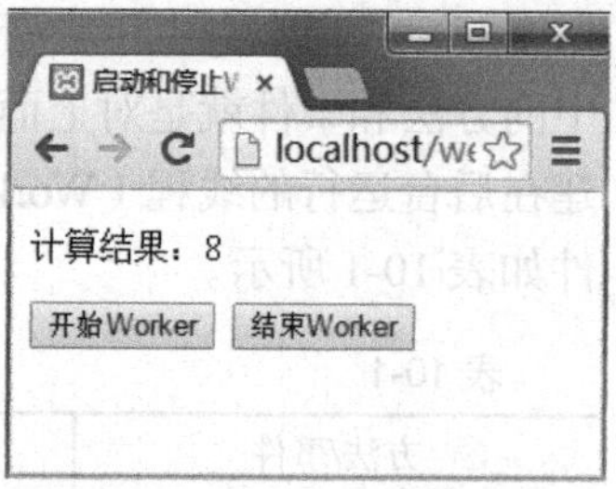

图 10-2 启动和停止后台线程

```
<!--demo1002.html-->
<!DOCTYPE HTML>
<html>
<head>
<meta charset=utf-8>
<title>启动和停止 Worker</title>
<script>
    var worker;
    function startWorker() {
        //创建 webWorker，参数是需要执行的代码所在文件，该 js 应是耗时的操作。
        worker=new Worker("count.js");
        //接收消息
        worker.onmessage=function(e) {
            document.getElementById("result").innerHTML=e.data;
        };
    }
    function stopWorker() {
        //结束线程
        worker.terminate();
    }
</script>
</head>
<body>
    <p>计算结果:
      <output id="result"></output>
    </p>
    <button onClick="startWorker()">开始 Worker</button>
    <button onClick="stopWorker()">结束 Worker</button>
</body>
</html>
```

后台线程 count.js 文件。

```
var countNum = 0;
function count(){
    postMessage(countNum);
    countNum+=2;
```

```
    setTimeout(count,1000);
}
count();
```

10.2 页面与线程的数据交互

在使用 Web Worker 后台线程完成大量数据处理过程中，不可避免要涉及前台页面与后台线程的数据交互。但出于安全考虑，避免多线程同时更新页面，后台线程中不能包含 DOM 函数，使用后台线程时不能访问页面或窗口对象。但这并不代表后台线程不能与页面之间进行数据交互。下面是一组后台线程与前台页面进行数据交互的示例。

1. 页面和后台线程简单的文本数据交互

在示例 10-3 中，前端通过 worker.postMessage("Mary")语句，向后台线程发送数据；后台线程接收数据后，再通过 self.postMessage("Hello "+e.data)语句将数据发送至前端页面；由前端页面在一个 output 元素中显示。

```
<!--demo1003.html-->
<!DOCTYPE HTML>
<html>
<head>
<meta  charset="utf-8">
<script>
    var worker=new Worker("work1.js");
    worker.onmessage=function(e) {
        document.getElementById("result ").innerHTML=e.data;
    };
    worker.postMessage("Mary");
</script>
</head>
<body>
<body>
   <h3>发送消息到 Web Worker，并由 Worker 回应</h3>
   <p>
      来自 Worker 的消息:
      <output id="result"></output>
   </p>
</body>
</html>
```

下面是线程体 work1.js 的代码。

```
self.addEventListener("message",function(e) {
    self.postMessage("Hello "+e.data);
},false);
```

2. 前台页面向后台传送 JSON 数据

JSON 作为一种轻量级的数据交换格式，适合于服务器与 JavaScript 的交互。JSON 的数据描述以“{”开始，以“}”结束，JSON 中的多个元素需要用逗号分开。例如，{"name":"Z3", "age":12}，就是一个典型的 JSON 数据，JavaScript 中属性的引号可以省略。在 JavaScript 中处理 JSON 数据不需要任何特殊的 API 或工具包。

在应用 WebWorker 线程发送数据时，可以使用下面的代码。

```
worker.postMessage({name:"Rose",age:22, address: "Shai"});
```

访问数据 JSON 可以通过属性名来实现，例如，e.data.name 和 e.data.age 将取出 JSON 数据中的 name 和 age 的值。

示例 10-4 发送的是 JSON 数据，与示例 10-3 相比，只是发送数据的格式不同。

发送数据的代码行是：worker.postMessage({name:"Mary",age:22});

接收数据的代码行是：self.postMessage("Hello "+e.data.name+" ,U age is "+e.data.age);

该行使用了 JSON 数据的属性。显示结果如图 10-3 所示。

```
<!--demo1004.html-->
<!DOCTYPE HTML>
<html>
<head>
<meta  charset="utf-8">
<script>
    var worker=new Worker("work2.js");
    worker.onmessage=function(e) {
        document.getElementById("result").innerHTML=e.data;
    };
    worker.postMessage({name:"Mary",age:22});
</script>
</head>
<body>
<h3>发送消息到 WebWorker，并由 Worker 回应</h3>
<p>
    来自 Worker 的消息：
<output id="result"></output>
</p>
</body>
</html>
```

下面是线程体的脚本文件。

```
self.addEventListener("message",function(e) {
    self.postMessage("Hello "+e.data.name+"  ,U age is "+e.data.age);
},false);
```

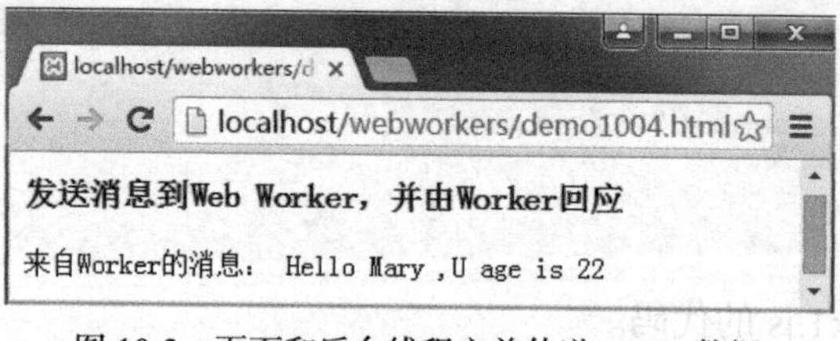

图 10-3　页面和后台线程之前传递 JSON 数据

3. 使用 Web Worker 改进示例 10-1

示例 10-1 是单线程的，当输入的数据足够大时，页面上的文本框无法响应用户的操作。示例 10-5 使用 Worker 后台线程实现数据计算，解决页面的快速响应问题。

这个 Web 应用的执行过程如下。

（1）Web 应用启动时，首先执行 JavaScript 脚本，var worker=new Worker("sum1.js")，线程创建，同时前台页面显示在浏览器窗口中。

（2）用户在文本框内输入数据（足够大时，后台线程的计算功能明显），单击 “computing”

按钮，执行 calculate()方法，前台页面使用 postMessage()方法向后台线程发送数据。

（3）后台线程开始数据计算，此时，前台页面可以响应用户操作；后台线程计算完成后，将计算结果使用 postMessage()方法返回。

（4）前台页面接收到数据并显示。

```
<!--demo1005.html-->
<!DOCTYPE HTML>
<html>
<head>
<meta charset="utf-8">
<title>WebWorkers 2</title>
<script type="text/javascript">
    var worker=new Worker("sum1.js");
    worker.onmessage=function(ee) {//事件监听，接收到数据后显示
        document.getElementById("result").innerHTML=ee.data;
    }
    function calculate() {
        var num=parseInt(document.getElementById("number1").value);
        worker.postMessage(num);          //向后台线程发送数据
    }
</script>
</head>
<body>
    <h1>Sum from 1 to n</h1>
    <hr>
    <label>Number:</label>
    <input type="text" name="number1" id="number1"/>
    <button onClick="calculate();">Computing</button>
    <p>
        <label>UserName:</label>
        <input type="text" name="username"/>
    <hr/>
    Result:<output id="result"></output>
</body>
</html>
```

下面是线程体的脚本文件 sum1.js。

```
onmessage=function(aaa) {     //事件监听
    var num=aaa.data;
    var result=0;
    for (vari=1;i<=num;i++) {
        result+=i;
    }
    postMessage(result);      //向前台页面发送数据
}
```

10.3 使用 SharedWorker 创建共享线程

HTML5 中的 Web Worker 分为两种不同线程类型，一种是前面讲过的线程，一般称为专用线程（Dedicated Worker）；另一种就是共享线程 SharedWorker。SharedWorker 也是 Worker，

但多个页面可以共用一个 SharedWorker 后台线程，并且可通过该后台线程共享数据。

1．创建 SharedWorker 线程

创建 SharedWorker 线程的方法与前面创建 Worker 线程的方法类似，只是构造器略有区别。代码如下。

```
var worker=new SharedWorker(url, [name]);
```

该方法包括两个参数，第一个参数用于指定后台线程文件的 URL 地址，该脚本文件中定义了在后台线程中所要执行的处理；第二个参数为可选参数，用于指定 Worker 的名称。当用户创建多个 SharedWorker 对象时，脚本程序将根据创建 SharedWorker 对象时使用的 url 参数值与 name 参数值来决定是否创建不同的线程。

2．传递数据

SharedWorker 和 Worker 一样，可以实现前台页面与共享的后台线程之间的通信功能。创建 SharedWorker 对象时，也同时自动生成一个 MessagePort 对象。可以通过 SharedWorker 对象的 port 属性值来访问该对象，该对象表示页面通信时需要使用的端口。MessagePort 对象包括下面的 3 个方法。

- postMessage()方法：用于向另一个页面发送消息。
- start()方法：用于激活端口，开始监听端口是否接收到消息。
- close()方法：用于关闭并停用端口。

（1）创建 SharedWorker 对象和发送消息

每个 MessagePort 对象都具有一个 onmessage 事件，当端口接收到消息时触发该事件。可以通过 MessagePort 对象的 postMessage()方法从端口向共享的后台线程发送消息，代码如下。

```
var worker=new SharedWorker(url, [name]);
var port=worker.port;
port.postMessage(message);
```

（2）接收消息

第 1 种方法，通过对 port 对象的 onmessage 事件句柄的获取可以在后台线程中接收消息，代码如下。

```
port.onmessage=function(event) {
    //消息处理
}
```

第 2 种方法，使用 addEventListener()方法对 message 事件进行监听。

```
port.addEventListener("message",fuction(e) {
    //document.getElementById('message').innerHTML=e.data;
    //消息处理
},false);
```

（3）connect 事件

前台页面通过 SharedWorker 对象与共享的后台线程开始通信时，会触发后台线程对象的 onconnect 事件，监听该事件，并且在后台脚本中定义该事件触发时所做的处理，这就是 SharedWorker 的线程处理代码。connect 事件监听的代码描述如下。

```
onconnect = function (event) {
    //定义事件处理函数
}
```

在这个事件处理函数中，event 参数（代表被触发的事件对象）的 port 属性值为一个集合，其中第一个数组元素即为该页面中的 SharedWorker 对象的 port 属性值，即是该页面用于发送或获取消息的端口的 MessagePort 对象。

用户在后台线程的脚本程序中，可以指定在该端口接收到消息时，使用该端口对象的 postMessage()方法向页面发送一些应答消息。页面的脚本程序在端口对象的 onmessage 事件处理函数中，接收到消息时做后续处理。onconnect 事件处理函数中的代码如下。

```
onconnect = function (event) {
    //取得页面上的 SharedWorker 对象的端口
    var port = event.ports[0];
    //定义端口接收到消息时的事件处理函数
    port.onmessage = function(event) {
        //向页面返回接收到的消息
        port.postMessage(event.data);
    }
}
```

3. 使用 SharedWorker 的一个示例

示例 10-6 使用 SharedWorker 后台线程随机生成注册码。可以将示例 10-6 保存为多个网页文件，这些文件共享后台线程脚本 gen.js，每个页面根据提交的验证码位数可以生成不同位数的验证码。

这个例子只是使用了 SharedWorker 的各种方法，并没有实现数据共享，代码清单如下。运行结果如图 10-4 所示。

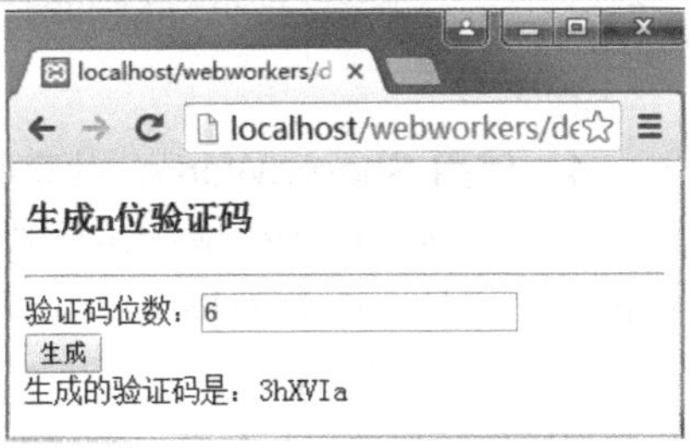

图 10-4　使用 SharedWorker 生成验证码

```
<!--demo1006.html-->
<!DOCTYPE HTML>
<html>
<head>
<meta charset=utf-8>
<script>
    var worker;
    function Generate() {
        worker=new SharedWorker("gen.js");//构造共享线程
        var num=document.getElementsByName("num")[0].value;
        worker.port.onmessage=function(e) {   //使用 port 端口监听
            document.getElementById("result").innerHTML=e.data;
        }
        worker.port.start();                        //激活端口
        worker.port.postMessage(parseInt(num));
    }
</script>
</head>
<body>
<h3>生成 n 位验证码</h3>
<hr/>
验证码位数：<input type="text" name="num"><br/>
<button onClick="Generate()">生成</button><br/>
生成的验证码是：<output id="result"></output>
```

```
</body>
</html>
```

下面是 SharedWorker 的线程体脚本文件 gen.js。

```
onconnect=function(e) {
    var port=e.ports[0];         //取得端口号
    port.onmessage=function(e) {
        var letterData = "";
        var chars =new Array("a","b","c","d","e","f","g",
        "h","i","g","k","l","m","n","o","p","z","G","H",
        "I","J","K","L","M","N","O","P","Q","R","S","T",
        "U","V","W","X","Y","Z","0","1","2","3","4","5","6");
        var num=e.data;
        for(var i= 0;i <num; i++){
            var index = Math.floor(Math.random() *chars.length);
            var letter = chars[index];
            letterData += letter;
        }
        port.postMessage(letterData);
    }
}
```

4. 使用 SharedWorker 共享数据的一个示例

示例 10-7 用于生成指定位数的随机验证码。该示例适用于两个以上页面共享后台线程 gen2.js，当从一个页面提交验证码位数后，可以在当前页面和其他页面得到验证码。代码的详细解释请参考注释。

程序运行，需要先将示例 10-7 保存为多个页面文件（内容相同），本例中保存的两个文件是 yoursharedworker1.html 和 yoursharedworker2.html，这些页面文件共享后台线程 gen2.js。两个页面的显示结果如图 10-5 和图 10-6 所示。

```
<!--demo1007.html-->
<!DOCTYPE HTML>
<html>
<head>
<meta charset=utf-8>
<script>
    var worker;
    //init()方法用于初始化 SharedWorker，开始监听端口是否接收到消息
    //在 body 的 onload 事件中加载
    function init() {
        worker=new SharedWorker("gen2.js");
        worker.port.onmessage=function(e) {
            document.getElementById("result").innerHTML=e.data;
        }
        worker.port.start();
    }
    //向 SharedWorker 提交信息
    function postN() {
        var num=document.getElementsByName("num")[0].value;
        worker.port.postMessage(parseInt(num));
    }
    //获取验证码信息，使用共享标记'get'
    function getN() {
        worker.port.postMessage('get');
```

```
    }
</script>
</head>
<body onLoad="init()">
    <h3>生成 n 位验证码</h3>
    <hr/>
    验证码位数: <input type="text" name="num"><br/>
    <input type="submit" value="提交数字" onClick="postN()"/>
    <input type="submit" value="获取验证码" onClick="getN()"/><br/>
    生成的验证码是: <output id="result"></output>
</body>
</html>
```

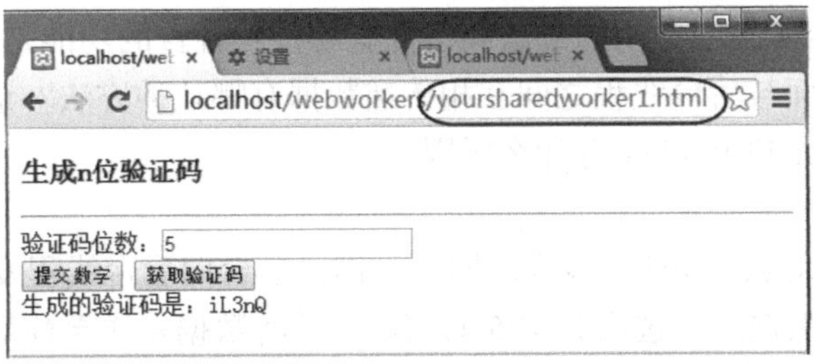

图 10-5　在一个页面中生成的验证码

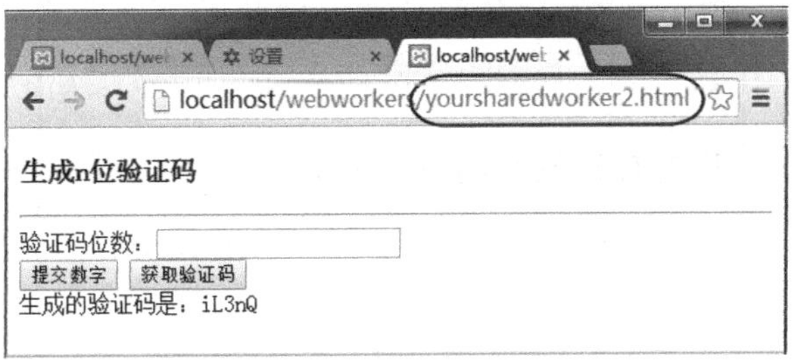

图 10-6　在另一页面得到的共享数据

下面是 SharedWorker 的线程体脚本文件 gen2.js。

```
var letterdata;  //验证码变量
onconnect=function(e) {
    var port=e.ports[0];
    port.onmessage=function(e) {
        //验证码生成器种子
        var chars =new Array("a","b","c","d","e","f","g",
        "h","i","g","k","l","m","n","o","p","z","G","H",
        "I","J","K","L","M","N","O","P","Q","R","S","T",
        "U","V","W","X","Y","Z","0","1","2","3","4","5","6");
        var num;
        //以下是共享的关键代码，通过 get 识别
        if(e.data=="get")
            port.postMessage(letterdata);
        else {
            letterdata="";
            num=e.data;
            for(var i= 0;i <num; i++){
```

```
                var index = Math.floor(Math.random() *chars.length);
                var letter = chars[index];
                letterdata += letter;
            }
        }
    }
}
```

思考与练习

1. 简答题

（1）Web Workers API 中常用的方法和事件有哪些？各自的功能是什么？

（2）实现前台页面与后台线程之间互相传递数据有哪几种方法？请写出代码。

（3）SharedWorker 和 Worker 有什么区别？

2. 操作题

（1）使用 Web Worker 设计多线程的网页页面，前台向后台线程发送 10 个 0～200 的随机数；后台线程接收数据后，选出其中 5 的倍数，并将数据发送至前端页面；由前台页面在一个 span 元素中显示。效果如图 10-7 所示。

图 10-7　利用后台线程实现计算功能

（2）使用 SharedWorker 设计多线程的网页页面，前台页面向后台线程发送一个字符串；后台线程接收数据后，在指定的字符串数组内进行查找，将查找结果发送至前台页面。

第 11 章 HTML5 的 IndexedDB 数据库

学前提示

HTML5 的一个重要特性是数据的本地存储。Web Storage 是一种使用键值对在本地存储数据的方式，不适合保存大量结构化数据。HTML5 的本地数据库 Web SQL Database 和 IndexedDB 能更好地支持本地存储。使用本地数据库以后，一些原来必须保存在服务器端上的数据可以保存在本地客户端，减轻了服务器和网络的负担，也提高了数据的使用效率。目前，Web SQL Database 已经较少被使用，本章将介绍应用广泛的 IndexedDB 数据库。

知识要点

- IndexedDB 数据库基本概念
- 创建和删除数据库
- IndexedDB 数据库的版本更新和事务处理
- 创建对象仓库
- 创建和使用索引
- 使用索引获取指定的记录
- 使用游标处理批量数据

11.1 IndexedDB 数据库概述

HTML5 的 IndexedDB 数据库是一种存储在客户端本地的 NoSQL 数据库。

11-1 HTML5 IndexedDB 数据库

1. NoSQL 数据库

NoSQL 数据库是新一代数据库，其含义是 Not Only SQL 或 non-relational，具有非关系型、高效率的特点。与关系型数据库相比，NoSQL 数据库适用于数据模型比较简单、高并发读写、海量数据的高效存储和访问等需求。典型的 NoSQL 数据库，例如 MongoDB、Hadoop Database 或者 IndexedDB 等，都具有数据一致性要求不高、比较易于实现 key-value 映射等特点。

2. IndexedDB 数据库

（1）IndexedDB 数据库和对象仓库

一个网站可能使用一个或多个 IndexedDB 数据库，每个数据库必须具有唯一的名称；一个数据库可包含一个或多个对象仓库。一个对象仓库（用名称唯一标识）是一个记录集合。每个记录有一个键和一个值。该值是一个对象，可拥有一个或多个属性。

与关系数据库对比，可将对象仓库理解为表，对象仓库中的记录对应于关系表中的记录。

（2）版本更新和事务处理

IndexedDB 数据库中创建或删除对象仓库、创建或删除索引的操作，被看作是数据库的结构发生变化，要求必须使用新的版本号来更新数据库版本，从而避免重复修改数据库结构。所以，版本更新是 IndexedDB 数据库的重要内容。更新数据库版本将触发 onupgradeneeded 事件，在 onupgradeneeded 事件的回调函数中完成对象仓库或索引操作。

创建对象仓库与索引、对象仓库执行所有读取和写入的操作必须在事务中进行。IndexedDB 事务具有 3 种模式，分别是 readonly、readwrite、versionchange。数据库的事务处理使用 transaction()方法。事务是自动提交的，不需要显式调用事务的 commit()方法来提交事务。

（3）索引和游标

IndexedDB 数据库中，只能对被索引的属性值进行检索。对象仓库可有一个或多个索引。

IndexedDB 中的游标能够迭代一个对象仓库中的所有记录。IndexedDB 中的游标是双向的，所以可以向前和向后迭代记录，还可以跳过非唯一索引中的重复记录。

3. IndexedDB 的异步 API

IndexedDB 规范中包含异步 API 和同步 API。同步 API 用于 Web 浏览器中。IndexedDB 大部分操作的结果返回模式，使用异步 API 请求—响应的模式，所有异步请求都有一个 onsuccess 回调函数和一个 onerror 回调函数，前者在数据库操作成功时调用，后者在一个操作未成功时调用。例如，打开数据库的操作代码如下。

```
var dbRequest=window.indexedDB.open('testDB');
```

该语句并不会返回一个数据库对象的句柄，得到的是一个连接数据库的请求对象，即 IDBOpenDBRequest 对象，而用户希望得到的 DB 对象在其 result 属性中，用户需要通过 result 属性来使用数据库。

11.2 创建数据库

1. 创建和连接数据库

IndexedDB API 中的 window.indexedDB 的 open()方法，用于创建或打开指定的数据库，语法格式如下。

```
var dbRequest=indexedDB.open(dbName,dbVersion);
```

其中，dbName 是一个用字符表示的数据库名，dbVersion 是一个长整型数值（unsigned long int），表示数据库版本号。如果 open()方法指定的数据库不存在，则创建数据库，返回请求对象；如果数据库存在，直接返回请求对象。

需要注意的是，open()方法返回的对象并不是数据库对象，而是一个连接数据库的请求对象(dqRequest)。接着，监听数据库连接的请求对象，在其 onsuccess 事件的回调函数中完成数据库连接成功时的相应处理；在其 onerror 事件的回调函数中完成数据库连接失败时所需的处理。

代码如下。

```
var dbRequest=indexedDB.open(dbName,dbVersion);
dbRequest.onsuccess= function (e) {
    idb= e.target.result;
    //成功处理
}
dbRequest.onerror=function(e) {
    //错误处理
}
```

在连接成功的事件处理函数中，用户取得事件对象的 target.result 属性值，该属性值是一个 IDBDatabase 对象，代表连接成功的数据库对象。

2. IndexedDB 数据库中的对象定义

IndexedDB 数据库包括 indexedDB、IDBTransaction、IDBKeyRange、IDBCursor 等对象，为了确保脚本代码在不同浏览器中兼容，应当在使用数据库之前统一定义，代码如下。本书只考虑了兼容 Chrome 浏览器的对象定义的代码，其他浏览器的代码请读者自行完成。

```
window.indexedDB=window.indexedDB||window.webkitIndexedDB;
window.IDBTransaction=window.IDBTransaction||window.webkitIDBTransaction;
window.IDBKeyRange= window.IDBKeyRange||window.webkitIDBKeyRange;
window.IDBCursor= window.IDBCursor||window.webkitIDBCursor;
```

3. 删除数据库

要删除现有数据库，可以调用 deleteDatabase()方法，该方法的使用和 open()方法类似，将要删除的数据库名称作为参数，代码如下。

```
function deleteDatabase() {
    var deleteDbRequest = window.indexedDB.deleteDatabase(dbName);
    deleteDbRequest.onsuccess = function (e) {
      //成功处理
    };
    deleteDbRequest.onerror = function (e) {
      //错误处理
    };
}
```

4. 连接数据库的完整示例

示例 11-1 实现了数据库的连接（创建）功能。

```
<!--demo1101.html-->
<!DOCTYPE html>
<html>
<head>
    <meta charset="UTF-8">
    <script>
      window.indexedDB = window.indexedDB || window.webkitIndexedDB;
```

```
        function connectDb() {
            var dbName = "myDb1";
            var dbVersion = 3;
            var idb;
            var dbRequest = indexedDB.open(dbName, dbVersion);
            dbRequest.onsuccess = function (e) {        //连接成功的回调函数
                idb = e.target.result;
                console.log("success");
            }
            dbRequest.onerror = function (e) {          //连接失败的回调函数
                console.log("error");
            }
        }
    </script>
</head>
<body>
<input type="button" value="Connect" onclick="connectDb()"/>
</body>
</html>
```

程序执行成功后，在 Chrome 浏览器的开发窗口中将显示创建的数据库信息，如图 11-1 所示。代码中的 console.log()方法是在 Chrome 的调试窗口的控制台中显示提示信息。

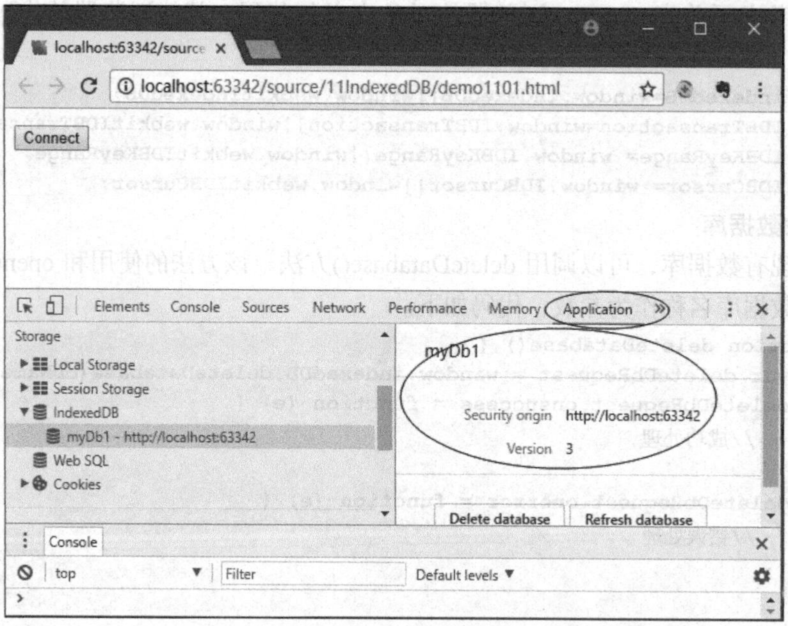

图 11-1　创建并连接数据库

11.3　数据库的版本更新和事务处理

数据库连接成功后，还需要在数据库中存储数据和处理数据，创建相当于关系型数据库中数据表的对象仓库（object store）和用于检索数据的索引（index）。这些操作与版本更新和事务处理密切相关。

11.3.1　版本更新

11-2　数据库的版本更新

连接成功的数据库还不能执行任何数据操作。在使用 IndexedDB 数据库的时候，所有数据的操作都需要在一个事务内部执行。而对于对象仓库与索引的操作，类似于关系数据库中表结构或索引的操作，必须在版本更新事务内部进行。

IndexedDB API 不允许数据库中的对象仓库（相当于关系型数据库中的数据表）在同一个版本中发生变化，所以当创建或删除对象仓库时，必须使用新的版本号来更新数据库的版本，以避免重复修改数据库结构。换句话说，创建或删除对象仓库时或创建删除索引时，必须更新数据库版本；更新数据库版本将触发 onupgradeneeded 事件，在 onupgradeneeded 事件的回调函数中完成上述操作。

与版本更新相关，回调函数的参数有两个属性，即 oldVersion 和 newVersion，分别对应于版本更新前后的版本号。

示例 11-2 实现的是一个版本更新的测试功能。

```
<!--demo1102.html-->
<!DOCTYPE html>
<html>
<head lang="en">
    <meta charset="UTF-8">
    <script>
        window.indexedDB = window.indexedDB || window.webkitIndexedDB;
        function versionUpdate() {
            var dbName = "myDb1";
            var dbVersion = 4;
            var idb;
            var dbRequest = indexedDB.open(dbName, dbVersion);
            dbRequest.onsuccess = function (e) {
                idb = e.target.result;
                console.log("success");
            }
            dbRequest.onerror = function (e) {
                console.log("Connected error");
            }
            dbRequest.onupgradeneeded = function (e) {
                idb = e.target.result;
                var tx = e.target.transaction;  //启动事务
                var oldVersion = e.oldVersion;  //event 的 oldVersion 属性
                var newVersion = e.newVersion;
                console.log("OLD :" + e.oldVersion + " NEW:" + e.newVersion);
            }
        }
    </script>
</head>
<body>
<input type="button" value="Version Update" onclick="versionUpdate()"/>
</body>
```

```
</html>
```

程序执行成功后，在 Chrome 浏览器的开发窗口中将显示数据库和版本发生变化，如图 11-2 所示。

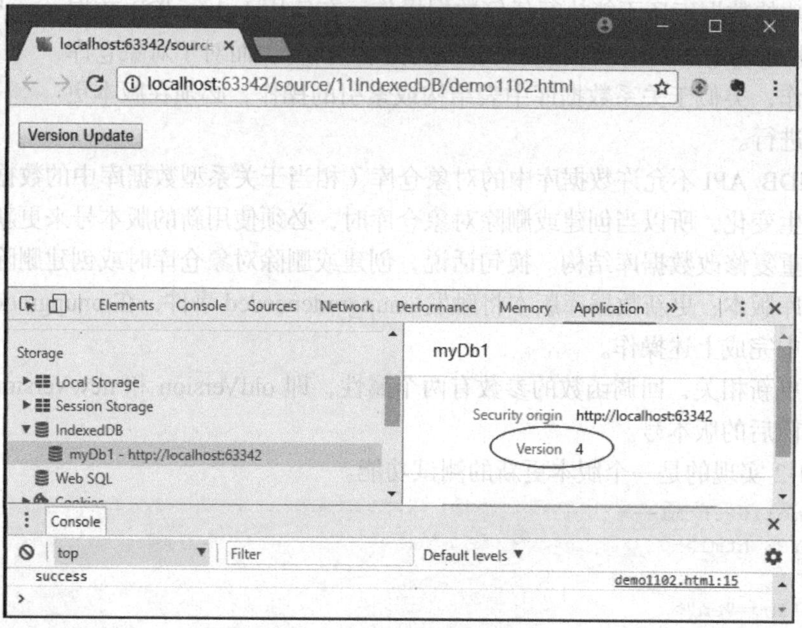

图 11-2 数据库的版本更新

11.3.2 事务处理

创建对象仓库与索引、对象仓库执行所有读取和写入的操作必须在事务中进行。IndexedDB 的事务与关系数据库中的事务的工作原理基本相同，提供了数据库写入操作的一个原子集合，这个集合要么完全提交，要么完全不提交。IndexedDB 事务还拥有数据库操作的一个终止和提交工具。事务具有 3 种模式。

- readonly：提供对某个对象仓库的只读访问，在查询对象仓库时使用。
- readwrite：提供对某个对象仓库的读取和写入权限。
- versionchange：提供读取和写入权限来修改对象仓库定义，或者创建一个新的对象仓库。

数据库的事务处理使用 transaction()方法，该方法的语法格式如下。

```
var tx = idb.transaction(storeNames,mode);
```

其中，storeNames 是一些对象仓库名组成的一个字符串数组，用于定义事务的作用范围，即限定该事务中实施的读写操作只能针对哪些对象仓库；mode 是前面提到的事务模式。

在 IndexedDB API 中，用于开启事务的 transaction()方法必须被书写到某一个方法中，而且该事务将在方法结束时被自动提交（commit），所以不需要显式调用事务的 commit()方法来提交事务。可以通过监听事务对象的 oncomplete 事件和 onabort 事件，并通过回调函数来定义事务结束或终止时所要执行的处理。

下面是一个事务处理的框架代码。

```
var myTransaction=dbRequest.transaction(["students","score"],"read")
myTransaction.oncomplete=function(e) {
```

```
        //事务结束后的处理
    }
    myTransaction.onabort=function(e) {
        //事务中断的处理
    }
```

11.4　创建对象仓库

对象仓库是数据记录的集合。要在现有数据库中创建一个新对象仓库，需要对现有数据库进行版本更新。因此，open()方法在连接要创建对象仓库的数据库时，除了指定数据库名称之外，还需要版本号作为第二个参数。如果希望创建数据库的一个新版本，只需打开比现有数据库版本更高的数据库。这会调用 onupgradeneeded 事件处理函数。

要创建一个对象仓库，可以在数据库对象上调用 createObjectStore()方法，语法格式如下。

```
var objectStore=idb.createObjectStore(name,optionalParameters);
```

其中，objectStore 是创建成功的数据仓库的引用；idb 是一个连接成功的数据库实例对象；name 参数值为一个字符串，代表对象仓库名；optionalParameters 为可选参数，参数值为一个 JSON 对象，该对象的 keyPath 属性值用于指定对象仓库中的每一条记录使用哪个属性值来作为该记录的主键值。

主键是对象仓库中该记录的标识符，在一个对象仓库中只能有一个主键，但是主键值可以重复，相当于关系型数据库中数据表的 id 字段为数据表的主键，多条记录的 id 字段值可以重复，除非将主键指定为唯一主键。

示例 11-3 创建了名为 students 的对象仓库，相应地，提升了数据库版本号。

```
<!--demo1103.html-->
<!DOCTYPE html>
<html>
<head>
    <meta charset="UTF-8">
    <script>
        window.indexedDB = window.indexedDB || window.webkitIndexedDB;
        function createObjectStore1() {
            var dbName = "myDb1";
            var dbVersion = 6;
            var idb;
            var dbRequest = indexedDB.open(dbName, dbVersion);
            dbRequest.onsuccess = function (e) {
                console.log("Connect success");
            }
            dbRequest.onerror = function (e) {
                console.log("Connected error");
            }
            dbRequest.onupgradeneeded = function (e) {
                idb = e.target.result;
                var tx = e.target.transaction;
                var name = "students";
                var options = {
                    keyPath: "sId",
                    autoIncrement: false
```

```
                };
                var store = idb.createObjectStore(name, options);
                console.log("Object Store Success");
            }
        }
    </script>
</head>
<body>
<input type="button" value="Create Object Store" onclick="createObjectStore1()"/>
</body>
</html>
```

程序执行成功后，在 Chrome 浏览器的开发窗口中将显示创建的对象仓库和发生的版本变化，如图 11-3 所示。

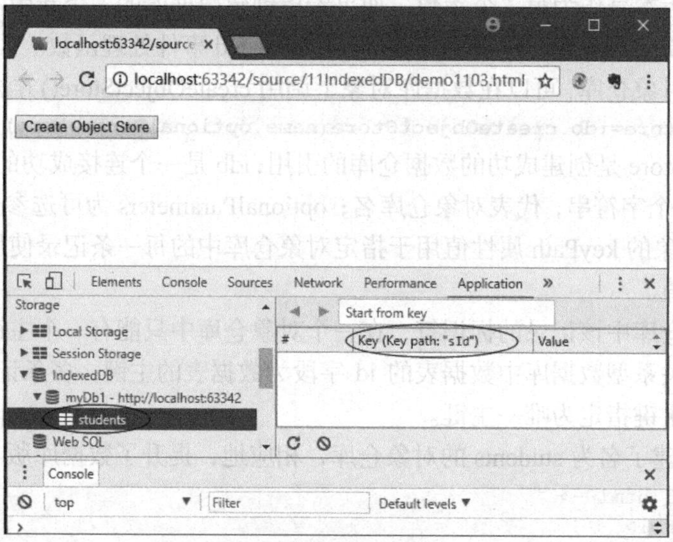

图 11-3　创建对象仓库

11.5　创建索引

可以使用对象仓库的键来检索对象存储中的记录，也可以使用索引的字段来检索记录。在 IndexedDB 数据库中，只能对被索引的属性值进行检索。对象仓库可具有一个或多个索引。

11-3　HTML5 IndexedDB 数据库索引

要创建一个索引，必须对数据库进行版本更新，在 onupgradeneeded 事件的回调函数中创建。索引可以是唯一的，也可以是不唯一的。唯一索引要求索引中的所有值都是唯一的，比如一个电子邮件字段。当某个值可以重复出现时，需要使用非唯一索引，比如地址、性别字段。

创建索引的语法格式如下。

```
varidx=store.createIndex(indexName,"indexItem",optionalParameters);
```

其中，indexName 参数值为一个字符串，表示索引名。

indexItem 参数表示使用数据仓库中数据记录对象的哪个属性来创建索引（相当于在关系

型数据库使用数据表的哪个字段来创建索引），索引名与属性名可以相同，也可以不同。

optionalParameters 为可选参数，参数值为一个 JSON 对象，该对象 unique 属性值的作用相当于关系数据库中索引的 unique 属性值的作用，属性值为 true，要求一个对象仓库的数据记录的索引属性值必须是唯一的。optionalParameters 对象的 multiEntry 为 true，表示当数据记录的索引属性值为一个数组时，可以将数组中的每一个元素添加到索引中，optionalParameters 对象的 multiEntry 属性值为 false，表示只能将该数组整体添加到索引中。

createIndex()方法返回一个索引的引用，表示创建索引成功。

示例 11-4 创建了 3 个索引，其中 sName 是唯一索引。

```
<!--demo1104.html-->
<!DOCTYPE html>
<html>
<head lang="en">
    <meta charset="UTF-8">
    <script>
        window.indexedDB = window.indexedDB || window.webkitIndexedDB;
        var myDb = {               //数据库名和版本号封装在 JSON 对象中
            dbName: "myDb1",
            dbVersion: 7         //版本更新为 7
        };
        var idb;
        function createUserIndex() {
            var dbRequest = indexedDB.open(myDb.dbName, myDb.dbVersion);
            dbRequest.onsuccess = function (e) {
                console.log("Connect success");
            }
            dbRequest.onerror = function (e) {
                console.log("Connected error");
            }
            dbRequest.onupgradeneeded = function (e) {
                idb = e.target.result;
                var tx = e.target.transaction;                 //开启事务
                var store = tx.objectStore("students"); //获取对象仓库
                var indexName = "sName";                       //索引名
                var options = {
                    unique: true
                };
                var idx1 = store.createIndex(indexName, "srName", options);
                var idx2 = store.createIndex("ageIndex", "age", {unique: false});
                var idx3 = store.createIndex("addressIndex", "address", {unique:
false});
            }
        }
    </script>
</head>
<body>
<input type="button" value="Create Index" onclick="createUserIndex()"/>
</body>
</html>
```

程序执行成功后，将在 Chrome 浏览器的开发窗口中显示创建的索引和发生的版本变化，如图 11-4 所示。

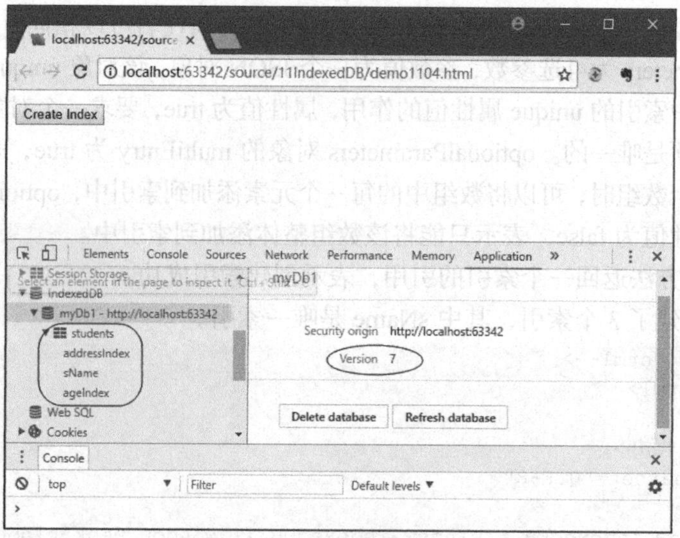

图 11-4　创建索引

11.6　保存和删除数据

11.6.1　保存数据

向对象仓库中插入数据，首先需要连接某个 IndexedDB 数据库，这时，open()方法中的数据库版本号参数可以省略不写。在连接成功后使用该数据库对象的 transaction()方法开启一个读写事务，再使用 put()方法或 add()方法插入数据。

1. put()方法或 add()方法

向对象仓库添加数据可以使用 put()方法或 add()方法，语法格式如下。

```
var req = store.put(value);
```

put()方法中的 value 参数值为一个需要被保存到对象仓库中的对象。put()方法返回一个 IDBRequest 对象，表示数据库发出的一个请求。

该请求发出后将被异步执行，用户可以通过监听请求对象的 onsuccess 事件（请求被执行成功时触发）与请求对象的 onerror 事件（请求被执行失败时触发），并指定事件处理函数来定义请求被执行成功或被执行失败时所要进行的处理，代码如下。

```
var req = store.put(value);
req.onsuccess = function(e) {
    //数据保存成功
}
req.onerror = function(e) {
    //数据保存失败
}
```

向对象仓库插入数据的 add()方法的使用方式与作用类似于对象仓库的 put()方法，区别在于当使用 put()方法保存数据时，如果指定的主键值在对象仓库中已经存在，那么该主键值所在数据被更新为使用 put()方法所保存的数据；而在使用 add()方法保存数据时，如果指定的主键值在对象仓库中已经存在，那么保存失败。因此，如果向对象仓库中追加数据而不是更新原有数据时，应该使用 add()方法。

2. 插入数据的过程

向对象仓库中插入数据时，首先连接数据库，接着开启事务，获取对象仓库，最后插入数据。

开启事务后，使用 transaction()方法开启事务，该方法的参数是事务的作用范围。再使用事务对象的 objectStore()方法获取该事务对象的作用范围中的某个对象仓库，代码如下。

```
var store = tx.objectStore('students');
```

该方法的参数值为所需获取的对象仓库的名称。该方法返回一个 IDBObjectStore 对象，表示获取成功的对象仓库。

下面示例中插入的数据用 JSON 来描述，具体如下。

```
var ss=[{sId:2,name:"W3",age:22,address:"DL" },
        { sId:5, name:"F3", age:18, address:"PK"},
        {sId:4, name:"D3", age:32, address:"SH"}
     ];
```

示例 11-5 在 students 对象仓库中保存了 4 条记录。

```
<!--demo1105.html-->
<!DOCTYPE html>
<html>
<head>
   <meta charset="UTF-8">
   <script>
      window.indexedDB = window.indexedDB || window.webkitIndexedDB;
      var ss = [{sId: 2, sName: "Rose", age: 22, address: "DL"},
         {sId: 5, sName: "Kellen", age: 18, address: "PK"},
         {sId: 4, sName: "Mike", age: 20, address: "SH"},
         {sId: 7, sName: "Tom", age: 18, address: "SH"},
         {sId: 6, sName: "Mary", age: 18, address: "PK"}
      ];
      var myDb = {                //数据库名和版本号封装在 JSON 对象中
         dbName: "myDb1",
         dbVersion: 7             //版本更新为 7
      };
      function inputData() {
         var idb;
         var dbRequest = indexedDB.open(myDb.dbName, myDb.dbVersion);
         dbRequest.onsuccess = function (e) {
            console.log("Connect success");
            idb = e.target.result;
            var tx = idb.transaction(["students"], "readwrite");//开启事务
            var store = tx.objectStore("students");                //获取对象仓库
            for (var i = 0; i < ss.length; i++) {
               var req = store.put(ss[i]);                          //插入数据
            }
            req.onsuccess = function () {
               console.log("data input success");
            }
            req.onerror = function () {
               console.log("data input success");
            }
```

```
            }
            dbRequest.onerror = function (e) {
                console.log("Connected error");
            }
            //插入数据不需要版本更新，下面代码可略
            dbRequest.onupgradeneeded = function (e) {
            }
        }
    </script>
</head>
<body>
<input type="button" value="Insert Data" onclick="inputData()"/>
</body>
</html>
```

程序执行成功后，将在 Chrome 浏览器的开发窗口中显示保存的数据内容，如图 11-5 所示。

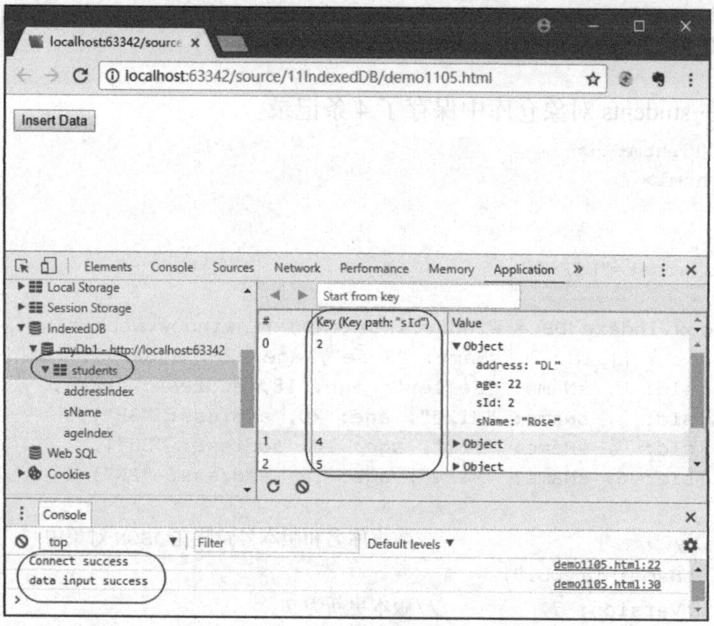

图 11-5 保存数据

11.6.2 检索数据

1. 使用对象仓库的主键获取记录

在获取对象仓库成功后，可以使用对象仓库的 get()方法从对象仓库中获取一条数据，代码如下。

```
var req = store.get(key);
```

get()方法的参数是所需获取数据的主键值。get()方法返回一个 IDBRequest 对象，表示向数据库发出的获取数据的请求。

该请求发出后将被立即异步执行，用户可以通过监听请求对象的 onsuccess 事件（请求执行成功时触发）与请求对象的 onerror 事件（请求执行失败时触发），并指定事件处理函数来定义请求被执行成功或失败时所要进行的处理，代码如下。

```
req.onsuccess = function (e) {
```

```
        //获取数据成功时所执行的处理
    }
    req.onerror = function(e) {
        //获取数据失败时所执行的处理
    }
```

在获取对象的请求执行成功后，如果没有获取到符合条件的数据，那么该请求对象的 result 属性值为 undefined；如果获取到符合条件的数据，那么请求对象的 result 的值为获取到的数据记录。在下面示例中，用户没有获取到主键值为 1 的数据会弹出信息，提示用户没有获取到该数据记录，否则在页面的 div 容器中显示该检索得到的数据。示例 11-6 代码如下，检索得到的结果如图 11-6 所示。

```
<!--demo1106.html-->
<!DOCTYPE html>
<html>
<head lang="en">
    <meta charset="UTF-8">
    <script>
        window.indexedDB = window.indexedDB || window.webkitIndexedDB;
        function getDataByPrimarykey() {
            var dbName = "myDb1";
            var dbVersion = 7;
            var idb;
            var dbRequest = indexedDB.open(dbName, dbVersion);
            dbRequest.onsuccess = function (e) {
                console.log("data input success");
                console.log("Connect success");
                idb = e.target.result;
                var tx = idb.transaction(["students"], "readonly");  //开启事务
                var store = tx.objectStore("students");          //获取事务的对象仓库
                var req = store.get(5);                          //检索主键值为 5 的记录
                req.onsuccess = function () {
                    if (this.result == undefined) {
                        alert("not found");
                    } else {
                        //alert(this.result.sName+"  "+this.result.age);
                        document.getElementById("result").innerHTML =
this.result.sName +"  "+this.result.age;
                    }
                }
                req.onerror = function () {
                    console.log("get Data error");
                }
            }
            dbRequest.onerror = function (e) {
                console.log("Connected error");
            }
        }
    </script>
</head>
<body>
<input type="button" value="Search Data" onclick="getDataByPrimarykey()"/>
<hr/>
<div id="result"></div>
```

```
    </body>
    </html>
```

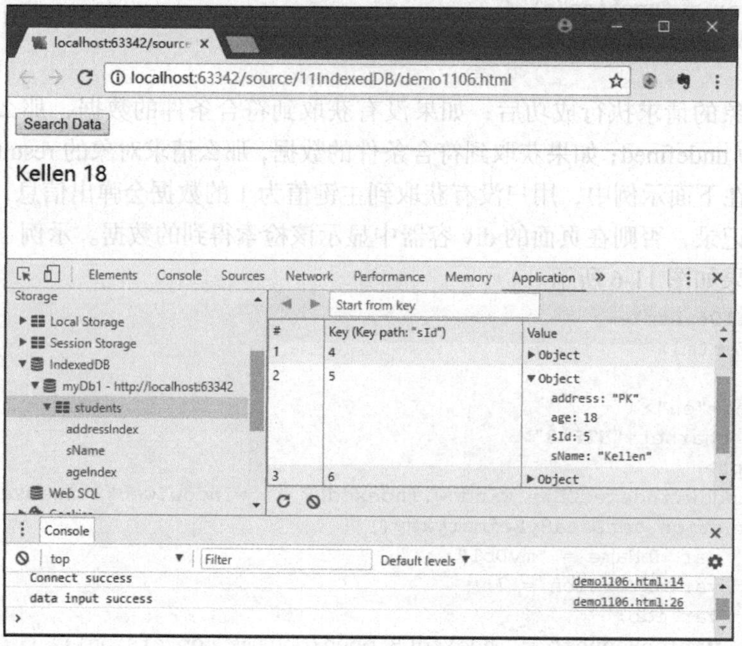

图 11-6　检索数据

2. 使用索引对象获取记录

除了使用主键获取记录外，如果对象仓库中存在其他属性组成的索引，则可以根据该索引的属性取得数据，代码如下。

```
var tx = idb.transaction(['students'],  "readonly");
var store = tx.objectStore('students');
var idx = store.index('sName');
var req = idx.get('Mike');
req.onsuccess = function (e) {
    //数据获取成功
}
req.onerror = function (e) {
    //数据获取失败
}
```

在这段代码中，使用对象仓库的 index()方法来获取某个索引，方法如下。

```
var req=store.index('sName');
```

index()方法使用参数的参数值为所需获取索引的名称。该方法返回一个 IDBIndex 对象，代表获取到的索引。在获取索引成功后，利用该索引对象的 get()方法从对象仓库中获取数据。get()方法返回一个 IDBRequest 对象，表示向数据库发出的获取数据的请求。该请求发出后将被立即异步执行，用户可以监听请求对象的 onsuccess 事件与 onerror 事件，并指定事件处理函数来定义请求执行成功或失败时所要进行的处理。

如果没有使用索引的 unique 属性值将索引定义为唯一索引，那么在对象仓库中可能存在多条符合条件的数据，而使用索引的 get()方法将只能获取到第一条符合条件的记录。

下面是核心代码，其他代码与上一示例相同。

```
function searchData() {
        var dbName="myDb1";
        var dbVersion=7;
        var idb;
        var dbRequest=indexedDB.open(dbName,dbVersion);
        dbRequest.onsuccess= function (e) {
            idb= e.target.result;
            var tx=idb.transaction(["students"],"readonly");
            var store=tx.objectStore("students");
            var idx=store.index("addressIndex");  //获取要使用的索引
            var req=idx.get("SH");
            req.onsuccess=function() {
                if(this.result==undefined) {
                    alert("not found");
                }else {
                    alert(this.result.sName+"  "+this.result.age);
                }
            }
            req.onerror=function() {
                console.log("get Data error");
            }
        }
        dbRequest.onerror=function(e) {
            console.log("Connected error");
        }
    }
```

11.6.3　删除数据

使用 delete()方法可以删除对象仓库中的数据，语法格式如下。

```
var req=store.delete(keyPath value);
```

delete()方法参数指定的是被删除数据，是对象仓库主键指定的数据。该方法返回一个 IDBRequest 对象，表示向数据库发出的删除数据的请求。

该请求发出后将被立即异步执行,用户可以通过监听请求对象的 onsuccess 事件与 onerror 事件，并指定事件处理函数来定义请求被执行成功或失败时所要进行的处理。

示例 11-7 删除 students 对象仓库中主键值为 4 的记录，删除成功后给出提示信息。

```
<!--demo1107.html-->
<!DOCTYPE html>
<html>
<head lang="en">
    <meta charset="UTF-8">
    <script>
        window.indexedDB = window.indexedDB || window.webkitIndexedDB;
        function deleteData() {
            var dbName = "myDb1";
            var idb;
            var dbRequest = indexedDB.open(dbName);
            dbRequest.onsuccess = function (e) {
                idb = e.target.result;
                var tx = idb.transaction(["students"], "readwrite");
                var store = tx.objectStore("students");
                var req = store.delete(4);
                req.onsuccess = function () {
```

```
                console.log("deleted success");
            }
            req.onerror = function () {
                console.log("deleted error");
            }
        }
        dbRequest.onerror = function (e) {
            console.log("Connected error");
        }
    }
  </script>
</head>
<body>
<input type="button" value="Delete Data" onclick="deleteData()"/>
</body>
</html>
```

11.7 使用游标检索批量数据

使用 get()方法可以从对象仓库中取得一条满足条件的数据，如果要获取对象仓库中的一组数据，需要使用游标。类似于关系数据库中游标的工作方式，IndexedDB 中的游标能够迭代一个对象仓库中的所有记录。用户也可以使用对象仓库的索引来迭代记录。IndexedDB 中的游标是双向的，所以可以向前和向后迭代记录，还可以跳过非唯一索引中的重复记录。

11-4 HTML5 IndexedDB 数据库索引-游标

11.7.1 openCursor()方法及其参数

openCursor()方法用于在对象仓库中打开游标，语法格式如下。

```
var req=store.openCursor(range,direction);
```

range 参数是一个 IDBKeyRange 对象，用于返回游标的作用范围；direction 参数用于指定游标的读取方向，参数值为一个在 IndexedDB API 中预定义的常量值。下面详细解释这两个参数的含义。

1. 指定游标范围的方法

range 参数是一个 IDBKeyRange 对象，该对象的创建方法如表 11-1 所示。

表 11-1 创建 IDBKeyRange 对象的方法

方法（范围类型）	描述
IDBKeyRange.bound(lower,upper, lowerOpen, upperOpen)	返回指定范围内的所有记录，前两个参数是范围的下边界和上边界。两个可选参数 lowerOpen 和 upperOpen，取值为 true 或 false，表明下边界或上边界的记录是否包含在范围内。如果取值为 true，不包括边界；如果取值为 false，包括边界。默认值为 false
IDBKeyRange.lowerBound (lower, lowerOpen)	超过指定的边界值之后的所有记录。可选参数 lowerOpen，表明下边界的记录是否包含在范围中，解释同上
IDBKeyRange.upperBound (upper, upperOpen)	返回指定的边界值之前的所有记录。可选参数 upperOpen，表明上边界的记录是否包含在范围中，解释同上
IDBKeyRange.only(value)	仅返回与指定值匹配的记录

2. 指定游标的顺序

openCursor()方法的第 2 个参数 direction 用于指明游标的方向，有 4 种取值。

- IDBCursor.NEXT：顺序循环。
- IDBCursor.NEXT_NO_DUPLICATE：顺序循环且键值不重复。
- IDBCursor.PREV：倒序循环。
- IDBCursor.PREV_NO_DUPLICATE：倒序循环且键值不重复。

11.7.2　数据遍历

1. 遍历对象仓库中的所有数据

示例 11-8 是遍历 students 对象仓库的所有记录，结合这个示例，说明遍历对象仓库中记录的步骤。

（1）连接数据库

init()方法完成连接数据库操作，并得到一个数据库对象 idb。

单击网页页面中的"Travel Data"按钮，显示数据的遍历结果。

（2）启动事务，并指定事务的作用范围

```
var tx=idb.transaction(["students"],"readonly");
var store=tx.objectStore("students");
```

（3）打开游标

使用 store.openCursor()方法打开游标。打开游标后，游标指向对象仓库中的第一条记录，并触发 IDBRequest 对象的 onsuccess 事件，显示这条记录。之后，调用 cursor.continue()方法，将游标移动到下一条记录，并继续触发 IDBRequest 对象的 onsuccess 事件，显示这条记录，直到所有记录处理结束。

语句 cursor=this.result 返回的是当前游标所指的记录。

代码清单如下。

```
<!--demo1108.html-->
<!DOCTYPE html>
<html>
<head>
    <meta charset="UTF-8">
    <script>
        window.indexedDB = window.indexedDB || window.webkitIndexedDB;
        window.IDBKeyRange = window.IDBKeyRange || window.webkitIDBKeyRange;
        var dbName = "myDb1";
        var idb;
        function init() {
            var dbConnect = indexedDB.open(dbName);
            dbConnect.onsuccess = function (e) {
                idb = e.target.result;
            }
        }
        function travelData() {
            var tx = idb.transaction(["students"], "readonly");
            var store = tx.objectStore("students");
            var result = document.getElementById("result");
            //var range=IDBKeyRange.bound(1,4);
            //var direction="next";
            //var req=store.openCursor(range,direction);
            var req = store.openCursor();
```

```
            req.onsuccess = function (e) {
                var cursor = this.result;
                if (cursor) {
                    result.innerHTML += "id: " + cursor.key + " Name: " + cursor.
value.sName +" Address:"+cursor.value.address+"<br/>";
                    cursor.continue();
                }
                else {
                    alert("finished");
                }
            }
            req.onerror = function (e) {
                alert("search error");
            }
        }
    </script>
</head>
<body onload="init()">
<input type="button" value="Travel Data" onclick="travelData()"/>
<hr/>
<div id="result"></div>
</body>
</html>
```

2. 查找指定范围的记录

如果希望遍历对象仓库中的部分数据，可以在 openCurson()方法中设定查询范围。如果检索的数据不是对象仓库的主键，还需要使用对象仓库的 index()方法获取当前要检索数据的索引。

示例 11-9 检索了年龄为 18 岁的所有记录，游标的使用过程与上一示例相同，只是指定了当前索引和增加了查询范围，核心代码如下。

```
var tx=idb.transaction(["students"],"readonly");  //开启事务
var store=tx.objectStore("students");             //获取对象仓库
var idx=store.index("ageIndex");                  //获取当前索引
var range=IDBKeyRange.only(18);                   //设置查询范围
var direction="next";                             //设置查询方向
var req=idx.openCursor(range,direction);          //打开游标
req.onsuccess= function (e) {
    //相关处理
}
```

代码清单如下，程序的运行结果如图 11-7 所示。

```
<!--demo1109.html-->
<!DOCTYPE html>
<html>
<head>
    <meta charset="UTF-8">
    <script>
        window.indexedDB = window.indexedDB || window.webkitIndexedDB;
        window.IDBKeyRange = window.IDBKeyRange || window.webkitIDBKeyRange;
        var dbName = "myDb1";
        var idb;
        function init() {
            var dbConnect = indexedDB.open(dbName);
            dbConnect.onsuccess = function (e) {
```

```
            idb = e.target.result;
        }
    }
    function searchData() {
        var result = document.getElementById("result");      //得到显示区域
        var tx = idb.transaction(["students"], "readonly"); //开启事务
        var store = tx.objectStore("students");              //获取对象仓库
        var idx = store.index("ageIndex");                   //获取当前索引
        var range = IDBKeyRange.only(18);                    //设置查询范围
        var direction = "next";                              //设置查询方向
        var req = idx.openCursor(range, direction);          //打开游标
        req.onsuccess = function (e) {
            var cursor = this.result;
            if (cursor) {
                result.innerHTML += "id: " + cursor.key + " Name: " + cursor.
value.sName +" Address:"+cursor.value.address+"<br/>";
                cursor.continue();
            }
            else {
                alert("finished");
            }
        }
        req.onerror = function (e) {
            alert("search error");
        }
    }
  </script>
</head>
<body onload="init()">
<input type="button" value="Search Data" onclick="searchData()"/>
<hr/>
<div id="result"></div>
</body>
</html>
```

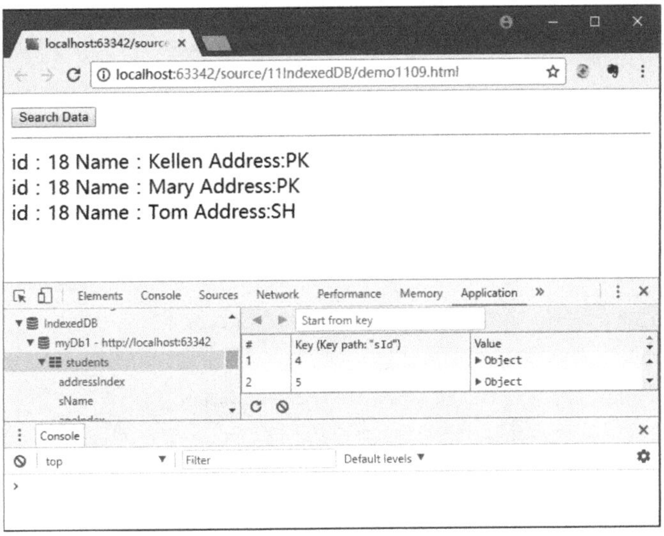

图 11-7　使用游标显示检索结果

思考与练习

1. 简答题

（1）什么是 NoSQL 数据库？有什么特点？

（2）怎样理解 IndexedDB 的异步 API？

（3）IndexedDB 数据库包括哪些对象？这些对象的含义是什么？

（4）什么情况下需要使用数据库的版本更新？

（5）什么是数据库的事务处理？IndexedDB 事务有哪 3 种模式？

2. 操作题

使用 IndexedDB 对象建立一个命名为 testdb 的数据库。

（1）在数据中建立一个 employee 对象仓库。

（2）在对象仓库中创建 3 个索引，索引名分别是 indexName、indexAge、indexAddress，其中，indexName 是唯一索引。

（3）向对象仓库中输入数据。

```
E1={eId:102,sName:"Wang3",age:22,address:"DL",salary:3022 }
E2={eId:205, sName:"Fug4", age:18, address:"PK"}
E3={eId:4, sName:"Dong8", age:32, address:"SH",salary:4096}
E4={eId:4, sName:"ZhaoS", age:22, address:"SH"}
```

（4）检索对象仓库中 sName 为“Dong8”的数据。

（5）遍历对象仓库的全部数据。

（6）删除 age 值为 22 的数据。

第 12 章 HTML5 的文件操作与拖放操作

学前提示

HTML5 提供了针对文件操作的 File API。使用 File API 可以很方便地通过 Web 页面访问本地文件，包括处理文件目录和读取文件内容等。File API 主要涉及 FileList 对象、file 对象、Blob 接口和 FileReader 接口等内容。

拖放是一种常见的功能，即抓取对象以后拖到另一个位置。HTML5 中引入了直接支持拖放操作的 API，大大简化了网页元素的拖放操作编程难度，并且这些 API 除了支持浏览器内部元素的拖放外，同时支持浏览器和其他应用程序之间的元素拖放。本章介绍 HTML5 提供的文件操作 API 和拖放操作 API。

知识要点

- file 对象和 FileList 对象
- ArrayBuffer 对象和 ArrayBufferView 对象
- Blob 对象的概念、作用和使用方法
- FileReader 接口及其事件处理
- 拖放 API 及拖放实现过程
- DataTransfer 对象的属性和方法
- 实现网页内元素的拖放效果和拖动上传图片效果

12.1 file 对象和 FileList 对象

在 HTML4 中，可以通过表单的 input 元素的 file 控件来选择一个文件用于上传操作。在 HTML 5 中，为 input 元素添加 multiple 属性，file 元素允许一次选择多个文件，用户选择的每一个文件都是一个 file 对象，而 FileList 对象则是这些 file 对象的列表，代表用户选择的所有文件，是 file 对象的集合。

12-1　HTML5 文件 API

12.1.1 file 对象

通过在页面中指定 input 元素的 type 属性为 file，可以实现单个文件的选择功能。选择得

到的文件即是 file 对象，它有两个属性，name 属性表示文件名，不包括路径，lastModifiedDate 属性表示文件的最后修改日期。

示例 12-1 是使用 input 元素来选择单个文件的示例，选择文件后单击“显示信息”按钮，显示了 file 对象的两个属性信息，运行效果如图 12-1 所示。

```
<!--demo1201.html-->
<!DOCTYPE html>
<html>
<head>
<meta charset="UTF-8">
<title>选择单个文件</title>
<script language=javascript>
function  ShowFileInfo() {
     //用户选择的文件
     var fileInput = document.getElementById("fileload");
     var file = fileInput.files[0];
     document.getElementById("show").innerHTML="文件名: "+file.name+" 修改日期:
"+file.lastModifiedDate;
}
</script>
<body>
<form>
   <h3>请选择文件: </h3>
   <input type="file" id="fileload"  /><!--选择单个文件-->
   <input type="button" value="显示信息" onclick=" ShowFileInfo();"/>
   <hr/>
   <p id="show"></p>
</form>
</body>
</html>
```

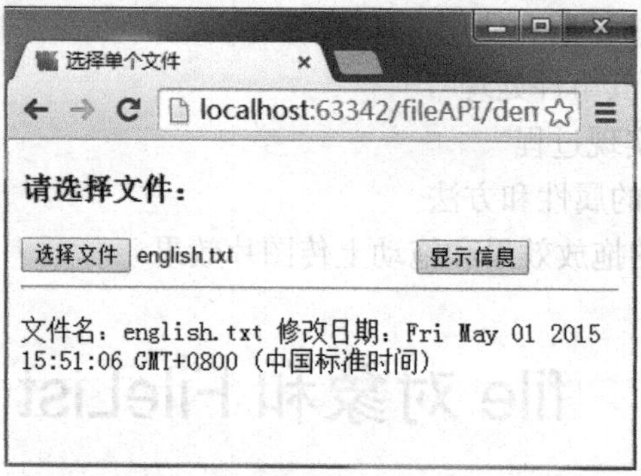

图 12-1　选择文件并显示文件信息

12.1.2　FileList 对象

为 input 元素添加 multiple 属性就可以选择多个文件，当使用 multiple 属性后，用户选择的多个文件实际上保存在一个 file 数组中，也就是 FileList 对象，表示用户选择的文件列表，其中的每个元素都是一个 file 对象。

示例 12-2 实现多个文件的选择，单击“显示文件列表”按钮后，会显示出选择的文件列表。运行效果如图 12-2 所示。

```
<!--demo1202.html-->
<!DOCTYPE html>
<html>
<head>
<meta charset="UTF-8">
<title>选择文件列表</title>
<script language=javascript>
function  ShowFileInfo() {
     var result="";
     //用户选择的文件
     var fileInput = document.getElementById("fileload");
     for (var i=0;i<fileInput.files.length;i++)
       result+="文件名:  "+fileInput.files[i].name+"<br/>";
     document.getElementById("show").innerHTML=result;
       }
</script>
<body>
<form>
    <h3>请选择文件: </h3>
    <input type="file" id="fileload"  multiple /><!--选择单个文件-->
    <input type="button" value="显示文件列表" onclick=" ShowFileInfo();"/>
    <hr/>
    <p id="show"></p>
</form>
</body>
</html>
```

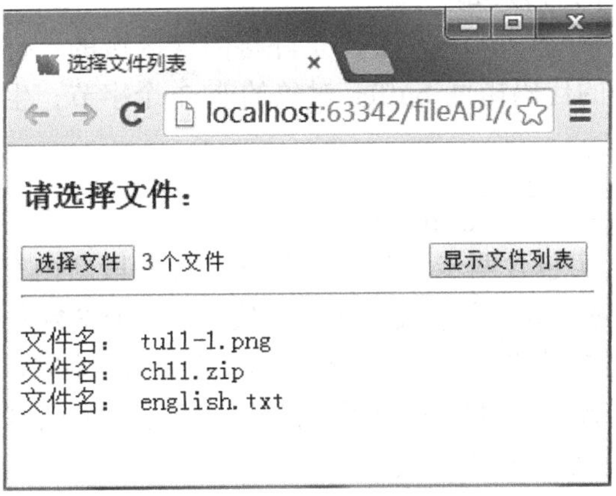

图 12-2　选择多个文件

12.2　ArrayBuffer 对象与 ArrayBufferView 对象

12.2.1　ArrayBuffer 和 ArrayBufferView 概念

在 HTML 5 以前，JavaScritp 一直缺少处理二进制数据的能力，唯一与二进制数据有点关系的是 String 类的 charCodeAt()和 fromCharCode()方法，用户通常将原始二进制数据转换为代表二进制数据的字符串，使用上述方法处理每一个字节。这种处理机制效率低下，并且经常产生错误，使用非常不便。HTML5 产生以后，JavaScript 增加了新的二进制数据处理对象，从而对二进制数据的访问提供了一种更高效的机制。

HTML 5 新增了 ArrayBuffer 对象和 ArrayBufferView 对象。ArrayBuffer 实际上是 JavaScript 操作二进制数据的一个接口，它的作用是分配一段可以存放数据的连续内存区域。一个 ArrayBuffer 对象代表一个固定长度的用于装载数据的缓存区。在 HTML 5 中，不能直接操作 ArrayBuffer 对象中的内容，需要 ArrayBufferView 对象来读写。ArrayBufferView 对象可以将缓存区中的数据转换为各种数据类型的数组。

12.2.2 ArrayBuffer 对象

ArrayBuffer 对象代表一个存储固定长度的二进制数据的缓存区。不能直接存取 ArrayBuffer 缓存区中的内容，必须通过 ArrayBufferView 对象来读写 ArrayBuffer 缓存区中的内容。

在 HTML 5 中，使用 ArrayBuffer 的构造方法可以创建 ArrayBuffer 对象。

```
var arrayBuffer = new ArrayBuffer(length);
```

ArrayBuffer 的构造方法中，参数 length 是该对象分配到的缓冲区的长度。成功创建 ArrayBuffer 对象后，该对象所在的缓存区中的所有内容将初始化为 0。创建 ArrayBuffer 对象时如果无法分配请求数目的字节，则将引发异常。

ArrayBuffer 对象具有 byteLength 属性，可返回所分配的缓存区的字节长度。例如，

```
var buffer = new ArrayBuffer(32);
```

则 buffer.byteLength 的值为 32。

ArrayBuffer 对象有一个 slice()方法，允许将内存区域的一部分，拷贝生成一个新的 ArrayBuffer 对象。下面的代码拷贝 buffer 对象的前 3 个字节，生成一个新的 ArrayBuffer 对象。

```
var buffer = new ArrayBuffer(8);
var newBuffer = buffer.slice(0,3);
```

slice()方法执行时其实包含两步，第一步是先分配一段新内存，第二步是将原来那个 ArrayBuffer 对象拷贝过去。slice 方法接受两个参数，第一个参数表示复制开始的字节序号，第二个参数表示复制截止的字节序号。如果省略第二个参数，则默认到原 ArrayBuffer 对象的结尾。除了 slice()方法，ArrayBuffer 对象不提供任何直接读写内存的方法，只允许对其建立 ArrayBufferView 视图，然后通过视图读写。

12.2.3 ArrayBufferView 对象

1. ArrayBufferView 对象概述

由于 ArrayBuffer 对象不提供任何直接读写内存的方法，而 ArrayBufferView 对象实际上是建立在 ArrayBuffer 对象基础上的视图，它指定了原始二进制数据的基本处理单元，用来读取 ArrayBuffer 对象的内容。ArrayBuffer 作为内存区域，可以存放多种类型的数据。

在 HTML5 中，一般不直接使用 ArrayBufferView 对象，而是使用其子类的对象来存取 ArrayBuffer 缓存区中的数据。表 12-1 为 ArrayBuffer 对象不同的存储视图。

表 12-1　ArrayBuffer 对象存储的视图

类型	字节长度	描述	类型	字节长度	描述
Int8Array	1	8 位整数数组	Int32Array	4	32 位整数数组
Uint8Array	1	8 位无符号整数数组	Uint32Array	4	32 位无符号整数数组
Uint8ClampedArray	1	8 位无符号整数数组	Float32Array	4	32 位浮点数数组
Int16Array	2	16 位整数数组	Float64Array	8	64 位浮点数数组
Uint16Array	2	16 位无符号整数数组			

2. ArrayBufferView 对象的生成

ArrayBufferView 对象的每一个子类均有多种方法生成。

（1）在 ArrayBuffer 对象上生成视图

下面的代码展示了在 ArrayBuffer 对象上生成 ArrayBufferView 视图。

```
// 创建一个 8 字节的 ArrayBuffer
var b = new ArrayBuffer(8);
// 创建一个指向 b 的 Int32 视图，开始于字节 0，直到缓冲区的末尾
var v1 = new Int32Array(b);
// 创建一个指向 b 的 Uint8 视图，开始于字节 2，直到缓冲区的末尾
var v2 = new Uint8Array(b, 2);
// 创建一个指向 b 的 Int16 视图，开始于字节 2，长度为 2
var v3 = new Int16Array(b, 2, 2);
```

上面代码在一段长度为 8 个字节的内存（b）之上，生成了 3 个视图：v1、v2 和 v3。视图的构造方法可以接受 3 个参数。

- 第一个参数：视图对应的底层 ArrayBuffer 对象，该参数是必需的。
- 第二个参数：视图开始的字节序号，默认从 0 开始。
- 第三个参数：视图包含的数据个数，默认直到本段缓存区结束。

因此，v1、v2 和 v3 是重叠的：v1 是一个 32 位整数，指向字节 0；v2 是一个 8 位无符号整数，指向字节 2；v3 是一个 16 位整数，指向字节 2。只要任何一个视图对内存有所修改，就会在另外两个视图上反应出来。

（2）直接生成

视图还可以不通过 ArrayBuffer 对象，直接分配内存而生成。

```
var f64a = new Float64Array(8);
f64a[0] = 10;
f64a[1] = 20;
f64a[2] = f64a[0] + f64a[1];
```

上面代码生成一个包含 8 个元素的 Float64Array 数组（共 64 字节），然后依次对每个成员赋值。这时，视图构造方法的参数就是成员的个数。可以看到，视图数组的赋值操作与普通数组的操作是相同的。

（3）将普通数组转为视图数组

将一个数据类型符合要求的普通数组，传入构造方法，也能直接生成视图，视图可以由一个类型化数组引用。

```
var typedArray = new Uint8Array( [ 1, 2, 3, 4 ] );
```

上面代码将一个普通的数组，赋值给一个新生成的 8 位无符号整数的视图数组。

视图数组也可以转换回普通数组。

```
var normalArray = Array.apply([],typedArray);
```

3. ArrayBufferView 对象的操作

建立了视图以后，就可以进行各种操作了。这里需要明确的是，视图其实就是普通数组，语法完全没有什么不同，只不过它直接针对内存进行操作，而且每个成员都有确定的数据类型。

（1）数组操作

普通数组的操作方法和属性，对视图完全适用。

```
var buffer = new ArrayBuffer(16);
var int32View = new Int32Array(buffer);
   for (var i=0; i<int32View.length; i++) {
   int32View[i] = i*2;
}
```

上面代码生成一个 16 字节的 ArrayBuffer 对象，然后在它的基础上，建立了一个 32 位整数的视图。由于每个 32 位整数占据 4 个字节，所以一共可以写入 4 个整数，依次为 0、2、4、6。

总之，与普通数组相比，视图的最大优点就是可以直接操作内存，不需要数据类型转换，所以速度快得多。

（2）buffer 属性的使用

视图的 buffer 属性，返回整段内存区域对应的 ArrayBuffer 对象。该属性为只读属性。

```
var a = new Float32Array(64);
var b = new Uint8Array(a.buffer);
```

上面代码的 a 对象和 b 对象，对应同一个 ArrayBuffer 对象，即同一段内存。

（3）byteLength 属性和 byteOffset 属性的使用

byteLength 属性返回视图占据的内存长度，单位为字节。byteOffset 属性返回视图从底层 ArrayBuffer 对象的哪个字节开始。这两个属性都是只读属性。观察下面代码和注释。

```
var b = new ArrayBuffer(8);
var v1 = new Int32Array(b);          //v1.byteLength=8,v1.byteOffset=0
var v2 = new Uint8Array(b, 2);       //v2.byteLength=6,v2.byteOffset=2
var v3 = new Int16Array(b, 2, 2);    //v3.byteLength=4,v3.byteOffset=2
```

注意将 byteLength 属性和 length 属性进行区分，前者是字节长度，后者是成员长度。例如，下面的代码。

```
var a = new Int16Array(8);
```

则 a.length 值为 8，而 a.byteLength 的值是 16。

12.2.4 DataView 对象

1. DataView 对象概述

如果一段数据包括多种类型（比如服务器传来的 HTTP 数据），这时除了建立 ArrayBuffer 对象的复合视图以外，还可以通过 DataView 视图进行操作。

DataView 视图提供更多操作选项，而且支持设定字节序。从设计目的而言，ArrayBuffer 对象的各种视图，是用来向网卡、声卡之类的本机设备传送数据，所以使用本机的字节序就可以了；而 DataView 的设计目的，是用来处理网络设备传来的数据，所以大端字节序或小端字节序是可以自行设定的。

2. DataView 对象的生成

DataView 本身也是构造方法，接受一个 ArrayBuffer 对象作为参数，生成视图，构造

DataView 对象的语法格式如下。

```
DataView(ArrayBuffer buffer [, start [, length]]);
```

其中，start 表明 ArrayBuffer 对象的字节起始位置，length 表明长度。

下面是一个构造 DataView 对象的示例。

```
var buffer = new ArrayBuffer(24);
var dv = new DataView(buffer);
```

3. DataView 对象读取内存的方法

DataView 视图读取内存的方法如表 12-2 所示。

表 12-2　DataView 视图读取内存的方法

方法	功能	方法	功能
getInt8()	读取 1 个字节，返回一个 8 位整数	getInt32()	读取 4 个字节，返回一个 32 位整数
getUint8()	读取 1 个字节，返回一个无符号的 8 位整数	getUint32()	读取 4 个字节，返回一个无符号的 32 位整数
getInt16()	读取 2 个字节，返回一个 16 位整数	getFloat32()	读取 4 个字节，返回一个 32 位浮点数
getUint16()	读取 2 个字节，返回一个无符号的 16 位整数	getFloat64()	读取 8 个字节，返回一个 64 位浮点数

这一系列 get 方法的参数都是一个字节序号，表示从哪个字节开始读取。

```
var buffer = new ArrayBuffer(24);
var dv = new DataView(buffer);
var v1 = dv.getUint8(0);        // 从第 1 个字节读取一个 8 位无符号整数
var v2 = dv.getUint16(1);       // 从第 2 个字节读取一个 16 位无符号整数
var v3 = dv.getUint16(3);       // 从第 4 个字节读取一个 16 位无符号整数
```

上面代码读取了 ArrayBuffer 对象的前 5 个字节,其中有一个 8 位整数和两个十六位整数。

DataView 视图写入内存的方法如表 12-3 所示。

表 12-3　DataView 视图写内存的方法

方法	功能	方法	功能
setInt8()	写入 1 个字节的 8 位整数	setInt32()	写入 4 个字节的 32 位整数
setUint8()	写入 1 个字节的 8 位无符号整数	setUint32()	写入 4 个字节的 32 位无符号整数
setInt16()	写入 2 个字节的 16 位整数	setFloat32()	写入 4 个字节的 32 位浮点数
setUint16()	写入 2 个字节的 16 位无符号整数	setFloat64()	写入 8 个字节的 64 位浮点数

这一系列 set 方法，接受两个参数，第一个参数是字节序号，表示从哪个字节开始写入，第二个参数为写入的数据。对于需要写入两个或两个以上字节的方法，应指定第三个参数，参数值为 false 或者 undefined 时表示写入大端字节，否则表示写入小端字节。

12.3　Blob 对象

12-2　HTML5 文件 API 之 Bolb 对象

12.3.1　使用 Blob 对象获取文件大小和类型

Blob 表示二进制原始数据，Blob 对象有两个属性，size 属性表示一个 Blob 对象的字节长度，type 属性表示 Blob 对象的 MIME 类型，如果是未知类型，则返回一个空字符串。

1. size 属性

表示 Blob 对象的字节长度。Blob 对象的二进制数据可借助 FileReader 接口读取。如果 Blob 对象没有字节数，则 size 属性为 0。

2. type 属性

表示 Blob 对象的 MIME 类型。使用 type 属性获取文件的 MIME 类型，可以更加精确地确定文件的类型，可避免因更改文件的扩展名而造成文件类型的误判。

示例 12-3 说明 Blob 对象的两个属性。单击“选择文件”按钮选择文件后，单击“显示文件信息”按钮，在页面中将显示文件的名字、长度与类型。

```
<!--demo1203.html-->
<!DOCTYPE html>
<html>
<head>
<meta charset="UTF-8">
<title>Blob 对象使用</title>
</head>
<body>
<script language=javascript>
function ShowFileType() {
   var file;
   //获得用户选择的文件
   file = document.getElementById("file").files[0];
   var name=document.getElementById("name");
   var size=document.getElementById("size");
   var type=document.getElementById("type");
   //显示文件字节长度和文件类型
   name.innerHTML=file.name;
   size.innerHTML=file.size;
   type.innerHTML=file.type;
       }
</script>
<h3>请选择文件：</h3>
<input type="file" id="file" name="file" />
<input type="button" value="显示文件信息" onclick="ShowFileType();" />
<hr/>
文件名字：<span id="name"></span>
文件长度：<span id="size"></span>
文件类型：<span id="type"></span>
</body>
</html>
```

代码运行结果如图 12-3 所示。

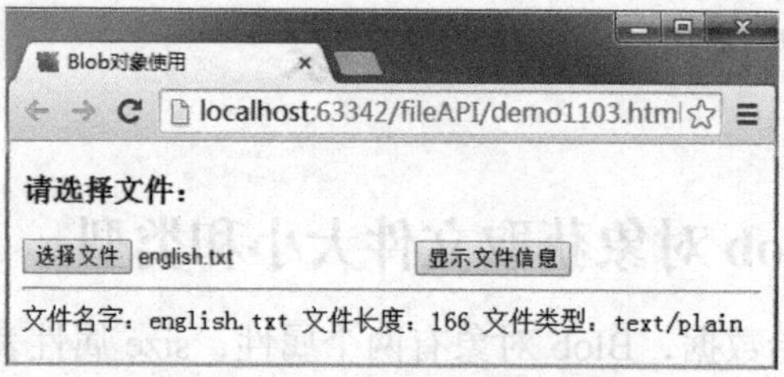

图 12-3　Blob 对象及其属性的使用

Blob 对象的 type 属性可以用来选择文件类型，例如，以“image/”开头表示的是图像类型，以“text/”开头的是文本文件类型。利用 type 属性可以在 JavaScript 中判断用户选择的文件类型。示例 12-4 通过 Blob 对象的 type 属性来判断用户选择的多个文件的类型，如果不是指定类型，将弹出提示信息。

```
<!--demo1204.html-->
<!DOCTYPE html>
<html>
<head>
<meta charset="UTF-8">
<title>Blob 对象的 type 属性</title>
<script language=javascript>
function FileUpload() {
   var file;
         for(var i=0;i<document.getElementById("file").files.length;i++) {
            file = document.getElementById("file").files[i];
            if(!/image\/\w+/.test(file.type)) {
               alert(file.name+"不是图像文件! ");
               break;
            }
            else {
               //此处可加入文件处理的代码
               alert(file.name+"文件已上传");
            }
         }
      }
   </script>
</head>
<body>
   <h3>选择文件</h3>
   <input type="file" id="file" multiple/>
   <input type="button" value="文件上传" onclick="FileUpload();"/>
</body>
</html>
```

代码中 if(!/image\/\w+/.test(file.type))一行解释如下。

- “/image\/\w+/.”是一个使用了转义符的表达式，其中“\w”表示匹配 a-z、A-Z、0-9 以及下划线等字符。
- “/.”返回“.”。
- test() 方法用于检测一个字符串是否匹配某个模式，其语法格式如下。

```
RegExpObject.test(string)
```

如果字符串 string 中含有与 RegExpObject 匹配的文本，则返回 true，否则返回 false。

- file.type 在这个例子中表示的是文件格式，如果上传的是 png 格式的图片，则 file.type 的值是 image/png；如果上传的是文本文件，则 file.type 的值是 text/plain。

3. 通过 accept 属性过滤选择的文件

在选择文件上传后，根据文件返回的类型过滤所选择的文件，也是一种经常使用的方法，但在 HTML4 之前需要编写的代码量较大。在 HTML 5 中，可以通过为 file 类型的 input 元素添加 accept 属性来指定要过滤的文件类型。在设置完 accept 属性之后，在浏览器中选择文件时会自动筛选符合条件的文件。例如，选择图像文件的语法格式如下。

```
<input type="file" id="file" multiple accept="image/jpeg"/>
```

通过简单设置元素的一个属性，就可以在文件选择前过滤所选文件的类型，这种方法比较简单，同时操作也方便。但目前有少数浏览器还不支持 accept 属性。使用这种方法筛选上传文件类型时，还需要谨慎。

12.3.2 通过 slice()方法分割文件

Blob 对象有一个方法 slice()，用于将 Blob 对象分割为更小的二进制 Blob 对象。File 对象是继承 Blob 对象的，因此 File 对象也含有 slice()方法。使用这个方法可以将任何一个 File 文件进行切割。

下面的代码使用 Blob 对象的 slice()方法分割一个文件。

```
// 获取一个上传的文件，并通过 slice 方法分割
var file = document.getElementById('file').files[0];
var file1 = file.slice(startByte,endByte);
```

这里需要注意它的参数，第一个参数 startByte 表示文件起始读取 Byte 字节，第二个参数则是结束读取字节。slice()方法的返回值仍然是一个 Blob 类型。

示例 12-5 通过 Blob 对象的 slice()方法来分割选择的文件，并将分割后的文件大小显示出来。

```
<!--demo1205.html-->
<!DOCTYPE html>
<html>
<head>
<meta charset="UTF-8">
<title>Blob 对象 slice()方法</title>
<body>
<script>
function readBlob() {
    var file = document.getElementById('file').files[0];
    if (file) {
      // 从中间分割到结尾
      var fileChunkFromEnd = file.slice(-(Math.round(file.size / 2)));
      var size=document.getElementById("middlesize");
      middlesize.innerHTML=fileChunkFromEnd.size; //显示文件字节长度
      // 从头分割到中间
      var fileChunkFromStart = file.slice(0, Math.round(file.size / 2));
      var size=document.getElementById("startsize"); //显示文件字节长度
      startsize.innerHTML=fileChunkFromStart.size;
      // 从开始处至文件结束之前的 150 字节处。
      var fileNoMetadata = file.slice(0, -150, "application/experimental");
      var size=document.getElementById("partsize");
      partsize.innerHTML=fileNoMetadata.size;  //显示文件字节长度
      }
}
</script>
<input type="file" id="file" />
<input type="button" value="分割文件" onclick=" readBlob()"/>
<p>中间开始至文件结束  文件长度：<span id="middlesize"></span></p>
<p>从头开始至文件中间  文件长度：<span id="startsize"></span></p>
```

```
    <p>至文件结束前 150 字节文件长度：<span id="partsize"></span></p>
</body>
</html>
```

图 12-4 所示为 slice 方法分割选择的文件效果。

图 12-4　使用 Blob 对象的 slice()方法分割文件

12.4　FileReader 接口

FileReader 接口主要用来将文件读入到内存中，并且读取文件中的数据。本节详细介绍该接口中用于读取文件的方法，以及监听读取进度的事件。

12-3　HTML5 文件 API 之 FileReader 对象

12.4.1　FileReader 接口的方法

FileReader 接口有 5 个方法，表 12-4 列出了这些方法以及它们的参数和功能，需要注意的是，无论读取成功或失败，方法并不会返回读取结果，这一结果存储在调用该方法的对象的 result 属性中。

表 12-4　FileReader 接口的方法

方法名	参数类型	描述
abort()	无参数	中断读取
readAsBinaryString(in Blob blob)	file	将文件读取为二进制码
readAsDataURL(in Blob blob)	file	将文件读取为 DataURL
readAsArrayBuffer(in Blob blob)	file	将文件读取为 ArrayBuffer 对象
readAsText(in Blob blob, [optional] in DOMString encoding)	file	将文件读取为文本

- readAsBinaryString(in Blob blob)：将文件读取为二进制字符串并保存在 result 属性中，通常将它传送到后端，后端可以通过这段字符串存储文件。
- readAsDataURL(in Blob blob)：读取文件，并将数据以 URL 的形式保存在实例对象 result 属性中，如可以直接赋给图片的 src 属性等。
- readAsArrayBuffer(in Blob blob)：该方法将 Blob 对象或 file 对象中的内容读取为

ArrayBuffer 对象。

- readAsText(in Blob blob, [optional] in DOMString encoding)：以纯文件的形式读取文件，并将取到的文本保存在实例对象的 result 属性中。该方法有两个参数，其中第二个参数是文本的编码方式，默认值为 UTF-8。这个方法将文件以文本方式读取，读取的结果即是这个文本文件中的内容。

12.4.2 FileReader 接口的事件

FileReader 接口提供了很多常用的事件以及一套完整的事件处理机制。通过这些事件的触发，可以清晰地捕获读取文件的详细过程，以便更加精确地定位每次读取文件时事件的先后顺序，为编写事件代码提供有力的支持。FileReader 接口的常用事件如表 12-5 所示。

表 12-5　　FileReader 接口的事件

事件	描述
onabort	中断时触发回调函数调用
onerror	出错时触发回调函数调用。如果产生了 error 事件，那么 load 事件将不会再产生；触发 error 事件，相关的信息将会保存到 FileReader 的 error 属性中
onload	文件读取成功完成时触发回调函数调用
onloadend	读取完成触发回调函数调用，无论读取文件成功或失败
onloadstart	读取开始时触发回调函数调用
onprogress	数据读取中触发回调函数调用，通常用来跟踪当前文件读取的进度，它一般在文件读取的过程中，每隔 50ms 左右触发一次

12.4.3 FileReader 接口的应用

1. FileReader 接口中读取文件的方法

下面通过示例 12-6 来观察 FileReader 接口的 readAsText()、readAsBinaryString()、readAsDataURL()方法的应用，代码清单如下。

```
<!--demo1206.html-->
<!DOCTYPE html>
<html>
<head>
<meta charset="utf-8">
<title>fileReader 方法示例</title>
</head>
<body>
<script language=javascript>
    var result=document.getElementById("result");
    var file=document.getElementById("file");
    //将文件以 Data URL 形式进行读入页面
    function readAsDataURL() {
        //检查是否为图像文件
        var file = document.getElementById("file").files[0];
        if(!/image\/\w+/.test(file.type)) {
            alert("请确保文件为图像类型");
```

```
            return false;
        }
        var reader = new FileReader();
        //将文件以 Data URL 形式进行读入页面
        reader.readAsDataURL(file);
        reader.onload = function(e) {
            var result=document.getElementById("result");
            //在页面上显示文件
            result.innerHTML = '<img src="'+this.result+'" alt=""/>'
        }
    }
    //将文件以二进制形式进行读入页面
    function readAsBinaryString() {
        var file = document.getElementById("file").files[0];
        var reader = new FileReader();
        //将文件以二进制形式进行读入页面
        reader.readAsBinaryString(file);
        reader.onload = function(f) {
            var result=document.getElementById("result");
            result.innerHTML=this.result;   //在页面上显示二进制数据
        }
    }
    //将文件以文本形式进行读入页面
    function readAsText() {
        var file = document.getElementById("file").files[0];
        var reader = new FileReader();
        //将文件以文本形式进行读入页面
        reader.readAsText(file);
        reader.onload = function(f) {
            var result=document.getElementById("result");
            result.innerHTML=this.result;
        }
    }
</script>
<h3>请选择文件：</h3>
<input type="file" id="file" />
<input type="button" value="读取图像" onclick="readAsDataURL()"/>
<input type="button" value="读取二进制数据" onclick="readAsBinaryString()"/>
<input type="button" value="读取文本文件" onclick="readAsText()"/><p></p>
<div name="result" id="result">
<!-- 这里用来显示读取结果 -->
</div>
</body>
</html>
```

代码中包含 readAsDataURL()、readAsBinaryString()、readAsText()三个方法，分别对应 FileReader 接口的 3 个方法，当 input 的 onclick 事件触发时，调用相应的 3 个函数，每个函数都是首先获取到 file 对象，然后创建一个 FileReader 实例，并且调用各自对应的 FileReader 接口方法实现所需的功能，最后将结果显示在 div 容器中。

选择一个图片文件，单击“读取图像”按钮后的效果如图 12-5 所示。

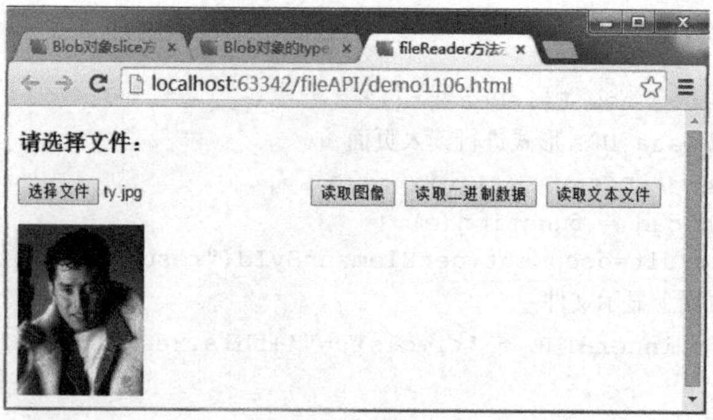

图 12-5 读取图像文件的显示效果

如果以二进制方式读取文件，显示的是二进制编码（乱码）。如果选择一个文本文件，单击“读取文本文件”按钮后的效果如图 12-6 所示，但应注意，文本文件应以 UTF-8 格式保存。

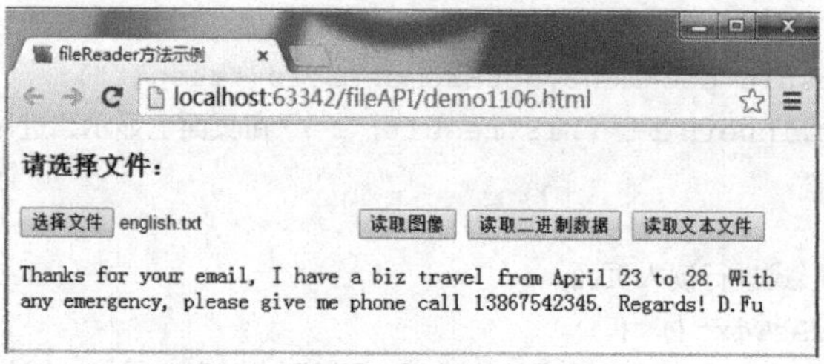

图 12-6 读取二进制文件的显示效果

2. FileReader 接口的事件处理应用示例

下面再通过示例 12-7 来观察 FileReader 接口的事件以及一套完整的事件处理机制，代码清单如下。

```
<!--demo1207.html-->
<!DOCTYPE html>
<html>
<head lang="en">
<meta charset="UTF-8">
<title>fileReader 接口的事件处理</title>
</head>
<body>
<script language=javascript>
    function readFile(){
        var file = document.getElementById("file").files[0];
        var reader = new FileReader();
        var result=document.getElementById("result");
        reader.onload = function(e) {
            result.innerHTML = '<img src="'+this.result+'" alt=""/>'
            alert("load");
        }
        reader.onprogress = function(e){
            alert("progress");
        }
        reader.onabort = function(e) {
            alert("abort");
```

```
            }
            reader.onerror = function(e)  {
                alert("error");
            }
            reader.onloadstart = function(e) {
                alert("loadstart");
            }
            reader.onloadend = function(e) {
                alert("loadend");
            }
            reader.readAsDataURL(file);
        }
    </script>
    <p>
    <label>请选择一个图像文件：</label>
    <input type="file" id="file" />
    <input type="button" value="显示图像" onclick="readFile()" />
    </p>
    <div name="result" id="result">
    <!-- 这里用来显示读取结果 -->
    </div>
    </body>
    </html>
```

选择一个图片文件，单击“显示图像”按钮后，如果图像文件能正常读取，将依次显示 loadstart、progress、load、loadend 事件的执行过程。其中，第三个事件(load)的执行显示效果如图 12-7 所示，此时图像文件将显示在浏览器窗口中。

图 12-7　读取二进制文件显示效果

12.5　拖放 API

12-4　HTML5 拖放

HTML5 之前的拖放事件大多使用 DOM 事件模型中的 mousedown、

mousemove、mouseup 的事件监听来实现。为了实现实时的拖曳移动效果，要不停地获取鼠标的坐标，还要不停地修改元素的位置，而且只支持浏览器内部的拖放，这些操作需要通过大量的 JavaScript 代码来实现，编程难度大，使用很不方便。而使用 HTML5 拖放操作的 API 可以极大地降低编程难度，使用极为方便。HTML5 拖放操作的 API，除了支持浏览器内部元素的拖放外，同时支持浏览器和其他应用程序之间的元素拖放。

12.5.1 拖放 API 简介

1. draggable 属性

HTML5 为所有的 HTML 元素都提供了一个 draggable 属性，用于指定一个元素是否可以被拖放。draggable 有以下 4 种取值。

- true：表示此元素可拖放。
- false：表示此元素不可拖放。
- auto：除 img 和带 href 的 a 标记表示可拖放外，其他标记均不可拖放。

例如，下面的两个 div 元素第一个不能拖放，第二个可以拖放。

```
<!-- 禁止元素被拖动 -->
<div draggable="false">不能拖动我</div>
<!-- 让元素可以被拖动 -->
<div draggable="true">可以被拖动</div>
```

2. 拖放事件

如果将 HTML 5 中某个元素的 draggable 属性的值设置为 true，该元素就可以被拖放。元素在拖放过程中将触发众多的事件。监听这些事件可以更加准确、及时地反映元素从拖动到放下这一过程的各种状态与数据值。表 12-6 列出了与拖放操作相关事件的具体说明。

表 12-6　　拖放的相关事件

事件	产生事件的元素	描述
dragstart	被拖放元素	开始拖放操作
drag	被拖放元素	在 dragstart 之后，释放鼠标之前，不管鼠标是否移动，此事件不停地被触发
dragenter	拖放过程中鼠标经过的元素	被拖放元素进入目标元素时，触发一次
dragleave	鼠标离开前的目标元素	被拖放元素离开本元素范围时触发一次
dragover	拖放过程中鼠标经过的元素	在 dragenter 之后，dragleave 之前，不管是否移动，此事件都将不停地触发
drop	拖放的目标元素	释放鼠标后，由目标元素触发
dragend	被拖放元素	释放鼠标后，由被拖放元素触发，顺序在 drop 之后

12.5.2 拖放的实现过程

在 HTML5 中要想实现拖放操作，需要以下步骤。

（1）指定拖放源并设置元素为可拖放

为了使元素可拖动，把 draggable 属性设置为 true。常见的元素有图片、文字、动画等。

（2）处理拖拽事件

编写 dragstart、drag 等事件的处理程序。

（3）指定放置位置并处理放置事件

将可拖放元素放到合适位置，实现该功能的事件是 ondragover，默认情况下，无法将数据、元素放置到其他元素中。如果需要设置允许放置，用户必须阻止目标元素的默认处理方式。

（4）放置并处理拖曳结束事件

当放置被拖放元素时，就会发生 drop 事件、dragend 事件等。

示例 12-8 实现了拖放功能，实现的是将一张图片拖放到一个矩形框中，代码如下。

```
<!--demo1208.html-->
<!DOCTYPE html>
<html>
<head>
<meta charset="UTF-8">
<title>拖放简单实例</title>
<style type="text/css">
        div#div1 {
            width:220px;height:140px;
            padding:10px;
            border:1px solid #aaaaaa;
        }
</style>
<script type="text/javascript">
  function allowDrop(ev) {
    ev.preventDefault();//阻止默认事件
  }
  function drag(ev) {
    //鼠标拖动图片的时候，将图片 id 复制到剪贴板上
    ev.dataTransfer.setData("text/plain",ev.target.id);
  }
  function drop(ev)  {
     ev.preventDefault();
     //在 div 块内松开鼠标，获取剪贴板中的内容
     var data=ev.dataTransfer.getData("text/plain");
     //将 id 为 data 的内容插入到 div 块中
     ev.target.appendChild(document.getElementById(data));
   }
</script>
</head>
<body>
<p>请把图片拖放到矩形中：</p>
<div id="div1" ondrop="drop(event)" ondragover="allowDrop(event)"></div>
<br />
<img id="drag1" src="images/book.jpg" draggable="true" ondragstart="drag(event)" />
</body>
</html>
```

示例 12-8 拖放的效果如图 12-8 和图 12-9 所示。

图 12-8　拖放前的效果

图 12-9　拖放后的效果

下面针对代码中的几个知识点进行详细介绍。

- 要实现拖放，必须把被拖放元素的 draggable 属性设置为 true。
- 开始拖动（dragstart 事件发生）时，使用 setData()方法把要拖动的数据存入 DataTransfer 对象。DataTransfer 对象用来存放拖放时要携带的数据。
- setData()方法中的第一个参数是拖放数据的数据类型的字符串，只能使用类似“text/plain”或“text/html”的表示 MIME 类型的文字，不能填入其他文字；第二个参数为要拖动的数据。
- 拖放的目标元素，必须在 dragend、dragover 或 drop 事件内调用“event.preventDefault()”方法，关闭目标元素默认处理方式。因为默认情况下，拖放的目标元素是不允许接受元素的。
- 目标元素接受到被拖放的元素后，执行 getData()方法从 DataTransfer 那里获得数据。getData()方法的参数为 setData()方法中指定的数据类型。
- 要实现拖放过程，还必须设定整个页面为不执行默认处理（拒绝被拖放），否则拖放处理也不能被实现。因为页面是先于其他元素接受拖放的，如果页面上拒绝拖放，则页面上其他元素就都不能接受拖放了。

本示例中的数据使用了“text/plain”这个 MIME 类型，也可以从其他使用同样 MIME 类型的应用程序中把该类型的数据拖动到目标元素中。现在支持拖动处理的 MIME 的类型有：“text/plain（文本文字）”、“text/html（HTML 文字）”、“text/xml（XML 文字）”、“text/uri-list（URL 列表，每个 URL 为一行）”。

12.6　DataTransfer 对象的属性与方法

在拖放操作的过程中，用户可以使用 DataTransfer 对象来传输数据，以便在拖放操作结束的时候对数据进行其他的操作。

12.6.1　DataTransfer 对象的属性及拖放视觉效果

1. DataTransfer 对象的属性

DataTransfer 对象的属性及说明如表 12-7 所示。

表 12-7　　DataTransfer 对象的属性

属性	描述
effectAllowed	用于设置或返回指定元素被拖放时的显示效果，可以设定的值包括 “none” “copy” “copyLink” “copyMove” “link” “linkMove” “move” “all” “uninitialized”
dropEffect	用于设置或返回指定被拖放元素释放时的显示效果，该属性设置的取值必须在 effectAllowed 设置范围内，否则无效
items	用于返回 DataTransferItemList 对象
types	用于返回已保存的数据类型，如果是文件操作则返回文件类型
files	用于返回被拖放的文件列表

2. 设定拖放时的视觉效果

dropEffect 属性与 effectAllowed 属性结合起来可以设定拖放时的视觉效果。effectAllowed 定义了在源对象上的操作，表示当一个元素被拖动时所允许的视觉效果，一般在 dragstart 事件中设定，允许设定的值为 none、copy、copyLink、copyMove、link、linkMove、move、all、unintialize 等。

dropEffect 定义了在目标对象上的操作，表示实际拖放时的视觉效果，一般在 dragover 事件中指定，允许设定的值为 none、copy、link、move。dropEffect 属性所表示的实际视觉效果必须在 effectAllowed 属性所表示的允许的视觉效果范围内。

设定施放效果的规则如下。

- 如果 effectAllowed 属性设定为 none，则不允许拖放元素。
- 如果 dropEffect 属性设定为 none，则不允许被拖放到目标元素中。
- 如果 effectAllowed 属性设定为 all 或不设定，则 dropEffect 属性允许被设定为任何值，并且按指定的视觉效果进行显示。
- 如果 effectAllowed 属性设定为具体效果（不为 none、all），dropEffect 属性也设定了具体视觉效果，则两个具体效果值必须完全相等，否则不允许将被拖放元素拖放到目标元素中。

12.6.2　DataTransfer 对象的方法

DataTransfer 对象包括 setData()、getData()、clearData()等方法。

（1）setData(format, data)

该方法将指定类型的数据信息存入 dataTransfer 对象，参数 format 表示保存的数据类型，参数 data 表示数据内容。

下面代码使用 setData()方法将数据 e.target.id 保存到 dataTransfer 对象。

```
src.ondragstart = function (e) {                    //开始拖放元素时触发
    e.dataTransfer.setData("text",e.target.id);//使用 dataTransfer 保存拖放元素 ID
    msg.innerHTML="开始拖放："+draggedID;
}
```

（2）getData(format)

该方法用于从 dataTransfer 对象中读取指定类型的数据信息，参数 format 表示读取的数据类型。

下面代码使用 getData()方法从 dataTransfer 对象取得数据。

```
target.ondrop = function(ev){  //释放鼠标的时候触发
    target.innerHTML=ev.dataTransfer.getData('text');
    e.preventDefault();
}
```

（3）clearData(format)

该方法用于从 dataTransfer 对象中移除指定类型的数据信息，参数 format 表示移除的数据类型。

（4）setDragImage(image,x,y)

该方法用于设置拖曳过程中鼠标指针显示的图标，当没有显示调用 setDragImage()方法进行设置时，拖曳图标将使用默认样式。参数 image 用于设定拖曳图标的图像元素，x 用于设定图标与鼠标指针在 x 轴方向的距离，y 用于设定图标与鼠标指针在 y 轴方向的距离。

下面代码设置了拖曳过程中的鼠标指针图标。

```
src.ondragstart = function (e) {  //开始拖曳元素时触发
    draggedID = e.target.id;        //获取拖曳对象 ID
    var img = document.createElement("img");
    img.src = "ico.jpg";
    e.dataTransfer.setDragImage(img,-10,-10);
    msg.innerHTML="开始拖曳: "+draggedID ;
}
```

示例 12-9 清晰地展示了 DataTransfer 对象的方法。

```
<!--demo1209.html-->
<!DOCTYPE html>
<html>
<head>
<meta charset="UTF-8">
<style type="text/css" >
        span#source{
            border:1px #000000 solid;
        }
        div#div1{
            width:150px; height:50px;
            background:red; margin:50px;
        }
</style>
<script type="text/javascript">
   window.onload = function() {
            var src=document.getElementById("source");
            var target = document.getElementById('div1');
            src.ondragstart = function(ev){ //拖曳前触发
               this.style.background = 'yellow';
               //setData()方法存储一个键值对：value 值必须是字符串
               ev.dataTransfer.setData('text',ev.target.id);
               ev.dataTransfer.effectAllowed = 'all';
               ev.dataTransfer.setDragImage(this,0,0);
            };
               src.ondragend = function(){    //拖曳结束触发
                  this.style.background = '';
            };
            target.ondragenter = function(){  //相当于 onmouseover
              this.style.background = 'green';
```

```
        };
        target.ondragleave = function(){  //相当于 onmouseout
            this.style.background = 'red';
        };
        target.ondragover = function(ev){ //进入目标离和开目标之间，连续触发
            ev.preventDefault();            //阻止默认事件
        };
        target.ondrop = function(ev){       //释放鼠标的时候触发
            this.style.background = 'red';
            target.innerHTML=ev.dataTransfer.getData('text')
        };
    };
</script>
</head>
<body>
<span id="source" draggable="true">请拖曳我</span>
<div id="div1">请拖曳到这里</div>
</body>
</html>
```

12.7　拖放的应用

12.7.1　拖动网页元素

示例 12-10 实现了网页元素的拖动，实现步骤如下。

（1）获取目标元素和可能的被拖动元素。

（2）新建变量 elementDragged，用来存放实际拖动的元素。

（3）对可能的被拖动元素绑定 dragstart 事件和 dragend 事件。

（4）绑定目标元素的 dragover 事件，主要是为了当被拖动元素进入目标元素后，改变鼠标形状。

（5）定义目标元素的 drop 事件，处理被拖动元素（从原来的位置删除）。

代码运行结果如图 12-10 所示。

```
<!--demo1210.html-->
<!DOCTYPE html>
<html>
<head>
<style type="text/css">
        ul{
            min-height:100px;
            background-color:#EEE;
            margin:20px;
            width: 200px;;
        }
        ul li{
            background-color:#CCC;
            padding:10px;
            margin-bottom:10px;
```

```
            list-style: none;;
            width: 160px;;
        }
    </style>
    <script type='text/javascript'>
        window.onload=function(){
            //获取目标元素和可能的被拖动元素
            var target = document.querySelector('#drop-target');
            var dragElements = document.querySelectorAll('#drag-elements li');
            // 新建变量 elementDragged，用来存放实际拖动的元素
            var elementDragged = null;
            //对被拖动元素绑定 dragstart 事件和 dragend 事件
            for (var i = 0; i < dragElements.length; i++) {
                dragElements[i].addEventListener('dragstart', function(e) {
                    e.dataTransfer.setData('text', this.innerHTML);
                    elementDragged = this;
                });
                dragElements[i].addEventListener('dragend', function(e) {
                    elementDragged = null;
                });
            }
            //绑定目标元素的 dragover 事件
            target.addEventListener('dragover', function(e) {
                e.preventDefault();
                e.dataTransfer.dropEffect = 'move';
                return false;
            });
            //定义目标元素的 drop 事件，从原来的位置删除被拖动元素
            target.addEventListener('drop', function(e) {
                e.preventDefault();
                e.stopPropagation();
                this.innerHTML = '从拖动区到目标区的元素是： ' + e.dataTransfer.getData('text');
                document.querySelector('#drag-elements').removeChild(elementDragged);
                return false;
            });
        }
    </script>
    <meta charset="UTF-8">
    <title>网页元素拖动示例</title>
    </head>
    <body>
    <h3>可拖动区域</h3>
    <ul id="drag-elements">
    <li draggable="true">北京</li>
    <li draggable="true">上海</li>
    <li draggable="true">广州</li>
    <li draggable="true">重庆</li>
    </ul>
    <h3>目标区</h3>
    <ul id="drop-target"></ul>
    </body>
    </html>
```

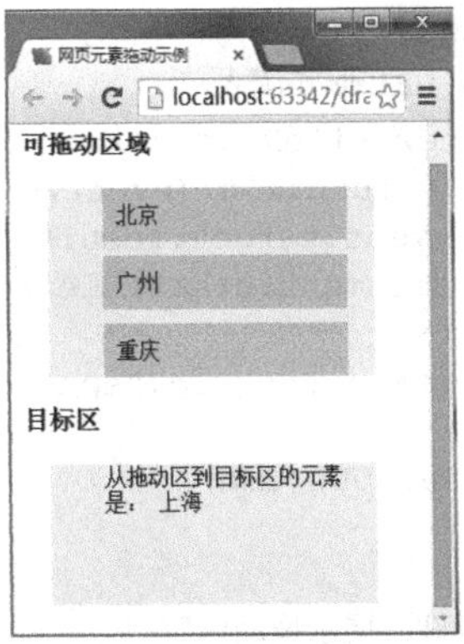

图 12-10　在网页上拖放文字

12.7.2　拖动上传图片

示例 12-11 实现了从文件夹中拖动图片到虚线框预览的效果，代码如下。

```
<!--demo1211.html-->
<!DOCTYPE html>
<html>
<head>
    <meta charset="UTF-8">
    <title>拖放上传文件</title>
    <style type="text/css">
        * {
            margin: 0;
            padding: 0;
        }
        .content {
            margin: 5px auto;
            width: 600px;
            border: 1px solid #ccc;
            padding: 20px;
        }
        .content .drag {
            width: 596px;
            min-height: 300px;
            border: 2px dashed #666;
        }
        div#title {
            min-height: 20px;
            text-align: center;
            margin-top: 10px;
        }
        span#spn-img img {
            max-width: 596px;
        }
    </style>
    <script type="text/javascript">
        //读取拖动的目标元素内容
        function fileUploadPreview(aFile) {
            var i;
            //依次处理所有文件
            for (i = 0; i < aFile.length; i++) {
```

```
                var tmp = aFile[i];
                //将文件以 Data URL 形式读入
                var reader = new FileReader();
                reader.onload = function (event) {
                    var txt = event.target.result;
                    var img = document.createElement("img");
                    img.src = txt;
                    document.getElementById("spn-img").appendChild(img);
                };
                reader.readAsDataURL(tmp);
            }
        }
        //定义目标元素的 drop 事件，展示拖动内容
        function dropFile(e) {
            fileUploadPreview(e.dataTransfer.files);
            e.stopPropagation();
            e.preventDefault();
        }
    </script>
</head>
<body>
<div class="content">
    <form>
        <div class="drag" ondrop="dropFile(event)" ondragenter="return false"
 ondragover="return false">
            <span id="spn-img" id="spn-img"></span>
        </div>
    </form>
</div>
<div id="title">
    请从文件夹中拖放图片到虚线框内!
</div>
</body>
</html>
```

首先定义了方法 fileUploadPreview(aFile)依次读取拖动到虚线框里的图片文件，将文件以 Data URL 形式读入；然后定义了方法 dropFile(e)，在该方法中调用定义好的 fileUploadPreview(aFile)方法，并传递参数“e.dataTransfer.files”，依次实现对拖动对象的显示处理。代码运行结果如图 12-11 和图 12-12 所示。

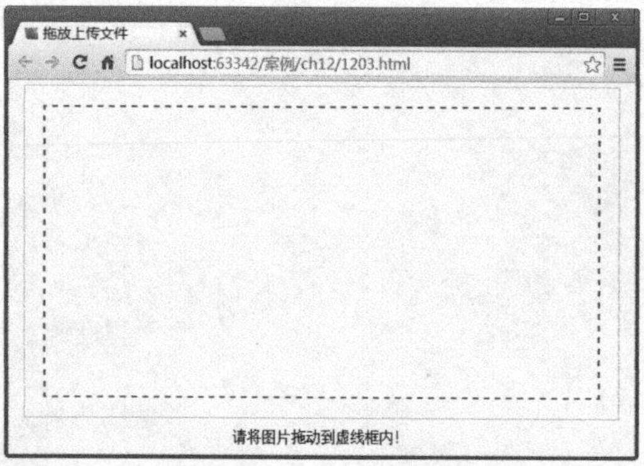

图 12-11　拖放前的效果

图 12-12　拖放后的效果

思考与练习

1. 简答题

（1）在 HTML 5 中，涉及文件操作的重要对象有哪些？这些对象的功能是什么？

（2）在 HTML 5 中，过滤所选择文件类型的方法有哪些？

（3）FileReader 接口的常用方法有哪些？每种方法都实现什么功能？

（4）在 HTML 5 中，实现拖放功能的方法是唯一的吗？

（5）请描述完成一次成功页面内元素拖曳行为事件的过程。

（6）DataTransfer 对象的方法有哪些，分别实现什么功能？

2. 操作题

（1）使用 HTML 5 中的文件 API 实现图片选择预览效果，如图 12-13 所示。

（2）使用 HTML 5 中的文件 API 读取文本文件内容，效果如图 12-14 所示。

图 12-13　选择图片文件后的效果

图 12-14　选择读取文本文件后的效果

（3）使用拖放 API 实现页面内的拖放功能，将图片拖至垃圾箱，将从页面上删除该图片，效果如图 12-15 和图 12-16 所示。

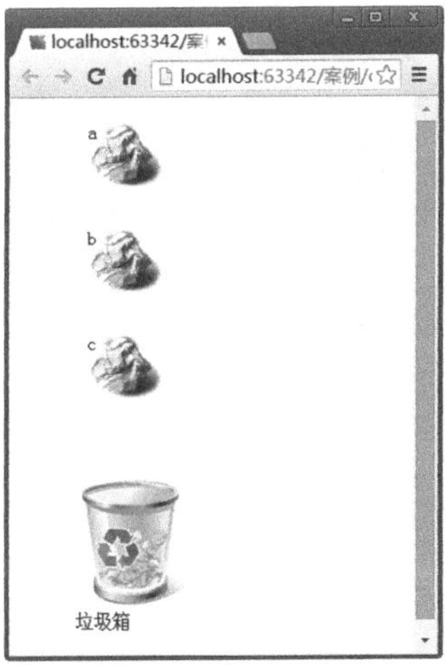

图 12-15　拖放前的效果

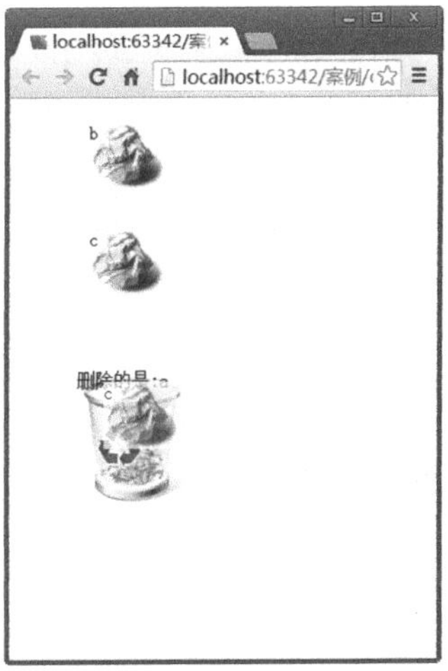

图 12-16　拖放后的效果

第 2 部分
CSS3 及其应用

第 13 章 CSS3 的选择器

学前提示

HTML 定义了一系列标记和属性，这些标记和属性主要用于描述网页的结构和定义一些基本的格式。更多的文本、图片和网页的样式在 HTML 中并没有涉及。如果需要一种技术对网页的页面布局、背景、颜色等效果实现更加精确的控制，这种技术就是 CSS。CSS3 是 CSS 技术的升级版本，以模块化的方式对 CSS 的功能重新加以组织，目前已经得到大多数浏览器的支持。本章介绍 CSS3 的选择器。

知识要点

- CSS 概述
- CSS3 的语法规则和各种选择器
- 在 HTML 中使用 CSS3 的方式

13.1 CSS3 概述

13-1 CSS 基础

CSS（Cascading Style Sheet）称为层叠样式表，也可以称为 CSS 样式表或样式表，其文件扩展名为“.css”。CSS 是用于控制网页样式，并允许将网页内容与样式信息分离的一种标记语言。

13.1.1 CSS3 简介

CSS 的引入是为了使 HTML 语言更好地适应页面的美工设计。它以 HTML 语言为基础，提供了丰富的格式化功能，如字体、颜色、背景和整体排版等，并且网页设计者可以针对各种可视化浏览器来设置不同的样式风格。随着 CSS 的广泛应用，CSS 技术越来越成熟，CSS 的发展经历了 CSS1、CSS2、CSS3 这 3 个不断渐进的标准。

1. CSS 的发展

1996 年 12 月，W3C（万维网联盟）发布了 CSS1 规范，该规范主要定义了网页的基本属性，如字体、颜色、字间距和行间距等。

1998 年 5 月，CSS2 规范发布。CSS2 规范是基于 CSS1 设计的，其包含了 CSS1 所有的功能，并在此基础上添加了一些高级功能（如浮动和定位），以及一些高级的选择器（如子选择器、相邻选择器和通用选择器等）。

2001 年 5 月，W3C 完成了 CSS3 的工作草案。该草案制订了 CSS3 的发展路线图，并将 CSS3 标准分为若干个相互独立的模块，这有助于厘清模块之间的关系，减小完整文件的体积。

目前主要使用的是 CSS3 规范，CSS3 制定完成后添加的新功能（即新样式）已经获得大多数浏览器的支持。

2. 浏览器对 CSS3 的支持

虽然目前流行的浏览器对 CSS 都有很好的支持，但不同浏览器对 CSS3 很多细节的处理存在差异。可能某个标记属性能够被一种浏览器支持而不能被另一种浏览器支持，或者两个浏览器都支持但显示效果不一样。例如，CSS3 中的 border-image 属性用来设计图像边框，如果在 IE 浏览器、Chrome 浏览器和 Firefox 浏览器中使用，需要分别声明，但本质上并没有大的变化。设置一个 div 块 border-image 属性的代码如下。

```
div {
    border-image:url(images/borderimage.png) 20/18px;          /*IE 浏览器*/
    -moz-border-image:url(images/borderimage.png) 20/18px;     /* Firefox 浏览器*/
    -webkit-border-image:url(images/borderimage.png) 20/18px; /* Chrome 浏览器*/
    padding:20px;
  }
```

一些主流浏览器曾经通过定义私有属性来加强页面显示效果，导致现在每个浏览器都存在大量的私有属性。目前，这些私有属性一部分被 CSS3 标准接受，也有一部分被淘汰。采用 CSS3 规范后，网页的布局更加合理，样式更加美观。随着所有浏览器都将支持 CSS3 样式，网页设计者将可以使用统一的标记，在不同浏览器上实现一致的显示效果，网页设计将会变得非常容易。

3. CSS 的编辑器

CSS 文件和 HTML 文件一样，都是文本格式文件，可以使用如 NotePad+、记事本等文本编辑工具，也可以选择专业的 CSS 编辑工具，如 Dreamweaver CS5、WebStorm 和 IntelliJ IDEA 等。本章使用 Dreamweaver CS5，但 Dreamweaver CS5 对部分 CSS3 新增的标记并没有足够的语法提示。

13.1.2 CSS 的一个示例

在 CSS 还没有被引入页面设计之前，使用 HTML 语言设计页面是十分麻烦的。例如，一个网页中有多处涉及<h2>标记定义的标题，如果要把它设置为蓝色，并对字体进行相应的设置，则需要引入<font>标记，并设置其属性。

示例 13-1 就是使用传统的 HTML 文件。

```
<!--demo1301.html-->
<!DOCTYPE html>
<html >
<head>
<meta charset="utf-8">
</head>
<body bgcolor="#CCCCCC">
<h1 align="center">人类三次技术革命回望</h1>
```

```
    <h2><font face="幼圆" size="+1" color="blue">一、蒸汽机"改变了世界"</font></h2>
        <br/>17 世纪的科学革命已经提出"用火提水的发动机"原理，在专家和生产者大量研究和实验的基础上，1776 年，瓦特制成了高效能蒸汽机，1785 年，蒸汽机开始生产。瓦特完成了从动力机到工具机的生产技术体系，他的巨大成功"改变了世界"。
        ......
    <h2><font face="幼圆" size="+1" color="blue">二、电力技术"开创一个新纪元"</font></h2>
        <br/>1876 年美国庆祝独立 100 周年之际，在费城举办的有 37 个国家参加的国际博展会上，美国展出了大功率发电机和电动机。继西门子之后，贝尔于 1876 年发明电话，爱迪生于 1879 年发明电灯，这三大发明"照亮了人类实现电气化的道路"。
        ......
    <h2><font face="幼圆" size="+1" color="blue">三、计算机——人类大脑的延伸</font></h2>
        <br/>1944 年，美国在国防部领导下开始研制计算机，1946 年制成世界上第一台电子数字计算机 ENIAC，开辟了一个计算机科学技术新纪元，拉开信息技术革命序幕。
    ......
    </body>
    </html>
```

示例 13-1 在浏览器中显示的结果如图 13-1 所示。3 个标题均为蓝色、幼圆字体，字号是 +1。如果要修改图中的 3 个标题，需要对每个标题的 font 属性进行修改。如果是一个大型的网站，使用传统的 HTML 标记修改具有相同格式的多个标记，工作量非常大，而且很难实现。到了 HTML5 以后，<font>标记已经被抛弃，需要使用 CSS 来实现。

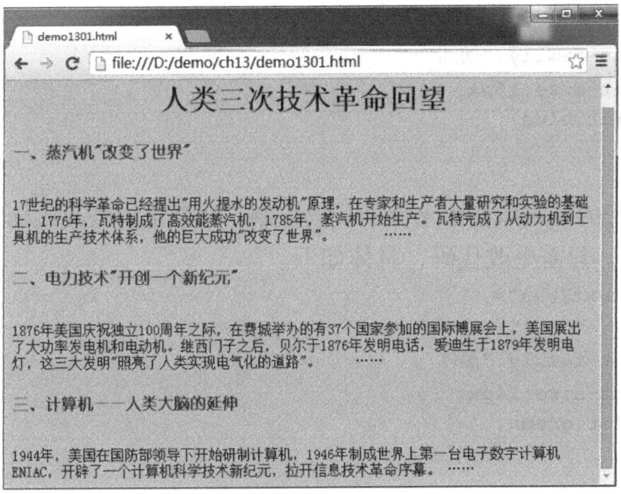

图 13-1　示例 13-1 的显示结果

如果引入 CSS，代码如示例 13-2 所示。

```
<!-- demo1302.html -->
<!DOCTYPE html>
<html>
<head>
<meta charset="utf-8">
<style type="text/css">
    h2{
        font-family:"幼圆";
        font-size:16px;
        color:blue;
```

```
    }
</style>
</head>
<body style="background-color:#CCCCCC;">
<h1 style="text-align:center;">人类三次技术革命回望</h1>
<h2>一、蒸汽机"改变了世界"</h2>
        <br/>17 世纪的科学革命已经提出"用火提水的发动机"原理，在专家和生产者大量研究和实验的基础上，1776 年，瓦特制成了高效能蒸汽机，1785 年，蒸汽机开始生产。瓦特完成了从动力机到工具机的生产技术体系，他的巨大成功"改变了世界"。……
<h2>二、电力技术"开创一个新纪元"</h2>
        <br/>1876 年美国庆祝独立 100 周年之际，在费城举办的有 37 个国家参加的国际博展会上，美国展出了大功率发电机和电动机。继西门子之后，贝尔于 1876 年发明电话，爱迪生于 1879 年发明电灯，这三大发明"照亮了人类实现电气化的道路"。……
<h2>三、计算机——人类大脑的延伸</h2>
        <br/>1944 年，美国在国防部领导下开始研制计算机，1946 年制成世界上第一台电子数字计算机 ENIAC，开辟了一个计算机科学技术新纪元，拉开信息技术革命序幕。……
</body>
</html>
```

该示例的显示效果与示例 13-1 是完全一样的。观察上面代码中的粗体部分，可以发现，页面中的 font 标记、bgcolor 属性全部消失了，取而代之的是<style>标记，这种 style 标记（属性）就是 CSS，其中包含了对<h2>标记的定义。

```
<style type="text/css">
    h2{
            font-family:"幼圆";
            font-size:16px;
            color:blue;
    }
</style>
```

页面中<h2>标记的样式风格由上面的代码控制，如果希望修改该标题的样式为绿色、黑体，大小为“14px”，只需更改代码，具体如下。

```
<style type="text/css">
    h2{
            font-family:"黑体";
            font-size:14px;
            color:green;
    }
</style>
```

在浏览器中观察，可以看出网页样式的变化。使用 CSS 有以下几个主要优点。

（1）结构和风格分离

“网页结构代码”和“网页样式风格代码”分离，从而使网页设计者可以对网页布局进行更多控制。可以将整个站点上的所有网页都引用某个 CSS 样式定义文件，设计者只需要修改 CSS 文件中的内容，就可以改变整个网站的样式风格。

（2）扩充 HTML 标记

HTML 本身标记并不是很多，而且很多标记都是关于网页结构和网页内容的。关于内容样式的标记（如文字间距、段落缩进、行高设定等）很难在 HTML 中找到。

（3）提高网站维护效率

解决了为修改某个标记格式，需要在网站中花费很多时间来定位这个标记的问题。对整个网站而言，后期修改和维护成本大大降低。

（4）可以实现精美的页面布局

DIV+CSS 是目前流行的布局方式，它有别于传统的表格布局，以“块”为结构定位，用最简洁的代码实现精准的定位，方便维护人员的修改和维护，更大化地优化了搜索引擎的功能，也使页面载入更快捷。

13.2　CSS 的基本选择器

CSS 的样式定义由若干条样式规则组成，这些样式可以应用到不同的、被称为选择器（Selector）的对象上。CSS 的样式定义就是对指定选择器的某个方面的属性进行设置，并给出该属性的值。在 CSS 中，根据选择器的功能或作用范围，选择器主要分为标记选择器、类选择器和 ID 选择器。另外，还包括一些复合选择器，例如，交集选择器、并集选择器和后代选择器等，这些选择器将在后面的章节中介绍。

CSS 可以认为是由多个选择器组成的集合，每个选择器由 3 个基本部分组成——“选择器名称”“属性”和“值”，格式定义描述如下。

```
selector {
  property:value;
}
```

其中，selector 有不同的形式，包括 HTML 标记（如<body>、<table>、<p>等），也可以是用户自定义标记；property 是选择器的属性；value 指定了属性的值。如果需要定义选择器的多个属性，则属性和属性值为一组，组与组之间用分号（；）分隔。下面是一个 CSS 定义。

```
<style type="text/css"
    p {
           font-family:  "华文细黑","宋体";
           color:white;
           background-color:blue;
    }
</style>
```

上面的代码中，将 HTML 的页面标记<p>设置字体为华文细黑或宋体（如果浏览器不支持华文细黑字体，采用备用的宋体显示），文字颜色是白色，背景颜色是蓝色。如果需要更改<p>标记的格式，只要修改其中的属性值就可以了。

选择器是 CSS 中很重要的概念，所有 HTML 语言中的标记样式都可以通过不同的 CSS 选择器来控制。用户只需要通过选择器对不同的 HTML 标记进行选择，并赋予各种样式声明，即可实现各种效果。

用 CSS 设计的网页可以和我们生活中的地图做一个比较。在地图上都可以看到一些“图例”，比如河流用蓝色的线表示，公路用红色的线表示，省会城市用黑色圆点表示，等等。当图例变化时，地图上的颜色表示肯定要发生变化。对应到 CSS 中，选择器即是图例，当选择器的属性发生变化时，网页的表现形式也要改变。本质上，这就是一种“内容”与“表现形式”的对应关系。

因此，为了能够使 CSS 规则与各种 HTML 元素对应起来，就应当定义一套完整的规则，实现 CSS 对 HTML 不同元素的“选择”，这就是“选择器”的由来。

13.2.1 标记选择器

一个 HTML 页面由很多不同的标记组成，如<p>、<h1>、<div>等。CSS 标记选择器就用于声明这些标记的 CSS 样式。因此，每一种 HTML 标记的名称都可以作为相应的标记选择器的名称。例如，前面提到的 p 选择器，就是用来声明页面中所有<p>标记的样式风格。标记选择器的格式定义如下。

```
tagName {
    property:value;
}
```

需要注意的是，CSS 语句对所有属性和值都有严格要求。如果声明的属性在 CSS 规范中不存在，或者某个属性的值不符合该属性的要求，都不能使该 CSS 语句生效。

13.2.2 类选择器

13-2　CSS 基础-类选择器

标记选择器用于控制页面中所有同类标记的显示样式。例如，当声明了<h2>标记样式为蓝色、隶书时，页面中所有的<h2>标记都将发生变化。如果希望页面中部分<h2>标记为蓝色、隶书，而另一部分<h2>标记为绿色、黑体时，仅使用标记选择器是远远不够的，还需要使用类选择器。

类选择器用来为一系列标记定义相同的呈现方式，语法格式如下。

```
.className {
    property:value;
}
```

className 是选择器的名称，具体名称由 CSS 用户自己命名。如果一个标记具有 class 属性且属性值为 className，那么该标记的呈现样式由该选择器指定。在定义类选择符时，需要在 className 前面加一个句点“.”。

示例 13-3 所示为标记选择器和类选择器的应用。

```
<!-- demo1303.html -->
<!DOCTYPE html>
<html>
<head>
<meta charset="utf-8">
<style type="text/css">
    h2{                        /*标记选择器*/
        font-family:"幼圆";
        font-size:16px;
        color:blue;
    }
    .special1 {                /*类选择器*/
        line-height:140%;
        background-color:#999;
    }
    .special2 {                /*类选择器*/
        line-height:120%;
        font-size:12px;
    }
</style>
</head>
<body style="background-color:#CCCCCC;">
```

```
    <h1  style="text-align:center;">人类三次技术革命回望</h1>
    <h2>一、蒸汽机"改变了世界"</h2>
    <p class="special1">1776 年，瓦特制成了高效能蒸汽机，1785 年，蒸汽机开始生产。瓦特完成了从动力机到工具机的生产技术体系，他的巨大功"改变了世界"。
        ……</p>
    <h2>二、电力技术"开创一个新纪元"</h2>
    <p class="special2">继西门子之后，贝尔于 1876 年发明电话，爱迪生于 1879 年发明电灯，这三大发明"照亮了人类实现电气化的道路"。
        ……</p>
    <h2>三、计算机——人类大脑的延伸</h2>
    <p class="special1">1946 年制成世界上第一台电子数字计算机 ENIAC，开辟了一个计算机科学技术新纪元，拉开信息技术革命序幕。
    ……</p>
    </body>
    </html>
```

示例 13-3 定义了一个标记选择器<h2>，两个类选择器分别为 special1 和 special2。类选择器的名称可以是任意英文字符串，或以英文开头的英文与数字的组合。类选择器被应用于指定的标记<p>中，呈现了不同的显示方式，运行结果如图 13-2 所示。

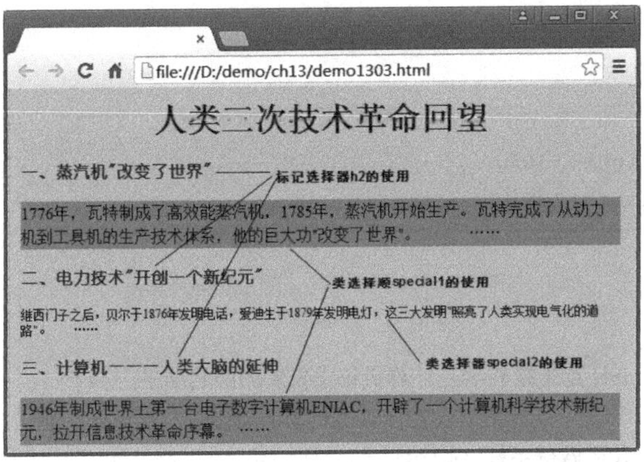

图 13-2　示例 13-3 使用标记选择器和类选择器的效果

13.2.3　ID 选择器

ID 选择器和类选择器在设置样式的功能上类似，都是对特定元素属性的属性值进行设置。但 ID 选择器的一个重要功能是用作网页元素的唯一标识，所以，一个 HTML 文件中一个元素的 ID 属性值是唯一的。

13-3　CSS 基础 -ID 选择器

定义 ID 选择器的语法格式如下。

```
#idName{
   property:value ;
}
```

在上面的语法格式中，idName 是选择器名称，可以由 CSS 用户自己命名。如果某标记具有 id 属性，并且该属性值为 idName，那么该标记的呈现样式由该 ID 选择器指定。在正常情况下，id 属性值在文档中具有唯一性。在定义 ID 选择器时，需要在 idName 前面加一个“#”符号，如下面的示例所示。

```
    #font1{
        font-family:"幼圆";
        color:#00F;
    }
```

类选择器与 ID 选择器的主要区别如下。

（1）类选择器可以给任意数量的标记定义样式，但 ID 选择器在页面的标记中只能使用一次。

（2）ID 选择器比类选择器具有更高的优先级，即当 ID 选择器与类选择器在样式定义上发生冲突时，优先使用 ID 选择器定义的样式。

示例 13-4 是 ID 选择器的应用。

```
<!-- demo1304.html -->
<!DOCTYPE html>
<html>
<head>
<meta charset="utf-8">
<style type="text/css">
    p {
        text-indent:2em;
    }
    #first{              /*ID 选择器*/
    font-family:"幼圆";
    color:#00F;
    }
    #second {
        line-height:130%;
        font-family:"隶书";
    }
</style>
</head>
<body>
<p id="first">开展计算思维教学是计算机科学发展的必然结果。</p>
<p id="second">计算机早期的发展，在计算机科学的引领下，指导什么能做，什么不能做；什么做得快，什么做得慢；什么做得好，什么做得不好。</p>
<p >现在已经没有章法了，似乎计算机没有不能做的。而且计算机的超快计算速度和超大存储能力傲视着理论研究。这掩盖了一些深层次的本质问题。</p>
</body>
</html>
```

示例 13-4 代码浏览效果如图 13-3 所示。

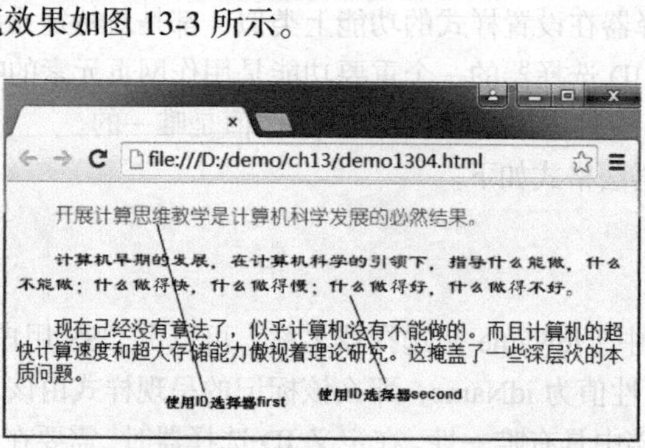

图 13-3　示例 13-4 中 ID 选择器的应用效果

可以看到，第一段为幼圆字体红色显示，第二段字体为隶书，行间距为 130%。

在上面代码中，如果第一段和第三段都使用了名为“first”的 ID 选择器，也都会显示正常的 CSS 效果，但需要指出，将 ID 选择器用于多个标记是存在隐患的，因为每个标记定义的 ID 不仅可以被 CSS 调用，还可以被 JavaScript 等脚本语言调用。如果一个 HTML 页面中有两个相同 id 的标记，那么 JavaScript 在查找 id 时将会出错。

JavaScript 可以调用 HTML 中设置的 id，所以 ID 选择器一直被广泛使用。网页设计者在编写 HTML 代码时应该养成一个习惯，即一个 id 只赋予一个 HTML 标记。

13.3　在 HTML 中使用 CSS 的方法

为了 CSS 样式能够在网页中产生作用，必须将 CSS 和 HTML 文件链接在一起。在 HTML 文件中使用 CSS 的方式有 4 种：行内样式、嵌入式、链接式和导入式。

13.3.1　行内样式

行内样式是最简单的一种使用方式，该方式直接把 CSS 代码添加到 HTML 的代码行中，设置元素的 style 属性，代码示例如下。

```
<h1 style="color:blue;font-style:bold"></h1>
```

这种方法需要在使用 CSS 样式的每行中都加入样式表规则，否则到下一行时，浏览器将转回到网页的默认设置。从方便程度看，加入行内的 CSS 样式不如嵌入、链接及导入的 CSS 样式功能强大，但为局部内容设置样式时非常方便。

13.3.2　嵌入样式

嵌入样式将样式定义作为网页代码的一部分，写在 HTML 文档的<head>和</head>之间，通过<style>和</style>标记来声明。嵌入的样式与行内样式有相似的地方，但是又不同，行内样式的作用域只有一行，而嵌入的样式可以作用于整个 HTML 文档。

前面的示例 13-4 使用的 CSS 即为嵌入样式。下面的示例 13-5 是包含行内样式和嵌入样式的另一个例子。

```
<!-- demo1305.html -->
<!DOCTYPE html>
<html>
<head>
<meta charset="utf-8">
<style type="text/css">   /*嵌入的样式*/
    p {
        text-indent:2em;
    }
</style>
</head>
<body style="background-color:#CCC; color: #F00">  <!--行内样式 -->
<p>开展计算思维教学是计算机科学发展的必然结果。</p>
<p>计算机早期的发展，在计算机科学的引领下，指导什么能做，什么不能做；什么做得快，什么做得慢；什么做得好，什么做得不好。</p>
```

```
<p>现在已经没有章法了，似乎计算机没有不能做的。而且计算机的超快计算速度和超大存储能力傲视着理论研究。这掩盖了一些深层次的本质问题。</p>
</body>
</html>
```

嵌入样式规则后，浏览器在整个 HTML 页面中都执行该规则。这里的<style>是 HTML 标记，它负责通知浏览器：包含在标记内的是 CSS 代码。

使用嵌入式样式表的好处是方便用户调试页面的显示效果，尤其是将样式应用在特定页面时比较方便。当设计包含多页面的网站且各页面的风格需要统一时，需要复制和粘贴样式定义到每个 HTML 文件，而且进行修改的时候必须编辑每一个网页，这时候用外部样式表是最适合的。

13.3.3 链接样式

链接样式是在 HTML 中引入 CSS 使用频率最高的方法，它很好地体现了“页面内容”和“样式定义”分离，实现了内容描述与 CSS 代码的分离，使得网站的前期制作和后期维护都十分方便。同一个 CSS 文件可以链接到多个 HTML 文件，甚至可以链接到整个网站的所有页面，使网站整体风格统一、协调，可以大大减少后期维护的工作量。

链接样式需要先定义一个扩展名为“.css”的文件（即外部样式表），比如样式表文件 mystyle.css，该文件包含需要用到的 CSS 样式规则，不包含任何其他的 HTML 代码。创建样式表文件后，需要将其与 HTML 文件进行关联，这种添加样式表的方式是通过 HTML 中的<link>标记来实现的，<link>标记只能在 HTML 页面的<head>部分出现。链接样式表的方法就是在 HTML 文件的<head>部分添加代码，格式如下。

```
<link rel="stylesheet" type="text/css" href="mystyle.css" />
```

<link>标记有很多属性，比较重要的就是上面代码中用到的几个属性。

① rel 属性表示链接类型，定义链接的文件和 HTML 文档之间的关系为 stylesheet。

② href 属性指出了样式表的位置，它只是个普通的 URL 地址，可以是相对地址，也可以是绝对地址。

③ type 属性指明了链接样式表的样式语言，对于级联样式表，它的取值为 text/css。

由于<link>只是一个开始标记，没有相匹配的关闭标记，所以在结尾处添加一个斜杠“/”作为结束标签。

下面来看链接样式表的一个示例 demo0306.html。

首先创建一个样式表文件 mystyle.css，该文件包括了示例 13-4 中的样式定义，同时定义了 body 标记的样式。

```
/* CSS 外部样式表 mystyle.css */
body{
    font-family:"宋体";
    font-size:12px;
    background-color:#CCC;
}
p {
    text-indent:2em;
}
#first{              /*ID 选择器*/
```

```
    font-family:"幼圆";
    color:#00F;
}
#second {
    line-height:130%;
    font-family:"隶书";
}
```

再完成一个 HTML 文件 demo1306.html，示例 13-6 的代码如下。

```
<!-- demo1306.html -->
<!DOCTYPE html>
<html>
<head>
<meta  charset="utf-8">
<link href="css/mystyle.css" type="text/css" rel="stylesheet" />
</head>
<body>
<p id="first">开展计算思维教学是计算机科学发展的必然结果。</p>
<p id="second">计算机早期的发展，在计算机科学的引领下，指导什么能做，什么不能做；什么做得快，什么做得慢；什么做得好，什么做得不好。</p>
<p>现在已经没有章法了，似乎计算机没有不能做的。而且计算机的超快计算速度和超大存储能力傲视着理论研究。这掩盖了一些深层次的本质问题。</p>
</body>
</html>
```

本例中，需要将 HTML 文件和 CSS 文件保存在同一个文件夹中，否则 href 属性中需要带有正确的文件路径。页面浏览结果如图 13-4 所示。

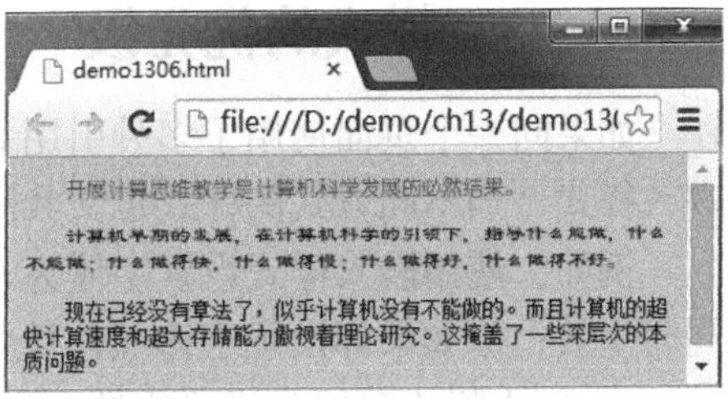

图 13-4　示例 13-6 中使用链接的样式表

从这个例子可以看到，文件 mystyle.css 将 CSS 代码从 HTML 文件中分离出来，然后在 HTML 文件的<head>和</head>标记之间加上<link href="mystyle.css" type="text/css" rel="stylesheet" /> 语句，将 CSS 文件链接到页面中，使用 CSS 中的标记进行样式控制。

链接样式表的最大优势在于 CSS 代码与 HTML 代码完全分离，并且同一个 CSS 文件可以被不同的 HTML 文件链接使用。在设计整个网站时，为了实现相同的样式风格，可以将同一个 CSS 文件链接到所有的页面中去。如果整个网站需要修改样式，只需要修改 CSS 文件即可。

13.3.4　导入样式

导入样式和链接样式的操作过程基本相同，都需要一个单独的外部 CSS 文件，然后再将其导入到 HTML 文件中，但在语法和运行过程上有所差别。导入样式是 HTML 文件初始化时将外部 CSS 文件导入到 HTML 文件内，作为文件的一部分，类似于嵌入效果。而链接样式则是在 HTML 标记需要样式风格时才以链接方式引入。

导入外部样式需要在 HTML 文件的<style>标记中使用@import 导入一个外部的 CSS 文件，示例代码如下。

```
<style type="text/css">
    @import "mystyle.css";
</style>
```

导入外部样式相当于将样式文件导入到 HTML 文件中，其中，@import 必须在样式表的开始部分（即位于其他样式表代码的前面）。

示例 13-7 使用导入样式表完成示例 13-6 的显示，其中的外部样式表 mystyle.css 的内容与示例 13-6 是一样的，但应将其放入 css 文件夹内，浏览结果也与图 13-4 一致。

```
<!-- demo1307.html -->
<!DOCTYPE html>
<html>
<head>
<meta charset="utf-8">
<style type="text/css">
<!--
@import "css/mystyle.css";
-->
</style>
</head>
<body>
<p id="first">开展计算思维教学是计算机科学发展的必然结果。</p>
<p id="second">计算机早期的发展，在计算机科学的引领下，指导什么能做，什么不能做；什么做得快，什么做得慢；什么做得好，什么做得不好。</p>
<p>现在已经没有章法了，似乎计算机没有不能做的。而且计算机的超快计算速度和超大存储能力傲视着理论研究。这掩盖了一些深层次的本质问题。</p>
</body>
</html>
```

13.3.5 样式的优先级

如果同一个页面使用了多种引用 CSS 样式的方法，比如同时使用行内样式、链接样式和嵌入样式。当不同方式的样式定义共同作用于同一元素的属性，就会出现优先级问题。

例如，使用嵌入样式设置字体为宋体，使用链接样式设置字体颜色为红色，那么二者会同时生效；但如果都设置字体颜色且颜色不同，那么哪种样式的设置有效呢？

1. 行内样式和嵌入样式比较

示例 13-8 是关于行内样式和嵌入样式比较的例子。

```
<!-- demo1308.html -->
<!DOCTYPE html>
<html>
<head>
<meta charset="utf-8">
<style type="text/css">
 h2{
      font-size:14px;
      font-style:normal;
 }
</style>
</head>
<body>
<h2 style=" font-style:italic;">预测未来的最好方法就是把它创造出来。</h2>
<h2 style="font-family: Calibri;">The best way to predict the future is to invent it.</h2>
</body>
</html>
```

在 HTML 文档中，标记<h2>存在样式规则冲突，一种行内样式定义 font-style 为 italic，另一种嵌入的样式表定义 font-style 为 normal；而在页面代码中，该标记选择了行内的样式定义。页面显示结果如图 13-5 所示。

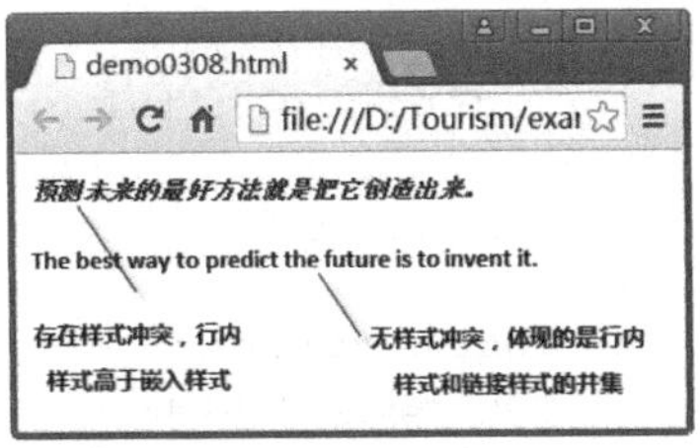

图 13-5　行内样式和嵌入样式的冲突效果

可以看出，行内样式的优先级大于嵌入样式。如果没有样式冲突，采用的是样式定义的并集，如代码的第 2 行对<h2>的描述。

2. 嵌入样式和链接样式比较

采用和上面类似的步骤来测试嵌入样式和链接样式的优先级。

（1）完成一个外部 CSS 文件 link1.css，代码如下。

```
/* link1.css */
div {
      font-size:14px;
      font-style:italic;
}
```

（2）完成示例 13-9，demo1309.html。

```
<!-- demo1309.html -->
<!DOCTYPE html>
<html>
<head>
<meta  charset="utf-8">
<link href="css/link1.css" type="text/css" rel="stylesheet" />
<style type="text/css">
 div{
     font-size:16px;
     font-style:normal;
 }
</style>
</head>
<body>
<div>预测未来的最好方法就是把它创造出来。</div>
<div style="font-family: calibri; font-size:20px">The best way to predict the future is to invent it.</div>
</body>
</html>
```

页面的浏览效果如图 13-6 所示，div 块中的字体以 normal 方式显示，可以看出嵌入样式的优先级高于链接样式。

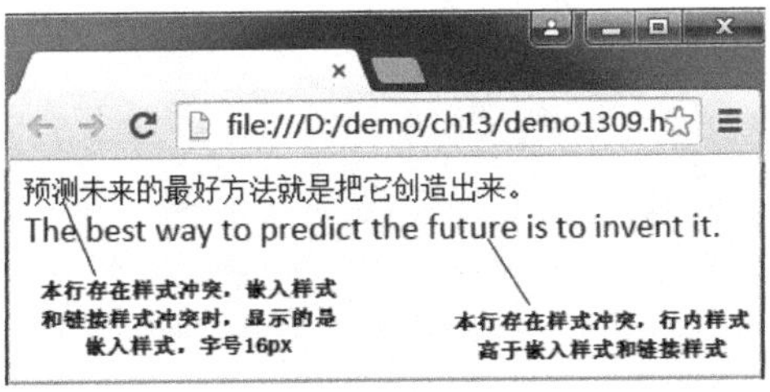

图 13-6　嵌入样式和链接样式存在冲突的效果

3. 链接样式和导入样式比较

通过和上面类似的方法对链接样式和导入样式的优先级进行比较。

（1）完成两个外部 CSS 文件，分别是 link1.css 和 import1.css，代码如下。

```
/* link1.css */
div {
        font-size:14px;
        font-style:italic;
}
/* import1.css */
div {
     font-size:10px;
     font-style:normal;
}
```

（2）完成示例 13-10，demo1310.html。

```
<!-- demo1310.html -->
<!DOCTYPE html>
<html>
<head>
<meta charset="utf-8">
<style type="text/css">
 @import "css/import1.css";
</style>
<link href="css/link1.css" type="text/css" rel="stylesheet" />
</head>
<body>
<div>预测未来的最好方法就是把它创造出来。</div>
</body>
</html>
```

代码显示结果是斜体，可以看出，链接样式的优先级高于导入样式的优先级。通过前面的例子，CSS 样式的优先顺序由高到低依次为：行内样式、嵌入样式、链接样式和导入样式。

4. ID 选择器、类选择器和标记选择器的优先级比较

在页面元素样式设计的过程中，还有一种情况。例如，页面上的一个元素的样式同时应用了两种以上的选择器，而这些选择器的样式之间存在着冲突，这就涉及不同类型选择器的样式优先级的问题。分析下面的代码。

```
<!DOCTYPE html>
<html>
<head>
    <meta  charset="utf-8">
    <style>
        p {
            font-size: 14px;
            color: blue;
        }
        #first {
            color: green;
            font-style: italic;
        }
        .second {
            color:red;
        }
    </style>
</head>
<body>
<p id="first">line1:开展计算思维教学是计算机科学发展的必然结果。</p>
```

```
<p class="second">line2:计算机早期的发展，在计算机科学的引领下，指导什么能做，什么不能做；什么做得快，什么做得慢；什么做得好，什么做得不好。</p>
<p>line3:现在已经没有章法了，似乎计算机没有不能做的。而且计算机的超快计算速度和超大存储能力傲视着理论研究。这掩盖了一些深层次的本质问题。</p>
</body>
</html>
```

页面的第 1 行，存在着标记选择器 p 和 ID 选择器 first 在颜色样式上的冲突，文本颜色以 ID 选择器的样式为准，即 ID 选择器的优先级高于标记选择器。在页面的第 2 行，存在着标记选择器 p 和类选择器 second 在颜色上的冲突，文本颜色以类选择器的样式为准，页面的第 3 行无样式冲突，当然显示的是标记选择器 p 的样式。如果各选择器样式没有冲突，显示的是多个选择器样式的并集，例如第 1 行即显示了 14px 的字号大小，也显示了斜体效果。

可以看出，样式优先级的规则为 ID 样式>class 样式>标记样式，如果有行内样式，则行内样式的优先级最高。

13.4　CSS 复合选择器

每个选择器都有它的作用范围。前面介绍了 3 种基本的选择器，它们的作用范围都是一个单独的集合，如标记选择器的作用范围是使用该标记的所有元素的集合，类选择器的作用范围是自定义的某一类元素的集合。有时希望对几种选择器的作用范围取交集、并集、子集后，再对选中的元素定义样式，这时就要用到复合选择器了。

13-4　CSS3 选择器详解(1)

复合选择器就是两个或多个基本选择器通过不同方式组合而成的选择器，可以实现更强、更方便的选择功能，主要有交集选择器、并集选择器和后代选择器等。

13.4.1　交集选择器

交集选择器是由两个选择器直接连接构成的，其结果是选中两者各自作用范围的交集。其中，第一个必须是标记选择器，第二个必须是类选择器或 ID 选择器，例如，h1.class1；p#id1”。交集选择器的基本语法格式如下。

```
tagName.className {
        property:value;
}
```

下面给出一个交集选择器的定义。

```
div.class1 {
        color:red;
        font-size:10px;
        font-weight:bold;
}
```

交集选择器将选中同时满足前后两者定义的元素，也就是前者定义的标记类型，并且指定了后者的类别或 id 的元素。

示例 13-11 演示了交集选择器的作用，显示结果如图 13-7 所示。

```
<!-- demo1311.html -->
<!DOCTYPE html>
<head>
```

```
<meta charset="utf-8">
<style>
div {
    color:blue;
    font-size:9px;
}
.class1 {
    font-size:12px;
}
div.class1 {
    color:red;
    font-size:10px;
    font-weight:bold;
}
</style>
</head>
<body>
    <div>正常 div 标记，蓝色，9px</div>
    <p class="class1">类选择器，12px</p>
    <div class="class1" >交集选择器，红色，加粗，10px</div>
</body>
</html>
```

图 13-7　交集选择器的效果

示例 13-11 中第一行文本的样式由<div>标记来定义；第二行文件的样式由 class1 类选择器来定义；第三行文本是它们的交集，由交集选择器来定义，显示的是红色、粗体、10px 大小的文字。

13.4.2　并集选择器

所谓并集选择器就是对多个选择器进行集体声明，多个选择器之间用“,”隔开，每个选择器可以是任何类型的选择器。如果某些选择器定义的样式完全相同，或者部分相同，这时便可以使用并集选择器。下面是并集选择器的语法格式。

```
selector1,selector2,… {
  property:value;
}
```

下面给出的是一个并集选择器的定义。

```
p,td,li {
     line-height:20px;
     color:red;
}
```

示例 13-12 演示了并集选择器的作用。

```
<!-- demo1312.html -->
<!DOCTYPE html>
<head>
<meta  charset="utf-8">
<style>
div,h1,p {
      color:blue;
      font-size:9px;
}
div.class1,class1,#id1{
     color:red;
     font-size:10px;
     font-weight:bold;
}
</style>
</head>
<body>
    <div>正常 div 标记，蓝色，9px</div>
    <p>p 标记，和 div 标记相同</p>
    <div class="class1" >红色，加粗，10px</div>
    <span id="id1" >红色，加粗，10px</span>
</body>
</html>
```

代码中首先通过 CSS 集体声明 div、hl、p 的样式，这些样式格式相同，均为蓝色，9px；另一组集体声明 div.class1、class1、#id1，均为红色、10px、粗体。

13.4.3 后代选择器

在 CSS 选择器中，还可以通过嵌套的方式，对特殊位置的 HTML 标记进行控制。例如，当<div>与</div>之间包含<b>标记时，就可以使用后代选择器定义出现在<div>标记中的<b>标记的格式。后代选择器的写法是把外层的标记写在前面，内层的标记写在后面，之间用空格隔开，语法格式如下。

```
selector1 selector2 {
      property:value;
}
```

两个选择器之间用空格隔开，并且 selector2 是 selector1 包含的对象。

下面是后代选择器的一个示例。

```
 .class1 b{
      color:#060;
      font-weight:800;
  }
```

上面的选择器应用于类标记 class1 里面包含的<b>标记。

示例 13-13 演示了后代选择器的作用，浏览结果如图 13-8 所示。

```
<!-- demo1313.html -->
<!DOCTYPE html >
<head>
<meta  charset="utf-8">
</head>
<style>
  div {
```

```
        font-family:"幼圆";
        color: #003;
        font-size:12px;
        font-weight:bold;
    }
    div li {                        /*后代选择器*/
        margin: 0px;
        padding: 5px;
        list-style: none;    /*隐藏默认列表符号*/
    }
    div li a {                      /*后代选择器*/
        text-decoration:none; /*取消超链接下画线*/
    }
</style>
<body>
    <div><a href="#">请选择下列选择器</a>
        <ul>
            <li><a href="#">交集选择器</a></li>
            <li><a href="#">并集选择器</a></li>
            <li><a href="#">后代选择器</a></li>
            <li><a href="#">子选择器</a></li>
            <li><a href="#">相邻选择器</a></li>
        </ul>
    </div>
</body>
</html>
```

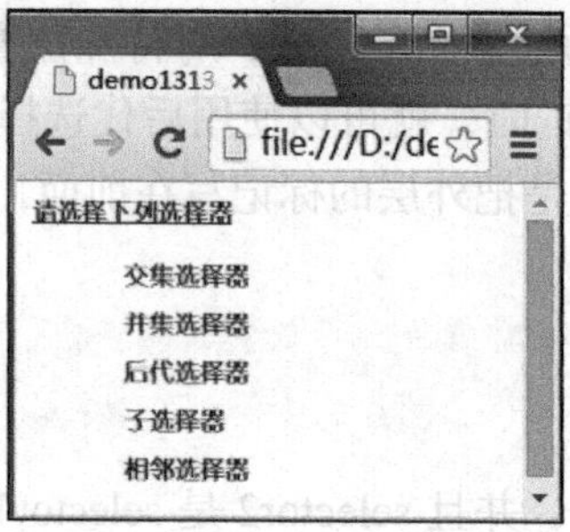

图 13-8　后代选择器的效果

上例中，<div>标记选择器选中显示的是蓝色幼圆、12px 字体；<div>标记中的 li 元素被后代选择器选中，格式被重新定义为 padding 值为 5，且无项目符号。通过后代选择器

```
div li a {……}
```

取消了列表中超链接的下画线，而未被后代选择器选中的超链接则显示下画线。这个例子在制作导航菜单中应用比较广泛，实际上，设计超级链接的格式时，还可以设计更多种 div li a 的后代选择器。

和其他所有 CSS 选择器一样，后代选择器定义的具有继承性的样式同样也能被其子元素继承。例如在上例中，<div>标记中的属性将被后代标记<li>继承。所以，<li>标记内字体也是幼圆、12px 字体。

后代选择器的使用非常广泛，不仅标记选择器可以用这种方式组合，类选择器和 ID 选

择器也都可以进行嵌套，而且包含选择器还能够进行多层嵌套。例如，

```
a b {  /*应用于a标记中的b标记*/
    font-family:"幼圆"; color: #F00;
}
#menu ul li { /* ID为menu的标记里面包含的<ul>和<li>标记 */
    background: #06C;    height: 26px;
}
```

在设计网页格式时，选择器的嵌套在 CSS 的编写中可以大大减少对 class 或 id 的声明。因此，在构建 HTML 框架时通常只给外层标记（父标记）定义 class 或 id，内层标记（子标记）能通过嵌套表示的也利用这种方式，而不再重新定义新的 class 或 id。

13-5　CSS3 选择器详解（2）

13.4.4　子选择器

子选择器用于选中标记的直接后代（即儿子），它的定义符号是大于号（>）。

子选择器语法格式如下。

```
selector1>selector2
```

看下面的示例 13-14。

```
<!-- demo1314.html -->
<!DOCTYPE html>
<head>
<meta  charset="utf-8" >
<style>
      div>p {
          font-family:"幼圆";
          color: #F00;
       }
   </style>
</head>
<body>
    子选择器是在CSS2.1以后的版本中增加的。
   <div>
       <p>本行应用了子选择器,幼圆、红色</p>
      <em>
          <p>本行不是div的直接后代,子选择器无效</p>
      </em>
   </div>
</body>
</html>
```

上例中，显示结果的第二行显示为幼圆、红色，因为<p>是<div>的直接后代；而第三行显示结果与子选择器无关，这是因为<p>并不是<div>标记的直接后代。如果把“div>p”改为后代选择器“div p”，那么显示结果的第二行和第三行均为幼圆、红色。这就是子选择器和后代选择器的区别。

13.4.5　相邻选择器

相邻选择器是另一个有趣的选择器，它的定义符号是加号（+），可以选中紧跟在它后面的一个兄弟元素（这两个元素具有共同的父元素），如示例 13-15 所示，运行结果如图 13-9 所示。

```
<!-- demo1315.html -->
<!DOCTYPE html>
<head>
<meta charset="utf-8">
    <style>
      div + p {
        font-family:"幼圆";
        color: #F00;
      }
    </style>
</head>
<body>
    <div>相邻选择器是在 CSS2.1 以后的版本中增加的。 </div>
    <p>本行应用相邻选择器,幼圆、红色</p>
    <p>本行不与 div 相邻,相邻选择器无效</p>
  ***************************
     <div>相邻选择器是在 CSS2.1 以后的版本中增加的。
     <p>本行不属于相邻选择器，因为 div 标记和 p 标记不同级</p>
     </div>
  ****************************
     <div>相邻选择器是在 CSS2.1 以后的版本中增加的。 </div>
       本行无标记，不影响应用相邻选择器
     <p>本行应用相邻选择器,幼圆、红色</p>
</body>
</html>
```

第一个段落标记紧跟在 div 之后，因此会被选中，在最后一个 div 元素后，尽管紧接的是一段文字，但那些文字不属于任何标记，因此紧随这些文字之后的第一个 p 元素也会被选中。

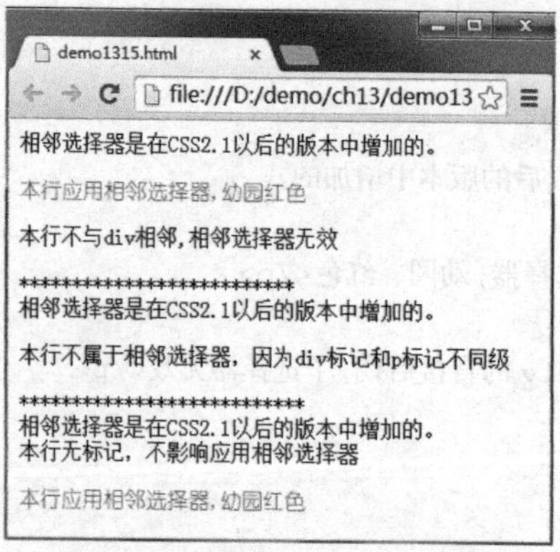

图 13-9　应用相邻选择器的效果

如果希望紧跟在 h2 后面的任何元素都变成幼圆、红色，可使用通用选择符如下。

```
h2+* { font-family:"幼圆"; color: #F00; }
```

13.5　CSS3 新增的选择器

13-6　CSS3 选择器详解（3）

属性选择器、伪类选择器和伪元素选择器在 CSS2 中已经存在，但在

CSS3 中，这些选择器的类型进一步丰富，也得到了更多浏览器的支持。

13.5.1 属性选择器

CSS3 通过使用“*”“^”“$”等通配符扩展了属性选择器的功能。

在 HTML 中，通过各种各样的属性，可以给元素增加很多附加信息。例如，通过 id 属性，可以区分不同的元素；通过 class 属性，可以设置元素的样式。CSS3 的属性选择器可以将样式与具有某种属性的元素绑定，实现各种复杂的选择，减少样式代码书写的工作量，也有利于样式表简洁清晰。

例如，设置网页中 id 值为“first”的元素背景色和前景颜色，使用属性选择器的描述如下。

```
div[id="first"] {
    color:blue;
    background-color:yellow;
}
```

再如，将网页表单中 input 元素中的“text”类型，设置蓝色边框，可以通过下面的属性选择器来绑定。

```
input[type="text"] {
        border:1px dotted blue;
}
```

属性选择器，可以使用^、$和*这 3 个通配符，使用匹配符的属性选择器如表 13-1 所示。如果属性选择器前未指定绑定元素，则该选择器作用于具有该属性的所有元素；如果这些属性选择器前指定具体的绑定元素，则该选择器只作用于具有该属性的绑定元素。

表 13-1 属性选择器及其功能

选择器	说明
[att*="value"]	匹配属性包含特定值的元素。例如，a[href*="lnnu"]，匹配<a href="http://www.lnnu.edu.cn">包含匹配</a>
[att^="value"]	匹配属性包含以特定值开头的元素。例如，a[href^="ftp"]，匹配<a href="ftp://computer.tech.edu.cn">头匹配</a>
[att$="value"]	匹配属性包含以特定值结尾的元素。例如，a[href$="cn"]，匹配<a href="http://icourses.edu.cn">尾匹配</a>
[att="value"]	匹配属性等于某特定值的元素。例如，[type="text"]，匹配<input type="text" name="username" />

示例 13-16 是关于属性选择器的一个例子。如果 href 属性以“http”开头，增加显示内容“超文本传输协议”；如果 href 属性以“jpg”或“png”结尾，增加显示内容“图像”；显示结果如图 13-10 所示。

```
<!--demo1316-->
<!DOCTYPE html>
<html>
<head>
<meta charset="utf-8" >
<style type="text/css">
* {   /*网页中所有文字的格式*/
    text-decoration:none;
    font-size:16px;
}
```

```
    a[href^=http]:before{    /*在指定属性之前插入内容*/
        content:"超文本传输协议：";
        color: red;
    }
    a[href$=jpg]:after,a[href$=png]:after{  /*在指定属性之后插入内容*/
        content:"  图像";
        color: green;
    }
    </style>
    </head>
    <body>
        <ul>
            <li><a href="http://dltravel.html">Welcome to DL</a></li>
            <li><a href="firework.png">Firework素材</a></li>
            <li><a href="photoShop.jpg">Photoshop素材</a></li>
        </ul>
    </body>
```

图 13-10　属性选择器显示效果

13.5.2　伪类选择器

伪类选择器区别于类选择器，类选择器是由用户自行定义，而伪类选择器是在 CSS 中已经定义好的选择器。

伪类选择器可以分为结构伪类选择器和 UI 元素伪类选择器两种。结构伪类选择器是 CSS3 新增的选择器之一。结构伪类是利用文档结构树实现元素过滤。也就是说，通过文档结构的位置关系来匹配特定的元素，从而减少文档内对 class 属性和 ID 属性的定义，使文档更加简洁。UI 伪类选择器作用在标记的状态上，即指定的样式只有当元素处于某种状态时才起作用，默认状态下该选择器不起作用。

13-7　CSS3 结构性伪类选择器

1. 基本结构伪类选择器

基本结构伪类选择器包含以下 4 种，用于匹配文档特定位置，如表 13-2 所示。

表 13-2　基本结构伪类选择器

选择器	功能
:root	匹配文档的根元素
:not	对某个结构元素使用样式，但排除这个结构元素下面的子结构元素
:empty	指定当元素内容为空白时使用的样式
:target	对页面中某个 target 元素（该元素的 id 被当作页面的超链接来使用）指定样式，该样式只在用户点击了页面中的超链接，并且跳转到 target 元素后起作用

下面的代码表现了部分结构伪类选择器的功能。

```
<style>
  :root { /*整个网页背景为天蓝色*/
      background-color:skyblue;
  }
</style>
<style>
 body *:not(h1) {/*除 h1 标记外的网页背景为黄色*/
      background-color:yellow;
  }
</style>
```

2. 与元素位置有关的结构伪类选择器

下面的选择器能够对一个父元素中的第一个子元素、最后一个子元素、指定序号子元素，甚至第偶数个、第奇数个子元素指定样式，具体如表 13-3 所示。

表 13-3　与元素位置有关的结构伪类选择器

选择器	功能
E:first-child	选择它的父元素的第一个且匹配 E 的子元素，也就是说该元素是父元素的第一个儿子
E:last-child	选择位于其父元素中最后一个位置，且匹配 E 的子元素。 例如，h1:last-child 匹配<div><p></p><h1></h1></div>片段中 h1 元素
E:nth-child(n)	选择所有在其父元素中的第 n 个位置的匹配 E 的子元素。 注意，参数 n 可以是数字（1、2、3）、关键字（odd、even）、算式（2n、2n+3），参数的索引起始值为 1，而不是 0。 例如，tr:nth-child(3)匹配所有表格里第 3 行的位元素；tr:nth-child(2n+1)匹配所有表格的奇数行；tr:nth-child(2n)匹配所有表格的偶数行；tr:nth-child(odd)匹配所有表格的奇数行；tr:nth-child(even)匹配所有表格的偶数行
E:nth-last -child(n)	选择所有在其父元素中倒数第 n 个位置的匹配 E 的子元素。 注意，该选择器的计算顺序与 E:nth-child(n)相反，但语法和用法相同

下面代码使用了元素的 last-child，first-child 属性，设置列表的第一行和最后一行的背景。

```
<style type="text/css">
li:first-child{
    background-color: yellow;
}
li:last-child{
    background-color: skyblue;
}
```

示例 13-17 使用了 nth-child(odd) nth-child(even)属性，显示结果如图 13-11 所示。

```
<!--demo1317-->
<!DOCTYPE html>
<html>
<head>
    <meta charset="utf-8">
    <style type="text/css">
        table {
            border:none;
            font: 14px 宋体;
        }
        table caption { /*表格标题*/
```

```
            padding: 5px;
            background-color: lightgrey;
            font-size: 24px;
        }
        thead {/*表头定义*/
            background-color:dodgerblue;
            color: white;
        }
        tbody tr:nth-child(odd){/ *表体定义，奇数行偶数行分别定义*/
            background-color:#cbcbcb ;
        }
        tbody tr:nth-child(even){
            background-color: #aaa;
        }
        td,th {
            padding: 5px;
            border-bottom: 1px solid white;
        }
    </style>
</head>
<body>
<table cellspacing="0">
    <caption>大连广场</caption>
    <thead>
        <tr>
            <th>广场名称</th><th>特点描述</th>
        </tr>
    </thead>
    <tbody>
        <tr><td>星海广场</td><td>从星海广场沿中央大道北行 500 米左右是星海会展……
</td></tr>
        <tr><td>人民广场</td><td>城雕前 100 双脚印揭示了大连一步一个脚印地走过了百年……
</td></tr>
        <tr><td>中山广场</td><td>是一个购物，餐饮，休闲，娱乐一站式购物街区……</td></tr>
        <tr><td>友好广场</td><td>博物馆/纪念展览馆，主题公园/游乐场……</td></tr>
    </tbody>
</table>
</body>
</html>
```

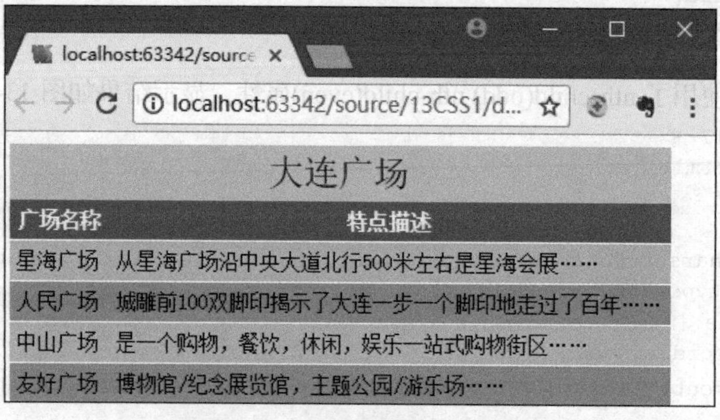

图 13-11　nth-child 选择器的应用效果

3. UI 伪类选择器

UI 伪类选择器作用在标记的状态上。在 CSS3 中，共有 11 种 UI 状态选择器，常用的选择器如表 13-4 所示。

表 13-4 常用的 UI 伪类选择器

<table>
<tr><th>选择器</th><th>功能</th></tr>
<tr><td>E:enabled</td><td>选择匹配 E 的所有可用 UI 元素。注意，在网页中，UI 元素一般是指包含在 form 元素内的表单元素。例如：input:enabled 匹配下面代码框中的文本框，无法匹配该片段中的按钮
<pre><form>
    <input type="text"/>
    <input type="button" disabled="disabled" />
</form></pre></td></tr>
<tr><td>E:disabled</td><td>选择匹配 E 的所有不可用 UI 元素。注意，在网页中，UI 元素一般是指包含在 form 元素的表单元素。例如: input:disabled 匹配下面代码段中的按钮，但不匹配该片段中的文本框
<pre><form>
    <input type="text " />
    <input type= "button" disabled= "disabled"/>
</form></pre></td></tr>
<tr><td>E:checked</td><td>选择匹配 E 的所有处于选中状态的 UI 元素。注意，在网页中，UI 元素一般是指包含在 form 元素内的表单元素</td></tr>
<tr><td>E:read-only</td><td>用来指定当元素处于只读状态时的样式</td></tr>
<tr><td>E:read-write</td><td>用来指定当元素处于非只读状态时的样式</td></tr>
<tr><td>E:hover</td><td>用来指定当鼠标指针移动到元素上面时元素所使用的样式</td></tr>
<tr><td>E:active</td><td>用来指定当元素被激活时使用的样式</td></tr>
<tr><td>E:focus</td><td>用来指定当元素处获得焦点时使用的样式</td></tr>
</table>

下面的代码段中，两个文本框分别处于不同状态，分别定义了黄色和紫色。

```
<style>
input[type="text"]:enabled{
    background-color:yellow;
}
input[type="text"]:disabled{
    background-color:purple;
}
</style>
</head>
<body>
<form>
姓名：<input type=text id="text1" disabled /><br/>
身份证号：<input type=text id="text1" enabled />
</form>
</body>
</html>
```

示例 13-18 是超级链接的伪类选择器。伪类选择器最常应用在元素<a>上，它表示超级链接 4 种不同的状态——未访问链接（link）、已访问链接（visited）、鼠标停留在链接上（hover）、激活超链接（active）。要注意的是，<a>标记可以只具有一种状态，也可以有两种或三种状态。例如，任何一个具有 href 属性的<a>标记，在没有任何操作时都已具备了:link 状态，也就是满足了有链接属性这个条件；如果访问过<a>标记，会同时具备:link、:visited 两种状态；把鼠标指针移动到访问过的<a>标记上时，<a>标记就同时具备了:link、:visited、:hover 三种状态。示例 13-18 是超级链接的伪类选择器的应用。

```
<!-- demo1318.html -->
<!DOCTYPE html >
<head>
<meta charset=utf-8>
<style type="text/css">
     a:link {
          font-family: "幼圆";
          font-size: 10px;
          color: #060;
          text-decoration: none;
     }
     a:visited {
          font-family: "黑体";
          color:#60C;
     }
     a:hover {
          font-size:16px;
          color:blue;
     }
     a:active {
          font-family: "华文新魏";
          font-size: 10px;
          color: #666;
     }
</style>
</head>
<body>
     <a href="#">伪类测试</a>
</body>
</html>
```

示例 13-19 展示了伪类选择器:focus 和:first-child 的功能。:focus 用于定义元素获得焦点时的样式。例如，对于一个表单来说，当光标移动到某个文本框内时（通常是单击了该文本框或使用 Tab 键切换到了这个文本框上），这个 input 标记就获得了焦点。因此，可以通过 input:focus 伪类选择器选中元素，改变它的背景色，使它突出显示，代码如下。

```
input:focus{background:yellow; }
```

:first-child 伪类选择器用于匹配它的父元素的第一个子元素，也就是说这个元素是父元素的第一个儿子。

示例 13-19 浏览结果如图 13-12 所示。

```
<!-- demo1319.html -->
<!DOCTYPE html>
<head>
<meta charset=" utf-8" />
<title>伪类选择器</title>
     <style>
       input:focus {
            background:#FF6;
```

```
            font-family:"黑体";
            font-size:12px;
        }
        div:first-child {
            color: #060;
            font-family:"黑体";
            font-size:12px;
        }
    </style>
</head>
<body>
    first-child 伪类选择器示例：
    <div>本块是 body 的 first-child，按指定格式显示</div>
    <strong>
          <div>本块是 strong 的 first-child，本行按指定格式显示</div>
          <div>本行非 first-child，未按指定格式显示</div>
    </strong>
     <p>
     :focus 伪类选择器示例：
     <form name="form1" method="get">
      请输入姓名：<input type="text" name="name"/>
     </form>
</body>
</html>
```

这段文字代码的第一部分是对:first-child 的测试。第一处<div>是其父标记<body>的第一个儿子，以指定格式显示；第 2 行<div>是其父元素<strong>的第一个儿子，以指定格式显示；第 3 行并不是父元素的第一个儿子，所以未按指定格式显示。

:focus 伪类选择器示例中，运行时只要将焦点置于文本框中，即可看到设置的格式效果。

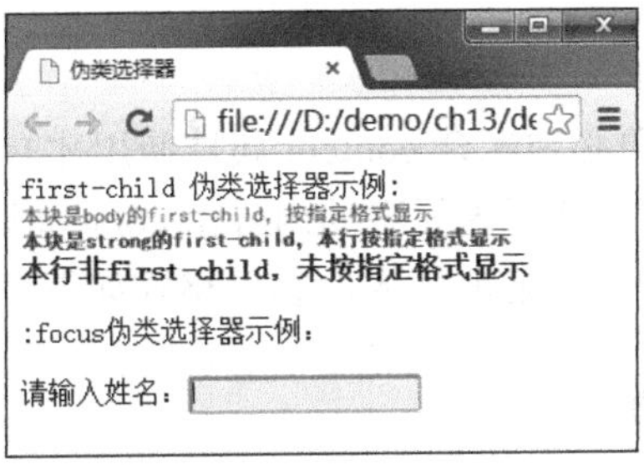

图 13-12　伪类选择器:first-child 和:focus 的效果

13.5.3　伪元素选择器

13-8　CSS3 选择器详解（4）

在 CSS 中，伪元素选择器主要有:first-letter、:first-line、:before 和:after。之所以称这些选择器是伪元素，是因为它们在效果上使文档增加了一个临时元素，属于一个“虚构元素”。

1．选择器:first-letter 和:first-line

:first-letter 用于选中元素内容的首字符。例如，使用它可以选中段落标记<p>中的第一个字母或中文字符。

:first-line 用于选中元素的首行文本。例如，使用它将选中每个段落的首行，而不考虑其他的显示区域。

示例 13-20 中，<div>标记中同时应用了:first-letter 和:first-line 两个选择器。在浏览器中的显示结果是首字下沉 3 行，第一行为黑体，并进行了行高设置。需要注意，:first-line 可使用的 CSS 属性有一些限制，它只能使用字体、文本和背景属性，不能使用盒子模型属性（如边框、背景）和布局属性。

```
<!-- demo1320.html -->
<!DOCTYPE html>
<head>
<meta charset="utf-8" >
<style>
      div:first-letter {
          float:left;
          font-size: 3em;
      }
      div:first-line {
          font-family: "黑体";
          color:#900;
          line-height:125%;
      }

  </style>
</head>
<body>
     <div>计算机是信息加工工具。如果说人类制造的其他工具是人类双手的延伸，那么计算机作为代替人脑进行信息加工的工具，则可以说是人类大脑的延伸。1996 年第一台速度超过每秒一万亿次浮点运算的超级计算机问世以来，世界上最大的计算机制造商们一直在……
</div>
</body>
</html>
```

2. 选择器:before 和:after

:before 和:after 两个伪对象必须配合 content 属性使用才有意义。它们的作用是在指定的标记内产生一个新的行内标记，该行内元素的内容由 content 属性里的内容决定。

:before 选择器用于在某个元素之前插入内容，格式如下。

```
<E>: before {
     content:文字或其他内容
 }
```

:after 选择器用于在某个元素之后插入内容，格式如下。

```
 <E>: after {
     content:文字或其他内容
 }
```

示例 13-21 展示了伪元素选择器的应用，浏览结果如图 13-13 所示。

```
<!--demo0321.html-->
<!DOCTYPE HTML>
<html>
<head>
<meta charset=utf-8>
<style>
    li:after {
```

```
        content: "(仅用于测试，请勿用于商业用途。)";
        font-size:12px;
        color:red;
    }
    p:before{
        content: "★  ";
    }
</style>
</head>
<body>
    <h1>课程清单</h1>
    <ul>
        <li><a href="html.mp4">HTML5</a></li>
        <li><a href="css.mp4">CSS3</a></li>
        <li><a href="JS.mp4">JavaScript</a></li>
    </ul>
    <h2>HTML5</h2>
        <p>canvas</p>
        <p>WebWorker</p>
        <p>WebStorage</p>
        <p>离线应用</p>
        <p>WebSocket</p>
</body>
</html>
```

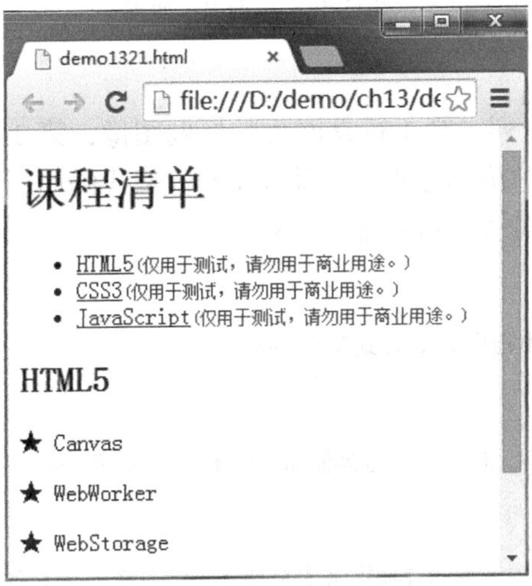

图 13-13　伪元素选择器示例

13.6　使用 CSS 设计网站页面

CSS 提供的属性比 HTML 标记的属性更丰富，可以有效设置文本、图像、表单等元素的显示方式，实现网页样式合并，或实现内容与表现分离。本示例的页面布局使用表格，页面中的元素（如文字、超级链接、表单、水平线等）由 CSS 来控制，页面效果如图 13-14 所示。

图 13-14　页面显示效果

1. 网页布局

整个网页划分为 4 行 1 列。第 1 行是网页的标题图像，第 2 行是页面导航，第 3 行是网页的主体内容，最后一行是版权说明。页面布局的框架代码如下。

```
<!--用 table 属性选择器定义表格的外框架-->
<table id="out">
      <tr>
        <!--标题图像，由行内 CSS 样式定义-->
      </tr>
      <tr>
        <!--页面导航内容，样式由类选择器 menu_style 定义-->
      </tr>
        <tr>
         <!--主体内容，由属性选择器定义表格样式，该表格 1 行 2 列-->
        </tr>
      <tr>
         <!--版权说明-->
      </tr>
    </table>
```

标题图像代码如下。

```
<tr>
    <td style=" text-align:center; padding:0;" ><img src="images/title3.jpg" style="width:760px; height:161px;" /></td>
</tr>
```

页面导航代码如下，其中的 menu_style 用于设置导航的样式。

```
<td class="menu_style">
```

```
        <a href=""> HTML</a>
        <a href=""> CSS</a>
        <a href="">JavaScript</a>
        <a href="">Ajax</a>
        <a href="">XML</a>
</td>
```

2. 在页面中应用的样式

- 3 个表格样式，用属性选择器，分别是：table[id="out"]，table[id="main"]，table[id="search"]。
- 设置导航文字样式，类选择器：.menu_style。
- 设置文字“我的位置”的样式，类选择器：.wodeweizhi。
- 设置正文段落的样式，类选择器：.zw。
- 设置超级链接的样式，UI 伪类选择器：a:link。
- 设置表单样式，标记选择器：form。
- 设置文字“典型框架”的样式，类选择器：.dianxingkuangjia。
- 设置水平线颜色的样式，标记选择器：hr。
- 设置文字“点击这里”的样式，类选择器：.dianjizheli。

示例 13-22 的全部代码如下。

```
<!-- demo1322.html -->
<!DOCTYPE html>
<head>
    <meta charset="utf-8">
    <title>Web 前端技术</title>
    <style type="text/css">
        <!--
        table[id="out"] {
            width: 760px;
            border: 1px solid #9fa1a0;
            margin: 0 auto;
            padding: 0;
        }
        .menu_style,.foot_style { /*菜单设置*/
            height: 23px;
            line-height: 23px;
            background-color: #90d226;
            text-align: center;
            vertical-align: middle;
        }
        .menu_style a {/*超级链接*/
            display: inline-block;
            width: 80px;
            text-decoration: none;
        }
        a:link {
            font-size: 12px;
            color: #336699;
            text-decoration: none;
        }
        table[id="main"] {
            width: 100%;
            height: 256px;
```

```
            border: 0;
            padding: 0;
        }
        .wodeweizhi { /*我的位置*/
            width: 550px;
            vertical-align: top;
            padding-top: 10px;
            padding-left: 10px;
        }
        hr { /*水平线*/
            width: 500px;
            text-align: center;
        }
        .zw { /*正文段落*/
            font-size: 12px;
            line-height: 1.75em;
            color: #666666;
            text-align: left;
            text-indent: 2em;
        }
        table[id="search"] {
            width: 170px;
            height: 110px;
            border: 1px solid #CCC;
            padding: 0;
            margin: 0 auto;
        }
        form { /*表单*/
            height: 110px;
            width: 170px;
        }
        input { /*输入域*/
            height: 17px;
            width: 67px;
            border: thin solid #467BA7;
        }
        .dianxingkuangjia {  /*典型框架*/
            text-align: center;
            font-weight: bold;
            color: #06F;
        }
        .dianxingkuangjia a {
            text-decoration: none;
        }
        .dianjizheli { /*点击这里*/
            font-size: 12px;
            line-height: 1.75em;
            color: #666666;
        }
        -->
    </style>
</head>

<body>
```

```
    <table id="out">
        <tr>
            <td style="text-align:center;padding:0;"><img src="images/title3.jpg"
                                                    style="width:760px; height:161px;"/>
            </td>
        </tr>
        <tr>
            <td class="menu_style">
                <a href=""> HTML</a>
                <a href=""> CSS</a>
                <a href="">JavaScript</a>
                <a href="">Ajax</a>
                <a href="">XML</a>
                <a href=""></a>
            </td>
        </tr>
        <tr>
            <td>
                <table id="main">
                    <tr>
                        <td class="wodeweizhi"><p class="zw">我的位置&gt;&gt;CSS</p>
                            <hr/>
                            <p class="zw">CSS(Cascading Style
                                Sheets，层叠样式表)是标准的布局语言，用来控制元素的尺寸、颜色和排版，
                                用来定义如何显示 HTML 元素，纯 CSS 的布局与 XHTML 相结合，可使内容
表现与结构相分离，并使网页更容易维护，易用性更好。请参阅<a href="#">CSS 详解</a>。</p>
                            <p class="zw"> 常见的 CSS 开发工具有包括记事本、EditPlus 文本编辑器；
    可视化网页开发工具 Dreamweaver CS5、Frontpage 等.</p>
                            <p class="zw">关于 CSS 的一些问题，欢迎和我们交流<a href="#">
                                Email me</a>. </p>
                        </td>
                        <td>

                            <form id="form1" name="form1" method="post" action="">
                                <table id="search">
                                    <tr>
                                        <td style="width:50%;"><img src="images/
    username.jpg"/></td>
                                       <td><input type="text" name="uname" id="uname"/></td>
                                    </tr>
                                    <tr>
                                        <td><img src="images/password.jpg" /></td>
                                        <td><input type="text" name="pwd" id="pwd"/></td>
                                    </tr>
                                    <tr>
                                        <td><span class="dianjizheli">点击这里</span>
                                            <a href="#">注册</a></td>
                                        <td><img src="images/login_1.jpg" style="width:
44px;
     height:17px;"/></td>
                                    </tr>
                                </table>
                            </form>
                            <div class="dianxingkuangjia">
```

```
                    <p>典型框架</p>
                    <p><a href="#">JQuery</a></p>
                    <p><a href="#">Dojo</a></p>
                    <p><a href="#">Prototype</a></p>
                </div>
            </td>
        </tr>
    </table>
  </td>
</tr>
<tr>
    <td class="foot_style"><p>版权所有</p></td>
</tr>
</table>
</body>
</html>
```

思考与练习

1. 简答题

（1）在网页中使用 CSS 的方法有 4 种，各有什么特点？设计一个使用 CSS 的页面，应用行内样式、嵌入式、链接式和导入式来使用 CSS 样式。

（2）使用 CSS 修饰页面元素时，可以采用默认值或指定值，哪种方式比较好？

（3）描述“选择器”的含义，设计一个示例，包含标记选择器、类选择器和 ID 选择器，并在具体页面中应用。

（4）ID 选择器和类选择器在使用上有什么区别？

（5）列举出各种属性选择器，简述其功能。

2. 操作题

（1）创建一个名为“mycss1”的样式文件，该样式定义字体为华文仿宋、幼园和宋体，字号为 12pt，颜色为黄色，背景为蓝色，并在一个 HTML 文件中链接该样式文件。

（2）设计<a>标记的 CSS 样式，要求如下。

① 超级链接无下划线。

② 未访问链接（link）为宋体、12pt、黑色。

③ 已访问链接（visited）为黑体、绿色。

④ 鼠标停留在链接上（hover）为黑体、16pt、红色。

⑤ 激活超链接（active）文字为紫色。

（3）设计示例，使用属性选择器、伪类选择器、伪元素选择器、后代选择器等控制文本、段落或图片的样式。

第 14 章 使用 CSS3 设置元素样式

学前提示

网页由文本、图片、超链接等基本元素组成，使用 CSS 技术可以精确地控制这些元素的显示效果。本章介绍设置文本、背景、边框、图像等元素显示的 CSS3 属性。

知识要点

- 使用 CSS 设置文本样式
- 使用 CSS 设置页面背景、圆角边框和图像边框
- 使用 CSS 设置图像显示效果和图文混排

14.1 用 CSS3 设置文本样式

14.1.1 字体属性

14-1 CSS3 文字与字体相关样式

字体属性用于控制网页文本字符的显示方式。例如，控制文字的大小、粗细以及使用的字体类型等。CSS 的字体属性包括 font、font-family、font-size、font-style、font-variant 和 font-weight 等，这些属性在 CSS2 以前就广泛使用。

1. font-family 属性

font-family 属性用于确定要使用的字体列表（类似于<font>标记的 face 属性，但 HTML5 中已经不支持 face 属性），取值可以是字体名称，也可以是字体族名称，值之间用逗号分隔。常见的字体包括：宋体、黑体、楷体_GB2312、Arial、Times New Roman 等。字体族和字体类似，只是一个字体族中通常包含多种字体，例如，serif 字体族典型的字体包括 Times New Roman、MS Georgia、宋体等。

在显示字体时，一些特殊字体不能在浏览器或者操作系统中正确显示，这时可以通过 font-family 属性预设多种字体类型。font-family 属性可以预置多个供页面使用的字体类型，即字体类型序列，每种字体类型之间使用逗号隔开。如果前面的字体类型不能够正确显示，则系统将自动选择后一种字体类型，以此类推。

所以，在设计页面时，一定要考虑字体的显示问题。为了确保页面达到预期的效果，最好提供多种字体类型，而且最基本的字体类型应放在最后。

在使用字体或字体族时，如果字体或字体族名称中间有空格，这时需要对字体或字体族加上引号，例如“Times New Roman”。

下面的代码用来设置标记<h1>的 font-family 属性。

```
<style type="text/css" >
    h1 {
        font-family: "微软雅黑", "仿宋_GB2312","楷体_GB2312";
    }
</style>
```

2. font-size 属性

font-size 属性用于控制文字的大小，它的取值分为 4 种类型——绝对大小、相对大小、长度值以及百分数。该属性的默认值是 medium。

当使用绝对大小类型时，可能的取值为：xx-small、x-small、small、medium、large、x-large、xx-large，表示越来越大的字体。

当使用相对大小时，可能的取值为 smaller 和 larger，分别表示比上一级元素中的字体小一号和大一号。例如，如果在上级元素中使用了 medium 大小的字体，而子元素采用了 larger 值，则子元素的字体尺寸将是 large。

需要说明的是，所谓上一级元素是指包含当前元素的元素，例如，body 是所有元素的上级元素。

当使用长度值时，可以直接指定。当使用百分比值时，表示与当前默认字体（即 medium）所代表字体大小的百分比。

示例 14-1 所示为设置不同段落的 font-size 属性，浏览结果如图 14-1 所示。

图 14-1　文字大小测试

```
<!-- demo1401.html -->
<!DOCTYPE html>
<html>
<meta charset="utf-8">
<body>
    <div style="font-size:18pt" >设置容器 fontsize:18pt
        <p style="font-size:larger">相对大小: larger</p>
        <p style="font-size:smaller">相对大小: smaller</p>
        <p style="font-size:medium">绝对大小: medium</p>
        <p style="font-size:10pt">绝对大小:10pt</p>
    </div>
</body>
</html>
```

3. font-style 属性

font-style 属性确定指定元素显示的字形。font-style 属性的值包括 normal、italic 和 oblique 3 种，默认值为 normal，表示普通字形；italic 和 oblique 表示斜体字形，表示字母向右边倾斜一定角度产生的效果。但在 Windows 操作系统中，并不区分 oblique 和 italic，二者都是按照 italic 方式显示的。另外，中文字体的倾斜效果并不好看，因此，网页上较少使用中文字体的倾斜效果。

示例 14-2 设置不同段落的 font-style 属性，浏览结果如图 14-2 所示。

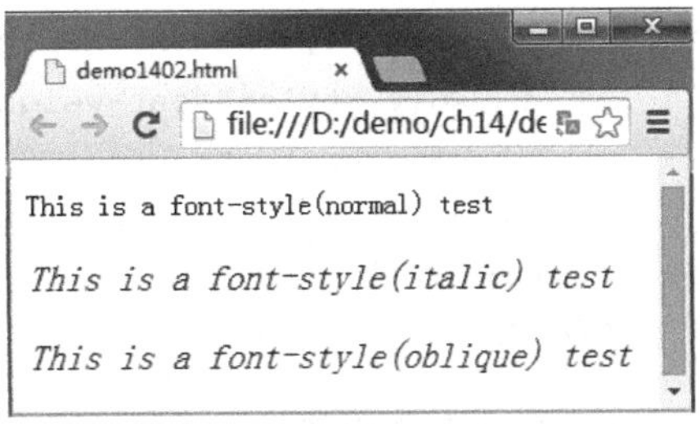

图 14-2　文字倾斜的显示效果

```
<!-- demo1402.html -->
<!DOCTYPE html>
<html>
<head>
<meta charset="utf-8">
<body>
    <p style="font-style:normal" > This is a font-style(normal) test </p>
    <p style="font-size:20px;font-style:italic">This is a font-style(italic) test </p>
    <p style="font-size:20px;font-style:oblique">This is a font-style(oblique)
test </p>
</body>
</html>
```

4. font-variant 属性

font-variant 属性用于在浏览器上显示指定元素的字体变体。该属性可以有 3 个值：normal、small-caps 和 inherit。该属性默认值为 normal，表示使用标准字体；small-caps 表示小写大体，也就是说，字体中所有小写字母看上去与大写字母一样，不过尺寸要比标准的大写字母小一些。

5. font-weight 属性

font-weight 属性定义了字体的粗细值，它的取值可以是以下值中的一个——normal、bold、bolder 和 lighter，默认值为 normal，表示正常粗细，bold 表示粗体。该属性的取值也可以使用数值，范围为 100～900，对应从最细到最粗，normal 相当于 400，bold 相当于 700。如果使用 bolder 或 lighter，则表示相对于上一级元素中的字体更粗或更细。

示例 14-3 测试了 font-variant 属性和 font-weight 属性，浏览结果如图 14-3 所示。

图 14-3　font-variant 属性和 font-weight 属性的测试效果

```
<!-- demo1403.html -->
<!DOCTYPE html>
<html>
<head>
    <meta charset="utf-8" >
</head>
<body>
    <div style="font-size:12pt;font-variant:small-caps">
        测试 Font-Variant:small-caps
    </div>
    <div style= "font-size:12pt;font-variant:normal">测试 Font-Variant:normal
    </div>
    <p>
   <div style="font-size:12pt" >容器设定 font-size:12pt
       <div style="font-weight:normal">测试参数 normal</div>
       <div style="font-weight:bold">测试参数 bold</div>
       <div style="font-weight:bolder">测试参数 bolder</div>
```

```
        <div style="font-weight:lighter">测试参数 lighter</div>
        <div style="font-weight:100">设定属性值 100</div>
        <div style="font-weight:400">设定属性值 400</div>
        <div style="font-weight:700">设定属性值 700</div>
    </div>
</body>
</html>
```

6. font 复合属性

使用 font 属性可一次性设置前面介绍的各种字体属性（属性之间以空格分隔）。在使用 font 属性设置字体格式时，字体属性名可以省略。font 属性的排列顺序是：font-weight、font-variant、font-style、font-size 和 font-family。

需要说明的是，font-weight、font-variant、font-style 这 3 个属性的顺序是可以改变的，但 font-size、font-family 必须按指定的顺序出现，如果顺序不对或缺少一个，那么整条样式定义可能不起作用。

示例 14-4 显示了各种常用字体属性的用法。

```
<!--demo1404.html -->
<!DOCTYPE html>
<html>
<head>
    <meta charset=utf-8>
    <style type="text/css">
        .s1{
            font:normal bolder 18pt "幼圆", "宋体","Arial Black","sans-serif";
        }
        .s2{
            font:16px/1.6 "幼圆","宋体";
            color:blue;
        }
    </style>
</head>
<body>
<p class="s1">font 复合属性</p>
<p class="s2">设置了行距的 font 复合属性</p>
</body>
</html>>
```

使用 font 属性可一次性设置前面介绍的各种字体属性（属性之间以空格分隔）。在使用 font 复合属性设置字体格式时， font 属性的排列顺序是：font-weight，font-variant，font-style，font-size，font-family。

在设置 font 属性时，也经常使用如下的格式。

```
font:16px/1.6 "幼圆","宋体"
```

表示字号大小是 16px，行距为 160%（字号大小的 160%），这种格式要求必须有字体选项。

14.1.2 文本属性

文本属性用于控制段落格式和文本的修饰方式，例如设置单词间距、字符间距、首行缩进、段落对齐方式等。CSS 中的常用文本属性包括 word-spacing、letter-spacing、text-align、 text-indent、line-height、text-decoration 和 text-transform 等。除了这些属性之外，CSS3 还增加了 text-shadow、word-wrap、word-break 等属性。

1. word-spacing 和 letter-spacing 属性

word-spacing 用于设定单词之间的间隔，它的取值可以是 normal 或具体的长度值，也可以是负值；默认值为 normal，表示浏览器根据最佳状态调整字符间距。

letter-spacing 属性和 word-spacing 类似，它的值决定了字符间距（除去默认距离外）。它的取值可以是 normal 或具体的长度值，也可以是负值；默认值为 normal，也就是说，如果将 letter-spacing 设置为 0，它的效果并不与 normal 相同。

示例 14-5 显示了中英文的 word-spacing 和 letter-spacing 属性的用法，代码浏览结果如图 14-4 所示，可以看出，设置中文的 word-spacing 属性并没有实际意义。

```
<!-- demo1405.html -->
<!DOCTYPE html>
<html>
<meta charset="utf-8" >
<body>
    <p style="word-spacing:normal">Welcome to CSS3 World (word-spacing:normal)
</p>
    <p style="word-spacing: 10px">Welcome to CSS3 World (word-spacing:10px)</p>
    <p style="word-spacing:normal">欢迎使用 CSS3 (汉字, word-spacing:normal) </p>
    <p style="word-spacing:10px">欢迎使用 CSS3(汉字, word-spacing:10px) </p>

    <p style="letter-spacing:normal">Welcome to CSS3 World (letter-spacing:normal)
</p>
    <p style="letter-spacing:3px">Welcome to CSS3 World  (letter-spacing:3px)</p>
    <p style="letter-spacing:normal">欢迎使用 CSS3(汉字, letter-spacing:normal)
</p>
    <p style="letter-spacing:3px">欢迎使用 CSS3 (汉字, letter-spacing:3px)  </p>
</body>
</html>
```

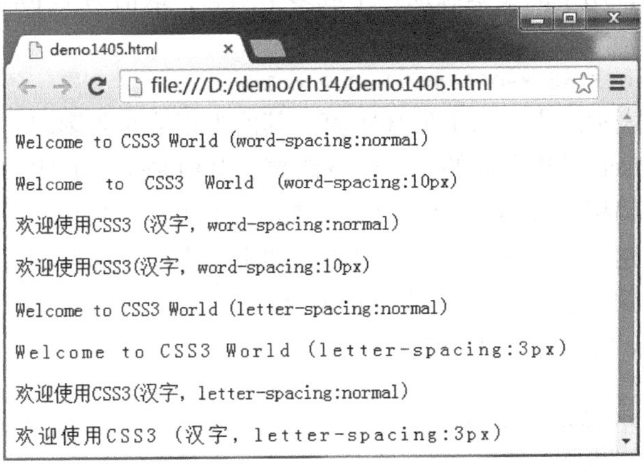

图 14-4　word-spacing 和 letter-spacing 属性的测试效果

2. text-align 属性

text-align 属性指定了所选元素的对齐方式（类似于 HTML 标记符的 align 属性），取值可以是 left、right、center 和 justify，分别表示左对齐、右对齐、居中对齐和两端对齐。此属性的默认值依浏览器的类型而定。CSS3 增加的 start、end 两个属性值，分别表示向行的开始边缘对齐、向行的结束边缘对齐。

3. text-indent 属性

text-indent 属性可以对特定选项的文本进行首行缩进，取值可以是长度值或百分比。此属性的默认值是 0，表示无缩进。

4. line-height 属性

line-height 属性决定了相邻行之间的间距（或者说行高），其取值可以是数字、长度或百分比，默认值是 normal。当以数字指定该值时，行高就是当前字体高度与该数字相乘的积，例如下面的例子。

```
div{
      font-size: 10pt;
      line-height: 1.5;
}
```

这段代码表示行高是 15pt。如果指定具体的长度值，则行高为该具体值。如果用百分比指定行高，则行高为当前字体高度与该百分比相乘得到的值。

5. text-decoration 属性

text-decoration 属性可以对特定选项的文本进行修饰，它的取值为 none、underline、overline、line-through 和 blink，默认值为 none，表示不加任何修饰。

underline 表示添加下画线，overline 表示添加上画线，line-through 表示添加删除线，blink 表示添加闪烁效果（有的浏览器并不支持该值）。

6. text-transform 属性

text-transform 属性用于转换文本，取值为 capitalize、uppercase、lowercase 和 none，默认值是 none。capitalize 值表示所选元素中文本的每个单词的首字母以大写显示；uppercase 值表示所有的文本都以大写显示，lowercase 值表示所有文本都以小写显示。

7. text-shadow 属性

text-transform 属性用于向文本添加一个或多个阴影，取值为 color、length、opacity，其语法如下。

```
text-shadow: X-Offset Y-Offset shadow color
```

其中，X-Offset 表示阴影的水平偏移距离，其值为正值时阴影向右偏移，其值为负值时阴影向左偏移；Y-Offset 是指阴影的垂直偏移距离，其值是正值时阴影向下偏移，反之其值是负值时阴影向顶部偏移；shadow 指阴影的模糊值，不可以是负值，用来指定模糊效果的作用距离，值越大阴影越模糊，反之阴影越清晰，如果不需要阴影模糊可以将 shadow 值设置为 0；color 指定阴影颜色，其可以使用 RGBA 色。

下面的代码为 div 块中的文字定义了阴影。

```
div {
      text-shadow:5px 8px 3px gray;
      font:24pt "楷体" ;
 }
```

8. word-wrap 属性

word-wrap 是 CSS3 新增加的属性，该属性允许超过容器的长单词换行到下一行，它的取值为 normal 和 break-word，默认值为 normal，表示只在允许的断字位置换行，break-word 表示在长单词或 URL 地址内部允许换行。

```
div{
      font-size:14px;
      word-wrap:break-word;
}
```

9. word-break 属性

word-break 是 CSS3 新加的属性，用来处理如何自动换行。它的取值为 normal、break-all 和 keep-all。默认值为 normal，表示使用浏览器默认的换行规则，break-all 表示允许在单词内换行，keep-all 表示只能在半角空格或连字符处换行。

示例 14-6 使用了 word-break、word-wrap、text-shadow 属性，显示效果如图 14-5 所示。

```
<!-- demo1406.html -->
<!DOCTYPE HTML>
<html>
<head>
<meta  charset=utf-8>
<style>
     div#r1 {
          word-break:normal;
     }
     div#r2 {
          word-break:break-all;
     }
     div#r3 {
          word-wrap:normal;
     }
     div#r4 {
          word-wrap:break-word;
     }
     div#tshadow{      /* 设置字体阴影 */
         font-size:18px;
         text-shadow: 2px 2px 3px #ff0000;
     }
</style>
</head>
<body>
     <div  id="r1">what  is  the  fourth  technological  revolution?  New  energy,
bio-technology, information technology, networking ...
    </div>
    <hr/>
    <div  id="r2">what  is  the  fourth  technological  revolution?  New  energy,
bio-technology, information technology, networking ...
    </div>
     <hr/>
     <div id="r3">http://www.myrunsky.com/news/day20160202/local/index.html
    </div>
     <hr/>
     <div id="r4">U: http://www.myrunsky.com/news/day20160202/local/index.html
    </div>
    <hr/>
    <div id="tshadow">what is the fourth technological revolution?
    </div>
</body>
</html>
```

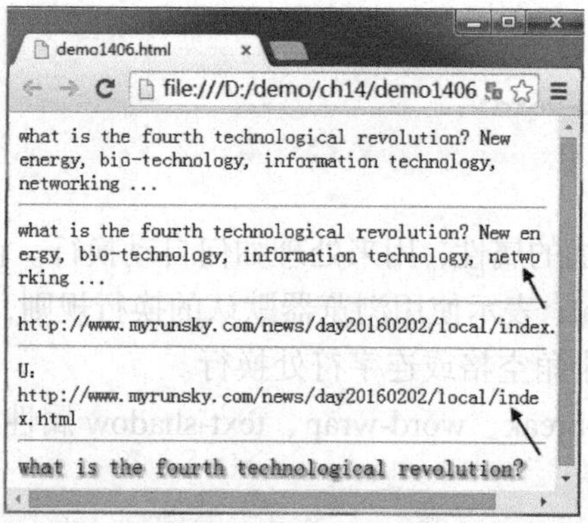

图 14-5　word-break、word-wrap 和 text-shadow 属性的测试效果

示例 14-7 显示了各种常用文本属性的用法，显示效果如图 14-6 所示。

```
<!-- demo1407.html -->
<!DOCTYPE html >
<html >
<head>
<meta  charset=" utf-8" >
<style type="text/css">
    :root { /* 伪类选择器，设置页面背景颜色 */
        background-color:#CCCCCC;
    }
    h2{     /* 设置居中对齐 */
        text-align:center;
    }
    div,p{     /* 标记选择器,首行缩进 2 个字体高 */
        text-indent:2em;
    }
    .type1 {     /* 类选择器,设置字符间距 */
        letter-spacing:5px;
    }
    div#region{     /* 设置行符间距 */
        line-height:160%;
    }
</style>
</head>
<body>
<h2>人类三次技术革命回望</h2>
   <p>一、蒸汽机"改变了世界"</p>
   <div id="region">工具革新在技术革命中占有主要地位，是产业革命的导火线。1733 年，英国兰
开夏工人发明了飞梭，1764 年，织布工人哈格里沃斯发明了珍妮纺车，效率提高八倍。……
   </div>
<div>17 世纪的科学革命已经提出"用火提水的发动机"原理，在专家和生产者大量研究和实验的基础上，
1776 年，瓦特制成了高效能蒸汽机，1785 年，蒸汽机开始生产。……
   </div>
   <p>二、电力技术"开创一个新纪元"</p>
   <div>电力技术革命起源于欧洲，完成在美国。1866 年，德国维·西门子发明电机后曾给他在伦敦的弟
弟写信"电力技术很有发展前途，它将会开创一个新纪元"。1876 年美国庆祝独立 100 周年之际，在费城举办了
有 37 个国家参加的国际博展会上，美国展出了大功率发<br/>动机和电动机。继西门子之后，贝尔于 1876 年发
```

```
明电话，爱迪生于 1879 年发明电灯，这三大发明"照亮了人类实现电气化的道路"。
        </div>
        <p>三、计算机——人类大脑的延伸</p>
        <div>1944 年，美国在国防部领导下开始研制计算机，1946 年制成世界上第一台电子数字计算机
ENIAC，开辟了一个计算机科学技术新纪元，拉开信息技术革命序幕。……
        </div>
        <div>一些经济学家认为，现在用"生产力=(劳动者+劳动工具+劳动对象) x 科技"的公式表示已经不
够，新的公式应该是<span class="type1">生产力=(劳动者+劳动工具+劳动对象)</span>的高科技次方",
即科技对生产力三要素所起的作用不只是用乘法按倍数计算，而是按幂级数增长。
        </div>
    </body>
    </html>
```

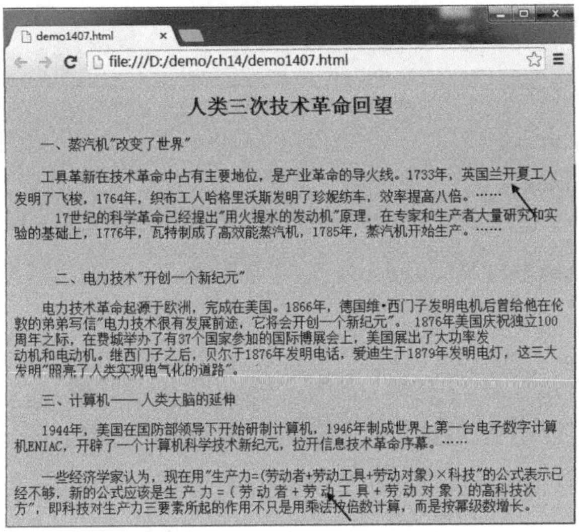

图 14-6　示例 14-7 显示效果

14.2　用 CSS3 设置颜色与背景

在 CSS 中，颜色属性可以用来设置元素文本的颜色，而各种背景属性则可以控制元素的背景颜色或背景图像。color 属性用来描述元素的前景颜色，CSS 背景属性包括 background、background-attachment、background-color、background-image、background-position 和 background- repeat 等。

14-2　CSS3 背景与边框相关样式

14.2.1　颜色设置

color 属性用于控制 HTML 元素内文本的颜色，取值可以使用下面的任意一种方式。

- 颜色名：直接使用颜色的英文名称作为属性值，例如，blue 表示蓝色。
- #rrggbb：用一个 6 位的十六进制数表示颜色，例如，#0000FF 表示蓝色。
- #rgb：是#rrggbb 的一种简写方式，例如，#0000FF 可以表示为#00F，#00FFDD 表示为#0FD。

- rgb(rrr,ggg,bbb)：用十进制数表示颜色的红、绿、蓝分量，其中，rrr、ggg、bbb 都是 0～255 的十进制整数。例如，rgb(0,0,0)代表黑色。
- rgb(rrr%,ggg%,bbb%)：使用百分比表示颜色的红、绿、蓝分量，例如，rgb(50%,50%,50%)表示 rgb(128,128,128)。

示例 14-8 是关于文本颜色测试的例子。

```
<!—demo1408.html -->
<!DOCTYPE html>
<html>
<head>
<meta charset=utf-8 >
<style type="text/css">
    .blue{
        color:#00F;
    }
    .green {
        color:#00FF00;
    }
    .black {
        color:black;
    }
    .yellow {
        color:rgb(255,255,0);
    }
    .red {
        color:rgb(100%,0%,0%);
    }
</style>
</head>
<body>
   <p class="blue">颜色测试</p>
   <p class="green">颜色测试</p>
   <p class="black">颜色测试</p>
   <p class="yellow">颜色测试</p>
   <p class="red" >颜色测试</p>
</body>
</html>
```

14.2.2 背景设置

1. background-color 属性

background-color 属性用于设置 HTML 元素的背景颜色，取值可以是上面介绍的任意一种表示颜色的方式。此属性的默认值是 transparent，表示没有任何颜色（或者说是透明色），此时上级元素的背景可以在子元素中显示出来。

2. background-image 属性

background-image 属性用于设置 HTML 元素的背景图像，取值为 url(imageurl)或 none。该属性默认值为 none，即没有背景图像。如果要指定背景图像，需要将图像、位置及名字写在 imageurl 中。

3. background-attachment 属性

background-attachment 属性控制背景图像是否随内容一起滚动，取值为 scroll 或 fixed。

该属性默认值为 scroll，表示背景图像随着内容一起滚动；fixed 表示背景图像静止，而内容可以滚动，这类似于在<body>标记中设置 bgproperties="fixed"所获得的水印效果。

4. background-position 属性

background-position 属性指定了背景图像相对于关联区域左上角的位置。该属性通常指定由空格隔开的两个值，既可以使用关键字 left/center/right 和 top/center/bottom，也可以指定百分数值，或者指定以标准单位计算的距离。例如，50%表示将背景图像放在区域的中心位置，25px 的水平值表示图像左侧距离区域左侧 25px。如果只提供了一个值而不是一对值，则相当于只指定水平位置，垂直位置自动设置为 50%。指定距离时也可以使用负值，表示图像可超出边界。此属性的默认值是“0%”，表示图像与区域左上角对齐。

5. background-repeat 属性

background-repeat 属性用来表示背景图像是否重复显示，取值可以是 repeat/repeat-x/repeat-y/no-repeat。该属性的默认值是 repeat，表示在水平方向和垂直方向都重复，即像铺地板一样将背景图像平铺；repeat-x 表示在水平方向上平铺；repeat-y 表示在垂直方向上平铺；no-repeat 表示不平铺，即只显示一幅背景图像。

6. background 属性

background 属性与 font 属性类似，它也是一个组合属性，可用于同时设置 background-color、background-image、background-attachment、background-position 和 background-repeat 等背景属性。不过，在指定 background 属性时，各属性值的位置可以是任意的。

示例 14-9 显示了颜色和背景属性的用法，效果如图 14-7 所示。

```
<!-- demo1409.html -->
<!DOCTYPE html >
<html >
<head>
<meta charset="utf-8" >
<style type="text/css">
      h2{
            font-family:"黑体";
            text-align:center;
            background-color:blue;                          /*背景颜色*/
            color:white;                                    /*前景颜色*/
      }
      body {
            background-image:url(images/b6407.jpg); /*背景图像*/
            background-repeat: no-repeat;                   /*不重复*/
            background-position:center;                     /*水平居中*/
            background-attachment: fixed;                   /*随前景滚动*/
      }
      .lineheight {
            line-height:160%;
      }
      .type4 {
          text-transform: uppercase;
      }
      div,p{
          text-indent:2em;
      }
```

```
    </style>
    </head>
    <body>
        <h2>人类三次技术革命回望</h2>
        <p>一、蒸汽机"改变了世界"</p>
        <div>工具革新在技术革命中占有主要地位，是产业革命的导火线。1733 年，英国兰开夏工人发明了飞梭，……
        </div>
        <div>  17 世纪的科学革命已经提出"用火提水的发动机"原理，在专家和生产者大量研究和实验的基础上，1776 年，瓦特制成了高效能蒸汽机，1785 年，蒸汽机开始生产……
        </div>
        <p>  二、电力技术"开创一个新纪元"</p>
        <div>电力技术革命起源于欧洲，完成在美国。1866 年，德国维·西门子发明电机后曾给他在伦敦的弟弟写信"电力技术很有发展前途，它将会开创一个新纪元"。……
        </div>
        <div class="type4">what is the fourth technological revolution? New energy, bio-technology, information technology, networking, ...
        </div>
    </body>
    </html>
```

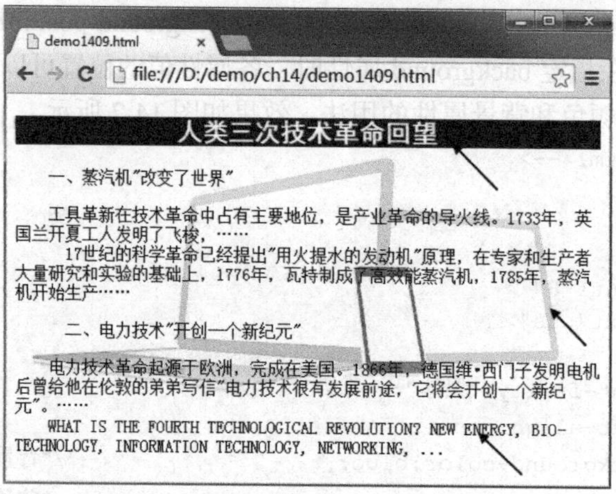

图 14-7　示例 14-9 显示效果

14.2.3　圆角边框和图像边框

14-3　圆角边框

1. 圆角边框

圆角是网页设计中经常用到的技巧。早期的圆角多采用在表格中嵌入圆角图形来实现，但当网页放大或缩小时，圆角的效果往往不理想。在 CSS3 中，使用 border-radius 属性可以设计各种类型的圆角边框。通过给 border-radius 属性赋一组值可以定义圆角。

- 如果给 border-radius 属性赋 4 个值，这 4 个值按照 top-left、top-right、bottom-left、bottom-right 的顺序来设置。
- 如果只设置 1 个值，则表示 4 个圆角相同。
- 如果 bottom-left 值省略，其圆角效果与 top-right 相同。

- 如果 bottom-right 值省略，其圆角效果与 top-left 相同。
- 如果 top-right 值省略，其圆角效果与 top-left 相同。

用 CSS3 的 border-radius 属性完成一个圆角的背景的示例代码如下，显示结果如图 14-8 所示。

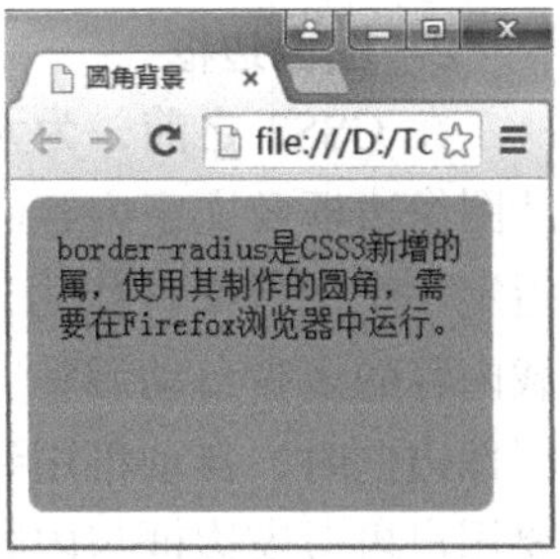

图 14-8　示例 14-10 显示效果

```
<!—demo1410.html -->
<!DOCTYPE html>
<head>
<meta charset="utf-8" >
<style>
   div {
         width:200px;
         height:120px;
         padding:15px;
         background:#cba276;/ *制作圆角边框用这行代码 border:5px solid red;*/
         text-align:left;
         border-radius:8px;
         -moz-border-radius:8px;                /*兼容 Firefox 浏览器*/
         -webkit-border-radius:8px;             /*兼容 Chrome 浏览器*/
     }
</style>
</head>
<body>
     <div >border-radius 是 CSS3 新增的属，使用其制作的圆角，需要在 Firefox 浏览器中运行。
</div>
</body>
</html>
```

如果使用示例中被注释的代码“border:5px solid red;”，将制作一个实线的圆角边框。另外，border-radius 还提供了一系列衍生属性，可以实现更加丰富的圆角功能。

下面的代码实现了更复杂的圆角，如图 14-9 所示。

```
div{
        width:200px;
        height:120px;
        border:15px solid red;
        background-color:#CCC;
        text-align:left;
        padding:10px;
        border-radius:20px 40px 60px 80px;
        margin:auto;
    }
```

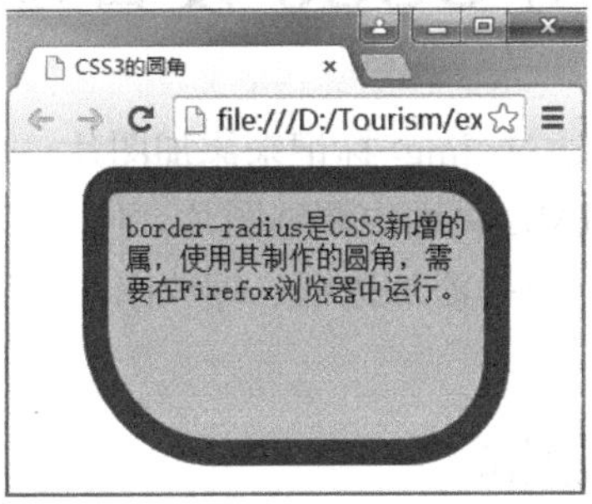

图 14-9　半径不同的圆角效果

2. 图像边框

在 CSS3 之前，为元素添加图像边框时，较难做到图像和内容的自动适应，需要精心设计图像边框及文字内容的多少。针对这种情况，CSS3 增加了一个 border-image 属性，该属性指定一个图像文件作为边框，边框的长或宽会随着网页元素承载内容的多少自动调整。使用 border-image 属性，浏览器在显示图像边框时，自动将用到的图像分割成 9 部分进行处理，不需要用户再考虑边框与内容的适应问题。

示例 14-11 就一个 div 块，设置了图像边框，需要的边框素材在指定的文件夹中，显示结果如图 14-10 所示。这个示例兼容了 IE 浏览器、Chrome 浏览器和 Firefox 浏览器。border-image 属性的第一个参数需要指明边框图像的地址，接着 4 个参数是浏览器将边框图像分割时的上、下、左、右 4 个边距，最后一个参数是边框宽度。

图 14-10　图像边框效果

```
<!--demo1411-->
<!DOCTYPE HTML>
<html>
<head>
<meta  charset="utf-8">
<title>image border</title>
<style>
    div {
        width:200px;
        padding:15px;
        border-image:url(images/borderimage.png) 5 10 15 20/25px;
        -moz-border-image:url(images/borderimage.png) 5 10 15 20/25px;
        -webkit-border-image:url(images/borderimage.png) 5 10 15 20/25px;
    }
</style>
</head>
<body>
<div>CSS3 增加了一个 border-image 属性,可以让处于随时变化状态的元素长或宽的边框统一使用一个图像文件来绘制。使用 border-image 属性，可以让浏览器在显示图像时，自动将使用到的图像分割成 9 部分进行处理。</div>
</body>
</html>
```

14.3　用 CSS3 设置图像效果

在 HTML 文档中可以直接通过<img>标记来添加图片。使用 border、width、height 等属性可以在 HTML 页面中调整图片。使用 CSS 可以为图片设置更加丰富的风格和样式，包括添加边框、缩放图片、实现图文混排和设置对齐方式等。

14-4　使用图像边框

14.3.1　为图片添加边框

使用<img>标记的 border 属性可以为图片添加边框，属性值为边框的粗细，以像素为单位，从而控制边框的效果。当设置属性值为 0 时，则显示为没有边框。下面是为图片添加边框的代码。

```
<img src="img1.jpg" border="2" />
<img src="img2.jpg" border="0" />
```

但使用这种方法存在很大的限制，即所有的边框都只能是黑色，而且风格十分单一，都是实线，只能在边框粗细上进行调整。如果希望更换边框的颜色，或者换成虚线边框，仅仅依靠 HTML 标记和属性是无法实现的，需要使用 CSS。

1. 边框的不同属性

在 CSS 中可以通过边框属性为图片添加各式各样的边框。一个边框由 3 个属性组成。

- border-width（粗细）：设置边框的粗细，可以使用各种 CSS 中的长度单位，常用的单位是像素。
- border-color（颜色）：定义边框的颜色，可以使用各种合法的颜色定义方式。
- border-style（线型）：选择一些预先定义好的线型，如虚线、实线或点划线等。

示例 14-12 说明了使用 CSS 设置边框的方法。

```
<!--demo1412.html -->
<!DOCTYPE html>
<html>
<head>
<meta  charset="utf-8" >
<style type="text/css">
       img {
           width:150px;
       }
       .border1{
            border-style:double;
            border-color:#00F;
            border-width:6px;
            width:150px;
       }
       .border2{
            border-style: dashed;
            border-color: #339;
            border-width:4px;
       }
       .border3{
            border-style: solid;
            border-color: #339;
            border-width:4px;
            border-radius:15px;
       }
</style>
</head>
<body>
  <img src="images/kay.gif"  class="border1" />
  <img src="images/Neg.gif" class="border2" />
  <img src="images/kay.gif" class="border3" />
</body>
</html>
```

浏览结果如图 14-11 所示，这个示例中，设置图片的 width 属性后，height 属性将按同比例缩放，除非指定图片的 height 属性。

图 14-11　为图片设置不同边框的显示效果

2. 为不同的边框分别设置样式

如果需要单独地定义边框某一边的样式，可以使用 border-top-style 设定上边框样式，使用 border-bottom-style 设定下边框样式、border-right-style 设定右边框样式，border-left-style 设定左边框样式。

类似地，可以设置上、下、左、右 4 个边框的颜色和宽度属性。

示例 14-13 使用 CSS 设置了同一图片的不同边框。示例程序中，只设置了左、右和上边框的属性，下边框未做设置。

```
<!—demo1413.html -->
<!DOCTYPE html>
<html>
<head>
<meta charset="utf-8" >
<style type="text/css">
      .border1{
           border-left-style:double;
           border-left-width:10px;
           border-left-color:blue;

           border-right-style: dotted;
           border-right-width:4px;
           border-right-color:red;

           border-top-style: ridge;
           border-top-width:7px;
           border-top-color:green;
      }
</style>
</head>
<body>
     <img src="kay.gif" width="150px" class="border1" />
</body>
</html>
```

14.3.2 图片缩放

在网页上显示一张图片时，默认情况下都是按图片的原始大小显示。页面排版过程中，有时需重新设定图片的大小。如果图片设置不恰当，会造成图片的变形和失真，所以一定要保持宽度和高度属性的比例适中。为图片设定大小，可以采用以下 3 种方式。

1. 使用<img>标记的 width 属性和 height 属性

在 HTML 语言中，通过<img>标记的描述属性 width 和 height 可以设置图片大小。width 和 height 分别表示图片的宽度和高度，二者的值可以用数值或百分比表示，用数值表示时单位为 px。高度属性 height 和宽度属性 width 的设置要求相同。

另外，当仅仅设置 width 属性时，height 属性会按等比例缩放；如果只设置 height 属性，也是一样的情况。只有同时设定 width 和 height 属性时，才会按不同比例缩放。

2. 使用 CSS3 中的 max-width 属性和 max-height 属性

max-width 和 max-height 分别用来设置图片的宽度最大值和高度最大值。在定义图片大小时，如果设置图片的尺寸超过了 max-width 的大小，那么就以 max-width 所定义的宽度值显示，而图片高度将同比例变化；定义 max-height 也是一样的情况。但是如果图片的尺寸小于最大宽度或者高度，那么图片就按原尺寸的大小显示。max-width 和 max-height 的值一般是数值类型。

示例 14-14 展示了 max-width、max-height 属性和 width、height 的关系。

```
<!--demo1414.html -->
<!DOCTYPE html>
<html>
<head>
<meta charset="utf-8" />
<style type="text/css">
     img {
          max-width:240px;
     }
</style>
</head>
<body>
    <img src="images/tu1.jpg"  width="400" />
</body>
</html>
```

图片 tu1.jpg 的实际大小是 410px×308px，示例中定义图片的 width 属性值为 400px，超过了 max-width 的值，显示的实际大小是 max-width 的值 240px，其高度将按 max-height 的值进行同比例缩放。

3. 使用 CSS 中的 width 属性和 height 属性

在 CSS 中，可以使用属性 width 和 height 来设置图片的宽度和高度，从而实现对图片的缩放效果。

示例 14-15 对 CSS 中的 width 属性和 height 属性进行了详细解释。

```
<!-demo1415.html -->
<!DOCTYPE html>
<html>
<head>
<meta  charset="utf-8" >
<style type="text/css">
     img {
          width:200px;
          height:140px;
          border-style: double;
     }
```

```
</style>
</head>
<body>
  <img src="images/Neg.gif" />
  <img src="images/Neg.gif" style="width:100px;height:100px" />
  <img src="images/Neg.gif" style="width:30%;height:30%" />
</body>
</html>
```

上例在浏览器中的效果如图 14-12 所示。除了设置 width 属性和 height 属性外，还定义了 border-style 属性。另外，Negroponte.gif 使用了离它最近的行内样式定义。第 3 幅图片的百分比按浏览器的实际大小设置，该图片将随浏览器窗口的大小发生变化。

图 14-12　示例 14-15 的显示效果

14.3.3　图文混排

很多情况下，网页效果的展示都是通过图文混排来实现的。使用 CSS 可以设置多种不同的图文混排方式。

在网页中进行排版时，可以将文字设置成环绕图片的形式，构成复杂版式。文字环绕应用非常广泛，很多网页都有文字环绕的效果。

CSS 使用 float 属性来实现文字环绕效果。float 属性主要定义图先向哪个方向浮动。文字环绕也可以使文本围绕其他浮动对象（块）。不论浮动对象本身是何种元素，都会生成一个块级框。被浮动对象需要指定一个明确的宽度，否则会很窄。

float 语法格式如下。

```
float:none/left/right;
```

其中，none 表示默认值对象不浮动，left 表示文本流向对象的右边，right 表示文本流向对象的左边。

示例 14-16 展示了文字环绕功能。

```
<!--demo1416html -->
<!DOCTYPE html>
<html>
<head>
<meta charset="utf-8" >
```

```
<style type="text/css">
body{
    font-size:12px;
    background-color:#CCC;
    margin:0px;
    padding:0px;
}
.img1{            /*第一种环绕方式*/
    float:right;
    margin:10px;
    padding:5px;
}
.img2{            /*第二种环绕方式*/
    float:left;
    margin:10px;
    padding:5px
}
p{
    color:#000;
    margin:0px;
    padding-top:10px;
    padding-left:5px;
    padding-right:5px;
}
span{            /*实现首字下沉*/
    float:left;
    font-size:36px;
    font-family:黑体;
    padding-right:5px;
}
</style>
</head>
<body>
    <p><span>美</span>国著名的《连线》杂志，曾就一系列事物的发展前景向一批各自领域的专家征询。这些专家的看法可能有些武断，但令人欣赏地直奔主题。下面是他们对互联网络所预言的另一张时间进程表：</p>
<p>  2001 远程手术将十分普及，最好的医学专家可以为全世界的人诊断治疗疾病。 </p>
<img src="Negroponte.gif" class="img2" />
<p>  2001《财富 500 家》上榜者中将出现一批"虚拟企业"。</p>
<p>  2003 全球可视电话将支持更普遍的"远程会议"，企业家将通过网络管理公司。</p>
<p>  2003 "远程工作"将是更多的人主要的"上班"方式。</p>
<p>  2007 光纤电缆广泛通向社区和家庭，"无限带宽"不再停留在梦想中。</p>
<p>  2016 出现第一个虚拟大型公共图书馆，虚拟书架上推满了虚拟书籍和资料。</p>
    <img src="kay.gif" class="img1" />
<p>  这些预言中，还包括了所谓"食品药片""冷冻复活"等匪夷所思的言论。仅从与网络相关的预言看，人类全方位的"数字化生存"——包括工作、生活和学习等相当广泛的领域—— 都不是那么遥远。</p>
  <p>     这一张时间进度表究竟能不能如期兑现？阿伦·凯（A.Kay）首先提出，又被尼葛洛庞帝引用过的著名论断说得好："预测未来的最好办法就是把它创造出来。" ……</p>
<p align="right" >摘自《大师的预言》</p>
</body>
</html>
```

示例 14-16 的浏览效果如图 14-13 所示。这个例子设计了两个类标记符 img1 和 img2，对图像使用了“float:right”和“float:left”两种环绕方式，使得图片显示在窗口的右侧和左侧。另外，对文本的第一个字“美”应用了“float: left”方式，并放大了文字，实现了首字下沉的效果。

为了避免文字紧密环绕图片，希望文字与图片有一定间隔，可以为<img>标记添加 margin 和 padding 属性。

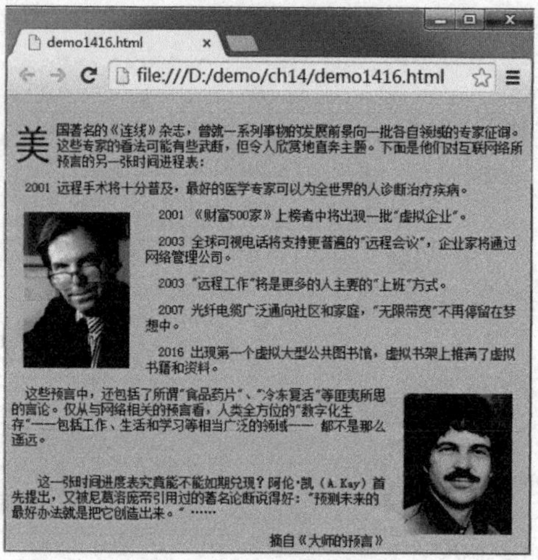

图 14-13　图文混排效果

14.4　用 CSS3 美化页面的应用

14.4.1　用 CSS 样式美化表单

利用 CSS 可以为网页中的元素添加填充、边框和背景等效果，只要运用得当，就能很方便地美化网页。美化表单是 CSS 的一个典型应用。

网站中的用户登录、在线交易都是以表单的形式呈现的。表单元素在默认情况下背景都是灰色的，文本框边框是粗线条、带立体感的，可以通过 CSS 进一步改变表单的边框样式、颜色和背景颜色，也可以重新定义文本框、按钮、列表框等元素的样式。示例 14-17 用 CSS 美化一个网站的在线注册页面，如图 14-14 所示。

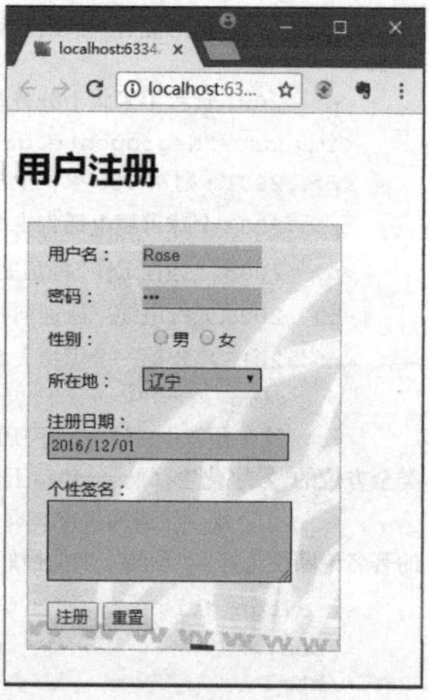

图 14-14　用 CSS 美化表单的效果

```
<!--demo1417.html -->
<!DOCTYPE html>
<head>
    <meta charset="utf-8">
    <style>
```

```
        form {
            width: 240px;
            border: 1px dotted #999;
            padding: 1px 6px 1px 16px;
            margin: 10px;
            font: 14px Arial;
            background-image: url(images/bj.jpg);
        }
        span { /* 统一定义表单上的文字描述 */
            display: inline-block;
            width: 80px;
            text-align: left;
        }
        input { /* 所有 input 标记 */
            color: #00008B;
        }
        input[type="text"], input[type="password"] { /* 属性选择器*/
            width: 100px;
            background-color: #ADD8E6;
            border: none;
            border-bottom: 1px solid #266980;
            color: #1D5061;
        }
        input[type="button"] { /* 属性选择器*/
            border: 1px outset #00008B;
            padding: 1px 2px 1px 2px;
        }
        select {
            width: 100px;
            color: #00008B;
            background-color: #ADD8E6;
            border: 1px solid #00008B;
        }
        input[type="date"]{
            width: 200px;
            color: #00008B;
            background-color: #ADD8E6;
            border: 1px inset #00008B;
        }
        textarea {
            width: 200px;
            height: 60px;
            color: #00008B;
            background-color: #ADD8E6;
            border: 1px inset #00008B;
        }
    </style>
</head>
<body>
<h2>用户注册</h2>
<form name="myForm1" action="" method="post">
    <p><span>用户名：</span><input type="text" name="name"/></p>
    <p><span>密码：</span><input name="pwd" type="password"/></p>
    <p><span>性别：</span>
```

```
        <input name="sex" type="radio" value="male"/>男
        <input name="sex" type="radio" value="female"/>女</p>
    <p><span>所在地：</span><select name="addr">
        <option value="1">辽宁</option>
        <option value="2">吉林</option>
        <option value="3">黑龙江</option>
    </select></p>
    <p><span>注册日期：</span><br/>
        <input type="date" name="regdate"/></p>
    <p><span>个性签名：</span><br/>
        <textarea name="sign"></textarea></p>
    <p><input type="submit" name="Submit" value="注册"/>
        <input type="reset" name="Submit2" value="重置"/></p>
</form>
</body>
</html>
```

上述代码中，使用属性选择器 input[type="text"]来选择文本框并定义了文本框的样式，使用 input[type="button"]重新定义了按钮的格式，使用 input[type="date"]定义了日期选择器的样式。另外，重新定义了 span 的样式，用于表单页面的文字描述，还定义了 select 元素和 textarea 元素的格式。可以看到，美化表单主要就是重新定义表单元素的边框和背景色等属性。

14.4.2 设置图形项目符号

很多网页页面使用了图形的项目符号，以实现页面生动美观的效果。方法之一是使用 ul 的 CSS 属性 list-style-image 实现，将列表项前默认的符号修改为小的图标（图片），但不能调整图标与列表文字之间的距离。更常用的一种方法是将图标设置为 li 元素的背景，不平铺，居左，为防止文字覆盖图标，根据图标大小设置 padding 属性。看示例 14-18，页面效果如图 14-15 所示。

```
<!--demo1418.html -->
<!DOCTYPE html>
<html>
<head lang="en">
    <meta charset="UTF-8">
    <title>图片列表符号</title>
</head>
<style>
    h2 {
        font-size: 24px;
    }
    ul#m1 {
        font: 18px/1.6 幼圆, 华文中宋;
        list-style-image: url("images/bullet22.gif");
    }
    ul#m2 {
        list-style-type: none;
    }
    ul#m2 li {
        font: 24px/1.6 幼圆, 华文中宋;
        background: url("images/bullet3.gif") no-repeat 0px 12px;
```

```
        padding-left: 24px;
    }
</style>
<body>
<h2>用 list-style-image 属性实现图片项目符号</h2>
<ul id="m1">
    <li>蒸汽机改变了世界</li>
    <li>电力技术开创时代</li>
    <li>计算机延伸人的大脑</li>
    <li>互联网颠覆人的认识</li>
</ul>
<h2>用图片背景实现实现图片项目符号</h2>
<ul id="m2">
    <li>蒸汽机改变了世界</li>
    <li>电力技术开创时代</li>
    <li>计算机延伸人的大脑</li>
    <li>互联网颠覆人的认识</li>
</ul>
</body>
</html>
```

图 14-15　用 CSS 设置图形项目符号的效果

思考与练习

1. 简答题

（1）文本的 font 属性在应用时需要注意哪些问题？

（2）设置图像边框需要使用 border-image 属性，说明该属性各参数的意义，并在不同的浏览器中调试显示结果。

（3）比较 word-wrap 属性与 word-break 属性的区别，并通过示例加以验证。

（4）本章中介绍的各种 CSS 属性，既有 CSS2 以前的属性，也有 CSS3 新增的属性，列举出 CSS3 新增属性，说明其释义。

2. 操作题

（1）用 CSS 设计如图 14-16 所示的页面，要求如下。

① 设置背景 background-attachment、background-image、background-repeat、background-position 等属性。

② 设置图片的 border、width、height 等属性。

③ 为控制图片位置，可将图片置于<table>标记或<div>标记中。

图 14-16　习题显示效果

（2）用 Dreamweaver 的可视化编辑环境实现上面的网页。

第 15 章 CSS3 的盒模型及网页布局

学前提示

早期的网页页面多采用表格布局，设计者按照内容需要，通过设置表格行列属性，实现网页布局。随着网页内容的不断丰富，图像、视频、动画等多媒体网页元素的加入，使表格布局变得十分复杂，代码量巨大。因此，DIV+CSS 布局以其代码简洁、定位精准、载入快捷、维护方便等优点日趋流行。本章介绍 CSS 盒模型及其应用。

知识要点

- CSS 盒模型
- CSS 布局常用属性
- 典型的 DIV+CSS 网页布局

15.1 CSS 盒模型

盒模型是 CSS 控制页面布局的一个非常重要的概念。页面上的所有元素，包括文本、图像、超级链接、div 块等，都可以被看作盒子。由盒子将页面中的元素包含在一个矩形区域内，这个矩形区域则被称为“盒模型”。

15-1 CSS 盒模型

网页页面布局的过程可以看作在页面空间中摆放盒子的过程。通过调整盒子的边框、边界等参数控制各个盒子，实现对整个网页的布局。盒模型由内到外依次分为内容（content）、填充（padding）、边框（border）和边界（margin）4 部分，如图 15-1 所示。盒子的实际大小为这几部分之和，图 15-1 所示的盒子宽度为：左边界+左边框+左填充+内容宽度+右填充+右边框+右边界。类似的，盒子的高度为：上边界+上边框+上填充+内容高度+下填充+下边框+下边界。

15.1.1 盒模型的组成

1. 内容

内容（content）是盒子里的“物品”，是盒模型中必须有的部分，可以是网页上的任何元素，如文本、图片、视频等各种信息。内容的大小由属性宽度和高度定义；如果盒子里信息过多，超出 width 属性和 height 属性限定的大小，盒子的高度将会自动放大。这时需要使用 overflow 属性设置处理方式。定义盒模型的语法格式如下。

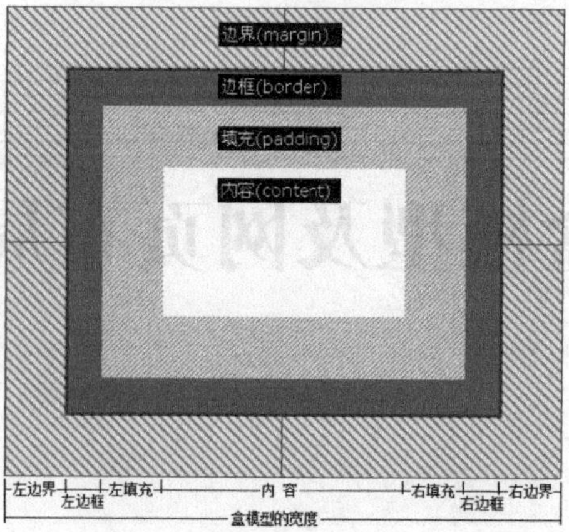

图 15-1　盒模型

```
width: auto | length;
height: auto | length;
overflow: auto | visible | hidden | scroll;
```

属性值 auto 表示盒子的宽度或高度可以根据内容自动调整，属性值 length 是长度值或百分比值，百分比值是基于父对象的值来计算当前盒子大小的。

在 overflow 属性中，auto 表示根据内容自动调整盒子是否显示滚动条；visible 表示显示所有内容，不受盒子大小限制；hidden 表示隐藏超出盒子范围的内容；scroll 表示始终显示滚动条。

示例 15-1 对两个含有文字信息的盒模型进行了内容设置，第一个盒子的大小是固定的；第二个盒子的大小随浏览器的大小按比例改变，这两个盒子都是块元素，单独占一行。为方便查看效果，示例设置了盒子的背景色。

但第一个盒子高度固定，如果盒子里信息过多，超出内容属性所限定的大小，盒子的高度将自动放大；为此，对第二个盒子使用了 overflow 属性，两个盒子通过是否设置 overflow 属性进行对比，代码的浏览结果如图 15-2 所示。

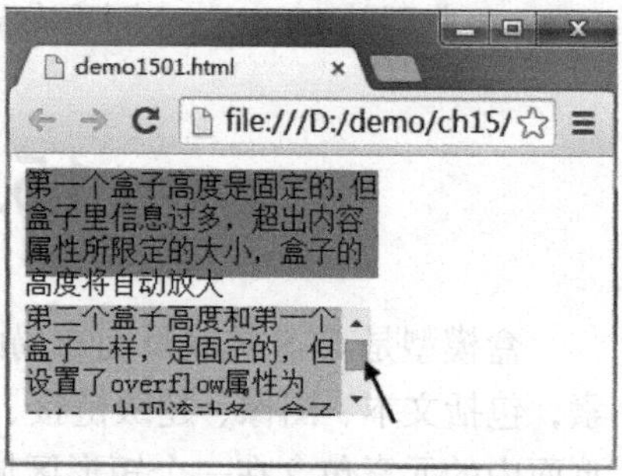

图 15-2　两个盒子对比的浏览效果

```
<!-- demo1501.html -->
<!DOCTYPE html>
<html>
<head>
   <meta charset="utf-8">
   <style type="text/css">
* {
         font-size: 16px;
   }
   .box1 {
        height: 60px;
        width:200px;
        background-color:#3CC;
   }
```

```
        .box2 {
            height: 60px;
            width: 60%;
            overflow:auto;
            background-color: #CCC;
        }
        </style>
    </head>
    <body>
        <div class="box1">第一个盒子高度是固定的,但盒子里信息过多，超出内容属性所限定的大小，盒子的高度将自动放大</div>
    <p>
        <div class="box2">第二个盒子高度和第一个盒子一样，是固定的，但设置了 overflow 属性为auto，出现滚动条，盒子高度不变。</div>
    </body>
    </html>
```

2. 边界

边界（margin）是盒模型与其他盒模型之间的距离，使用 margin 属性定义，其语法格式如下。

```
margin: auto | length;
```

length 是长度值或百分比值，百分比值是基于父对象的值。长度值可以为负值，实现盒子间的重叠效果。也可以利用 margin 的 4 个子属性 margin-top、margin-bottom、margin-left、margin-right 分别定义盒子四周各边界值，语法与 margin 相同。如果是行内元素，则只有左、右边界起作用。

示例 15-2 演示了边界设置，浏览效果如图 15-3 所示。

```
<!-- demo1502.html -->
<!DOCTYPE html>
<html>
<head>
<meta  charset="utf-8" >
<style type="text/css">
    div{
        height: 100px;
        width: 100px;
    }
    .m1 {
        overflow: scroll;
        margin: 10px;
    }
    .m2 {
        overflow: visible;
        margin-top: 10px;
        margin-right: 20px;
        margin-bottom: 30px;
        margin-left: 40px;
    }
</style>
</head>
<body>
  <div class="m1"><img src="images/kay.gif" width="120" height="160" /></div>
  <div class="m2"><img src="images/Neg.gif"  width="120" height="160" /></div>
```

```
</body>
</html>
```

图 15-3　margin 边界属性设置

从图 15-3 中可以看到，通过设置边界属性使盒子不能紧贴在一起，保持了距离。但二者的距离值并不是 10px 与 10px 的和，而是 10px。因此，相邻盒子的距离不是取边界值的和，而是取二者中的较大值。

上例中，第一个盒子的 margin 属性后只有一个值，表示 4 个边界相同。第二个盒子的 4 个不同边界的设置也可以直接用 margin 属性后加 4 个值，用空格隔开进行设置，代码如下。

```
margin: 10px 20px 30px 40px;  /*值顺序为上 右 下 左*/
```

若 margin 属性后有 2 或 3 个值，则省略的值与其相对的边值相等，即上下边界相等或左右边界相等，例如，

```
margin: 10px 20px;        /*表示上下边界均为 10px，左右边界均为 20px*/
margin: 10px 20px 30px;   /*表示上边界为 10px，左右边界均为 20px，下边界为 30px*/
```

3. 填充

填充（padding）用来设置内容和盒子边框之间的距离，可用 padding 属性设置，其语法格式如下。

```
padding: length;
```

length 可以是长度值或百分比值，百分比值是基于父对象的值。与 margin 类似，也可以利用 padding 的 4 个子属性 padding-top、padding-bottom、padding-left、padding-right 分别定义盒子 4 个方向的填充值。长度值不可以为负。

示例 15-3 是对 padding 属性的应用，浏览效果如图 15-4 所示。

```
<!-- demo1503.html -->
<!DOCTYPE html>
<html>
<head>
    <meta charset="utf-8" >
    <style type="text/css">
        div {
            height: 20px;
            width: 150px;
            background-color:#999;
            margin: 10px;
        }
        div#p1 {
```

```
            padding: 20px;
        }
        div#p2 {
            padding: 10px 20px 30px 40px;
        }
    </style>
</head>
<body style="font-size: 14px">
    <div id="p1">填充设置 1</div>
    <div>无填充设置</div>
    <div id="p2">填充设置 2</div>
</body>
</html>
```

上例中，3 个 div 元素的高度设置均为 20px，而“填充设置 1”的高度显然大于 20px，这是因为它的 padding 属性设为 20px 已超出其设置高度，因此其实际高度上下均增加了 20px。同理，“填充设置 2”的实际高度上增加 10px，下增加 30px。

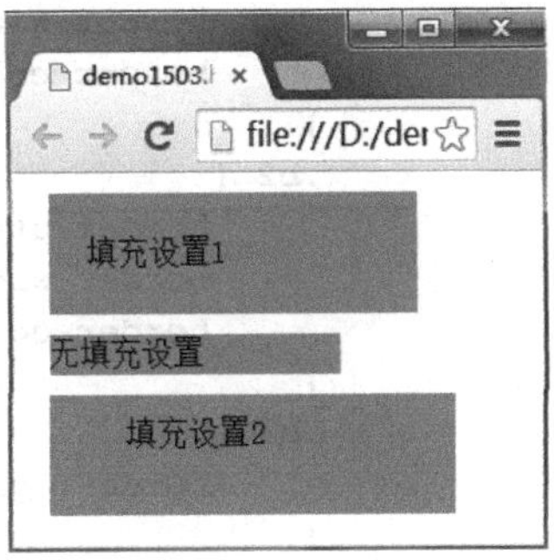

图 15-4　填充 padding 属性设置

4. 边框

边框（border）是盒模型中介与填充（padding）和边界（margin）之间的分界线，可用 border-width、border-style、border-color 属性定义边框的宽度、样式、颜色，也可以直接使用 border 属性后加 3 个对应值，用空格隔开进行设置。

（1）边框样式

边框样式用 border-style 属性描述，其值可取的关键字如下。

- none：无边框，默认值。
- hidden：隐藏边框。
- dashed：点划线构成的虚线边框。
- dotted：点构成的虚线边框。
- solid：实线边框。
- double：双实线边框。
- groove：根据 color 值，显示 3D 凹槽边框。
- ridge：根据 color 值，显示 3D 凸槽边框。
- inset：根据 color 值，显示 3D 凹边边框。
- outset：根据 color 值，显示 3D 凸边边框。

（2）边框宽度

边框宽度用 border-width 属性描述，值可以是关键字 medium、thin、thick、长度值或百分比。

（3）边框颜色

边框颜色用 border-color 属性描述，值同 color 属性，可以是 RGB 值、颜色名等。

需要注意的是，上面进行属性设置时，边框的样式属性不能省略，否则边框不存在，即使设置其他属性也无意义。

示例 15-4 对边框进行了设置，浏览效果如图 15-5 所示。

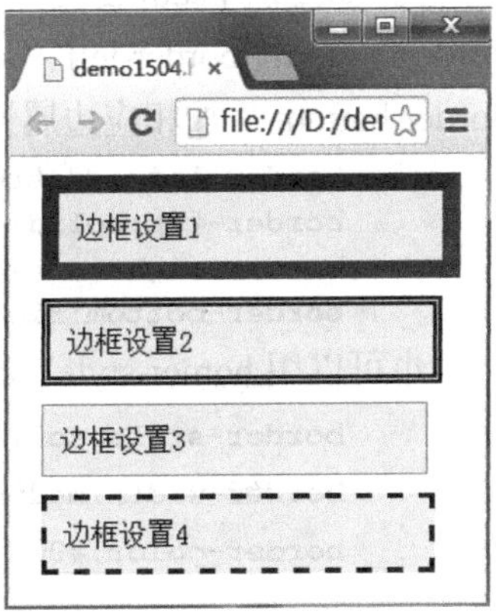

图 15-5　边框设置效果

```
<!-- demo1504.html -->
<!DOCTYPE html>
<html>
<head>
    <meta charset=utf-8 >
    <style type="text/css">
        div{
             width: 200px;
             background-color: #EFEFEF;
             margin: 10px;
             padding: 10px;
             }
        .b1 {
             border-style: inset;
             border-width: 10px;
             border-color: rgb(100%,0%,0%);
        }
        .b2 {
             border-style: double;
             border-width: thick;
             border-color: black;;
        }
        .b3 {
             border: groove thin rgb(255,255,0);
        }
        .b4{
             border: #000 medium dashed;
        }
    </style>
</head>
<body>
    <div class="b1">边框设置 1</div>
    <div class="b2">边框设置 2</div>
    <div class="b3">边框设置 3</div>
    <div class="b4">边框设置 4</div>
</body>
</html>
```

与 margin、padding 类似，当 4 个边框不同时，可以利用 border 的 4 个子属性 border-top、border-bottom、border-left、border-right 分别定义。例如，border-left、border-top、border-right、border-bottom 后加相应边属性值，用空格隔开。

```
border-left: dotted thick #F00;
border-top:solid medium #000;
border-right:outset 10px #0F0;
border-bottom:ridge thin #F0F;
```

也可以用 border-style、border-width、border-color 属性后加各边属性值，代码如下。

```
border-style:solid outset ridge dotted;        /*值顺序为上 右 下 左*/
border-width:medium 10px thin thick;           /*值顺序为上 右 下 左*/
border-color:#000 #0F0 #F0F #F00;              /*值顺序为上 右 下 左*/
```

15.1.2 盒的类型

CSS 中的盒子可分为 block 类型与 inline 类型，使用 display 属性来定义。例如，默认的

div 元素与 p 元素属于 block 类型，span 元素与 img 元素属于 inline 类型。CSS2 以后，新增了几种盒类型，包括 inline-block 类型、inline-table 类型、list-item 类型等。下面通过示例 15-5，对 block 类型、inline 类型、inline-block 类型进行对比。

```
<!-- demo1505.html -->
<!DOCTYPE HTML>
<html>
<head>
    <meta charset=utf-8>
    <title>block、inline、inline-block 对比</title>
    <style>
        div.div1 {
            display: block; /*div 默认值*/
            width: 120px;
            height: 40px;
            margin: 2px;
            background-color: green;
        }
        div.div2 {
            display: inline; /*修改为 inline 类型*/
            width: 120px;
            height: 40px;
            margin: 2px;
            background-color: blue;
        }
        div.div3 {
            display: inline-block; /*inline-block 类型*/
            width: 120px;
            height: 40px;
            margin: 2px;
            background-color: red;
        }
        div.div4 {
            display: inline-block;
            margin: 2px;
            background-color: grey;
        }
    </style>
</head>

<body>
<div class="div1">block 类型</div>
<div class="div1">block 类型</div>
<hr/>
<div class="div2">inline 类型</div>
<div class="div2">inline 类型</div>
<hr/>
<h3>inline-block 类型，设置 width 和 height 属性</h3>
<div class="div3">inline-block 类型</div>
<div class="div3">inline-block 类型</div>
<hr/>
<h3>inline-block 类型，无 width 和 height 属性</h3>
```

```
<div class="div4">inline-block 类型</div>
<div class="div4">inline-block 类型</div>
</body>
</html>
```

为了得到清楚的显示效果，示例设置了 div 元素的 margin 属性和背景色。显示结果如图 15-6 所示。

可以看出这 3 种类型的区别。

- 声明为 block 类型的元素为块级元素，占据整行的位置，该类元素无 width 属性设置时，将充满浏览器的宽度；如果设置了 width 属性，默认两侧也不能放置其他元素，除非设置了 block 类型元素的 float 属性。
- 声明为 inline 类型的元素为行内元素，该类元素的宽度只等于其内容的宽度，设置 width 属性和 height 属性无意义。
- 声明为 inline-block 类型的元素为行内的块元素，实际上是一个块元素。inline-block 类型的元素，如果未设置 width 属性和 height 属性，和 inline 类型的元素是一样的；如果设置了 width 属性和 height 属性，则按设定的值显示指定的宽度和高度，显示为行内的块元素。

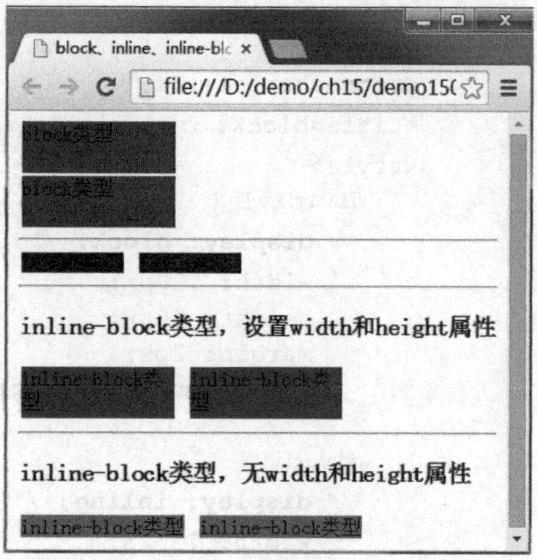

图 15-6　block 类型、inline 类型、inline-block 类型比较

另外，span、p、table 等元素的 display 属性都有默认值，默认为块级元素或行内元素，但可以通过修改其 display 的属性值改变这些元素的显示属性。例如，下面的代码修改了 p、span、a 等元素的 display 类型。

```
p {
        display:inline;
}
span,a {
        display:block;
}
```

table 元素默认为 block 类型元素，修改 display 属性为 inline-table，则 table 成为行内元素；如果将一个元素的 display 属性值设置为 none，则该元素将不会被显示，当某些元素需要被隐藏时需要用 none 类型。

15.1.3　CSS3 新增的与盒相关的属性

15-2　对盒子中容纳不下的内容的显示

1. overflow-x 与 overflow-y 属性

前面已经介绍过，当指定了盒的宽度与高度后，可能出现盒子无法容纳其中内容的情况，为了避免内容溢出，可使用 overflow 属性来指定如何显示盒中容纳不下的内容。CSS3 还增加了 overflow-x 属性和 overflow-y 属性。overflow-x 属性或 overflow-y 属性，可以单独指定在水平方向上或垂直方向上如果内容溢出时的显示方法。属性的取值范围是 auto、visible、hidden、scroll。

在示例 15-6 中，将 span 元素的 display 属性设置为 block，使其成为块元素，将 overflow-x 属性设定为 hidden，将 overflow-y 属性设定为 scroll，则只显示垂直方向上的滚动条。显示效果如图 15-7 所示。

```
<!-- demo1506.html -->
<!DOCTYPE HTML>
<html>
<head>
<meta charset=utf-8>
<title>overflow</title>
<style>
    span {
        display:block;
        width:180px;
        height:100px;
        background-color:grey;
        overflow-x:auto;
        overflow-y: scroll;
    }
</style>
</head>
<body>
    <span>这个示例将 span 元素定义为 block 类型，同时设置了 overflow-x 和 overflow-y 的属性。如果取消这两个属性的设置，指定的区域无法承载，将出现溢出……
    </span>
</body>
</html>
```

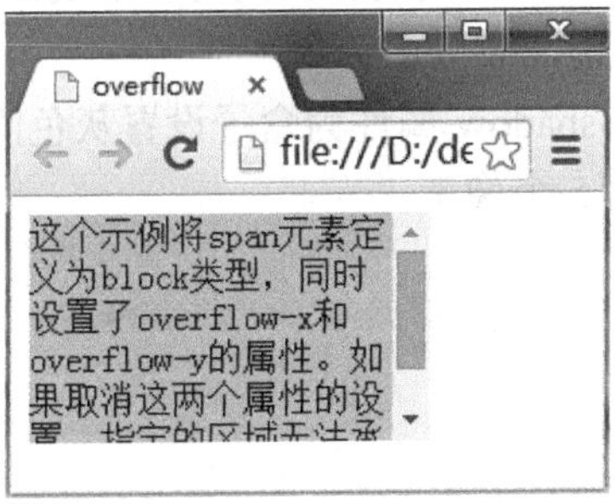

图 15-7　设置 overflow-x 和 overflow-y 属性

2. text-overflow 属性

text-overflow 属性用于指定盒子中文本溢出的显示方式，可以在盒的末尾显示一个代表省略的符号“…”。使用 text-overflow 属性需要满足两个条件，一是 overflow-x 的属性值为 hidden，不显示滚动条，这样才能产生水平方向溢出的效果；二是 text-overflow 属性只在当盒中的内容在水平方向上超出盒的容纳范围时有效，这需要将 white-space 属性的属性值设定为 nowrap，使得盒子右端内容不能换行显示，这样一来，盒中的内容就在水平方向上溢出了。

示例 15-7 实现了 text-overflow 属性的效果，如图 15-8 所示。

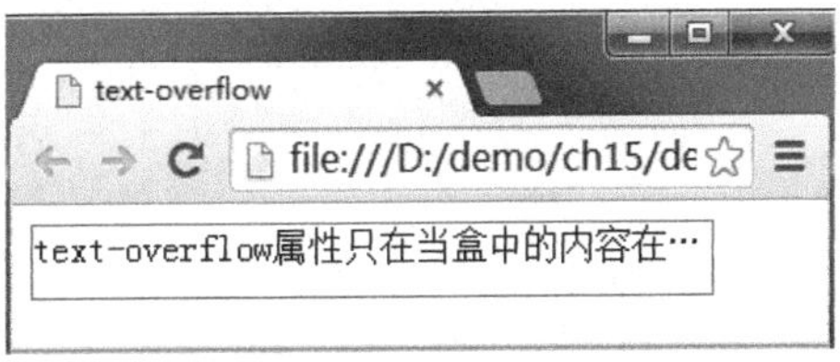

图 15-8　设置 text-overflow 属性

```
<!-- demo1507.html -->
<!DOCTYPE HTML>
<html>
<head>
```

```
<meta charset=utf-8>
<title>text-overflow</title>
<style>
    div {
        width:300px;
        height:30px;
        white-space:nowrap;                /*水平方向不换行，保证水平溢出*/
        overflow-x:hidden;                 /*隐藏水平滚动条*/
        text-overflow:ellipsis;            /*text-ov erflow 设置效果*/
        border:1px solid grey;
    }
</style>
</head>
<body>
    <div>text-overflow 属性只在当盒中的内容在水平方向上超出盒的容纳范围时有效
   </div>
</body>
</html>
```

3. box-shadow 属性

在 CSS3 中，可以使用 box-shadow 属性让盒子在显示时产生阴影效果。box-shadow 属性的指定方式如下。

```
box-shadow: xlength ylength r color
```

其中，xlength 和 ylength 分别指定阴影横向与盒子的距离、阴影纵向与盒子的距离，r 指定阴影的模糊半径，color 指定阴影的颜色。

示例 15-8 实现了使用 box-shadow 属性为盒子设置灰色阴影。阴影横向和纵向的偏移距离均为 10 个像素，阴影半径为 5 个像素。

```
<!-- demo1508.html -->
<!DOCTYPE HTML>
<html>
<head>
<meta charset=utf-8>
<title>box-shadow</title>
<style>
     div {
         width: 200px;
         height: 100px;
         background-color: blue;
         box-shadow: 10px 10px 5px grey;
         /*box-shadow: 10px 10px 0px grey;
         box-shadow: 0px 0px 5px grey;
         box-shadow: -10px -10px 5px grey; */
     }
</style>
</head>
<body>
    <div></div>
</body>
</html>
```

如果阴影与盒子偏向距离为负值时，将绘制向左的阴影；如果阴影与盒子的纵向距离为负值时，将绘制向上的阴影。

示例 15-8 注释中的代码分别指定了阴影半径为 0、偏移距离为 0、偏移距离为负值的 3 种情况，请读者自行调试。

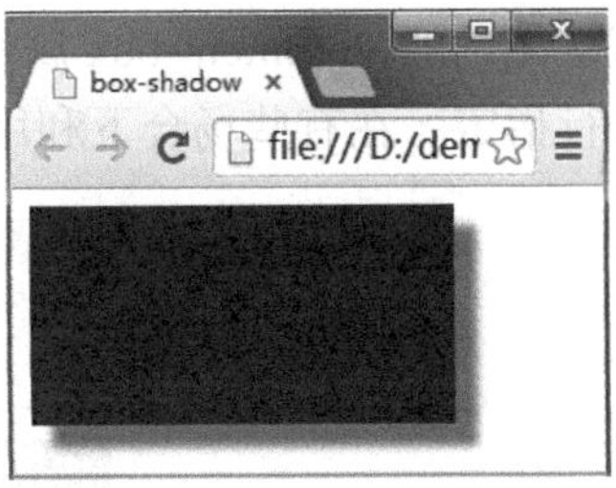

图 15-9　设置 box-shadow 属性

4. box-sizing 属性

CSS 使用 width 属性与 height 属性来指定盒子的宽度与高度。如果使用 box-sizing 属性，可以指定用 width 属性与 height 属性指定的宽度值与高度值是否包含元素的填充（padding）与边框（border）的宽度与高度，从而实现更为精确的定位。

box-sizing 属性的取值为 content-box 与 border-box。content-box 属性值表示盒子的宽度与高度不包括 padding 与 border 的值，border-box 属性值表示盒子的宽度与高度包括 padding 与 border 的值。如果没有使用 box-sizing 属性，默认使用 content-box 属性值。

示例 15-9 所示可以很直观地说明这两个属性值的区别。在该示例中存在两个 div 元素，第一个 div 元素的 box-sizing 属性指定 content-box 属性值，第二个 div 元素的 box-sizing 属性指定 border-box 属性值，通过在浏览器中的显示结果可以很直观地看出这两个属性值的区别。

```
<!-- demo1509.html -->
<!DOCTYPE HTML>
<html>
<head>
<meta charset=utf-8>
<title>box-sizing</title>
<style>
    div{
        width:300px;
        border:solid 30px blue;
        padding:30px;
        margin:20px auto;
        background-color:#ccc;
    }
    div#div1{
        box-sizing:content-box;
    }
    div#div2{
        box-sizing:border-box;
    }
</style>
</head>
<body>
    <div id="div1">在第一个 div 元素的 box-sizing 属性中指定 content-box 属性值</div>
    <div id="div2">在第二个 div 元素 的 box-sizing 属性中指定 border-box 属性值</div>
</body>
</html>
```

在这个示例中，虽然同时指定两个 div 元素的宽度都是 300px，但是第一个元素的 box-sizing 属性指定了 content-box 属性值，所以元素内容部分的宽度为 300px，元素的总宽度为：content 300px+padding 30px×2+border 30px×2=420px。

第二个元素的 box-sizing 属性指定了 border-box 属性值，所以元素的总宽度为 300px，元素内容部分的宽度 content=元素总宽度 300px−padding30px×2−边框宽度 30px×2=180px。

使用 box-sizing 属性的目的是对元素的总宽度做一个控制，如果不使用该属性，样式中默认使用的是 content-box 属性值，它只对内容的宽度做了一个指定，却没有对元素的总宽度进行指定。在有些场合下利用 border-box 属性值会使得页面布局更加方便。

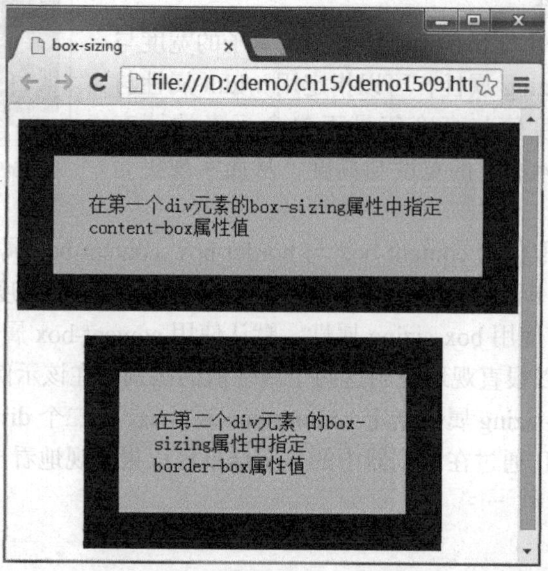

图 15-10　设置 box-sizing 属性

示例 15-10 使用了 box-sizing 属性，每个盒子的总宽度为浏览器宽度的 50%，实现了一个精确的布局，如图 15-11 所示。

```
<!-- demo1510.html -->
<!DOCTYPE HTML>
<html>
<head>
<meta charset=utf-8>
<title>box-sizing</title>
<style>
    div{
        width:50%;
        height:200px;
        float:left;
        padding:20px;
        box-sizing:border-box;
    }
    div#div1{
        border:solid 20px blue;
    }
    div#div2{
        border:solid 20px green;
    }
</style>
</head>
<body>
   <div id="div1">使用 box-sizing 属性的目的是对元素的总宽度做一个控制</div>
   <div id="div2">利用 border-box 属性值会使得页面布局更加方便</div>
</body>
</html>
```

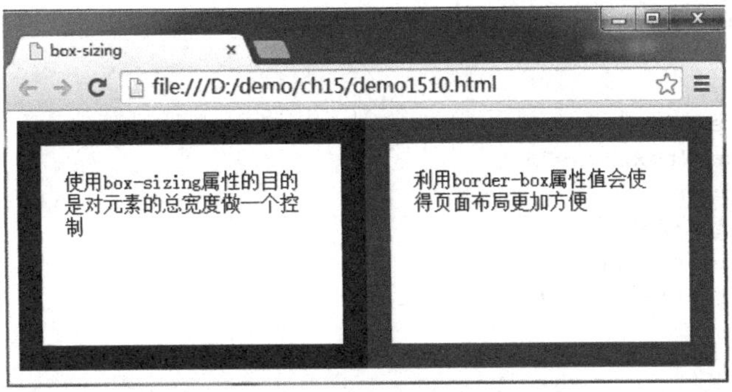

图 15-11　使用 box-sizing 属性方便页面布局

15.2　CSS 布局常用属性

CSS 布局完全有别于传统的表格布局，一般先利用<div>标记将页面整体分为若干个盒子，而后对各个盒子进行定位。常用的布局方式主要有定位式和浮动式两种，相应布局属性为定位属性（position）和浮动属性（float）。

15.2.1　定位属性

盒子的定位与前面介绍的盒子类型密切相关。默认情况下，盒子可分为块内元素还是行内元素。作为块元素的盒子，例如<div>、<p>，HTML 规则约定上下排列；如果是行内元素，例如<span>、<a>，HTML 规则约定盒子左右排列。这些默认的设置可以通过 display 属性重新定义。

15-3　CSS 定位-定位

使用定位属性（position）可以精确控制盒子的位置，其语法格式如下。

```
position: static |relative | absolute | fixed
```

各属性值含义如下。

- static：静态定位，默认的定位方式，盒子按照 HTML 规则定位，定义 top、left、bottom、right 无意义。
- absolute：绝对定位，通过 top、left、bottom、right 等属性值定位盒子相对其具有 position 设置的父对象的偏移位置，不占用原页面空间。
- relative：相对定位，通过 top、left、bottom、right 等属性值定位元素相对其原本应显示位置的偏移位置，占用原位置空间。
- fixed：固定定位，通过 top、left、bottom、right 等属性值定位盒子相对浏览器窗口的偏移位置。

1．静态定位

设置 position 属性的值为 static，或不做设置即缺省时默认为 static，元素按照 HTML 规则定位。

示例 15-11 中，在外层的 div 盒子中嵌套两个内部 div 盒子，实现一个方框内放置两张图片的浏览效果。3 个元素均未设定定位属性，即为默认值 static，按照 HTML 规则，方框元素起始于浏览器左上角，A、B 图片相对其父元素方框无偏移。浏览效果如图 15-12 所示。

```
<!-- demo1511.html -->
```

```
<!DOCTYPE html>
<html>
<head>
    <meta charset=utf-8>
    <style type="text/css">
        #container{
            width:250px;
            height:250px;
            border:medium #00C double;
        }
    </style>
</head>
<body>
    <div id="container">
      <div><img src="images/kay.gif" width="140px" height="120px "/></div>
      <div><img src="images/Neg.gif" width="140px" height="120px"/></div>
    </div>
</body>
</html>
```

图 15-12　静态定位浏览效果

2. 相对定位

设置 position 属性的值为 relative 时即为相对定位，设置盒子相对其原本位置的定位。相对定位的盒子占用原页面空间。对示例 15-12 中的方框和 A 图片进行相对定位设置，代码如下。

```
<!-- demo1512.html -->
<!DOCTYPE html>
<html>
<head>
<meta  charset="utf-8" >
<style type="text/css">
    #container{
          width:250px;
          height:250px;
          border:medium #00C double;
          left:100px;
          top:0px;
    }
    #img1{
          position:relative;
          left:50px;
```

```
            top:50px;
        }
    </style>
    </head>
    <body>
       <div id="container">
         <div><img id="img1" src="images/kay.gif" width="140px" height="120px"/>
</div>
         <div><img src="images/Neg.gif" width="140px" height="120px"/></div>
       </div>
    </body>
    </html>
```

示例 15-12 的浏览效果如图 15-13 所示。方框左侧留出了 100px，即向右移动了 100px。A 图片左侧和上部分别留出了 50px，即向右向下分别移动了 50px，但仍占用其原有位置，所以 B 图片并没有跟在移动后的 A 图后面，而是起始于 A 图片原本的位置之后。

图 15-13　相对定位浏览效果

3. 绝对定位

设置 position 属性的值为 absolute 时即为绝对定位，设置盒子相对其具有 position 属性设置的父对象进行定位。绝对定位的元素浮于页面之上，不占用原页面空间，后续元素不受其影响，填充其原有位置。

（1）父对象有 position 属性设置

绝对定位以离其最近的设有 position 属性的父对象为起始点，如示例 15-13 中，A 图片的父对象设置有 position 属性（即使移动值是 0），所以 A 图片以其父对象为参照绝对定位，B 图片占据其原有位置，浏览效果如图 15-14 所示。

```
    <!-- demo1513.html -->
    <!DOCTYPE html>
    <html>
    <head>
    <meta charset="utf-8" >
    <style type="text/css">
        #s{         /*定义的矩形框供定位参考*/
            width:45px; height:45px;
            margin:10px 0px;
            background-color:#999;
        }
        #container{  /*容器*/
            position: relative;
            width:250px;
            height:250px;
            left:0px;
            top:0px;
            border:medium #00C double;
        }
        #img1{
            position: absolute;
            left:50px;
            top:50px;
        }
```

```
    </style>
    </head>
    <body>
        <div id="s"></div>
        <div id="container">
          <div><img id="img1" src="images/kay.gif" width="140px" height="120px"/>
</div>
          <div><img src="images/Neg.gif" width="140px" height="120px" /></div>
        </div>
    </body>
    </html>
```

（2）父对象无 position 属性设置

绝对定位元素的所有层次父对象均无 position 属性设置时，该元素以 body（即浏览窗口）为参照绝对定位。在示例 15-13 中，删除 A 图片父对象 container 的 position 属性设置，即删除如下代码行。

```
position: relative;
left:0px;
top:0px;
```

则浏览效果如图 15-15 所示，A 图片脱离其父元素，以浏览窗口为参照偏移定位，其后 B 图片占据其原有位置。

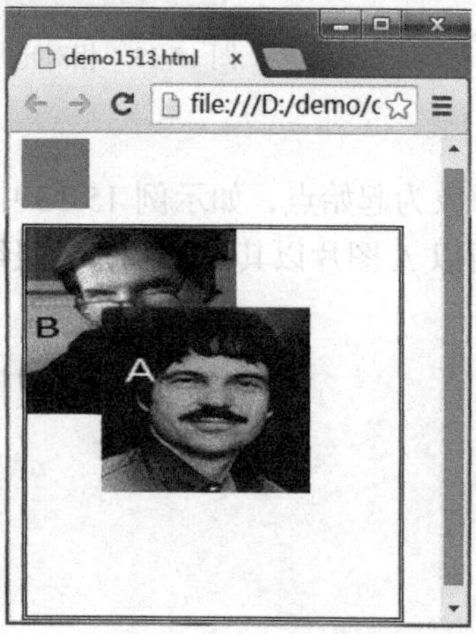

图 15-14　参照父对象绝对定位浏览效果

图 15-15　参照浏览窗口绝对定位浏览效果

4. 层叠定位属性

从前面定位的例子中可以看到，被定位的元素会挡住部分其他元素，可以通过层叠定位属性（z-index）定义页面元素的层叠次序。z-index 的取值可以为负数，表示各元素间的层次关系，值大者在上，当为负数时表示该元素位于页面之下。示例 15-14 对盒子进行了 z-index 设置，浏览效果如图 15-16 所示。

```
    <!-- demo1514.html -->
    <!DOCTYPE html>
    <html>
    <head>
    <meta charset="utf-8" >
    <style type="text/css">
        img {
            width:140px; height:120px;
```

```
    }
    #p1 {
        position:relative;
        top:100px;
        left:100px;
        z-index:3;
    }
    #p2 {
        position:relative;
        top:-150px;
        left:200px;
        z-index:2;
    }
    #p3 {
        position: absolute;
        top:20px;
        left:100px;
        z-index:-1;
    }
</style>
</head>
<body>
    <div><img id="p1" src="images/kay.gif" /></div>
    <div>通过 z-index 属性控制层叠顺序</div>
    <div><img id="p2" src="images/Neg.gif" /></div>
    <div><img id="p3"  src="images/jobs.gif" /></div>
</body>
</html>
```

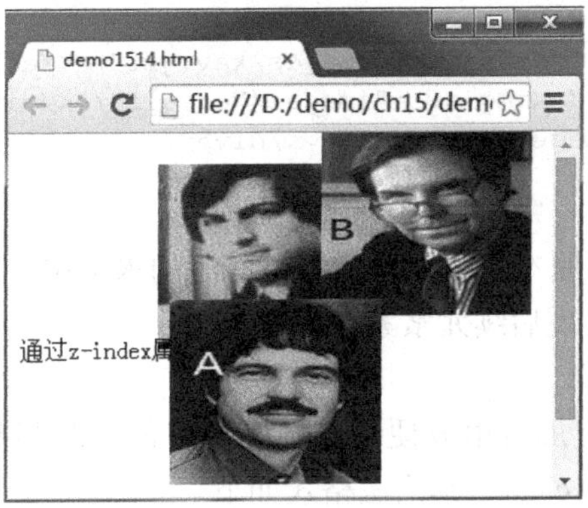

图 15-16 层叠定位浏览效果

图 15-16 中元素原本的顺序由上至下应为 C 图片、B 图片、A 图片。设置了 z-index 属性值后，A、B 图片的 z-index 值皆为正，都浮于页面上，即在例中文字上，A 图的 z-index 值大于 B 图所以在上，C 图的 z-index 值为负，因此在页面之下，即例中文字的下方。

15-4 CSS 定位-浮动

15.2.2 浮动属性

浮动属性（float）可以控制盒子左右浮动，直到边界碰到父对象或另一个浮动对象。

float 属性语法格式如下。

```
float:none|left|right;
```

各属性值含义如下。

- none：默认值，元素不浮动。
- left：元素向父对象的左侧浮动。
- right：元素向父对象的右侧浮动。

1. 基本浮动定位

设置了向左或向右浮动的盒子，整个盒子会做相应的浮动。浮动盒子不再占用原本在文档中的位置，其后续元素会自动向前填充，遇到浮动对象边界则停止。示例 15-15 对 A 图片和 B 图片设置了向左浮动，浏览效果如图 15-17 所示。

```
<!-- demo1515.html -->
<!DOCTYPE html>
<html>
<head>
<meta charset="utf-8" >
<style type="text/css">
    img {
            width:140px;
            height:120px;
        }
    .flelt {
            float: left;
    }
</style>
</head>
<body>
   <div class="fleft"><img src="images/kay.gif"/></div>
   <div class="fleft"><img src="images/Neg.gif"/></div>
   <div><img src="images/jobs.gif"/></div>
</body>
</html>
```

由图 15-17 可以看到，原本每个元素应各占其后的水平位置，即 3 个元素纵向排列，由于图片设置了向左浮动，实现后续元素紧跟其后。

2. 清除浮动属性

浮动设置使用户能够更加自由方便地布局网页，但有时某些盒子可能需要清除浮动设置，这时需要用到浮动属性 clear，其语法格式如下。

```
clear:none|left|right|both;
```

各属性值含义如下。

- none：默认值，允许浮动。
- left：清除左侧浮动。
- right：清除右侧浮动。
- both：清除两侧浮动。

示例 15-16 对 C 图片设置了清除左侧浮动，所以该图片换行显示，忽略掉其前一个元素 B 图片设置的向左浮动，浏览效果如图 15-18 所示。与图 15-17 对比，可以看到 C 图片与其前元素之间增加了距离，这是因为 clear 属性在设置对象之上增加了清除空间。

```
<!-- demo1516.html -->
```

```
<!DOCTYPE html>
<html>
<head>
    <meta charset="utf-8">
    <style type="text/css">
        img {
            width: 140px;
            height: 120px;
        }
        .fleft {
            float: left;
        }
        .clear {
            clear: left;
        }
    </style>
</head>
<body>
<div class="fleft"><img src="images/kay.gif"/></div>
<div class="fleft"><img src="images/Neg.gif"/></div>
<div class="clear"><img src="images/jobs.gif"/></div>
</body>
</html>
```

图 15-17　图片向左浮动浏览效果

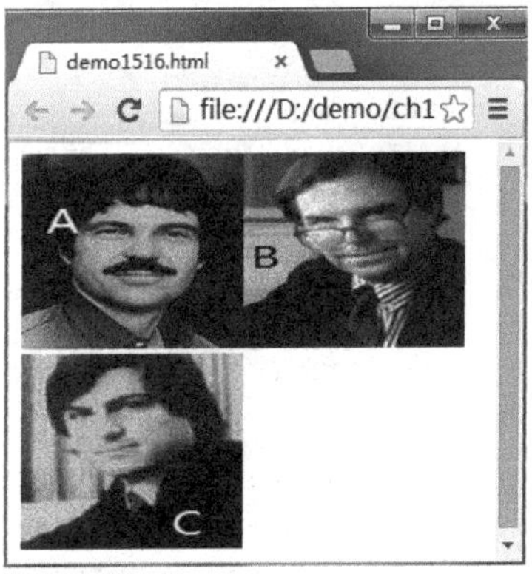

图 15-18　清除浮动浏览效果

15.3　CSS 的网页布局

网页布局结构按照列数可分为单列、两列和三列等几种布局。一些网页设计也采用嵌套的布局结构。可变宽度布局比固定宽度布局更实用，目前逐渐流行起来，CSS3 也对可变宽度布局提供了更好的支持。下面介绍几种最常用的页面布局，分别是单列布局，一列固定、一列可变的两列布局，两侧列固定、中间列可变的三列布局等。

15-5　CSS 经典布局之双飞翼布局

15.3.1　单列布局

单列布局相对简单，很多复杂布局往往以单列布局为基础。单列布局中的对象位置可固定在左侧、浮动在左侧或居中；宽度可用像素值固定、百分比或相对于字号设置。

示例 15-17 是常见的单列三块布局，利用 HTML5 结构元素（header，footer，article，section 等）或<div>标记或划分 3 个盒子，在各自元素的 CSS 中定义各盒子的大小边界等属性，实现三块居中自适应布局，实现效果如图 15-19 所示。

```
<!-- demo1517.html -->
<!DOCTYPE html>
<html>
<head>
<meta  charset="utf-8">
<title>用 HTML5 结构元素布局</title>
<style type="text/css">
    body{
        margin:0;
        padding:0;
        max-width:1000px;
        text-align: center; /*定义文本居中*/
    }
    header{
        width:80%;     /*自适应页面大小*/
        height:80px;
        margin:5px auto;
        background:#FFC;
    }
    article{
        width:80%;     /*自适应页面大小*/
        height:200px;
        margin:5px auto;
        background: #D0FFFF;
        text-align:left;
    }
    footer{
        width:80%;    /*自适应页面大小*/
        height:100px;
        margin:5px auto;
        background:#FFC;
        text-align:left;
    }
</style>
</head>
<body>
   <header><h2>搜索引擎改变记忆方式 人们忘记网上找到的信息</h2></header>
   <article>
   Article: <p>美国科学家在 7 月 15 日出版的《科学》杂志上报告称，相关研究表明，……
   </article>
   <footer>
    Footer:<p> 更深层次的分析表明，当人们能够记住信息时，他们不会记住在何处能找到某些信息；
而当人们无法记住信息本身时，才会倾向于记住在何处能找到这些信息。</p>
   </footer>
</body>
</html>
```

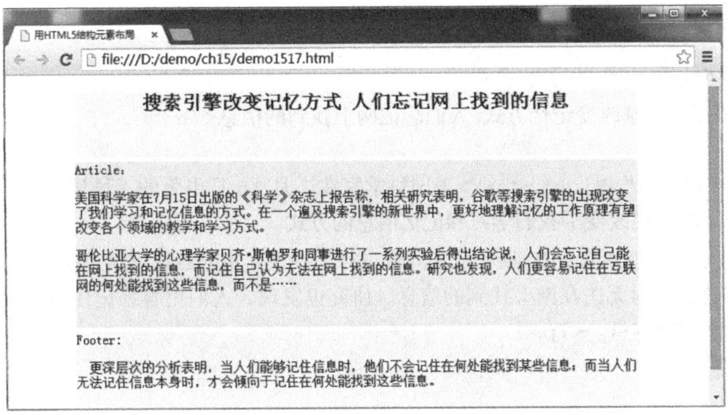

图 15-19　单列布局效果

15.3.2　两列布局

1. 传统的两列布局

两列布局使用两个盒子，第一个盒子（第一列）位置应在页面左侧，第二个盒子（第二列）应在页面右侧，可用 fixed 属性或 float 属性设定；宽度可用像素值、百分比设定，或用相对字号设置。

两个盒子的设定可以依据具体需求而定。示例 15-18 实现的是第一个盒子固定宽度且浮在左侧；第二个盒子距左边界的宽度等于第一个盒子的宽度，但其本身的宽度未设置（是自适应的），随页面的变化而变化，浏览效果如图 15-20 所示。

```
<!-- demo1518.html -->
<!DOCTYPE html>
<html>
<title>用 float 属性实现的两列布局</title>
<head>
<meta charset="utf-8" >
<style type="text/css">
    body{
        margin:5px;
        padding:0;
        min-width:800px;
    }
    div {
        border:1px solid #999;
    }
    #left{
        height: 400px;
        width: 160px;
        background:#FFC;
        float: left;
    }
    #right{
        height: 400px;
        margin-left:160px;
        background: #D0FFFF;
    }
</style>
```

```
    </head>
    <body>
        <div id="left">Left:<br/>
            <h3>搜索引擎改变记忆方式 人们忘记网上找到的信息</h3>
        </div>
        <div id="right">Right:<br/>美国科学家在 7 月 15 日出版的《科学》杂志上报告称，相关研究表明，谷歌等搜索引擎的出现改变了我们学习和记忆信息的方式。
    <p>哥伦比亚大学的心理学家贝齐·斯帕罗和同事进行了一系列实验后得出结论说，人们会忘记自己能在网上找到的信息，而记住自己认为无法在网上找到的信息。研究也发现，人们更容易记住在互联网的何处能找到这些信息，而不是记住信息内容本身。</p>
        </div>
    ……
    </body>
    </html>
```

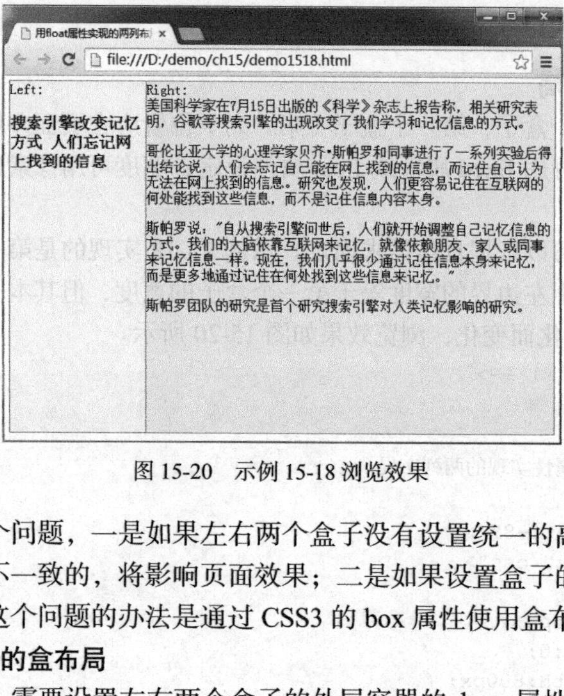

图 15-20　示例 15-18 浏览效果

这个示例存在两个问题，一是如果左右两个盒子没有设置统一的高度"height: 400px"，这两个盒子的高度是不一致的，将影响页面效果；二是如果设置盒子的 padding 属性，也将影响页面效果。解决这个问题的办法是通过 CSS3 的 box 属性使用盒布局。

2. 用 CSS3 改进的盒布局

如果使用盒布局，需要设置左右两个盒子的外层容器的 box 属性，不再需要使用 float 属性。注意观察下面代码中关于 CSS 定义部分的变化。示例 15-19 中，最外层的 id 为 container 的元素样式中应用了 box 属性。在 Firefox 浏览器中需要写成"display:-moz-box;"的形式，在 Chrome 浏览器中，需要写成"display:-webkit-box;"的形式。该示例的浏览结果与图 15-20 基本相同，但盒子的高度不需要设置，是自适应的。

```
<!-- demo1519.html -->
<!DOCTYPE html>
<html>
<head>
<meta charset="utf-8">
<style type="text/css">
    body{
        margin:5px;
        padding:0;
    }
```

```
    div {
        border: 1px solid blue;
    }
    #container {  /*下面三行代码兼容不同的浏览器*/
        display:box;
        display:-webkit-box;
        display:-moz-box;
        margin:0 auto;
        width:800px;
    }
    #left{
        width:180px;
        paddingt:2px;
        background: #999;  /*删除了 float 和 height 属性*/
    }
    #right{
        width:610px;      /*不需要 margin-left 和 height 属性*/
        padding-left:4px;
        background: #D0FFFF;
    }
</style>
</head>
<body>
    <div id="container">
        <div id="left">Left:<br/>
        搜索引擎改变记忆方式 人们忘记网上找到的信息
        </div>
        <div id="right">Right:<br/>美国科学家在 7 月 15 日出版的《科学》杂志上报告称，相关研究表明，谷歌等搜索引擎的出现改变了我们学习和记忆信息的方式。……
        </div>
    </div>
</body>
</html>
```

3. 嵌套的 2 列布局

顶部固定，一列固定、一列可变的布局是博客类网站中很受欢迎的布局形式，通常，这类网站常把侧边的导航栏宽度固定，主体的内容栏宽度是可变的。早期用 CSS 实现一列固定、一列可变的布局要麻烦一些，一般需要通过设置负边界来实现。使用 CSS3 的盒布局实现异常方便，盒布局及相关属性可以很好地解决宽度可变布局及布局顺序问题。下面列出了 CSS3 与盒布局相关的属性，如表 15-1 所示。

表 15-1 与盒布局相关的部分属性

属性	功能	说明
box-flex	设置弹性盒布局	应用于盒布局中，如果使用 Chrome 浏览器，使用-webkit-box-flex；如果使用 Firefox 浏览器，使用-moz- box-flex
box-ordinal-group	设置盒元素的显示顺序，值为整数，从 1 开始，表示子元素的显示位置，子元素将根据这个值重新排序，值相等的，将取决于源代码顺序，默认值为 1	应用于盒布局中，如果使用 Chrome 浏览器，使用-webkit-box-group；如果使用 Firefox 浏览器，使用-moz- box- group

续表

属性	功能	说明
box-orient	设置盒元素的显示方向	应用于盒布局中，如果使用 Chrome 浏览器，使用-webkit-box-orient；如果使用 Firefox 浏览器，使用-moz-box-orient
box-sizing	指定使用 width、heignt 属性时，指定的值是否包括元素的 pading 值 与 border 值	如果使用 Chrome 浏览器，使用-webkit- box-orient；如果使用 Firefox 浏览器，使用-moz-box-sizing； 如果使用 IE 浏览器，使用-ms-box-sizing

示例 15-20 是一个典型的嵌套两列布局，用到了盒布局中的弹性布局属性-webkit-box-flex。浏览结果如图 15-21 所示。

```
<!-- demo1520.html -->
<!DOCTYPE html>
<head>
    <meta charset="utf-8">
    <title>嵌套两列布局</title>
    <style>
        header, footer, article {
            width: 85%;
            min-width: 1000px;
            margin: 0 auto;
            /*盒子的 height 和 width 属性包括了 padding 和 border 值*/
            -webkit-box-sizing: border-box;
            border: 1px solid #99CCFF;
            background-color: #99CCFF;
        }
        article {
            display: -webkit-box;
        }
        #main {
            -webkit-box-flex: 1;
            padding: 5px;
            background-color: #9CC;

        }
        #left {
            width: 160px; /*固定宽度*/
            padding: 5px;
            background-color: #F9F;
        }
        footer {
            background-color: #FFC;
        }
    </style>
</head>
<body>
<header>
    <h2>Page Header</h2>
    物联网+云计算+第六感科技=2015
</header>
<article>
    <div id="left">
        <h2>Left</h2>
```

```
        <p>手势识别将充当"现实世界与数字世界的桥梁"，核心技术是：……</p>
    </div>
    <div id="main">
        <h2>Page Content</h2>
        做一个将物体从 A 处转移至 B 处的手势，然后计算机 A 桌面上的文件便轻而易举的转移到了计算机 B 上。这比我们用 U 盘拷贝或者使用 QQ、飞信等软互传方便得多，虽然它的传输原理仍然与 QQ、飞信等的互传原理大同小异，但是触发方式却发生了巨大改变。
    </div>
</article>
<footer>
    <p>版权所有</p>
</footer>
</body>
</html>
```

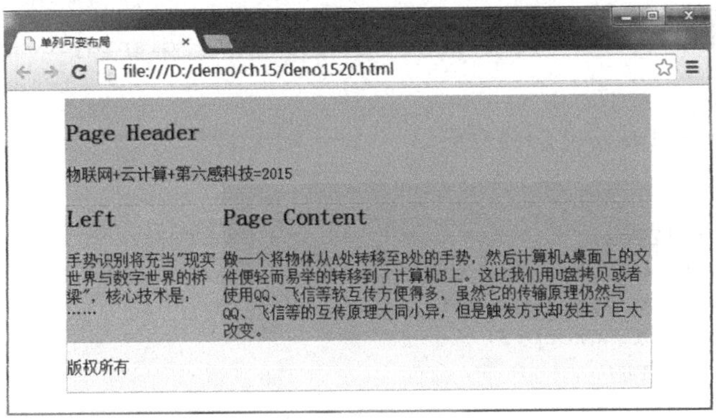

图 15-21　用 box-flex 实现的单列可变布局

这个例子中，通过将 box-sizing 设置为 border-box 值，同时在 body 中设置 min-width 值为 1000px，合理设置 padding 属性值，进一步优化了布局。

15.3.3　使用 CSS3 盒布局的三列布局

三列布局可以使用 float 属性实现，对 3 个盒子（列）对象分别设定位置和宽度，再设置浮动属性即可。下面的代码使用 float 属性，实现的是左列和右列固定宽度，分别浮于左右，中间自适应布局，这种布局方式有一定的局限。示例代码如下。

```
#left{
    height: 400px;
    width: 120px;
    float: left;
}
#right{
    height: 400px;
    width: 100px;
    float: right;
    background:#FFC;
}
#main{
    height: 400px;
    margin-left:120px;
    background: #D0FFFF;
}
```

1．简单的三列布局

示例 15-21 是一个使用盒布局实现的三列布局。左右两列宽度固定，中间列自适应。示例中重点体会 box-ordinal-group 属性和 box-flex 属性的作用，如果调整 box-ordinal-group 属性的顺序，可以实现三列顺序的改变。浏览结果如图 15-22 所示。

```
<!--demo1521.html-->
<!DOCTYPE html>
<html>
<head>
<meta charset="utf-8" >
<style type="text/css">
    body{
        margin:5px;
        min-width:600px;
    }
    #container {
        display:-webkit-box;  display:-moz-box;  display:box;
    }
    div {
        border: 1px solid #999;
    }
    #left{
        width: 120px;
        -webkit-box-ordinal-group:3;
        -moz-box-ordinal-group:3;
        box-ordinal-group:3;
        padding:2px;
        background:#FFC;
    }
    #right{
        width: 100px;
        -webkit-box-ordinal-group:1;box-ordinal-group:1;-moz-box-ordinal-group:1;
        padding:2px;
        background:#FFC;
    }
    #main{
        padding:2px;
        -webkit-box-flex:1;-moz-box-flex:1;box-flex:1;
        -webkit-box-ordinal-group:2;box-ordinal-group:2;-moz-box-ordinal-group:2;
        background: #D0FFFF;
    }
</style>
</head>
<body>
   <div id="container">
      <div id="left">左侧固定：<p>基于视觉的手势识别技术在欧美等国家已经实现民用</div>
      <div id="right">右侧固定：<p>相信经过 3～5 年的发展，外加市场需求，这项技术一定可以集成在我们的手机中，走进我们平常的生活。</div>
      <div id="main">主体可变：<p>手势识别在未来的智能便携终端中将会大规模应用，其中之一便是解决手机终端的键盘输入问题和手机屏幕显示问题。<br>由于便携终端无法解决手机键盘小，手机键盘输入速度慢，触摸不灵敏以及手机屏幕过小等问题，未来的手机键盘键和手机屏幕将被可以投影在任何平面上的一个投影摄像头所替代。目前这种产品已经存在，只不过没有集成到手机中。          </div>
   </div>
</body>
</html>
```

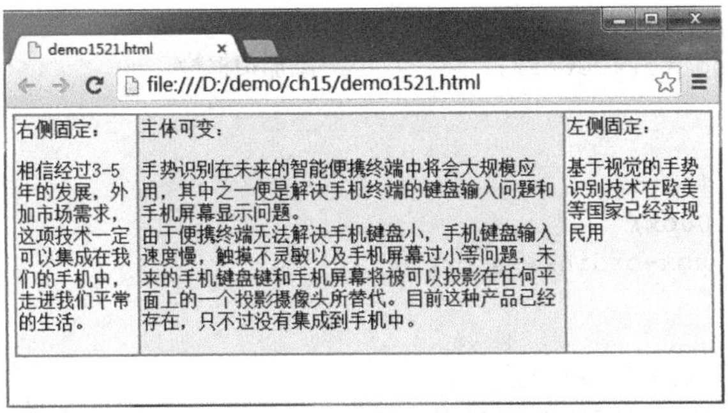

图 15-22　示例 15-21 浏览效果

2. 嵌套的三列布局

前面布局采用的策略是将盒子（div 块）从上到下、从左到右依次排列。实际上，网页布局灵活多变，一种典型的复杂网页布局是，顶部是一个 div 盒子，中间部分是并排的 2 个或 3 个 div 盒子，下面是 1 个 div 盒子，如图 15-23 所示。

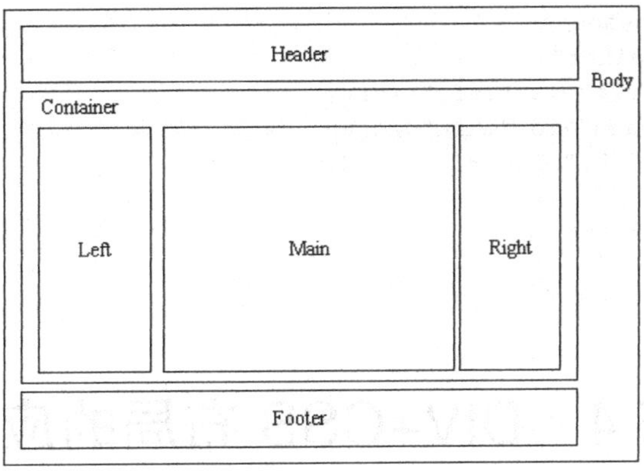

图 15-23　一种典型的复杂布局效果图

实现上面布局的关键是中间 3 个 div 块的嵌套，即将中间的 3 个 div 块放入到一个容器中，当然，这个容器也是一个 div 块。图 15-23 给出的 DIV+CSS 布局的代码如示例 15-22 所示。

```
<!--demo1522.html-->
<!DOCTYPE HTML>
<head>
<meta charset="gb2312">
<style>
    header,footer{
        margin:0 auto;                  /*与 width 配合实现水平居中*/
        width:80%;
        border: 1px dashed #FF0000;     /*添加边框*/
     }
    div#container{
        width:80%;
        margin:0 auto;
        display:-webkit-box;
    }
```

```
    #left,#main,#right{
    border:1px solid #0066FF;          /*添加边框*/
    }

    #left{
         width:200px;
        -webkit-box-ordinal-group:1;
        }
    #main{
        -webkit-box-flex:1;
        -webkit-box-ordinal-group:2;
        }
    #right{
         width:160px;
        -webkit-box-ordinal-group:3;
    }
</style>
</head>
<body>
<header>header</header>
   <div id="container">
      <div id="left">id="left"</div>
      <div id="main">id="main"</div>
      <div id="right">id="right"</div>
   </div>
   <footer>footer</footer>
</body>
</html>
```

15.4　DIV+CSS 布局的应用

在设计网页之前，首先要对页面布局有一个总体思路，然后就可以用盒子对页面进行大致分块设定。例如，一种典型的布局结构是将页面划分为头部、主题、底部 3 部分。当然也可以将页面划分为更多或更少部分，或在设计过程中根据需要来改变，这正是 DIV+CSS 布局更为合理灵活之所在。然后再利用各种标记、属性对块内及块间相对位置进行详细设计和调整。

15.4.1　图文混排的实现

1. 用 DIV+CSS 布局方式实现图文混排效果

最终效果如图 15-24 所示。首先可以利用 div 块对文档结构进行划分，代码如下。

```
<body>
   <div > <!--文字："美国著名……进程表：" --></div>
   <div ><!-- 第一张图片--></div>
   <div ><!--文字："2001 远程手术……了虚拟书籍和资料。" --></div>
   <div ><!-- 第二张图片--></div>
   <div ><!--文字："这些预言……都不是那么遥远。" --></div>
   <div ><!--文字："这一张时……过一切天才的预言。" --></div>
```

```
    <div ><!--文字：“摘自《大师的预言》 --></div>
</body>
```

div 块划分完成后，根据计划实现的效果，对每部分内容进行详细设计。对于图片内容，使用 float 属性设置文字环绕方式，使用 padding、margin 属性设置填充和边界，使图片与其他内容之间有空隙。对于文字内容，使用 padding-top 属性设置段前距离，使用 line-height 属性设置行间距等，具体代码如示例 15-23 所示，可以看出，采用 div 布局可以使版面更为清晰，可读性增加，更重要的是，布局的可扩展性也得到增强。浏览效果如图 15-24 所示。

```
<!-- demo1523.html -->
<!DOCTYPE html>
<html>
<head>
<meta charset="utf-8" >
<style type="text/css">
    body{
      font-size:12px;
      background-color:#CCC;
    }
    div{
      padding-top:10px;
      margin:5px;
      line-height:150%;

    }
    #img1{      /*第一种环绕方式*/
      float:right;
      margin:10px;
      padding:5px;
    }
    #img2{      /*第二种环绕方式*/
      float:left;
      margin:10px;
      padding:5px;
    }
    div#first:first-letter{       /*实现首字下沉*/
      float:left;
      font:36px 黑体;    /*注意 font 属性顺序*/
      padding:0px 5px;
    }
</style>
</head>
<body>
    <div id="first">美国著名的《连线》杂志，曾就一系列事物的发展前景向一批各自领域的专家征询。这些专家的看法可能有些武断，但令人欣赏地直奔主题。下面是他们对互联网络所预言的另一张时间进程表：</div>
    <div id="img2" ><img src="images/4.jpg"/></div>
    <div>2001 远程手术将十分普及，最好的医学专家可以为全世界的人诊断治疗疾病。<br/>2001《财富 500 家》上榜者中将出现一批"虚拟企业"。<br/>2003 全球可视电话将支持更普遍的"远程会议"，企业家将通过网络管理公司。<br/>2003 "远程工作"将是更多的人主要的"上班"方式。<br/>2007 光纤电缆广泛通向社区和家庭，"无限带宽"不再停留在梦想中。<br/>2016 出现第一个虚拟大型公共图书馆，虚拟书架上推满了虚拟书籍和资料。<br/></div>
    <div id="img1" ><img src="images/5.jpg"/></div>
```

```
        <div >这些预言中，还包括了所谓"食品药片"、"冷冻复活"等匪益所思的言论。仅从与网络相关的预言看，人类全方位的"数字化生存"——包括工作、生活和学习等相当广泛的领域—— 都不是那么遥远。</div>
        <div>这一张时间进度表究竟能不能如期兑现？阿伦•凯（A.Kay）首先提出，又被尼葛洛庞帝引用过的著名论断说得好："预测未来的最好办法就是把它创造出来。" 当今的社会，预测再也不是消极地等待某个事实的出现，而是积极地促成这个事实。从这个意义上讲，创造和创新才是我们对 21 世纪电脑发展趋势最准确的预测，远胜过一切天才的预言。</div>
        <div style="text-align:right" >摘自《大师的预言》</div>
    </body>
    </html>
```

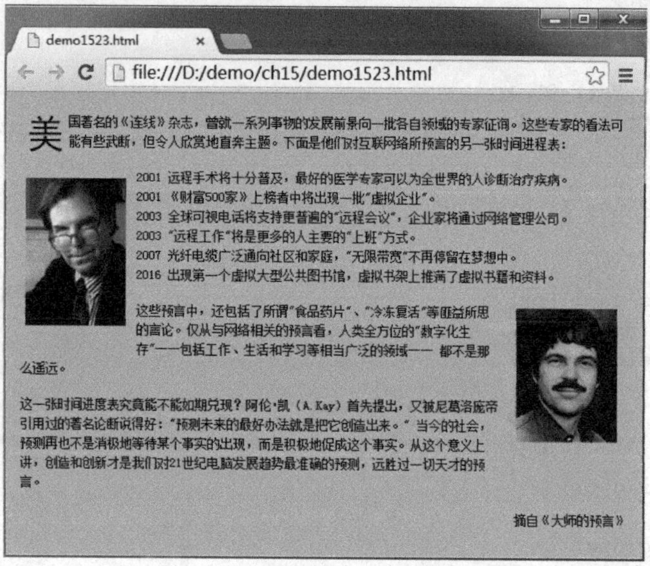

图 15-24　示例 15-23 浏览效果

2. 对示例 15-23 的改进

示例 15-23 中通过盒子（<div>标记）将整个页面分为 7 部分，每部分包含一段文字或一张图片。对两个图片分别设置向左和向右浮动，实现文字右侧和左侧环绕。下面对该布局做些改动，将两张图片作为一部分，然后在该部分内部再划分每个图片为一部分，且添加图片的说明性标识，如图 15-25 所示。

图 15-25　div 嵌套图文混排示例图

实现上图效果首先要在页面总体布局中划分出图片部分，再将其内部划分为第一张图片、第二张图片和总标识 3 部分。每个图片部分又划分为图和标识两部分，通过 div 嵌套划分，代码如下。

```
<div><!--图片部分 -->
  <div ><!-- 第一张图片及标识-->
      <div><!--图 --></div>
      <div><!--标识--></div>
  </div>
  <div><!-- 第二张图片及标识-->
      <div><!--图 --></div>
```

```
        <div><!--标识--></div>
      </div>
      <div><!--总标识--></div>
    </div>
```

划分好部分后，即可对每一部分进行详细设计，其他文字部分保留示例 15-23 效果。具体代码如示例 15-24 所示，页面浏览效果如图 15-26 所示。

```
<!-- demo1524.html -->
<!DOCTYPE html>
<html>
<head>
<meta charset="utf-8" >
<style type="text/css">
    body{
      font-size:12px;
      background-color:#CCC;
    }
    .text{
      padding-top:10px;
      margin:5px;
      line-height:150%;
    }
    div#first:first-letter{          /*实现首字下沉*/
          float:left;
          font:24px 黑体;            /*注意 font 属性顺序*/
          padding:0px 5px;
    }
    img {
        width:97px;
        height:136px;
    }
    .img{      /*内层虚线框*/
      float:left;
      border: thin dotted #F00;
      margin:2px;
    }
    .imgtag{      /*图标题*/
      margin:5px;
      text-align:center;
      clear:left;
      background-color: #E8FFFF;
      }
    .outer {      /*外层实线框*/
      border: thin solid #00F;
      width:214px;
      float:left;
      margin:8px;
    }
</style>
</head>
<body>
      <div id="first">美国著名的《连线》杂志，曾就一系列事物的发展前景向一批各自领域的专家征询。这些专家的看法可能有些武断，但令人欣赏地直奔主题。下面是他们对互联网络所预言的另一张时间进程表：</div>
```

```
        <div class="outer">  <!--图片部分 -->
          <div class="img" > <!-- 第一张图片及标识-->
            <div ><img src="images/4.jpg" /></div>
            <div class="imgtag" />尼葛洛庞帝</div>
          </div>
          <div class="img" ><!-- 第二张图片及标识-->
            <div><img src="images/5.jpg" /></div>
            <div class="imgtag">阿伦•凯</div>
          </div>
          <div class="imgtag">代表人物</div><!--总标识-->
         </div>
        <div class="text">2001 远程手术将十分普及，最好的医学专家可以为全世界的人诊断治疗疾病。<BR/>2001《财富 500 家》上榜者中将出现一批"虚拟企业"。<BR/>2003 全球可视电话将支持更普遍的"远程会议"，企业家将通过网络管理公司。<BR/>2003 "远程工作"将是更多的人主要的"上班"方式。<BR/>2007 光纤电缆广泛通向社区和家庭，"无限带宽"不再停留在梦想中。<BR/>2016 出现第一个虚拟大型公共图书馆，虚拟书架上推满了虚拟书籍和资料。<BR/></div>
        <div class="text">这些预言中，还包括了所谓"食品药片""冷冻复活"等匪益所思的言论。仅从与网络相关的预言看，人类全方位的"数字化生存"——包括工作、生活和学习等相当广泛的领域—— 都不是那么遥远。</div>
        <div class="text">这一张时间进度表究竟能不能如期兑现？阿伦•凯（A.Kay）首先提出，又被尼葛洛庞帝引用过的著名论断说得好："预测未来的最好办法就是把它创造出来。" 当今的社会，预测再也不是消极地等待某个事实的出现，而是积极地促成这个事实。从这个意义上讲，创造和创新才是我们对 21 世纪电脑发展趋势最准确的预测，远胜过一切天才的预言。</div>
        <div class="text" style="text-align:right;">摘自《大师的预言》</div>
    </body>
    </html>
```

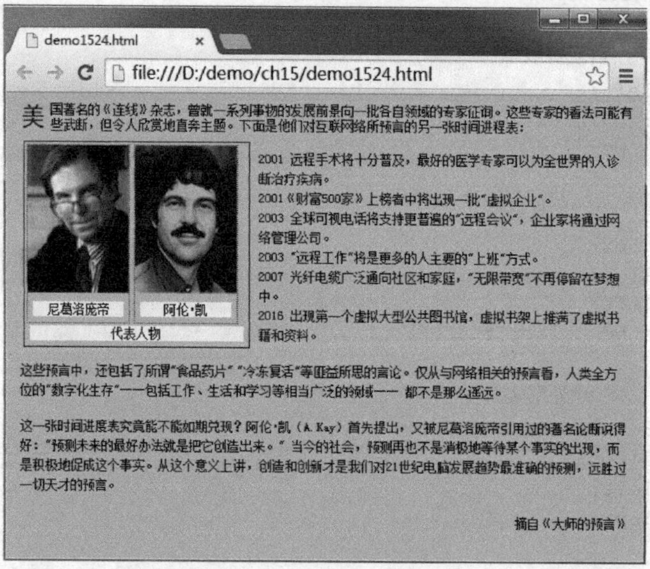

图 15-26　示例 15-24 浏览效果

15.4.2　制作二级导航菜单

导航菜单通常分为横向导航菜单和纵向导航菜单。横向导航菜单主要用于网站的主导航，例如大多数门户网站；纵向导航菜单主要用于网站信息分类，大部分购物网站如京东、淘宝、亚马逊都提供了纵向的商品信息分类菜单。DIV+CSS 布局中多通过控制列表样式制作导航菜单，主要用到<ul>、<li>、<a>等 3 组标记。

下面以 Web 前端开发的知识结构为内容，详细讲述使用 DIV+CSS 建立菜单的过程，具体包括建立一级菜单列表、定义样式、建立二级菜单列表及样式等步骤。

1. 建立一级菜单

菜单可以通过对列表进行格式转换得到。在一个盒子（div 块）中定义的 Web 前端开发知识列表代码如下。

```
<div>
   <ul>
      <li><a href="#">HTML</a></li>
      <li><a href="#">CSS</a></li>
      <li><a href="#">JavaScript</a></li>
      <li><a href="#">XML</a></li>
      <li><a href="#">PHP</a></li>
      <li><a href="#">Ajax</a></li>
   </ul>
</div>
```

浏览效果如图 15-27（a）所示。

2. 定义 CSS 样式

创建样式#menu，设置菜单整体大小等属性，并添加到<div>标记中；创建样式#menu ul，设置隐藏列表符号、清除边距等属性，代码如下。

```
#menu{
  width:100px;
  border:1px solid #999;
}
#menu ul{
  margin:0px;
  padding:0px;
  list-style:none; /*隐藏默认列表符号*/
}
```

浏览效果如图 15-27（b）所示。

创建样式#menu ul li，设置菜单项背景色、高度、行距、文字居中等属性。创建 CSS 样式 a，设置链接默认下画线隐藏、字体、颜色等属性。display：block 设置为块元素，鼠标在链接所在块范围内即被激活；不设置该属性，鼠标只有在链接文字上时才可以激活。创建 CSS 样式 a:hover，设置鼠标经过时链接的文字效果，具体代码如下。

```
#menu ul li{
  background:#06C;
  height:26px;
   line-height:26px; /*行距*/
  text-align:center;
  border-bottom:1px solid #999;
}
a{
  display:block;
  font-size:13px;
  color:#FFF;
  text-decoration: none;/ *隐藏超链接默认下画线*/
```

```
}
a:hover{
  color:#F00;
  font-size:14px;
}
```

以上设计实现了一级导航菜单，浏览效果如图 15-27（c）所示。

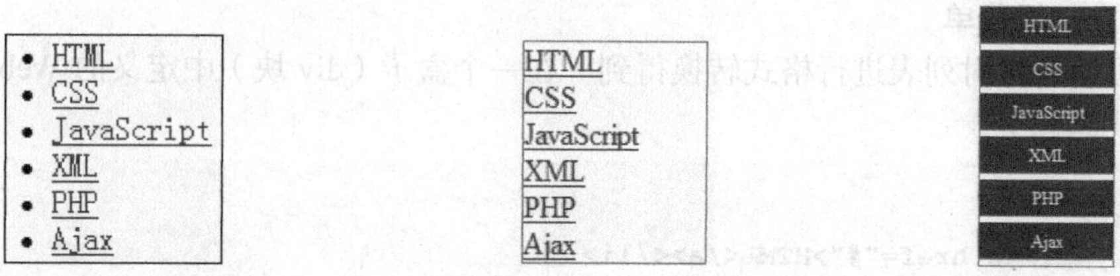

（a）无样式列表浏览效果图　（b）设置样式#menu 等浏览效果　（c）纵向导航菜单

图 15-27

3. 创建二级菜单

二级导航菜单是指当鼠标经过一级菜单项时，会弹出相应的二级菜单，鼠标离开该项后二级菜单自动消失。接下来在上例的基础上制作二级菜单，以一级菜单项“CSS”为例，在其下添加二级菜单。

在“CSS”列表下嵌套<ul>，代码如下。

```
<li><a href="#">CSS</a>
   <ul>
     <li><a href="#">Selector</a></li>
     <li><a href="#">Use CSS File in HTML</a></li>
     <li><a href="#">Formatting Document</a></li>
     <li><a href="#">Layout</a></li>
   </ul>
</li>
```

创建样式#menu ul li ul，设置二级菜单的默认隐藏、宽度及边界等属性，定位方式为绝对、向左浮动，并向其父对象的样式#menu ul li 中添加 position:relative 属性，以使二级菜单以其父对象即相应一级菜单项为参照向左绝对定位。创建样式#menu ul li:hover ul 和#menu ul li:hover ul li a，均添加属性 display，block 设置为块元素。

文档全部代码如示例 15-25 所示。

```
<!-- demo1525.html -->
<!DOCTYPE html>
<html>
<head>
<meta charset="utf-8" >
<style type="text/css">
    #menu{
      width: 100px;
      border: 1px solid #999;
    }
    #menu ul{
      margin: 0px;
      padding: 0px;
      list-style: none; /*隐藏默认列表符号*/
    }
```

```
    #menu ul li{
     height: 26px;
     line-height: 26px; /*行距*/
     text-align:center;
     border-bottom: 1px solid #999;
     background: #06C;
     position:relative;
    }
    a{
     display:block;
     font-size: 13px;
     color: #FFF;
     text-decoration: none;/ *隐藏超链接默认下画线*/
    }
    a:hover{
     color: #F00;
     font-size: 14px;
    }
    #menu ul li ul{
     display:none; /*默认隐藏*/
     width:130px;
     top: 0px;
     border:1px solid #ccc;
     border-bottom:none;
     position:absolute;
     left: 100px;
    }
    #menu ul li:hover ul{
       display:block;
    }
    #menu ul li:hover ul li a{
     display:block;
    }
</style>
</head>
<body>
<div id="menu">
   <ul>
      <li><a href="#">HTML</a></li>
      <li><a href="#">CSS</a>
            <ul>
              <li><a href="#">Selector</a></li>
              <li><a href="#">Use CSS File in HTML</a></li>
              <li><a href="#">Formatting Document</a></li>
              <li><a href="#">Layout</a></li>
            </ul>
      </li>
      <li><a href="#">JavaScript</a></li>
      <li><a href="#">XML</a></li>
      <li><a href="#">PHP</a></li>
      <li><a href="#">Ajax</a></li>
   </ul>
</div>
</body>
</html>
```

浏览效果如图 15-28 所示。

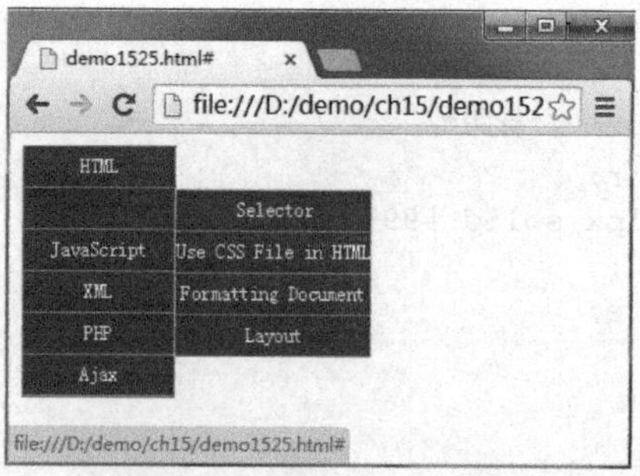

图 15-28　纵向二级导航栏

4. 横向二级导航菜单

横向导航菜单和纵向导航菜单相似，在示例 15-25 中纵向二级导航菜单的基础上略做修改，即可实现一个横向二级导航菜单。

菜单变为横向，因此整体菜单宽度增加，高度应该为一个菜单项的高度。修改样式#menu 的对应属性 width：707px、height：26px，添加 margin：0px auto 属性，使菜单整体居中。

菜单项宽度设为 120px，每个菜单项应跟在其前一个菜单项右侧，可利用 float 属性实现。为样式#menu ul li 添加 width：120px 和 float：left 属性设置，修改 border-bottom 为 border-right 属性，使菜单项间隔线位置由原来的底部改为右侧。

二级导航菜单相对位置由左侧偏移改为顶部偏移一个菜单项的位置，即修改样式#menu ul li ul 的 top：26px 和 left：0px 属性。

代码清单如下。

```
<!-- demo1526.html -->
<!DOCTYPE html>
<html>
<head>
<meta charset="utf-8" >
<style type="text/css">
#menu{
  width:726px;
  height: 26px;
  margin:0px auto;
  border: 1px solid #999;
}
#menu ul{
  margin:0px;
  padding:0px;
  list-style:none; /*隐藏默认列表符号*/
}
#menu ul li{
  width:120px;
  height:26px;
  line-height:26px; /*行距*/
  text-align:center;
  border-right:1px solid #999;
  position:relative;
  background: #06C;
  float:left;
}
a{
```

```
    display:block;
    font-size:13px;
    color: #FFF;
    text-decoration: none;/ *隐藏超链接默认下画线*/
  }
  a:hover{
    color:#F00;
    font-size:14px;
  }
  #menu ul li ul{
    display:none; /*默认隐藏*/
    width:100px;
    top:26px;
    border:1px solid #ccc;
    border-bottom:none;
    position:absolute;
    left:0px;
  }
  #menu ul li:hover ul{
      display:block;
  }
  #menu ul li:hover ul li a{
       display:block;
  }
  </style>
  </head>
  <body>
  <div id="menu">
      <ul>
          <li><a href="#">HTML</a></li>
          <li><a href="#">CSS</a>
                  <ul>
                  <li><a href="#">Selector</a></li>
                  <li><a href="#">Use CSS File in HTML</a></li>
                  <li><a href="#">Formatting Document</a></li>
                  <li><a href="#">Layout</a></li>
                 </ul>
          </li>
          <li><a href="#">JavaScript</a></li>
          <li><a href="#">XML</a></li>
          <li><a href="#">PHP</a></li>
          <li><a href="#">Ajax</a></li>
      </ul>
  </div>
  </body>
  </html>
```

浏览效果如图 15-29 所示。

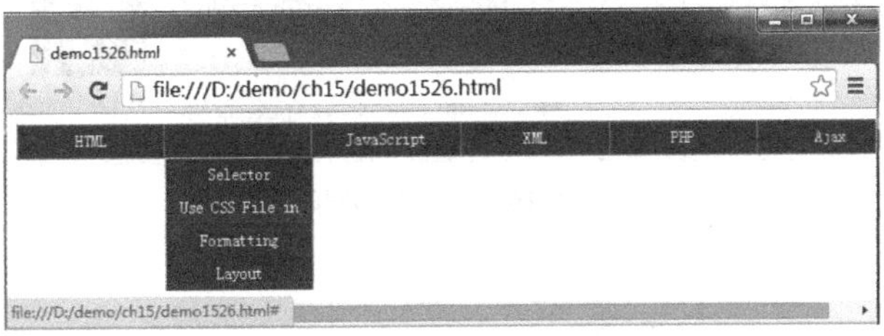

图 15-29　横向二级导航菜单

思考与练习

1. 简答题

（1）什么是 CSS 盒模型概念，如何计算其宽度？设置 box-sizing 属性后，宽度又是如何计算的？

（2）CSS3 新增了哪些与盒相关的属性？简述其各自功能。

（3）说明下列 border-style 属性值的含义：solid、outset、ridge、dotted。

（4）简述绝对定位的设置效果。

（5）简述 CSS 的定位属性 position 的值的含义。

2. 操作题

（1）设置盒模型，实现图 15-30 所示的效果。

（2）设计实现购物网站商品橱窗展示，效果参考图 15-31。

图 15-30　盒模型浏览效果

图 15-31　购物网站商品橱窗展示浏览效果

（3）请参考本章案例完成如下页面的设计，如图 15-32 所示。

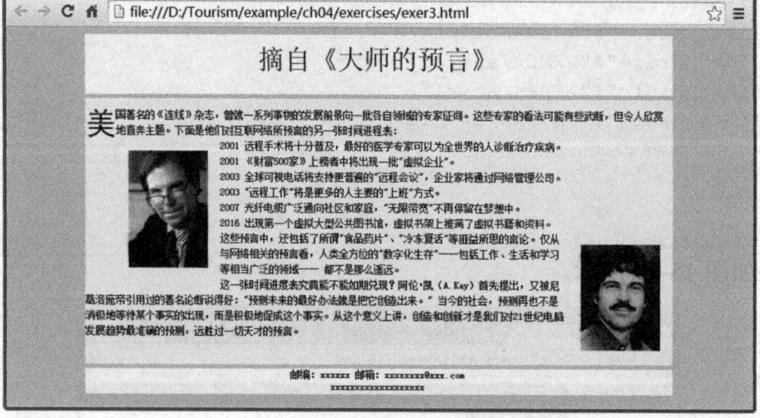

图 15-32　页面效果

第 16 章 CSS3 的响应式布局

学前提示

随着移动互联网的发展，越来越多的智能移动设备（Mobile/Tablet Device）接入互联网。为包含移动设备在内的不同类型终端提供良好的用户浏览体验，是响应式布局主要解决的问题。本章介绍 CSS3 的媒体查询功能和用 Bootstrap 实现的响应式布局。

知识要点

- 响应式布局与 CSS3 的 Media Queries 模块
- 用 Media Queries 实现的响应式布局
- Bootstrap 框架简介
- 用 Bootstrap 实现的响应式布局

16.1 响应式布局简介

响应式布局的概念于 2010 年 5 月提出，目的是实现网页页面适应屏幕、打印机、手机等多个不同大小的终端。响应式布局可以通过 CSS3 的媒体查询（Media Queries）模块实现，通过添加媒体查询表达式，指定媒体类型，并根据媒体类型或浏览器窗口的大小来选择不同的样式。目前的浏览器和各种移动终端都能很好地支持响应式布局。

例如，一个网页的页面布局为 3 栏，如果用不同的终端来浏览这个页面，页面会根据不同终端（浏览器窗口的大小）来显示不同的样式，在台式机上以 3 列方式显示，在 iPad 上可能是两列显示，在大屏手机上将 3 列转化为 3 行纵向显示，在屏幕小于 320px 的手机上只显示主要内容，隐藏掉某些次要元素，这就是响应式布局需要实现的效果。

16-1 响应式布局介绍

16.1.1 媒体查询模块

媒体查询功能的核心就是通过 CSS3 来查询媒体类型，然后调用对应的样式。该项功能在 CSS2.1 中已经出现，但并不强大，典型的应用是给打印设备添加打印样式。随着 CSS 技术的发展，媒体查询功能越来越强大，应用越来越广泛，Media Queries 包括两个重要的内容，一是媒体类型，二是媒体特性。下面我们逐一学习。

16-2　响应式布局效果

1．媒体类型

媒体也称媒介，在 CSS 中代指各种设备。媒体类型（Media Type）是一个非常重要的属性，通过媒体类型可以为不同的设备指定不同的样式。常用的有 all（全部）、screen（屏幕）、print（打印或预览模式）等 3 种媒体类型，W3C 共定义 10 种媒体类型，但一些媒体类型已经被废弃，如表 16-1 所示。其中 all、screen、print 是最常见的 3 种媒体类型。

表 16-1　Media Queries 模块的媒体类型

媒体指定的值	媒体类型描述
all	所有媒体设备
screen	显示器、平板电脑、手机等设备
print	打印机或打印预览视图
speech	屏幕阅读器等发声设备
handheld	已废弃，用于掌上设备或更小的装置，如 Pad 和小型电话
tv	已废弃，电视机类型设备
projection	已废弃，各种投影设备
embossed	已废弃，盲文打印机
braille	已废弃。应用于盲文触摸式反馈设备
tty	已废弃。用于固定的字符网格，如电报、终端设备和对字符有限制的便携设备

2．媒体特性

在 CSS3 中实现媒体查询，除了需要指明媒体类型之外，还需要说明媒体特性。CSS3 的媒体特性与 CSS 属性类似。但与 CSS 属性不同的是，媒体特性使用 min/max 来完成大于等于或小于的逻辑判断，CSS3 媒体特性如表 16-2 所示。

表 16-2　媒体特性的说明

值	描述
width 和 height	定义浏览器窗口宽度和高度
device-width 和 device-height	定义输出设备的宽度和高度
orientation	定义浏览器窗口的方向。取值为 portrait（纵向）或 landscape（横向）
resolution	定义设备的分辨率。如，300dpi
aspect-ratio	定义浏览器窗口的宽度与高度的比率
device-aspect-ratio	定义输出设备的屏幕可见宽度与高度的比率
color	定义输出设备使用多少位的颜色值。如果不是彩色设备，则值等于 0
color-index	定义在输出设备的彩色查询表中的色彩数。如果没有使用彩色查询表，则值等于 0
monochrome	定义在一个单色帧缓冲区中每像素包含的字节数。如果不是单色设备，则值等于 0
scan	定义电视类设备的扫描方式。Progressive 表示逐行扫描，interiace 表示隔行扫描
grid	用来查询输出设备是否使用栅格或点阵。基于栅格时值为 1，否则为 0

3. Media Queries 的方法

在实际应用中，常用媒体类型主要有 screen、all 和 print 三种，媒体类型的引用方法主要有使用 link 标记引用样式、使用@import 标记导入样式、使用 CSS3 的@media 标记说明样式等 3 种。

（1）使用 link 方法引用样式

link 方法引入媒体类型其实就是在<link>标记引用样式时，通过 link 标记中的 media 属性来指定不同的媒体类型，代码如下。

```
<link rel="stylesheet" type="text/css" href="mystyle.css" media="screen" />
<link rel="stylesheet" type="text/css" href="mystyle.css" media="screen and
 (min-width:980px)" />
```

（2）@import 方法导入样式

@import 导入样式文件也可以用来引用媒体类型，方法是在 head 元素中使用<style></style>标记引入，代码如下。

```
<head>
<style type="text/css">
   @importurl(mystyle.css) screen and  (min-width:980px);
</style>
</head>
```

（3）@media 方法

@media 是 CSS3 中新增的媒体查询特性，在页面中可以通过这个属性来引入媒体类型。@media 引入媒体类型和@import 有些类似，使用格式如下。

```
@media 媒体类型 and （媒体特性）{样式定义}
```

需要说明，使用 Media Queries 必须要以“@media”开头，然后指定媒体类型和媒体特性。媒体特性的书写方式与 CSS 样式的书写方式相似，主要分为两个部分，第一个部分为媒体特性的描述，第二部分为媒体特性的值，两个部分之间使用冒号分隔。例如，

```
(max-width: 480px)
```

使用@media 指令实现媒体查询是 CSS3 响应式布局的核心，下面重点分析几种不同的情形。

4. CSS3 媒体查询的具体应用

（1）最大宽度 max-width

“max-width”是一个最常用的媒体特性，是指媒体类型小于或等于指定的宽度时，样式生效。例如，

```
@media screen and (max-width:480px){
 .ads {
   display:none;
  }
}
```

上面的代码表示，当屏幕小于或等于 480px 时，页面中的广告区块（.ads 类）都将被隐藏。

（2）最小宽度 min-width

“min-width”与“max-width”相反，指的是媒体类型大于或等于指定宽度时，样式生效。例如，

```
@media screen and (min-width:900px){
   .wrapper{width: 900px;}
}
```

上面的代码表示，当屏幕大于或等于 900px 时，容器“.wrapper”的宽度为 900px。

（3）使用多个媒体特性

Media Queries 可以使用关键词“and”将多个媒体特性结合在一起。即一个媒体查询可以包含 0 到多个表达式，表达式又可以包含 0 到多个关键字及一种媒体类型。例如，当屏幕宽度在 600px~900px 之间时，body 的背景色渲染为“#f5f5f5”，代码如下。

```
@media screen and (min-width:600px) and (max-width:900px){
  body {background-color:#f5f5f5;}
}
```

（4）设备屏幕的输出宽度 device-width

在 iPhone、iPad 等智能设备上，还可以根据屏幕设备的尺寸来设置相应的样式（或者调用相应的样式文件）。同样的，对于屏幕设备也可以使用“min/max”对应参数，如“min-device-width”或“max-device-width”。例如，

```
<link rel="stylesheet" media="screen and (max-device-width:480px)" href="mystyle.
css" />
```

上面的代码指的是“mystyle.css”样式适用在最大设备宽度为 480px 上的屏幕显示，其中的“max-device-width”指的是设备的实际分辨率，也就是指可视面积分辨率。

（5）not 关键词

关键词“not”用来排除某种制定的媒体类型，也就是用来排除符合表达式的设备。换句话说，not 关键词表示对后面的表达式执行取反操作，例如，

```
@media not print and (max-width:1200px) {样式代码}
```

上面代码表示，样式代码将被使用在除打印设备和设备宽度小于 1200px 的所有设备中。

（6）only 关键词

only 用来指定某种特定的媒体类型，可以用来排除不支持媒体查询的浏览器。其实 only 很多时候是用来对那些不支持 Media Queries 但支持 Media Type 的设备隐藏样式表的。对于支持媒体特性的设备，正常调用样式，此时就当 only 不存在；对于不支持媒体特性但支持媒体类型的设备，将不再读取样式；对于不支持 Media Queries 的浏览器，不论是否支持 only，样式都不会被采用。例如，

```
<link rel="stylesheet" media="only screen and (max-device-width:240px)"
href="android240.css" />
```

在 Media Queries 时，如果没有明确指定 Media Type，那么其默认为 all，例如，

```
<link rel="stylesheet" media="(min-width:700px) and (max-width:900px)"
href="mediu.css" />
```

将应用于所有满足媒体特性要求的设备。

16.1.2 Media Queries 的应用示例

示例 16-1 是一个根据不同的窗口尺寸来选择使用不同样式的示例。该示例的水平方向包括 3 个 div 元素，当浏览器的窗口尺寸不同时，页面会根据当前窗口的大小选择使用不同的媒体样式。当窗口宽度在 960px 以上时，将 3 个 div 元素分为 3 栏并列显示；当窗口宽度在 600px 以上、959px 以下时，3 个 div 元素分两栏显示；当窗口宽度在 600px 以下时，3 个 div 元素从上向下排列显示。

16-3 响应式布局实例

```
<!--demo1601.html-->
```

```
<!DOCTYPE html>
<html>
<head lang="en">
    <meta charset="UTF-8">
    <meta name="viewport" content="width = device-width,initial-scale=1">
    <title>响应式布局示例</title>
    <style>
        *{
            margin: 0px;
            padding: 0px;
        }
        .heading,.container,.footing{
            margin: 10px auto;
        }
        .heading{
            height: 100px;
            background-color: chocolate;
        }
        .left,.right,.main{
            background-color: cornflowerblue;
        }
        .footing{
            height: 100px;
            background-color: aquamarine;
        }
        /*窗口宽度在 960px 以上*/
        @media screen and (min-width: 960px){
            .heading,
            .container,
            .footing{
                width: 960px;
            }
            .left,.main,.right{
                float: left;
                height: 500px;
            }
            .left, .right {
                width: 200px;
            }
            .main{
                margin-left: 5px;
                margin-right: 5px;
                width: 550px;
            }
            .container{
                height: 500px;
            }
        }
        /*窗口宽度在 600px 以上，959px 以下*/
        @media screen and (min-width: 600px) and (max-width: 960px){
            .heading,
            .container,
            .footing{
                width: 600px;
            }
```

```
        .left, .main {
            float: left;
            height: 400px;
        }
        .right{
            display: none;
        }
        .left{
            width: 160px;
        }
        .main{
            width: 435px;
            margin-left: 5px;
        }
        .container{
            height: 400px;
        }
    }
    /*窗口宽度在 599px 以下*/
    @media screen and (max-width: 600px){
        .heading,.container,.footing{
            width: 400px;
        }

        .left,.right{
            width: 400px;
            height: 100px;
        }
        .main{
            margin-top: 10px;
            width: 400px;
            height: 200px;
        }
        .right{
            margin-top: 10px;
        }
        .container{
            height: 420px;
        }
    }
  </style>
</head>
<body>
  <div class="heading">Header</div>
  <div class="container">
      <div class="left">Left</div>
      <div class="main">Main</div>
      <div class="right">Right</div>
  </div>
  <div class="footing">Footer</div>
</body>
</html>
```

在上面的示例中，为了适应在移动设备上进行网页的重构或开发，在 head 部分添加如下代码。

```
<meta name="viewport" content="width = device-width,initial-scale=1">
```

其中，name 的属性值 viewport（主要是指移动设备）是指设备的屏幕上能用来显示网页的区域，即浏览器上（或一个 app 中的 webview）用来显示网页的那部分区域。同时设置的浏览器的显示宽度与设备宽度相等。intial-scale 属性的功能是定义页面首次显示时可视区域的缩放级别，取值 1.0 时页面按实际大小显示，无任何缩放。

示例的运行结果有以下 3 种情况。

- 当窗口宽度在 960px 以上时，将 3 个 div 元素分为 3 栏并列显示，如图 16-1 所示。
- 当窗口宽度在 600px 以上、959px 以下时，3 个 div 元素分两栏显示，如图 16-2 所示。
- 当窗口宽度在 599px 以下时，3 个 div 元素从上向下排列显示，如图 16-3 所示。

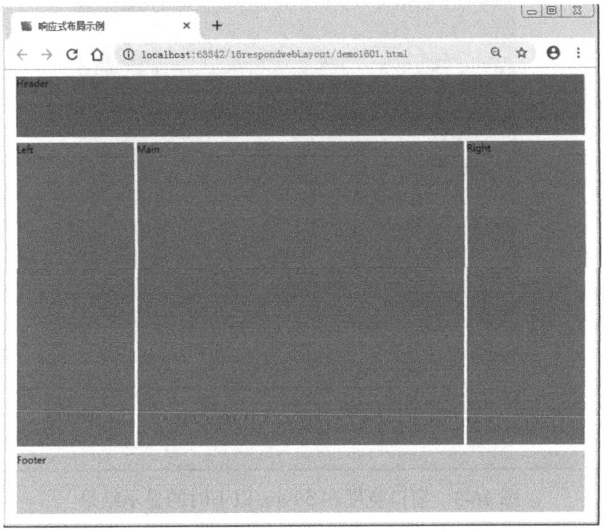

图 16-1　窗口宽度在 960px 以上时的显示结果

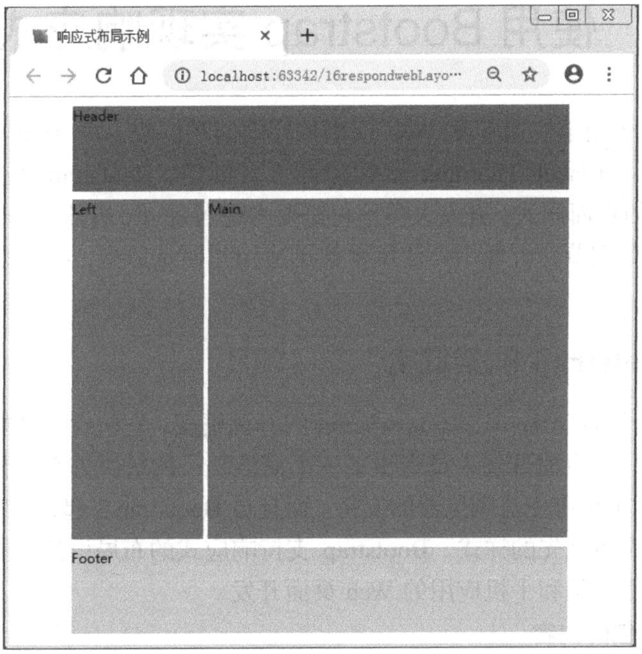

图 16-2　窗口宽度在 600px~959px 时的显示结果

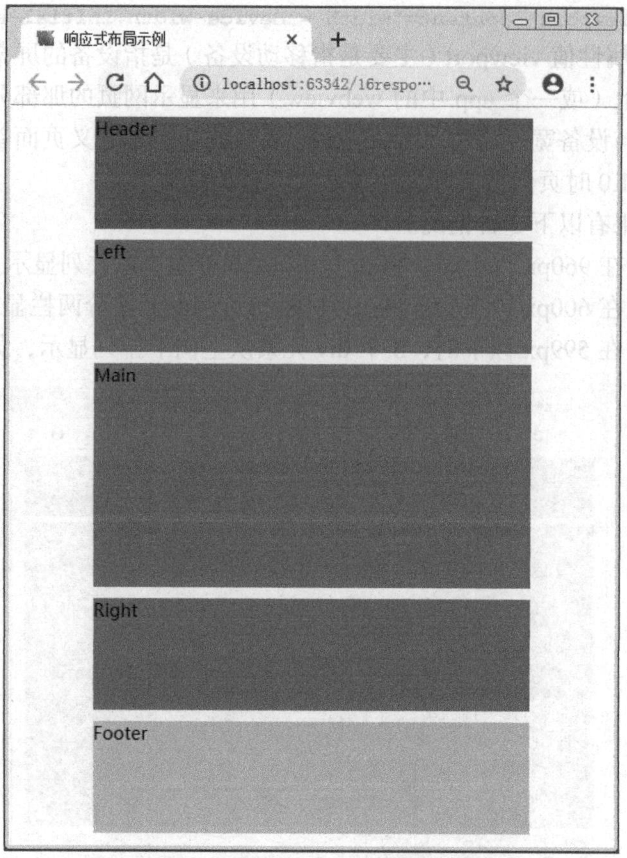

图 16-3　窗口宽度在 599px 以下时的显示结果

16.2　使用 Bootstrap 实现响应式布局

Bootstrap 是一个用于快速开发 Web 应用程序的前端框架，由 Twitter 的程序员 Mark Otto 和 Jacob Thornton 于 2010 年 8 月创建。Bootstrap 简洁直观，内置了众多的页面样式，开发人员不再需要考虑各种 div 容器、span 容器的高度、宽度等细节，方便用户使用框架迅速构建网站原型，甚至是构建企业级的网站。

16-4　Bootstrap 介绍

16.2.1　Bootstrap 框架简介

Bootstrap 是基于 HTML、CSS、JavaScript 的开源框架，它包含了功能强大的组件和样式，为页面开发人员提供了一个简洁统一的解决方案。目前的 3.3.7 版本得到了所有主流浏览器的支持。而且自 Bootstrap 3 起，框架的设计采用了移动设备优先的样式。Bootstrap 支持响应式的布局设计，能够适应台式机、平板电脑和手机应用的 Web 页面开发。

16-5　Bootstrap 的 css、组件以及 JavaScript 介绍

1. Bootstrap 包的内容

- 基本结构：Bootstrap 提供了栅格系统、链接样式、背景、组件等

基本结构。

- CSS 特性：全局的 CSS 设置、定义基本的 HTML 元素样式、可扩展的 class，以及一个先进的网格系统。
- 组件：Bootstrap 包含了多个可重用的组件，用于创建图像、下拉菜单、导航、警告框、弹出框等。
- JavaScript 插件：Bootstrap 包含了众多的自定义的 jQuery 插件。用户可以直接包含所有的插件，也可以逐个包含这些插件。
- 定制：用户可以定制 Bootstrap 的组件、LESS 变量和 jQuery 插件来得到用户自定义版本。

2. Bootstrap 框架的下载

Bootstrap 框架的文件和源码可以在其官方网站下载。以 Bootstrap 3.3.7 版本为例，打开网站的首页，单击“Download Bootstrap”按钮，将会跳转到下载页面，可以看到 3 个下载链接，如图 16-4 所示。

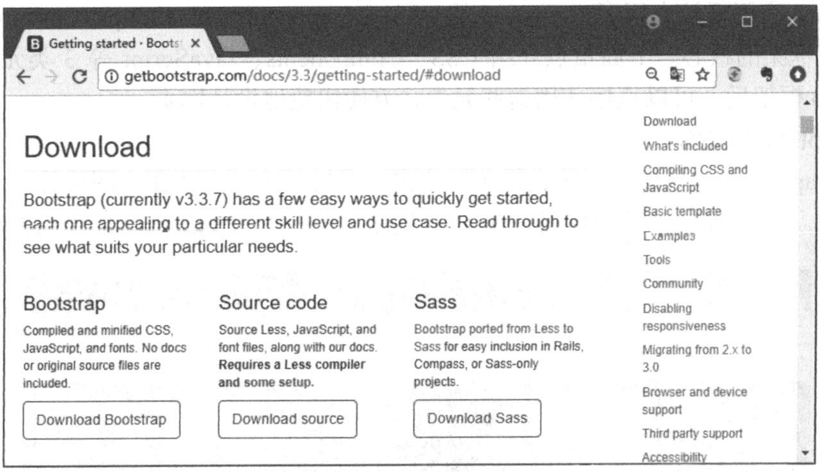

图 16-4　Bootstrap 下载界面

（1）Download Bootstrap

从该链接下载的内容是编译后可以直接使用的文件。默认情况下，下载后的文件分两种：一种是未经压缩的文件 bootstrap.css，一种是经过压缩处理的文件 bootstrap.min.css。一般网站正式运行的时候使用压缩过的 min 文件，以节约网站传输流量；而用户开发调试时多使用原始的、未经压缩的文件，以便进行 debug 跟踪，就像 jQuery 的使用方式一样。

（2）Download source

从该链接下载的文件是用于编译 CSS 的 Less 源码，以及各个插件的 JS 源码文件，还包括 Bootstrap 的文档。

（3）Download Sass

从该链接下载的文件是用于编译 CSS 的 Sass 源码，以及各个插件的 JS 源码文件。

本章所有示例及源码的讲解和分析均基于 Bootstrap 3.3.7 版本的 CSS 和 JS 文件。

3. Bootstrap 框架的目录结构

如果 Bootstrap 以源代码方式下载，文件目录主要结构如图 16-5 所示，其中，less、js 和

fonts 文件夹分别是 Bootstrap CSS、JS 和图标字体的源代码；dist 文件夹包含了编译后可以直接使用的 Bootstrap 文件；docs 是 Bootstrap 文件和 examples 文件。

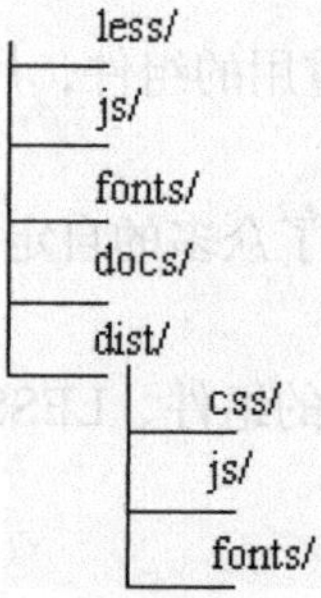

图 16-5 Bootstrap 框架的目录结构

16.2.2 Bootstrap 框架中的各种元素

Bootstrap 官网系统介绍了 Bootstrap 的 CSS、Components、JavaScript、Customize 等元素，这些内容是框架的核心。下面重点介绍 CSS、Components、JavaScript 等 3 类元素，用户引用 Bootstrap 框架后，可以直接使用这些元素，方便快捷地设计网页。

1. Bootstrap CSS

Bootstrap CSS 包括栅格系统、排版、代码、表格、表单、按钮、图片等元素，图 16-6 右侧是 CSS 元素的导航。下面仅以按钮元素为例，学习 Bootstrap CSS 的使用方法。

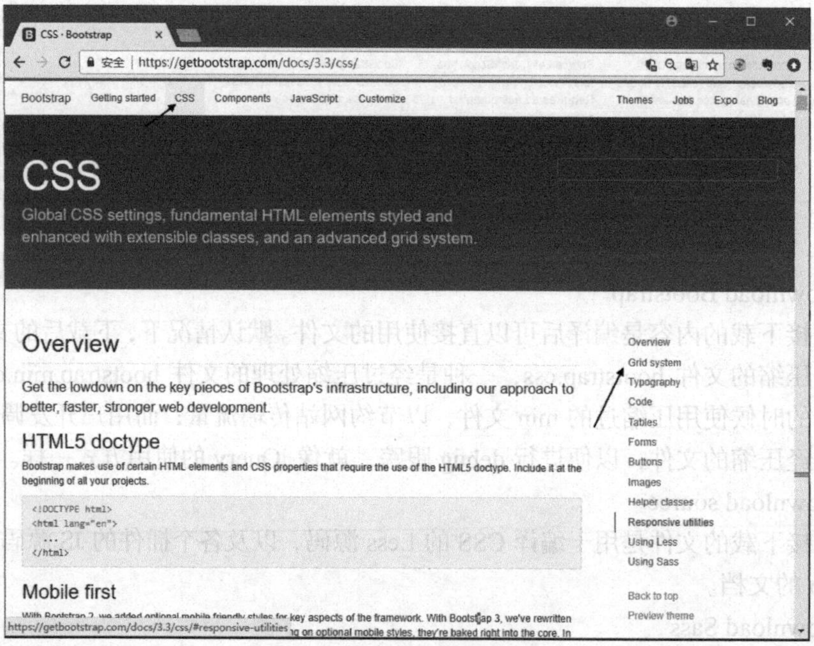

图 16-6 Bootstrap 的 CSS 元素

应用 Bootstrap 框架的页面，任何带有.btn 样式的元素都会继承圆角灰色按钮的默认外观。Bootstrap 提供了一些选项来定义按钮的样式，可用于<a>、<button>或 <input> 元素上，具体如表 16-3 所示。

表 16-3　　　　Bootstrap CSS 的按钮样式

按钮的样式类	样式描述
.btn	为按钮添加基本样式
.btn-default	默认/标准按钮
.btn-primary	原始按钮样式（未被操作）
.btn-success	用于表示成功动作的按钮
.btn-info	用于表示用于要弹出信息的按钮
.btn-warning	用于表示需要谨慎操作的按钮
.btn-danger	用于表示危险动作的按钮
.btn-link	类似于链接的按钮
.btn-lg	制作一个大按钮
.btn-sm	制作一个小按钮
.btn-xs	制作一个超小按钮
.btn-block	块级按钮（拉伸至父元素 100%的宽度）
.active	按钮被单击的样式
.disabled	禁用按钮的样式

示例 16-2 定义了一系列按钮，显示结果如图 16-7 所示。其他 CSS 元素的样式描述请查看 Bootstrap 的相关文档。

```
<!--demo1602.html-->
<!DOCTYPE html>
<html>
<head>
   <meta charset="UTF-8">
   <title>Bootstrap 按钮示例</title>
   <link href="css/bootstrap.min.css" rel="stylesheet" type="text/css" />
</head>
<body style="margin: 10px">
   <!-- 默认按钮 -->
   <button type="button" class="btn btn-default">默认按钮</button>
   <button type="button" class="btn btn-primary">原始按钮</button>
   <button type="button" class="btn btn-success">成功按钮</button>
   <!-- 警告消息的上下文按钮 -->
   <button type="button" class="btn btn-info">信息按钮</button>
   <!-- 表示应谨慎采取动作的按钮 -->
   <button type="button" class="btn btn-warning">警告按钮</button>
   <!-- 表示一个危险的或潜在的负面动作的按钮 -->
   <button type="button" class="btn btn-danger">危险按钮</button>
   <!-- 并不强调是一个按钮，一个链接同时具有按钮的行为 -->
   <button type="button" class="btn btn-link">链接按钮</button>
</body>
</html>
```

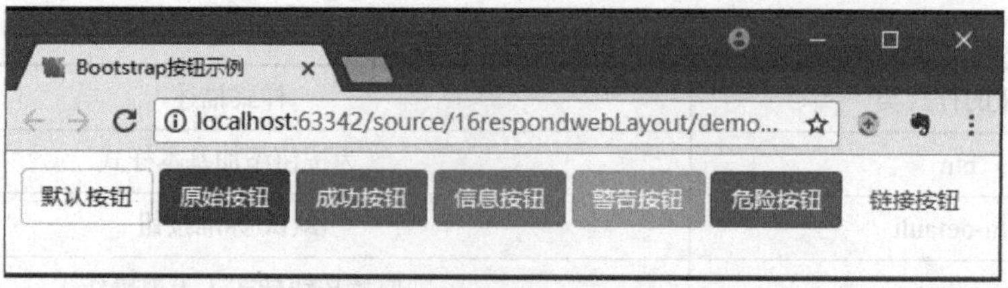

图 16-7 不同样式的 Bootstrap 按钮

2. Bootstrap 的布局组件

Bootstrap 的布局组件包括下拉菜单、按钮组、按钮下拉菜单、导航元素、导航栏、进度条等。图 16-8 右侧是布局组件的导航。下面以表单为例学习 Bootstrap 的布局组件。

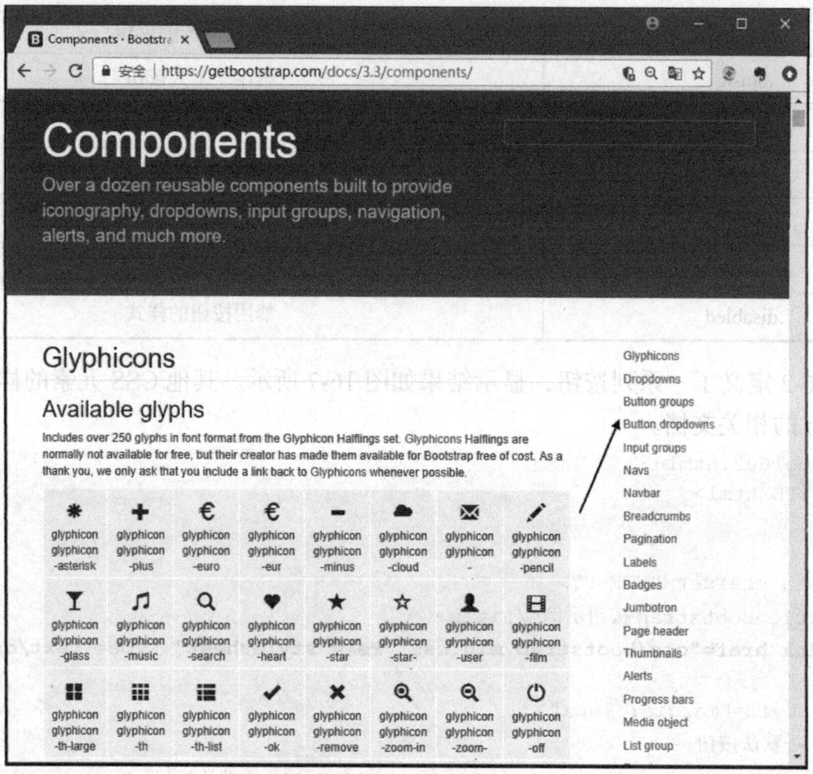

图 16-8 Bootstrap 的布局组件导航

Bootstrap 通过一些简单的 HTML 标记和扩展的类即可创建出不同样式的表单。Bootstrap 提供了下列类型的表单布局：垂直表单（默认）、内联表单和水平表单。示例 16-3 以垂直表单（基本表单）为例，介绍创建表单的步骤。

① 为 form 元素添加类定义 role="form"。

② 把标记和控件放在一个带有类定义.form-group 的 div 元素中。这是获取最佳间距所必需的。

③ 为所有的 input、textarea、select 等文本元素添加类定义 class ="form-control" 。

示例给出了垂直表单的代码和显示结果，其中，基本表单元素的样式是 Bootstrap 自带的。

```
<!--demo1603.html-->
<!DOCTYPE html>
```

```
<html>
<head>
   <meta charset="utf-8">
   <title>Bootstrap 垂直表单</title>
   <link rel="stylesheet" href="css/bootstrap.min.css" type="text/css">
</head>
<body>

<form role="form" style="margin: 10px">
   <div class="form-group">
      <label for="name">公司名称：</label>
      <input type="text" class="form-control" id="name"
            placeholder="请输入公司名称">
   </div>
   <div class="form-group">
      <label for="inputfile">选择文件：</label>
      <input type="file" id="inputfile">
      <p class="help-block">请选择 Word 或 PDF 文档</p>
   </div>
   <div class="checkbox">
      <label>
         <input type="radio" name="feedM"> 电话
         <input type="radio" name="feedM"> 邮件
         <p class="help-block">请选择反馈方式</p>
      </label>
   </div>
   <button type="submit" class="btn btn-default">提交</button>
</form>
</body>
</html>
```

示例在浏览器中的显示效果如图 16-9 所示。

图 16-9　Bootstrap 的垂直表单

3. Bootstrap 的 JavaScript 插件

Bootstrap 的 JavaScript 插件包括过渡效果、模态框、下拉菜单、标签页、弹出框、轮播、折叠等。图 16-10 右侧是 JavaScript 插件的导航。下面以轮播效果的实现来学习 Bootstrap 的 JavaScript 插件。

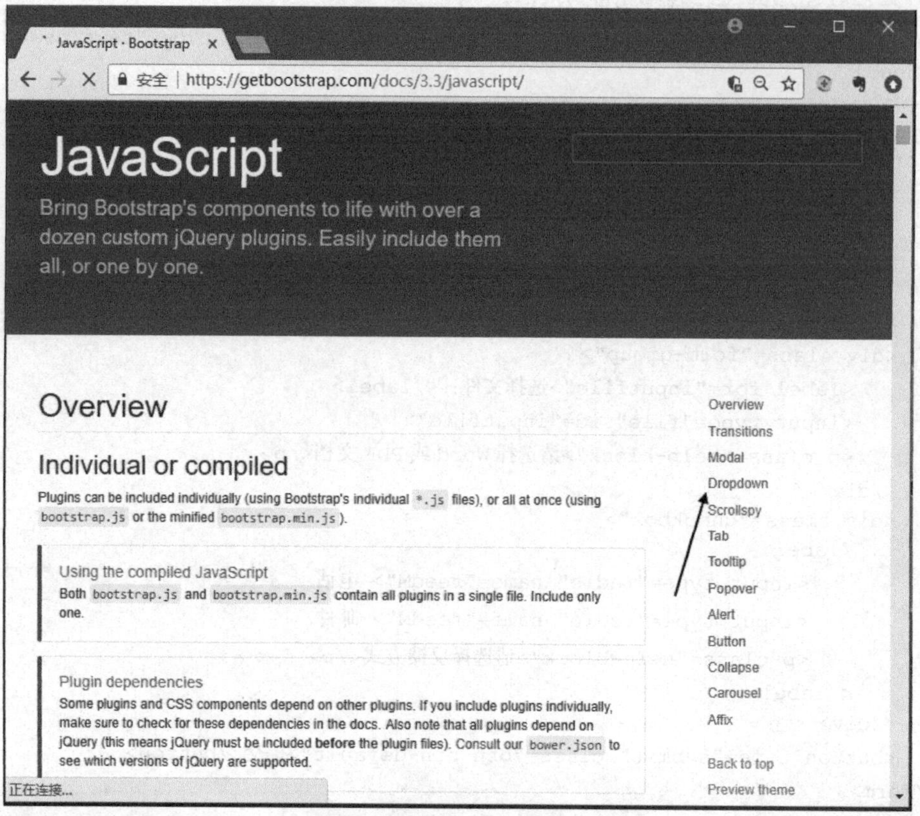

图 16-10　Bootstrap 的 JavaScript 插件

Bootstrap 轮播（Carousel）插件是一种灵活的响应式的向站点添加滑块的方式。轮播的内容可以是图像、内嵌框架、视频或者其他想要放置的任何类型的内容。需要注意的是，如果用户要单独引用该插件的功能，需要引用脚本文件 carousel.js，也可以引用 bootstrap.js 或压缩版的 bootstrap.min.js。

示例 16-4 使用 Carousel 插件实现了图片的轮播效果。为了实现轮播，用户只需要添加或修改带有相应标记的代码即可，不再需要设置其他属性。

```
<!--demo1604.html-->
<!DOCTYPE html>
<html>
<head>
    <meta charset="utf-8">
    <title>Bootstrap 实例 - 简单的轮播（Carousel）插件</title>
    <link rel="stylesheet" href="css/bootstrap.min.css">
    <script src="js/jquery-3.1.0.js" ></script>
    <script src="js/bootstrap.min.js"></script>
</head>
<body>

<div id="myCarousel" class="carousel slide" style="width: 780px;margin: 0 auto;">
    <!-- 轮播（Carousel）指标 -->
```

```
    <ol class="carousel-indicators">
        <li data-target="#myCarousel" data-slide-to="0" class="active"></li>
        <li data-target="#myCarousel" data-slide-to="1"></li>
        <li data-target="#myCarousel" data-slide-to="2"></li>
    </ol>
    <!-- 轮播（Carousel）项目 -->
    <div class="carousel-inner">
        <div class="item active">
            <img src="img/big1.jpg" alt="First slide">
        </div>
        <div class="item">
            <img src="img/big2.jpg" alt="Second slide">
        </div>
        <div class="item">
            <img src="img/big3.jpg" alt="Third slide">
        </div>
    </div>
    <!-- 轮播（Carousel）导航 -->
    <a class="carousel-control left" href="#myCarousel"
       data-slide="prev">&lsaquo;</a>
    <a class="carousel-control right" href="#myCarousel"
       data-slide="next">&rsaquo;</a>
</div>
</body>
</html>
```

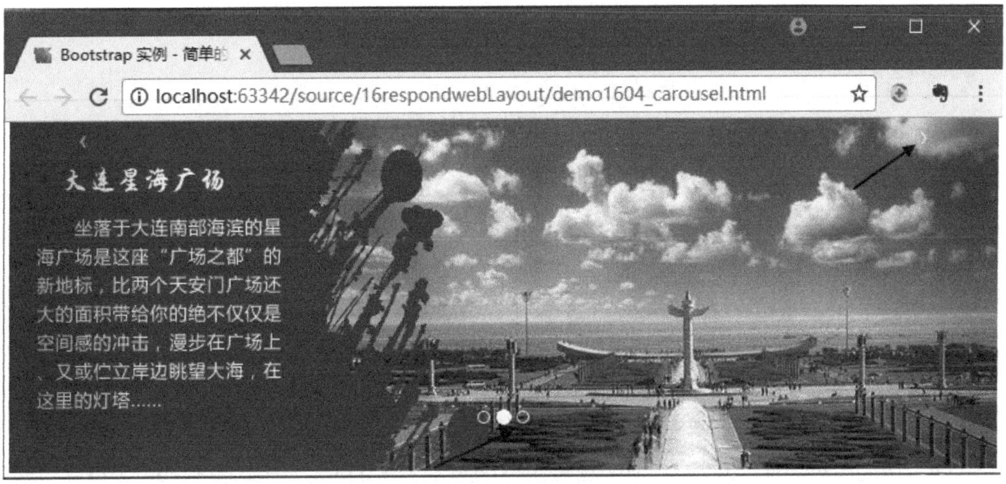

图 16-11　Bootstrap 实现的轮播效果

16.2.3　应用 Bootstrap 框架构建的网页

使用 Bootstrap 框架可以快速地开发网页。示例 16-5 主要应用了 Bootstrap CSS 样式和 Bootstrap 组件。Bootstrap CSS 的 Images 元素和 Grid System 中的样例应用在内容部分，Bootstrap 组件中的 Navbar 元素的样例应用于导航部分，Bootstrap 组件中的 Jumbotron 元素应用于内容部分。示例 16-5 中的显示结果如图 16-12 所示。

16-6　Bootstrap 案例

图 16-12　示例的初始显示效果

```
<!--demo1605.html-->
<!DOCTYPE html>
<html>
<head lang="en">
    <meta charset="UTF-8">
    <title>旅游网</title>
    <link type="text/css" rel="stylesheet" href="css/bootstrap.min.css">
</head>
<body>
<nav class="navbar navbar-inverse navbar-fixed-top" role="navigation">
    <div class="container">
        <!-- Brand and toggle get grouped for better mobile display -->
        <div class="navbar-header">
            <button type="button" class="navbar-toggle" data-toggle="collapse"
                    data-target="#bs-example-navbar-collapse-1">
                <span class="sr-only">Toggle navigation</span>
                <span class="icon-bar"></span>
                <span class="icon-bar"></span>
                <span class="icon-bar"></span>
            </button>
            <a class="navbar-brand" href="#">用户登录</a>
        </div>
```

```
        <!-- Collect the nav links, forms, and other content for toggling -->
        <div class="collapse navbar-collapse" id="bs-example-navbar-collapse-1">
            <form class="navbar-form navbar-right" role="search" >
                <div class="form-group">
                    <input type="text" class="form-control" placeholder="Email">
                </div>
                <div class="form-group">
                    <input type="text" class="form-control" placeholder="Password">
                </div>
                <button type="submit" class="btn btn-success">Sign in</button>
            </form>
        </div>
        <!-- /.navbar-collapse -->
    </div>
    <!-- /.container-fluid -->
</nav>

<div class="jumbotron">
   <div class="container" style="margin-top:5px">
        <img alt="" src="img/1_f.jpg" class="img-responsive"/>
    </div>

    <div class="container">
        <h2>欢迎您到大连来</h2>
        <p>大连是中国著名的避暑胜地和旅游热点城市，依山傍海，气候宜人……</p>
        <p><a class="btn btn-primary btn-lg" role="button">更多 &raquo;</a></p>
    </div>
</div>
<div class="container">
    <div class="row">
        <div class="col-md-4">
            <h3>金石滩</h3>
            <p>金石滩度假区位于辽东半岛黄海之滨，距大连市中心 50 公里。这里由东西两个半岛和中
间的众多景点组成……</p>
            <p><a class="btn btn-default btn-lg" role="button">详情 &raquo;</a></p>
        </div>

        <div class="col-md-4">
            <h3>圣亚海洋世界</h3>
            <p>大连圣亚海洋世界位于大连市星海广场西侧，由圣亚海洋世界、圣亚极地世界、圣亚深海
传奇等组成……</p>
            <p><a class="btn btn-default btn-lg" role="button">详情 &raquo;</a></p>
        </div>
        <div class="col-md-4">
            <h3>老虎滩</h3>
            <p>大连南部海滨的中部，与滨海西路相邻，占地面积 118 万平方米，被国家旅游局首批评为
AAAAA 级景区……</p>
            <p><a class="btn btn-default btn-lg" role="button">详情 &raquo;</a></p>
        </div>
```

```
    </div>
    <hr/>
    <footer>
        <p>&copy;版权所有 2018</p>
    </footer>
</div>
</body>
</html>
```

示例 16-5 的设计过程如下。

（1）在 WebStorm 中新建页面 demo1605.html，在 head 部分引入 Bootstrap 框架，代码如下。

```
<link type="text/css" rel="stylesheet" href="css/bootstrap.min.css">
```

（2）插入导航条。进入 Bootstrap 官网页面 https://getbootstrap.com/docs/3.3/components/，找到其中的 Default navbar 选项，将其中的导航示例（Example）复制到用户的 Web 页面中进行修改，在修改过程中，需要查看 Navbar 元素不同的类和属性的设置。

修改调试后，完成页面的导航部分。

（3）在 Jumbotron 插入 banner 文字。在 https://getbootstrap.com/docs/3.3/components/页面找到其中的 Jumbotron，将其中的 Jumbotron 示例（Example）复制到用户的 Web 页面中，修改标题、内容和按钮。代码如下。

```
<div class="container">
    <h2>欢迎您到大连来</h2>
    <p>大连是中国著名的避暑胜地和旅游热点城市，依山傍海，气候宜人……</p>
    <p><a class="btn btn-primary btn-lg" role="button">更多 &raquo;</a></p>
</div>
```

（4）插入图片。进入页面 https://getbootstrap.com/docs/3.3/css/，找到其中的 image 组下面的 Responsive images 选项，复制代码到用户的 Web 页面中，图片代码放置在 Jumbotron 内部，适当修改上边距，代码如下。

```
<div class="container" style="margin-top:5px">
     <img alt="" src="img/1_f.jpg" class="img-responsive"/>
</div>
```

（5）插入主体内容。

进入页面 https://getbootstrap.com/docs/3.3/css/，找到 Grid System 组下面的样例 Example: Stacked-to-horizontal，复制其中的 3 列代码到用户的 Web 页面中，修改每列的内容。初始代码如下，修改后的代码参见示例代码。

```
<div class="row">
    <div class="col-md-4">.col-md-4</div>
    <div class="col-md-4">.col-md-4</div>
    <div class="col-md-4">.col-md-4</div>
</div>
```

（6）插入页脚，并设置内容和格式。

如果缩小浏览器窗口，完成后的页面显示效果如图 16-13 所示，导航、图片和内容都实现了响应式布局。

图 16-13 页面缩小后示例的显示效果

思考与练习

1. 简答题

（1）什么是响应式布局？列举出 3 个具有响应式布局的网站。

（2）CSS3 的媒体查询有哪些方法？分别举例说明。

（3）列举出 5 个 Bootstrap 框架常用的 CSS 元素、Components 组件和 JavaScript 插件。

2. 操作题

参考示例 16-1，使用 Media Queries 设计一个响应式布局的示例。

第 3 部分
综合案例

- 第 17 章　综合案例 1——在线旅游网站的设计与实现
- 第 18 章　综合案例 2——订单管理网站的设计与实现

第 17 章 综合案例 1——在线旅游网站的设计与实现

学前提示

本章将通过一个旅游网站的案例来帮助读者更好地理解本书的内容，让读者能够从总体上掌握运用 HTML 5 和 CSS 3 来创建一个具有现代风格的 Web 网站的方法。

知识要点

- 使用 HTML 5 的结构元素来组织网页
- 使用 CSS 3 来设计网站的全局样式
- 页头和页脚结构及样式设计
- 侧边导航、焦点图轮播板块、特色线路板块的结构及样式设计
- 快速搜索、滑动 Tab 和在线咨询板块的结构及样式设计

17.1 使用 HTML 5 结构元素组织网页

HTML5 中新增了 section、article、nav、aside、header 和 footer 等结构元素。运用这些结构元素，可以让网页的整体布局更加直观和明确、更富有语义化和更具有现代风格。下面分析一个旅游网站的首页页面，该页面主体布局用 HTML 5 的结构元素来组织，样式由 CSS 3 控制，HTML 5 与 CSS 3 配合，实现了很好的页面布局及视觉效果。

17.1.1 网页结构描述

用 HTML 5 实现的网页布局一般都由一些主体结构元素构成。图 17-1 是示例网页的布局，该页面结构元素的含义描述如下。

- header 元素：用来展示网站的标题、企业的 logo 图片、网站导航条等。
- nav 元素：用于页面导航。
- aside 元素：侧边栏，通常用来展示与当前网页或整个网站相关的一些辅助信息。
- section 元素：网页中要显示的主体内容通常被放置在 section 结构元素中，每个 section 元素都应该有一个标题，用于表明该 section 的主要内容。

- footer 元素：用来放置网站的版权声明和备案信息等内容，也可以放置企业的联系电话和传真等联系信息。

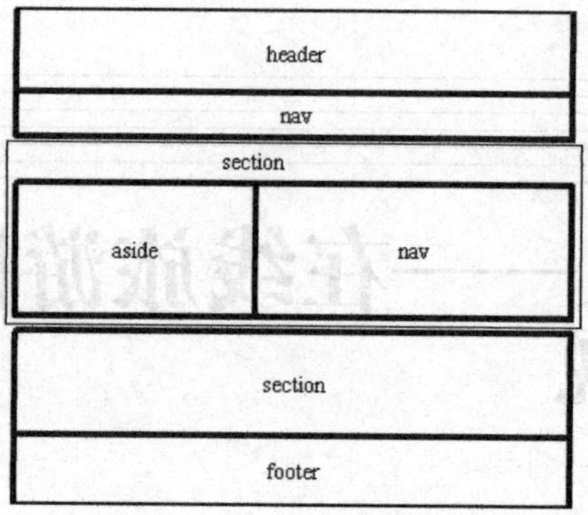

图 17-1　页面的主体结构描述

按照图 17-1 的结构设计的网页在浏览器中的显示效果，如图 17-2 所示。

图 17-2　“花花在线”旅游网站首页效果

该页面结构的代码描述如示例 17-1 所示。

```
<!-- 页面结构代码 demo1701.html-->
<!DOCTYPE html>
<body>
    <header>
        <nav></nav>
    </header>
    <nav></nav>
    <section>
        <aside></aside>
        <nav></nav>
    </section>
    <section>
    </section>
    <footer>
    </footer>
</body>
</html>
```

该页面布局使用了 HTML5 的结构元素来替代 div 元素，因为 div 元素缺乏语义性，而 HTML 5 推荐使用具有语义的结构元素，方便读者或浏览器直接从这些结构元素上分析网页的结构。

17.1.2　用 CSS 3 定义网站全局样式

设计网页时，为网站设置一个全局样式，例如背景、边界、字体、字号和行高等属性参数，这样，既可以保证不同页面有相对一致的风格，也可以保证网页在不同浏览器中稳定的显示效果。示例网站的全局样式如下所示。

```
<!--网站的全局样式 -->
* { /*覆盖不同浏览器不同的默认值，解决浏览器兼容的问题*/
    margin: 0;
    padding: 0;
}
html {  /*设置显示垂直滚动条*/
    overflow-y: scroll;
}
body {  /*设置网页默认背景及居中*/
    background:url(../images/body_bg.png) repeat-y center 0px; min-width:970px;
    text-align: center;
}
header,article,section,footer,nav,aside{
    display:block;
}
button, input, select, textarea {
    font-family: "微软雅黑", Arial;
    line-height: 24px; color: #666;
    font-size: 13px;
}
img {
    border: 0;
    line-height: 0;
}
```

```
em, b, i {
    font-style: normal;
    font-weight: 400;
}
dl, ul ,li{
     list-style: none;
}
h1, h2, h3, h4, h5, h6 {
    font-size: 100%;
    font-weight: 500;
}
a, a:visited {
    color: #666;
    text-decoration: none;
}
a:hover {
    color:#2fa1e7;
    text-decoration: none;
}
.fleft { float: left; }
.fright { float: right; }
.clear {
    clear: both;
    visibility: hidden;
    width: 0;
    height: 0;
    font-size: 0;
    line-height: 0;
}
.overflow {
    overflow: hidden;
}
```

上面代码定义了网站的的全局样式，包括网页对齐方式、垂直方向滚动、背景图像、HTML5 结构元素、表单元素、图片、列表、标题、超链接等属性的样式。其中，类选择器.fleft、.fright 样式主要用来定义容器的浮动方式；类选择器.clear 用来消除容器浮动。

17.2 页头部分的设计

17.2.1 页头的结构描述

页头部分由 header 元素声明，由背景图片和两个导航栏组成，显示效果如图 17-3 所示。

图 17-3 页头在浏览器中的显示结果

17.2.2　页头元素及 CSS 样式代码分析

页头部分的 HTML5 代码结构如示例 17-2 所示。为方便读者学习和调试，在 demo1702.html 文件中显示了页头部分的代码及 CSS 样式。

```
<!--页头代码 demo1702.html-->
<header>
   <nav id="top_links">
      <div class="nav_main">
         <div class="contact_info">
            <ul>
               <li><a href="">联系我们</a></li>
               <li>|</li>
               <li><a href="">站点帮助</a></li>
               <li>|</li>
               <li><a href="">问题反馈</a></li>
            </ul>
         </div>
      </div>
   </nav>
      <!-- end top links -->
     <nav class="nav_main">
        <div id="banner"></div>
        <div id="nav_menu">
               <a href="index.html">首页</a>
               <a href="pages/tsxl/tsxl.html">特色线路</a>
               <a href="pages/news/news.html">旅游快讯</a>
               <a href="">精品推荐</a>
               <a href="">特色景点</a>
               <a href="">特色美食</a>
        </div>
     </nav>
    </header>
```

header 包括两个 nav 元素，第一个 nav 元素作为次导航，放置了嵌套 3 个 div 元素的链接，最外层的 div 设置了背景图片和高度，最内层的 div 包含了一个无序列表<ul>元素，3 个列表项提供了顶部的链接。第二个 nav 元素作为主导航，用来放置水平导航菜单，内部嵌套了两层 div，其中 class="nav_menu"的 div 放置了导航栏的链接。

下面是页头部分使用的样式，如下。

```
/* 头部样式开始 */
div#banner {
    height: 237px;
    background: url(../images/header.jpg) no-repeat;
    position: relative;
    margin-top:-40px;
    z-index:-1;
}
/* top section 样式 */
nav#top_links {
    width: 100%;
```

```
        min-height: 40px;
        font-size: 14px;
        color: #fff;
        z-index:100;
    }
    nav#top_links .contact_info {
        padding: 0px;
        margin: 7px 10px 0px 0px;
        float: right;
    }
    nav#top_links .contact_info ul {
        float: left;
    }
    nav#top_links .contact_info li {
        padding: 0px;
        margin: 0px 5px 0px 5px;
        float: left;
    }
    nav#top_links .contact_info li a {
        padding: 0px;/*全局样式中已定义，可省略*/
        margin: 0px;
        float: left;
        font-family: "微软雅黑";
        line-height: 20px;
        color: #ffffff;
        font-size: 13px;
        background-color:#7EABE7;
        letter-spacing:2px;
    }
    nav#top_links .contact_info li a:hover {
        color: #ff0000;
    }
    /* 导航条样式 */
    .nav_main {
        width: 980px;
        margin: 0 auto;
      text-align: left;
    }
    #nav_menu{
       width: 980px;
     height: 46px;
       margin: 0px auto;
       border-radius: 8px;
       border: 1px solid #cbcbcb;
       border-bottom: 4px solid #adadad;
       font:bold 16px/36px Microsoft Yahei;
    }
    #nav_menu a{
       display: block;
       width: 14.28%;
       height: 46px;
       line-height: 46px;
       float: left;
       border-bottom: 4px solid #adadad;
```

```
        text-align: center;
        text-decoration: none;
        color: #3B4053;
    }
    #nav_menu a:first-child{
        border-radius: 0 0 0 2px;
    }
    #nav_menu a:last-child{
        border-radius: 0 0 2px 0;
    }
    #nav_menu a:hover{
        border-bottom: 4px solid #1a54a4;
        color: #15a8eb;
    }
    /* 头部样式结束 */
```

样式代码解释如下。

- 超链接部分采用了伪类选择器定义。
- ID 选择器 banner 设置了中间图片区域的高度、背景图片及定位方式。
- ID 选择器 top_links 定义了次导航的样式，包括背景颜色、链接选项的颜色、字体等。
- 类选择器 nav_main 定义了主导航的宽度及对齐方式。
- 类选择器 nav_menu 定义了水平导航菜单的样式，其中使用到了伪元素选择器 first-child、last-child。在其中设置了 border-radius 属性，用来实现水平导航菜单首尾边框的圆角样式。

17.3　侧边导航和焦点图的设计

17.3.1　侧边导航和焦点图板块的内容

侧边导航和焦点图轮播板块整体放置在 section 元素中。section 元素是一个具有引导和导航作用的结构元素。示例网站的主页可以划分为焦点信息、最新资讯、特色线路等多个 section。

在示例页面上，当鼠标移动到左侧菜单的时候，会弹出对应的二级菜单，当鼠标移开的时候，二级菜单隐藏。右侧焦点图提供了多张图片的轮播效果。焦点图是一种网站内容的展现形式，在网站很明显的位置，用图片组合播放的形式，类似焦点新闻的图片轮播，多使用在网站首页版面或频道首页版面，因为是通过图片的形式，所以有一定的视觉吸引性。

在本示例中，侧边导航和焦点图板块在浏览器中的显示结果如图 17-4 所示。

section 元素中放置了 aside 和 nav 两个元素。在 HTML 5 中，aside 元素用来显示当前网页主体内容之外的、与当前网页显示内容相关的一些辅助信息。例如，可以将网站经营者或管理者认为比较重要的、想让用户经常能看见的一些内容显示在 aside 元素中。aside 元素的显示形式可以是多种多样的，其中最常用的形式是侧边栏的形式。该示例页在 aside 元素中放置了左侧导航菜单，而把焦点图放置在 nav 元素中。

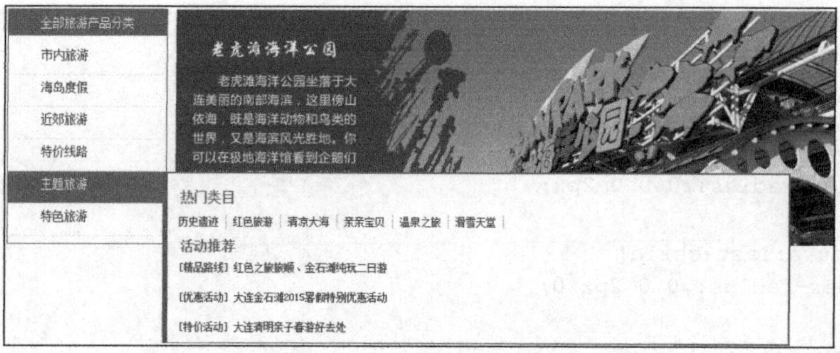

图 17-4　侧边导航和焦点图在浏览器中的显示结果

17.3.2　侧边导航和焦点图板块的代码分析

示例页面中的侧边导航和焦点图板块如示例 17-3 所示。可通过 demo1703.html 文件查看显示效果。

```
<!-- 侧边导航和焦点图板块代码 demo1703.html-->
<body>
<section id = "leftnav_focusimg">
 <aside id="left_nav">
    <!-- 左侧菜单导航栏开始 -->
   <div id="sidebar">
   <h2>全部旅游产品分类</h2>
       <ul id="menu">
         <li><a href="">市内旅游</a>
           <div class="cms_submenu">
               <div class="cmsmenuleft" >
                   <dl class="menu_recommend">
                       <dt>热门类目</dt>
                       <dd>
                           <i><a target="_blank" href="">广场游</a></i>
                           <i><a target="_blank" href="">滨海游</a></i>
                           <i><a target="_blank" href="">公园游</a></i>
                           <i><a target="_blank" href="">老建筑游</a></i>
                           <i><a target="_blank" href="">特色景点游</a></i>
                       </dd>
                       <div class="clear"></div>
                   </dl>
                   <dl class="menu_new">
                       <dt>活动推荐</dt>
                       <dd>
                           <a href="">[精品路线]旅顺、金石滩、环市、发现王国纯玩四日游
</a><br/>
                           <a href="">[优惠活动]老虎滩海洋公园一日游</a><br/>
                           <a href="">[特价活动]发现王国荧光夜跑第二季(时间+费用+路
线)</a>
                       </dd>
                   </dl>
               </div>
```

```
                <div class="clear"></div>
            </div> <!--end of class="cmsmenuleft" -->
        </li>
               <!--此处循环多个弹出菜单列表项 -->
               ......
      </ul>
   </div> <!--end of class="sidebar" -->
</aside>
<!-- 左侧菜单导航栏结束 -->
<!-- 焦点图开始 -->
<nav>
<script language="javascript" type="text/javascript">
    var _t1 = 0; //打开页面时等待图片载入的时间，单位为秒，可以设置为 0
    var _t2 = 5; //图片轮转的间隔时间
    var _tnum = 3; //焦点图个数
    var _tn = 1;//当前焦点
    var _ttl =null;
    _ttl = setTimeout('change_img()',_t1*1000);
    function change_img(){
        setFocus(_tn);
        _ttl = setTimeout('change_img()',_t2*1000);
    }
    function setFocus(i){
        if(i>_tnum){_tn=1;i=1;}
        _ttl?document.getElementById('focusPic'+_ttl).style.display='none':'';
        document.getElementById('focusPic'+i).style.display='block';
        _ttl=i;
        _tn++;
    }
</script>
<!--焦点图 1 开始-->
<div id="focusPic1">
   <a href="" target="_blank">
   <img src="images/01.jpg"  width="770px" alt="老虎滩海洋公园" /></a>
   <h2><a href="http://" target="_blank">老虎滩海洋公园</a></h2>

   <div class="index_page">
      <span onClick="javascript:setFocus(2);">点击切换焦点图→</span>
      <strong>1</strong>
      <a href="javascript:setFocus(2);">2</a>
      <a href="javascript:setFocus(3);">3</a>
   </div>
</div>
<!--焦点图 1 结束-->
<!--焦点图 2 开始-->
<div id="focusPic2" style="display:none;">
   <a href="" target="_blank">
   <img src="images/02.jpg"  width="770px" alt="大连星海公园" /></a>
   <h2><a href="http://" target="_blank">大连星海公园</a></h2>
   <div class="index_page">
```

```
        <span onClick="javascript:setFocus(3);">点击切换焦点图→</span>
        <a href="javascript:setFocus(1);">1</a>
        <strong>2</strong>
        <a href="javascript:setFocus(3);">3</a>
    </div>
</div>
    <!--焦点图 2 结束-->

    <!--焦点图 3 开始-->
        ……
    <!--焦点图 3 结束-->
<!-- 焦点图结束 -->
<div class="clear"></div>
</nav>
</section>
```

侧边导航功能焦点图板块的代码解释如下。

（1）侧边导航部分，aside 元素中放置了一个 div 容器，在容器里放置了<h2>标题和若干无序列表，每一个无序列表项中又嵌套了两个 div 容器，内部的 div 容器中放置了两个自定义列表 dl，第一个自定义列表的列表项为若干导航链接，第二个自定义列表的列表项为推荐活动信息。

（2）焦点图轮播部分，nav 元素中放置了 3 个 div 元素，每个 div 容器中又包含了图片链接、标题以及切换图片按钮。其中，图片的切换功能由 JavaScript 定义的行为实现。关于焦点图轮播部分思路如下。

- 页面初始状态显示第 1 幅图片，通过 JavaScript 控制轮播或通过单击导航按钮显示后面的图片。
- 页面结构设计。轮播图片置于一个 div 中，该 div 分为 3 部分。第 1 部分是图片描述，第 2 部分是文字描述，用标题<h2></h2>来定义，第 3 部分是右下角的导航，在 ID 选择器 index_page 中定义。第 1 幅图片的代码如下。

```
<div id="focusPic1">
<img src="images/01.jpg" alt="老虎滩海洋公园" />
 <h2><a href="#" >老虎滩海洋公园</a></h2>
    <div class="index_page"><span onClick="javascript:setFocus(2);">
点击切换焦点图→</span>
        <strong>1</strong>
        <a href="javascript:setFocus(2);">2</a>
        <a href="javascript:setFocus(3);">3</a>
    </div>
</div>
```

- CSS 样式设计。body 元素、*元素、超链接等在全局属性中已经设置。导航条部分 CSS 样式定义在 ID 选择器#index_page 及其后代选择器中。
- JavaScript 代码。初始时显示第 1 幅图片，图片的轮播使用定时函数 setTimeout()，如果没有单击导航按钮，递归执行 change_img()方法；如果单击了导航按钮，执行 setFocus()方法，切换图片。

接下来，我们来看一下这部分所使用的样式，如下所示。

```
/* 左侧导航样式开始 */
```

```
#leftnav_focusimg{
    width:980px;
    margin:0px auto;
}
#left_nav {
    background:#0099FF;
    width:190px;
    padding:1px;
    z-index:190;
    float:left;
}
#sidebar {
    background:#0099FF;
    width:190px;
    padding:1px;
    margin:0px 10px 0px 1px;
    z-index:190;
    float:left;
}
#sidebar h2{
    color:#fff;font-size:14px;
    line-height:30px;
    text-align:center
    ;background:url(title.jpg) no-repeat;
}
#menu {
    width:190px;background: #fff;
    padding:8px 0;
}
#menu li{
    float:left;width:146px;
    display:block;text-align:left;
    padding-left:40px;
    background: #fff;
    position:relative;
    border-bottom:#ffeef4 1px solid;
    height:42px;vertical-align:middle;
}
#menu li:hover {
    background:#0099FF;
}
#menu li a {
    font-size:14px;color:#3B4053;
    display:block;outline:0;
    text-decoration:none;
    line-height:28px;
}
#menu li:hover a {
    color:#fff;
}
#menu li:hover div a {
    font-size:12px;color:#3B4053;
    line-height:16px;
}
#menu li:hover div a:hover {
    color:#CC0000;
```

```
}
#menu li:hover .cms_submenu{
    left:186px;top:0;
}
.cms_submenu{
    float:left;position:absolute;
    left:-999em;text-align:left;
    border-left:6px solid #0099FF;
    border-top:2px solid #0099FF;
    border-bottom:2px solid #0099FF;
    border-right:2px solid #0099FF;
    width:500px;
    background: #fff;
    padding:5px 0 5px;
    z-index:190;
}
.cmsmenuleft{
    float:left;width:500px;
    color:#ccc;padding:5px;
    z-index:190;
}
.cmsmenuleft dt,.cmsmenuright dt{
    font-weight:bold;
    color:#0099FF;  margin:5px 0;
    padding:3px 0 3px 10px;
    text-align:left;
}
.menu_recommend dd,.menu_price dd{}
.menu_new dd{
    padding-left:8px;
}
.cmsmenuleft dd i{
    float:left;padding:0 8px;
    margin:3px 0;
    white-space: nowrap;
    border-right:1px solid #ccc;
}
/* 左侧导航样式结束 */
/* 焦点图开始 */
.index_page{
    height:16px;
    float:right;
    display:block;
    padding:1px 0;
    margin-right:4px;
}
.index_page *{
    float:left;
    display:inline;
    line-height:16px;
    border:1px solid #B6CFCD;
    text-align:center;
    padding:0;margin:0 2px;
}
.index_page strong{
```

```
        background:#009A91;
        color:#fff;width:16px;
    }
    .index_page span{
        color:#64B8Ef;
        padding:3px 0 0 0;
        border:0;
        cursor:pointer;
    }
    .index_page a{
        width:16px;
        color:#64B8Ef;
        text-decoration:none;
    }
    h2 {
        text-align:center;
    }
    #focusPic1, #focusPic2, #focusPic3{
        margin-top:10px;
    }
    /* 焦点图结束 */
```

该段 CSS 样式代码“leftnav_focusimg”设置了整个 section 的宽度和高度；“left_nav”规定了 aside 区域中一级导航菜单的显示区域；“menu”部分设置了一级菜单的属性、“cms_submenu”定义了二级菜单的属性。焦点图模块“focusPic1、focusPic2、focusPic3”设置了顶边距，“.index_page”设置了焦点图区域的样式。

17.4　快速搜索、滑动 Tab 和在线咨询板块设计

17.4.1　快速搜索、滑动 Tab 和在线咨询板块的内容

快速搜索、滑动 Tab 和在线咨询板块包含了 3 个 div 元素，分别对应 3 个板块，其在浏览器中的显示结果如图 17-5 所示。本节全部示例代码在 demo1704.html 文件中。

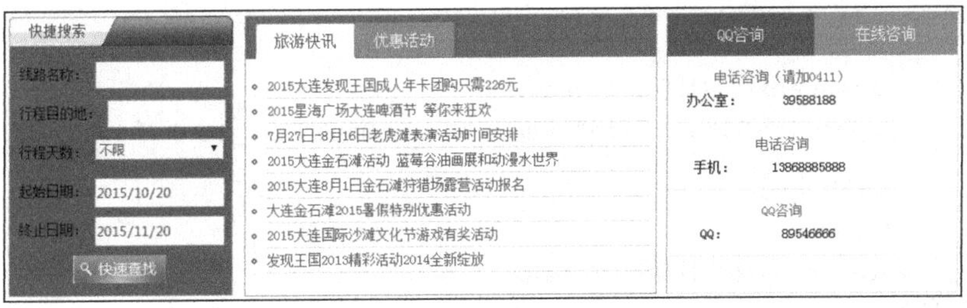

图 17-5　示例页面第二个 section 元素的内容在浏览器中的显示结果

17.4.2　快速搜索板块的代码分析

示例页面中的快速搜索功能代码清单如下所示。

```
<!-- 快捷搜索-->
<section id = "search_tab_qq">
```

```
<div id="search">
    <div id="search_1">
    <h1>快捷搜索</h1>
    </div>
    <form id="form1" method="get" action="">
        <div id="search_2">
        <ul>
            <li><span>线路名称：</span>
           <input id="ProductPlanName" name="ProductPlanName" style="width:130px;"
type="text" value="" autofocus>
            </li>
            <li><span>行程目的地：</span>
            <input id="EndCity" name="EndCity" style="width:118px;" type="text"
value=""
list="address1">
                <datalist id="address1" style="display:none">
                    <option vlue="张家界">张家界</option>
                    <option value="九寨沟">九寨沟</option>
                    <option value="黄果树">黄果树</option>
                    <option value="神农架">神农架</option>
                    <option value="敦煌">敦煌</option>
                </datalist>
            </li>
            <li><span>行程天数：</span>
                <select name="PlanDays" id="PlanDays" class="select" style="width:
133px;">
                    <option value="0,999">不限</option>
                    <option value="1,1">一日游</option>
                    <option value="3,3">三日游</option>
                    <option value="7,7">七日游</option>
                    <option value="0,3">3 天内行程</option>
                    <option value="0,7">7 天内行程</option>
                    <option value="0,10">10 天内行程</option>
                    <option value="11,999">11 天以上行程</option>
                </select>
            </li>
            <li><span>起始日期：</span>
            <input id="StartDate" name="StartDate" style="width:130px;" type=
"date"
value="2015-10-20">
            </li>
            <li><span>终止日期：</span>
            <input id="EndDate" name="EndDate" style="width:130px;" type="date"
value= "2015-11-20">
            </li>
        </ul>
        <a href="#"><img src="./images/searchbutton.gif" class= "searchbutton"
onClick="form1.submit();"></a>
        </div>
    </form>
</div>
```

```
......  <!--此处省略滑动 Tab、QQ 咨询代码-->
</section>
```

快速搜索板块所使用的样式如下所示。

```
/* search 样式开始 */
#search_tab_qq{
     width:980px;
     padding:0px;
     margin:0px auto;
}
#search{
    width:233px;
    float:left;
    margin-top:10px;
}
.search_1{
    width:233px;
    height:30px;
    background:url(../images/sidebar_1.gif) no-repeat;
}
.search_1 h1{
    font-size:15px;
    color:#026CC4;
    text-align:left;
    line-height:30px;
    text-indent:20px;
}
.search_2{
     width:229px;
     height:250px;
     border:1px solid;
     border-color:#aaa;
     border-top:none;
     background:#fff;
     background-color: #0099FF;
}
.search_2 ul{
    width:210px;
    padding-left:10px;
    padding-top:15px;
}
.search_2 ul li{
    width:220px;
    height:39px;
    font-size:14px;
}
.search_2 ul li span{
    display:block;
    float:left;
    margin-top:5px;
}
.searchbutton{
    display:block;
    width:96px;
    height:28px;
```

```
    margin-left:60px;
  }
  /* search 样式结束 */
```

该段 CSS 样式代码中“search_tab_qq”设置了整个 section 的宽度和居中对齐方式；“search_1”和“search_2”分别定义了表单总体的背景、大小及表单内各种文本、表单组件的样式。

17.4.3 滑动 Tab 板块的代码分析

滑动 Tab 板块的代码如下。滑动 Tab 部分包含上下两个内嵌在 id="Tab"中的 div 元素，分别是<div id="menubox">和<div id="contentbox">，用于存放滑动 Tab 的标题和内容。滑动标签的内容用无序列表项描述，由 CSS 定义样式，两个无序列表用来展示“旅游快讯”和“优惠活动”内容。

ID 为“contentbox”的 div 元素中嵌套了两个相同的 div，ID 分别为“con_menu_1”和“con_menu_2”，页面初次显示时，通过行内样式 style="display:none"先将 ID 为“con_menu_2”的 div 隐藏，仅显示 ID 为“con_menu_1”的 div，当鼠标经过无序列表项时触发 JavaScript 中的方法 setTab(name,cursel,n)实现滑动 Tab 的效果。

```
<!--滑动 Tab 板块代码-->
<script>
    <!--
    function setTab(name,cursel,n){
        for(i=1;i<=n;i++){
            var menu=document.getElementById(name+i);
            var con=document.getElementById("con_"+name+"_"+i);
            menu.className=i==cursel?"hover":"";
            con.style.display=i==cursel?"block":"none";
        }
    }
    //-->
 </script>

<div id="Tab">
  <div id="menubox">
    <ul>
      <li id="menu1" onMouseOver="setTab('menu',1,2)" class="hover">旅游快讯</li>
      <li id="menu2" onMouseOver="setTab('menu',2,2)" >优惠活动</li>
    </ul>
  </div>
  <div id="contentbox">
    <div id="con_menu_1" class="hover">
      <ul>
        <li><a href=" ">2015 大连发现王国成人年卡团购只需 226 元</a></li>
        <li><a href="">2015 星海广场大连啤酒节 等你来狂欢</a></li>
        <li><a href="">7 月 27 日-8 月 16 日老虎滩表演活动时间安排</a></li>
        <li><a href="">2015 大连金石滩活动 蓝莓谷油画展和动漫水世界</a></li>
        ……
      </ul>
    </div>
    <div id="con_menu_2" style="display:none">
```

```
      <ul>
        <li><a href=" ">2015 大连发现王国开启万圣节主题活动</a></li>
        <li><a href="">大连樱桃采摘,农家饭,西郊森林公园一日游</a></li>
        <li><a href="">大连大长山岛二日休闲游</a></li>
        ......
       </ul>
     </div>
   </div><!--end of contentbox-->
</div><!--end of Tab-->
```

下面是滑动 Tab 部分所使用的样式。

```
/* 滑动 tab 样式开始 */
    #Tab{
        margin:10px 0px 0px 10px;
        width:423px;
        height:280px;
        border:1px solid #aaa;
        float:left;
    }
    #menubox{
        height:42px;
        border-bottom:1px solid #15a8eb;
        background:#15a8eb;
    }
    #menubox ul{
        list-style:none;
        margin:7px 10px;
        padding:0;
        position:absolute;
    }
    #menubox ul li{
        float:left;
        background:#64B8E4;
        line-height:34px;
        display:block;
        cursor:pointer;
        width:100px;
        text-align:center;
        color:#fff;
        font-weight:bold;
        border-top:1px solid #64B8E4;
        border-left:1px solid #64B8E4;
        border-right:1px solid #64B8E4;
    }
    #menubox ul li.hover{
        background:#fff;
        border-bottom:1px solid #fff;
        color:#147AB8;
    }
    #contentbox{
        clear:both;
        margin-top:0px;
        border-top:none;
        height:181px;
        padding-top:8px;
```

```
    }
    #contentbox ul{
        list-style:none;
        margin:7px;
        padding:0;
    }
    #contentbox ul li{
        line-height:24px;
        border-bottom:1px dotted #ccc;
        text-align:left;
        list-style-type: circle;
        margin-left:15px
    }/* 滑动 Tab 样式结束 */
```

样式代码解释如下。

- CSS 样式代码中，ID 选择器 Tab、contentbox、menubox 定义了滑动 Tab 的标签部分和内容显示部分总体的样式。之后分别定义了各自包含的无序列表项样式。
- ID 选择器 Tab 的浮动属性“float:left;”设置两个标题并排放置，并且设置了每个列表项的背景颜色、鼠标经过样式等。
- ID 选择器 contentbox 包含的无序列表通过属性“list-style-type: circle;”在消息标题前加上小圆圈，并且通过属性“border-bottom:1px dotted #ccc;”设置每个消息标题下方的虚线。

17.4.4 在线咨询板块的代码分析

在线咨询板块的代码如下。该板块包含上下两部分，上面一部分由 class="alink"的 div 元素组成，用于显示顶部的两个标签；下面部分由无序列表组成，列表项用于显示相关的在线咨询信息。

```
<!--在线咨询板块结构代码-->
<div id="qq_main">
  <div class="r-box fleft">
    <div class="alink">
      <a class="qq" href="" target="_blank">QQ 咨询</a>
      <a class="tel" href="" target="_blank">在线咨询</a>
    </div>
    <ul>
      <li>
        <p>电话咨询（请加 0411+）</p>
        <i>办公室：</i><span>39588188</span>
      </li>
       <li>
        <p>电话咨询</p>
        <i>手机：</i><span>13868885888</span>
      </li>
      <li>
        <p>QQ 咨询</p>
        <i>QQ：</i><span>89546666</span>
      </li>
    </ul>
  </div>
</div>
```

```
<div class="clear"></div>
```

在线咨询部分所使用的样式如下。该段 CSS 样式代码解释如下。

- ID 选择器 qq_main 和类选择器 r-box 定义了在线咨询总体板块的样式。
- 选择器“.r-box .alink a.qq”和“.r-box .alink a.tel”部分设置了两个标签的背景颜色。
- 选择器“.r-box .alink a:hover”的属性“opacity: 0.9;”设置了鼠标经过标签的样式。

```
/* 在线咨询样式开始 */
#qq_main {
    width: 300px;
    height: 280px;
    border:1px solid #aaa;
    margin: 10px 0px 0px 10px;
    float:left;
}
#qq_main .r-box {
    width: 300px;
    height: 280px;
    border: 1px solid #e6e6e6;
    border-left: none;
    border-top: none;
    float:left;
}
.r-box .alink {
    height: 43px;
}
.r-box .alink a {
    display: inline-block;
    float: left;
    width: 150px;
    height: 43px;
    line-height: 43px;
    color: #fff;
    font-size: 16px;
}
.r-box .alink a.qq {
    background: #0097e0;
}
.r-box .alink a.tel {
    background: #f90;
}
.r-box .alink a:hover {
    opacity: 0.9;
}
.r-box ul li {
    width: 195px;
    float: left;
    padding: 10px 20px;
    border-bottom: 1px solid #eee;
    font-size: 14px;
    line-height: 23px;
}
.r-box ul li i {
    width: 56px;
    display: block;
```

```
    font-size: 14px;
    line-height: 23px;
    float: left;
}
.r-box ul li span {
    width: 138px;
    float: left;
    word-break: normal;
}
.r-box ul li p {
    color: #0097E0;
}
/* 在线咨询样式结束 */
```

17.5　特色线路板块的设计

17.5.1　特色线路板块的内容

特色线路板块放置在 section 元素中，主要由无序列表组成，列表项用来放置图片及介绍文字，在浏览器中的显示结果如图 17-6 所示。

图 17-6　特色线路板块在浏览器中的显示结果

整个板块的布局效果如图 17-7 所示。

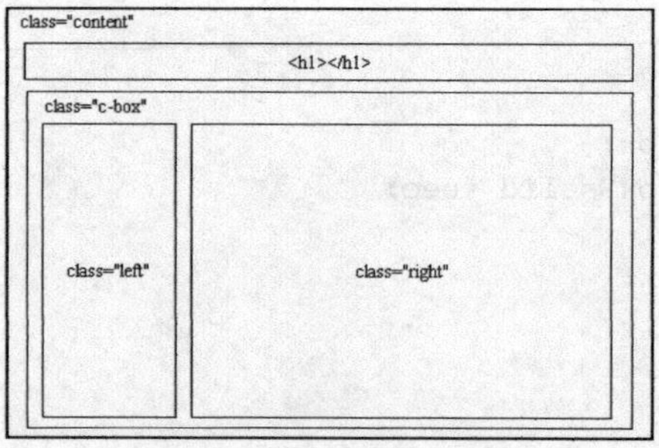

图 17-7　特色线路板块布局示意图

17.5.2　特色线路板块的代码分析

特色线路板块在 HTML5 页面中的代码结构如示例 17-5 所示，由于篇幅所限，仅列出无序列表中的第一个列表项代码。

```
<!-- 特色线路开始 demo1705.html-->
<section id="main-ts">
    <div class="content fleft">
      <h1>
        <span class="title fleft"> 特色线路 </span>
        <div class="clear"></div>
      </h1>
      <div class="c-box">
        <div class="left fleft">
          <img alt="大连旅游" src="./images/dllv.jpg">
        </div>
        <ul class="right fright" style="display:block;">
        <li>
          <a href="pages/tsxl/tsxl_wq.html" target="_blank">
          <img class="fleft" src="./images/tel.jpg">
          <div class="txt fleft">
            <h3> 大连唐风温泉门票 </h3>
            <h4> </h4>
            <h5> 团期：<em>10/20 , 10/21 , 10/22 , 10/23 , 10/24</em></h5>
          </div>
          <div class="tn fleft">
            <p>
              <span>大连起止</span>
              <span>1 日游</span>
            </p>
            <b>￥<strong>118</strong>起</b>
          </div>
          <div class="clear"></div>
          </a>
        </li>
        ……
        <!--此处循环多个列表项 -->
        </ul>
        <div class="clear"></div>
      </div>
    </div>
  </section>
  <!--特色线路结束-->
```

下面是这部分代码所使用的样式。

```
/* 特色线路样式开始 */
#main-ts {
    width: 980px;
    height: 590px;
    overflow: hidden;
    border:solid #aaa 1px;
    margin:10px auto;
```

```
}
#main-ts .content {
    width: 980px;
}
#main-ts .content h1 {
    height: 45px;
}
#main-ts .content h1 span.title {
    font: normal 24px "微软雅黑";
    height: 45px;
    margin-left:10px;
}
#main-ts .content .c-box {
    width: 980px;
    height: auto;
}
#main-ts .content .c-box .left {
    width: 193px;
    height: 506px;
}
#main-ts .content .c-box .right {
    width: 720px;
    height: 506px;
    padding-right: 20px;
}
#main-ts .content .c-box .right li {
    padding: 18px 0;
    height: 90px;
    border-bottom: 1px dashed #ccc;
}
#main-ts .content .c-box .right li:last-child {
    border: none;
}
#main-ts .content .c-box .right li a {
    display: block;
    height: 90px;
    width: 700px;
    color: #999;
}
#main-ts .content .c-box .right li a img {
    width: 130px;
    height: 92px;
}
#main-ts .content .c-box .right li a div.txt {
    height: 90px;
    width: 380px;
    padding: 0 20px;
}
#main-ts .content .c-box .right li a div.txt h3 {
    height: 27px;
    line-height: 27px;
    font-size: 18px;
    overflow: hidden;
    color: #4f4f4f;
    font-weight:600;
```

```
}
#main-ts .content .c-box .right li a div.txt h4 {
    height:40px;
    line-height: 40px;
    overflow:hidden;
}
#main-ts .content .c-box .right li a div.txt h5 {
    font-size: 14px;
    color:#0097e0;
}
#main-ts .content .c-box .right li a div.txt h5 em {
    padding-right: 10px;
}
#main-ts .content .c-box .right li a div.txt h5 span {
    padding-left: 15px;
}
#main-ts .content .c-box .right li a div.tn {
    width: 150px;
    height: 70px;
    font-szie:14px
    padding-top: 25px;
}
#main-ts .content .c-box .right li a div.tn p {
    float: right;
}
#main-ts .content .c-box .right li a div.tn p span {
    padding: 2px 6px;
    border-radius: 15px;
    color: #09a6f2;
    border: 1px solid #09a6f2;
}
#main-ts .content .c-box .right li a div.tn b {
    float: right;
    padding-top: 10px;
    color: #09a6f2;
}
#main-ts .content .c-box .right li a div.tn b strong {
    font: normal 26px "微软雅黑";
}

/* 特色线路样式结束 */
```

该段 CSS 样式代码中“main-ts”设置了整个 section 的宽度和边框；“c-box”定义了板块的主框架（不包括板块的标题），其中，后代选择器“#main-ts .content .c-box .left”定义了左侧区域的大小和位置，后代选择器“#main-ts .content .c-box .right”定义了右侧的无序列表项。

17.6 页脚的设计

17.6.1 页脚的结构描述

页脚部分用 footer 元素声明，其中包含了 4 个 div 元素，在每个 div 容器中放置了一个无序列表，列表项中的内容主要是各类链接，在浏览器中的显示结果如图 17-8 所示。

图 17-8　页脚在浏览器中的显示结果

17.6.2　页脚的代码分析

页脚部分的代码如示例 17-6 所示。用<h3>标记声明页脚的 4 部分，然后用列表逐一描述。

```
<!--底部 footer 开始 demo1706.html-->
<footer>
<div class="mainfooter">
<div class="footer_center">
        <section class="one_fourth">
            <h3>关于我们</h3>
            <ul class="list">
            <li><a href="#">花花介绍</a></li>
            <li><a href="#">招贤纳士</a></li>
            <li><a href="#">联系我们</a></li>
               </ul>
        </section><!-- end section -->

        <section class="one_fourth">
             <h3>合作伙伴</h3>
              <ul class="list">
                  <li><a href="http://www.cnta.com/" target="_blank">国家旅游局</a>
</li>
                  <li><a href="http://travel.people.com.cn/" target="_blank">
人民网旅游</a></li>
                  <li><a href="http://travel.gmw.cn/index.htm" target="_blank">
光明网旅游</a></li>
                  <li><a href="http://travel.chinadaily.com.cn/" target="_blank">
央视网旅游</a></li>
                 </ul>
        </section><!-- end section -->
        <section class="one_fourth">
             <h3>出境游和港澳游常识</h3>
            <ul class="list">
                  <li><a href="" title="如何办理护照" target="_blank">如何办理护照
</a></li>
                  <li><a href="" title="如何办理旅游签证" target="_blank">
```

```
如何办理旅游签证</a></li>
                    <li><a href="" title="如何办理港澳通行证" target="_blank">
如何办理港澳通行证</a></li>
                    <li><a href="" title="如何办理台湾旅游签证" target="_blank">
如何办理台湾旅游签证</a></li>
                </ul>
            </section><!-- end section -->
            <section class="one_fourth last">
                <h3>关注我们</h3>
                <div>
                <a href="#"><img src="images/liantu.png" style="width:100px"></a>
                </div>
            </section><!-- end section -->
        </div> <!-- end of footer_center -->
    </div><!-- end of mainfooter -->
    <div id="copyright_info">
        <div class="container">
            <div>Copyright©2015 <a href="#" target="_blank" >计算机与信息技术学院
</a></div>
        </div>
    </div>
    </footer>
    <!--底部 footer 结束-->
```

下面是页脚部分使用的样式。

```
/* footer 样式开始 */
.mainfooter {
    width: 980px;
    background: url(../images/footer-bg.jpg) repeat left top;
    height:220px;
    margin:0px auto;
}
.mainfooter .footer_center {
    float: left;
    width: 100%;
    color: #999;
    background: url(../images/shadow-03.png) repeat-x left top;
}
.mainfooter .footer_center .one_fourth {
    width: 22.75%;
    margin-top:20px;
    float:left;
    padding: 5px 0px 32px 0px;
    background: url(../images/v-shadow.png) repeat-y right top;
}
.mainfooter .footer_center .one_fourth.last {
    background: none;
}
.mainfooter .footer_center h3 {
    color: #f0f0f0;
    margin-bottom:30px;
}
.footer_center ul.list {
```

```
    padding: 0px;
    margin: 0 auto;
}
.footer_center .list li {
    padding: 5px 0 0 5px;
    margin: 0;
    text-align:center;
    line-height:24px;
    font-size:14px;
}
.footer_center .list li a {
    color: #999999;
}
.footer_center .list li a:hover {
    color: #eee;
}

/* copyrights */
#copyright_info {
    width: 980px;
    padding: 30px 0px 25px 0px;
    margin: 0px auto;
    color: #666;
    background: #303030 url(../images/h-dotted-lines.png) repeat-x left top;
    font-size: 12px;
}
#copyright info a {
    margin-top: 10px;
    font-size: 12px;
    color: #666;
    text-align: right;
}
#copyright_info a:hover {
    color: #999;
}
/* footer 样式结束 */
```

该段 CSS 样式分为两部分，第一部分用来设置链接及二维码部分的样式，第二部分用来设置下部版权信息的样式。

思考与练习

1. 简答题

（1）简述 HTML5 新增的结构元素的含义及使用方法。

（2）举例说明网站中有哪些元素适合定义为全局样式。

（3）说明 CSS 应采用什么措施避免样式无法兼容多种浏览器的问题。

2. 操作题

（1）设计实现图片展示页面，如图 17-9 所示。

图 17-9　购物网站商品橱窗展示浏览效果

（2）请参考综合案例完成如下页面效果的设计，如图 17-10 所示。

图 17-10　页面效果

（3）使用 HTML5 结构元素和 CSS3 样式设计一个网站首页。

第 18 章 综合案例 2——订单管理网站的设计与实现

学前提示

本章基于 IndexedDB 数据库完成用户注册与登录、订单管理、客户管理等模块。在页面开发过程中，使用 HTML5 新增的表单元素提交数据，应用 CSS3 的弹性盒布局增加页面的适应性，也使用属性选择器和伪类选择器选择页面元素并设置显示效果。

知识要点

- 应用系统的功能设计
- 使用 IndexedDB 数据库完成数据处理
- CSS3 的弹性盒布局和属性选择器与伪类选择器的应用

18.1 案例功能描述

Web 程序启动后的登录注册界面如图 18-1 所示。用户可以注册新用户，也可以使用系统内置管理员帐号登录。在初始状态下，系统登录界面的下拉列表框是不可用的，用户登录后可以通过选择下拉列表框中不同的列表项来执行订单管理、客户管理、留言管理等模块，完成数据管理功能。其中的留言管理模块，由于只给出了数据库的设计，具体页面请读者自行完成。

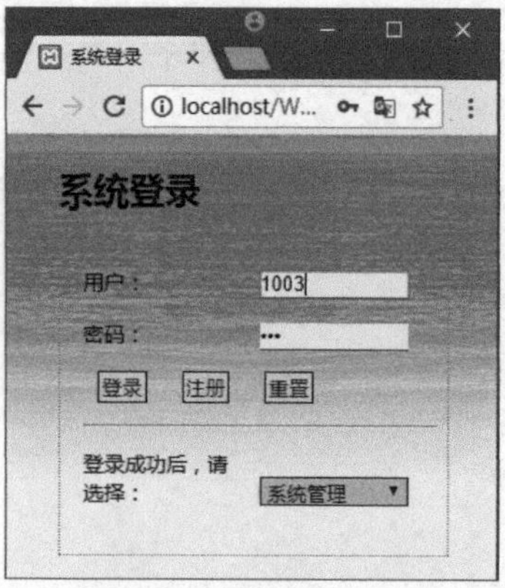

图 18-1 系统登录窗口

本案例的功能模块涉及的 IndexedDB 数据库及对象仓库的功能描述如表 18-1 所示。

表 18-1 数据对象及对应的功能模块

对象名称	内容描述	主键	索引	功能模块
数据库 Data	——	——	——	——
对象仓库 adms	用户信息	id	noIndex	登录注册模块
对象仓库 orders	订单信息	id	codeIndex	订单管理模块
对象仓库 customer	客户信息	id	nameIndex	客户管理模块
对象仓库 message	留言信息	id	nameIndex	留言管理模块

应用案例主要包括登录注册、订单管理、客户管理和留言管理等 4 个页面。各页面文件、对应的 JavaScript 文件、定义的 JavaScript 函数如表 18-2 所示。

登录页面中的系统管理模块初始功能设置用户信息的增删改查，在本案例中未给出具体的实现。为方便读者调试，所有的 CSS 样式没有单独设置 CSS 文件，而是使用了内嵌的样式表。

表 18-2 Web 页面的文件及功能描述

页面功能	网页文件	JavaScript 文件	JavaScript 函数	触发事件
登录注册	index.html	init_data.js	window_onload()	页面加载时执行
			btnLogin_onclick()	单击“登录”按钮
			btnClear_onclick()	单击“重置”按钮
			btnRegister_onclick()	单击“注册”按钮
订单管理	order..html	order.js	window_onload()	
			tbxNum_onblur()	
			tbxPrice_onblur()	
			btnAdd_onclick()	
			btnUpdate_onclick()	
			btnDelete_onclick()	
			btnNew_onclick()	
			tr_onclick(tr, i)	
			showAllData(loadPage)	
			showData(row, i)	
			removeAllData()	
客户管理	customer.html	customer.js	window_onload()	
			btnAdd_onclick()	
			btnClear_onclick()	
留言管理	message.html	message.js	window_onload()	
			btnAdd_onclick()	
			btnDelete_onclick()	
			tr_onclick(tr, i)	
			showAllData(loadPage)	
			showData(row, i)	
			removeAllData()	

18.2 用户登录注册模块设计

18.2.1 页面结构代码分析

用户登录注册界面如图 18-1 所示，HTML 页面代码如下。页面在表单中放置了两个文本框和 3 个命令按钮。在初始状态下，下拉列表框是不可用的，当登录成功后，可以选择列表框中的选项进入相应的功能模块。另外，在页面的头部引入了外部的 JavaScript 文件 init_data.js。

```
<!--登录页面的 HTML 代码 index.html-->
<!DOCTYPE html>
<html>
<head>
    <meta charset="UTF-8">
    <title>系统登录</title>
    <script src="js/init_data.js" type="text/javascript"></script>
    <style>
      ……
    </style>
</head>
<body onload="window_onload()">
<section>
    <h2>系统登录</h2>
    <form>
        <p><span>用户：</span><input type="text" id="txtName" autofocus required/>
</p>
        <p><span>密码：</span><input type="password" id="txtPwd"  required/></p>
        <p></p>
        <input type="button" name="btnLogin" id="btnLogin" value="登录"
              onclick="javascript:btnLogin_onclick();"/>
        <input type="button" name="btnRegister" id="btnRegister" value="注册"
              onclick="javascript:btnRegister_onclick();"/>
        <input type="button" name="btnClear" id="btnClear" value="重置"
              onclick="btnClear_onclick();"/>
        <p></p>
        <hr>
        <p><span>登录成功后，请选择：</span><select id="funcid" disabled
  onchange="window.location=this.value;">
          <option value="#">系统管理</option>
          <option value="pages/order.html">订单管理</option>
          <option value="pages/customer.html">客户管理</option>
          <option value="pages/message.html">留言管理</option>
        </select></p>
        <br/>
    </form>
</section>
```

```
</body>
</html>
```

18.2.2　CSS 代码分析

登录页面的 CSS 代码相对简单，为 body 标记定义了背景图片，为 h2 标记、form 标记分别定义了样式，表单上的描述文字统一放置在 span 标记中，并定义了样式；使用属性选择器定义了 input 标记的的样式。

```
<!--登录页面的 CSS 代码-->
    <style>
        body {
            background: url(img/bg_seal.jpg) #F4F9FF no-repeat center top;
        }
        section {
            width: 280px;
            margin: 0 auto;
        }
        h2 {
            font-size: 24px;
            padding-left: 10px;
        }
        form {
            width: 240px;
            border: 1px dotted #999;
            padding: 1px 6px 1px 16px;
            margin: 10px;
            font: 14px Arial;
        }
        span {  /* 统一定义表单上的文字描述 */
            display: inline-block;
            width: 100px;
            padding-right: 20px;
            text-align: left;
        }
        input {      /* 所有 input 标记 */
            color: #00008B;
        }
        input[type="text"], input[type="password"] {  /* 属性选择器*/
            width: 100px;
            background-color: #ADD8E6;
            border: none;
            border-bottom: 1px solid #266980;
            color: #1D5061;
        }
        input[type="button"] {  /* 属性选择器 */
            border: 1px outset #00008B;
            padding: 1px 2px 1px 2px;
            margin: 0 10px;
        }
        select {
            width: 100px;
            color: #00008B;
```

```
            background-color: #ADD8E6;
            border: 1px solid #00008B;
        }
    </style>
```

18.2.3 JavaScript 代码分析

Web 应用程序设计时考虑了与 Chrome 浏览器的兼容，统一定义了 window.indexedDB、window.IDBTransaction、window.IDBKeyRange、window.IDBCursor 等对象，与其他浏览器兼容的代码请读者自行补齐。

当页面加载时执行 window_onload()方法，这个方法是 Web 应用的基础，功能是连接数据库对象 Data，创建整个 Web 应用的 4 个对象仓库，创建相关的索引。

在用户登录界面，单击“登录”按钮时执行 btnLogin_onclick()方法，完成登录验证功能；单击“注册”按钮时执行 btnRegister_onclick()方法，完成用户注册功能，对于已经存在的用户（以用户号标识）给出提示信息；btnClear_onclick()方法的功能是重置用户信息，单击“重置”按钮时执行。

关于 IndexedDB 数据库操作的详细解释，请参考本书第 11 章。

```
<!--登录页面的 JavaScript 代码 index.js-->
window.indexedDB=window.indexedDB||window.webkitIndexedDB;
window.IDBTransaction=window.IDBTransaction||window.webkitTransaction;
window.IDBKeyRange=window.IDBKeyRange||window.webkitIDBKeyRange;
window.IDBCursor=window.IDBCursor||window.webkitIDBCursor;
var dbName='Data';
var dbVersion='2017';
var idb,datatable;
var data;
//页面加载时执行
function window_onload() {
    var dbConnect=window.indexedDB.open(dbName,dbVersion);
    dbConnect.onsuccess=function (e) {
        idb = e.target.result;
        alert("连接数据库成功")
    };
    dbConnect.onerror=function () {
        alert("连接数据库失败");
    };
    const adminData = {name:"admin",pwd:"admin"}        //初始化管理员信息

    dbConnect.onupgradeneeded=function (e) {            //数据库版本更新后执行
        idb = e.target.result;
        var tx=e.target.transaction;
        tx.onabort=function (e) {
            alter('创建对象仓库失败')
        };
        var storename1='orders';    //订单仓库
        var storename2='customer'; //客户仓库
        var storename3='adms';      //管理员仓库
        var storename4='message';   //留言仓库
```

```
        var optionalParameters={
            keyPah:'id',
            autoIncrement:true                    //id 自动编号（唯一）
        };
        var store1 =idb.createObjectStore(storename1,optionalParameters);
        var store2 =idb.createObjectStore(storename2,optionalParameters);
        var store3 =idb.createObjectStore(storename3,optionalParameters);
        var store4 =idb.createObjectStore(storename4,optionalParameters);
        console.log('创建对象仓库成功');
        var indexname1='codeIndex';
        var keyPath1='code';
        var indexname2='nameIndex';
        var keyPath2='name';
        var indexname3='noIndex';
        var keyPath3='no';
        var indexname4='nameIndex';
        var keyPath4='name';
        var optionalParameters={
            unique:true,
            multiEntry:false
        };
        var idx1=store1.createIndex(indexname1,keyPath1,optionalParameters);
        var idx2=store2.createIndex(indexname2,keyPath2,optionalParameters);
        var idx3=store3.createIndex(indexname3,keyPath3,optionalParameters);
        store3.add(adminData);
        var idx4=store4.createIndex(indexname4,keyPath4,optionalParameters);
        console.log('索引创建成功');
    };
}
//用户登录模块,单击登录按钮时执行
function btnLogin_onclick() {
    data = new Object();
    data.Name = document.getElementById("txtName").value;
    data.Pwd = document.getElementById("txtPwd").value;
    var tx = idb.transaction(['adms'], "readonly");//创建事务
    var store = tx.objectStore('adms');

    var idx=store.index('noIndex');
    var range = IDBKeyRange.lowerBound(1);
    var direction="next";
    var req =idx.openCursor(range,direction);
    var i=0;
    req.onsuccess=function () {
        var cursor = this.result;
        if (cursor) {
            i += 1;
            if(cursor.value.pwd==data.Pwd&&cursor.value.name==data.Name){
                alert("登录成功！");
                document.getElementById("funcid").disabled=false;
            }
            else{
                cursor.continue();
            }
```

```
        }
        else{
            alert("账号或密码错误！");
        }
    }
}
//重置用户信息，单击“重置”按钮时执行
function btnClear_onclick() {
    document.getElementById("txtName").value="";
    document.getElementById("txtPwd").value="";
}
//用户注册模块，单击“注册”按钮时执行
function btnRegister_onclick() {
    data = new Object();
    data.Name=document.getElementById("txtName").value;
    data.Pwd=document.getElementById("txtPwd").value;
    var tx=idb.transaction(['adms'],"readwrite");
    var chkErrorMsg="";
    tx.oncomplete=function () {            //在追加数据以后执行
        if(chkErrorMsg!="")
            alert(chkErrorMsg);
        else{
            alert('注册成功');
            btnClear_onclick();
        }
    }
    tx.onabort=function () {
        alert('注册失败');
    }
    var store=tx.objectStore('adms');
    var idx=store.index('noIndex');
    var range = IDBKeyRange.only(data.Name);
    var direction="next";
    var req =idx.openCursor(range,direction);
    req.onsuccess=function () {
        var cursor=this.result;
        if(cursor){
            if(data.Name==cursor.value.number)
                chkErrorMsg="账号已经存在！";        //账号不可重复注册
        }
        else{
            var value ={
                name:data.Name,
                pwd:data.Pwd
            };
            store.put(value);
        }
    }
    req.onerror=function () {
        alert('注册失败');
    }
}
```

18.3　订单管理模块设计

18.3.1　页面结构代码分析

订单管理模块实现的是订单数据的输入、追加、修改和删除等功能。订单管理页面的主体分为 3 部分，上部是数据编辑处理区域，中部是功能按钮，下部是订单汇总显示区域，显示效果如图 18-2 所示。

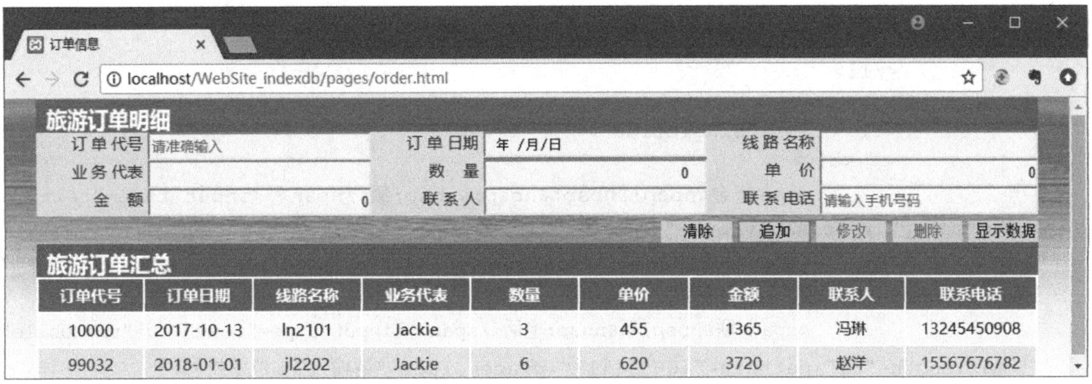

图 18-2　订单管理模块的显示结果

```
<!--订单页面 HTML 代码 order.html-->
<!DOCTYPE html>
<html>
<head>
    <meta charset="UTF-8">
    <title>订单信息</title>
    <script src="../js/order.js" type="text/javascript"></script>
    <style>
      ……
    </style>
</head>
<body onload="window_onload()">
<section>
    <header>
        <h2>旅游订单明细</h2>
    </header>
    <form id="form1">
        <ul>
            <li  class="singleLine">
                <div>
                    <span>订 单 代号</span><input type="text" id="orderID"
 maxlength="10" placeholder="请准确输入" autofocus required />
                    <span>订 单 日期</span> <input type="date" id="orderDate"
required />
                    <span>线 路 名称</span> <input type="text" id="lineName"
/>
```

```
                </div>
            </li>

            <li  class="singleLine">
                <div>
                    <span>业 务 代表</span><input type="text"
    id="employeeName" maxlength="20" />
                    <span>数    量</span><input type="number"
    id="num"  max="99" value="0" required onblur="num_onblur()" />
                    <span>单    价</span><input type="text"
    id="price"  pattern="^[0-9]+(.[0-9]{2})?$" value="0.00" placeholder="请输入有效
单价"
    required onblur="price_onblur()" />
                </div>
            </li>

            <li  class="singleLine">
                <div>
                    <span>金    额</span> <input type="text"
    id="money" readonly value="0">
                    <span>联 系 人</span> <input type="text" id="theCustomer"
     maxlength="20" />
                    <span>联 系 电话</span> <input type="text" id="theMobile"
     maxlength="11" pattern="[0-9]{11}" placeholder="请输入 11 位手机号码" />
                </div>
            </li>
        </ul>

        <div id="buttonDiv">
            <input type="button" id="btnNew" value="清除"
                onclick="btnNew_onclick();"/>
            <input type="submit" id="btnAdd" value="追加"
                formaction="javascript:btnAdd_onclick();"/>
            <input type="submit"id="btnUpdate" value="修改"
               disabled formaction="javascript:btnUpdate_onclick();"/>
            <!--disabled 设置按钮不可使用，当满足条件时可用-->
            <input type="button" id="btnDelete" value="删除"
                disabled onclick="btnDelete_onclick();"/>
            <input type="button" name="btnShow" id="btnShow" value="显示数据"
                onclick="showAllData(false);"/>
        </div>
    </form>
</section>
<section>
    <header>
        <h2>旅游订单汇总</h2>
    </header>
    <div id="infoTable">
        <table id="datatable">
            <tr>
                <th>订单代号</th>   <th>订单日期</th>   <th>线路名称</th>
```

```
                <th>业务代表</th>    <th>数量</th>        <th>单价</th>
                <th>金额</th>        <th>联系人</th>      <th>联系电话</th>
            </tr>
        </table>
    </div>
</section>
</body>
</html>
```

18.3.2 CSS 代码分析

订单管理页面的 CSS 代码从功能上可以从 3 方面理解。第 1 部分是常规的标记定义，例如 body 标记、ul 标记、li 标记、h2 标记等，属于基本的格式定义，这里不再赘述，请读者根据页面显示需要适当调整。

第 2 部分是“旅游订单明细”部分中的数据显示和编辑区域的定义，包括后代选择器.singleLine div、后代选择器.singleLine span 、后代选择器.singleLine input 等。例如，下面的代码将 div 标记设置为沿行方向的弹性盒布局，使得 div 中的内容会随着 div 宽度的变化而自动改变。之后，再设置其中的 span 标记和 input 标记的 flex 属性值，方便地设计了一个宽度适应的效果。

```
.singleLine div {
        display: flex;
        flex-direction: row;
}
```

第 3 部分是旅游订单汇总显示表格区域的 CSS 设计，包括使用#infoTable 定义表格显示区域，使用后代选择器#infoTable table 设置表格的 cellpadding 属性、cellspacing 属性、font-size 属性等。之后，使用选择器:nth-child(odd)定义表格奇数行格式，使用选择器:nth-child(even)定义表格偶数行格式，使用选择器:nth-child(1)定义表格第一行格式等。

```
<!--订单管理页面的 CSS 代码-->
<style>
    body{
      width: 960px;
      margin: 0px auto;
      background: url(../img/bg_sea1.jpg) #F4F9FF no-repeat center top;
    }
    ul{
       margin: 0px;
       padding: 0px;
    }
    li{
       list-style: none;
    }
    h2{
       width: 99%;
       margin: 0px;
       padding:5px 0 0 10px;
       font-size: 20px;
       color: white;
       background-color: #7088AD;
    }
    .singleLine div {
```

```
        display: flex;
        flex-direction: row;
    }
    .singleLine span {
        display: inline-block;
        font-size: 15px;
        color: #333333;
        background-color:#E6E6E6;
        text-align: right;
        padding-right: 5px;
        flex: 1;
    }
    .singleLine input {
        display: inline-block;
        height: 20px;
        background-color:#FAFAFA;
        text-align: left;
        padding-left: 2px;
        flex:2;
    }

    input#tbxNum, input#tbxPrice, input#tbxMoney{
        text-align: right;
    }
    div#buttonDiv{
        width: 100%;
        text-align: right;
    }
    input[type="button"],input[type="submit"]{
        width: 68px;
        height: 20px;
        cursor: hand;
        border: none;
        font-family: 宋体;
        font-size: 15px;
    }
    div#infoTable{
        overflow: auto;
        width: 100%;
        height: 100%;
    }
    div#infoTable table{
        width: 100%;
        background-color: white;
        cellpadding:1;            /*单元格边距*/
        cellspacing:1;            /*单元格间距*/
        font-size: 15px;
        text-align: center;
    }
    div#infoTable table th{
        width: 8%;
        height: 22px;
        background-color:#7088AD;
        color:#FFFFFF;
    }
```

```
    div#infoTable table tr{
        height: 30px;
    }
    div#infoTable table tr:nth-child(odd){    /*table 的奇数行*/
        background-color: #E6E6E6;
        color: #333333;
    }
    div#infoTable table tr:nth-child(even){    /*table 的偶数行*/
        background-color: #FAFAFA;
        color: black;
    }
    div#infoTable table tr:nth-child(1){      /*table 的第 1 行*/
        background-color: #7088AD;
        color: #FFFFFF;
    }
    </style>
```

18.3.3　JavaScript 代码分析

订单管理模块的 JavaScript 代码初始部分与用户登录模块相似，首先是页面加载时执行 window_onload()方法，连接数据库并初始化 orders 对象仓库。下面重点介绍其他和业务逻辑相关的方法。

（1）num_onblur()方法和 price_onblur()方法

当数量文本框和单价文本框失去焦点时触发，其功能是将金额文本框的值设置为数量与单价之积。

（2）btnAdd_onclick()方法

将表单中的信息追加到本地对象仓库 orders 中，如果追加失败则在控制台中显示错误信息。如果追加成功，将会调用 showAlldata()方法重新显示所有订单信息。当追加数据成功后，调 btnNew_onclick()方法清除表单中的所有输入的订单信息，取消订单编号文本框的只读属性，将“追加”按钮设为有效状态，将“修改”和“删除”按钮设定为无效状态。

（3）btnUpdate_onclick()方法、btnDelete_onclick()方法和 btnNew_onclick()方法

btnUpdate_onclick()方法和 btnDelete_onclick()方法用于修改或删除当前订单编号所对应的订单信息。如果操作失败则弹出窗口显示错误信息；如果操作成功则调用 showAlldata()方法重新显示所有订单信息。

btnNew_onclick()方法清除表单中所有输入的订单信息，取消订单编号文本框的只读属性，将“追加”按钮设为有效状态，将“修改”和“删除”按钮设定为无效状态。

（4）tr_onclick(tr, i)方法

该方法将用户单击行的订单信息填入表单各控件中，设定“追加”按钮为无效状态，将“修改”和“新增”按钮设定为有效状态。参数 tr 表示被单击的一行数据，i 表示该行行号。

（5）showAllData(loadPage)方法和 showData(row, i)方法

showAllData(loadPage)方法可以从本地数据仓库中查询出所有订单信息。如果查询失败则弹出窗口显示错误信息。该方法判断是否在页面打开时被调用，否则调用 removeAllData()方法。

参数 loadPage 表示方法是否在页面打开时被调用，参数值为 true 表示在页面打开时被调用，参数值为 false 表示该函数在追加、修删除订单信息时被调用。

showData(row, i)方法将查询的一行数据显示在表格中，row 表示查询到的一行数据，i 表示该行行号。

（6）removeAllData()方法

该方法用于清除订单汇总表中的数据。

```
<!--订单管理 Javascript 代码 order.js-->
window.indexedDB = window.indexedDB || window.webkitIndexedDB;
window.IDBTransaction = window.IDBTransaction || window.webkitTransaction;
window.IDBKeyRange = window.IDBKeyRange || window.webkitIDBKeyRange;
window.IDBCursor = window.IDBCursor || window.webkitIDBCursor;
var dbName = 'Data';
var dbVersion = '2017';
var idb, datatable;
var data;
//网页加载时执行
function window_onload() {
    var dbConnect = window.indexedDB.open(dbName, dbVersion);//打开数据库
    dbConnect.onsuccess = function (e) {
        console.log("连接数据库成功")
        idb = e.target.result;
        datatable = document.getElementById("datatable");
    };
    dbConnect.onerror = function () {
        console.log("连接数据库失败");
    };
    //如果对象仓库 orders 不存在，建立 orders 时需要更新版本号
    dbConnect.onupgradeneeded = function (e) {
        idb = e.target.result;
        if (!idb.objectStoreName.contains('orders')) {
            var tx = e.target.transaction;
            tx.oncomplete = function () {
                console.log("创建对象仓库成功")
            }
            tx.onabort = function (e) {        //对象仓库创建失败时触发
                console.log('创建对象仓库失败')
            };
            var storename = 'orders';
            var optionalParameters = {
                keyPah: 'id',
                autoIncrement: true                //id 自动编号
            };
            var store = idb.createObjectStore(storename, optionalParameters);
            cnosole.log('创建对象仓库成功');
            var indexname = 'codeIndex';                //以下代码创建索引
            var keyPath = 'code';
            var optionalParameters = {
                unique: true,
                multiEntry: false
            };
            var idx = store.createIndex(indexname, keyPath, optionalParameters);
            console.log('创建索引成功');
```

```
        }
    };
}
function $(id) {            //根据 id 查找对象
    return document.getElementById(id);
}
//数量文本框失去焦点时触发
function num_onblur() {
    var num, price;
    num = parseInt($("num").value);
    price = parseFloat($("price").value);
    if (isNaN(num * price)) {                    //isNaN()判断是否为非法数字
        $("num").value = "0";
        $("money").value = "0";
    }
    else
        $("money").value = num * price;
}
//单价文本框失去焦点时触发
function price_onblur() {
    var num, price;
    num = parseInt($("num").value);
    price = parseFloat($("price").value);
    if (isNaN(num * price)) {
        $("num").value = "0";
        $("money").value = "0";
    }
    else
        $("money").value = num * price;
}
//单击追加按钮时触发
function btnAdd_onclick() {
    data = new Object();
    data.Code = $("orderID").value;
    data.Date = $("orderDate").value;
    data.LineName = $("lineName").value;
    data.Employee = $("employeeName").value;
    data.Num = $("num").value;
    data.Price = $("price").value;
    data.Customer = $("theCustomer").value;
    data.Mobile = $("theMobile").value;
    var tx = idb.transaction(['orders'], "readwrite");  //启动事务处理
    var chkErrorMsg = "";
    tx.oncomplete = function () {                //在追加数据以后执行
        if (chkErrorMsg != "")
            alert(chkErrorMsg);
        else {
            alert('追加数据成功');
            showAllData(false);
            btnNew_onclick();
        }
    }
    tx.onabort = function () {
```

```
        alert('追加数据失败');
    }
    var store = tx.objectStore('orders');   //打开交易 tx 获取 objectStore
    var idx = store.index('codeIndex');
    var range = IDBKeyRange.only(data.Code);//只取当前索引值为 data.Code 的数据
    var direction = "next";
    var req = idx.openCursor(range, direction);//打开游标
    req.onsuccess = function () {
        var cursor = this.result;
        if (cursor) {
            chkErrorMsg = "输入的订单编号在数据库中已经存在！";
        }
        else {
            var value = {
                code: data.Code,
                date: data.Date,
                linename: data.LineName,
                employee: data.Employee,
                num: data.Num,
                price: data.Price,
                customer: data.Customer,
                mobile: data.Mobile
            };
            store.put(value);
        }
    }
    req.onerror = function () {
        alert('追加数据失败');
    }
}
//修改订单信息
function btnUpdate_onclick() {
    data = new Object();
    data.Code = $("orderID").value;
    data.Date = $("orderDate").value;
    data.LineName = $("lineName").value;
    data.Employee = $("employeeName").value;
    data.Num = $("num").value;
    data.Price = $("price").value;
    data.Customer = $("theCustomer").value;
    data.Mobile = $("theMobile").value;
    var tx = idb.transaction(['orders'], "readwrite");
    tx.oncomplete = function () {
        alert('修改数据成功');
        showAllData(false);
    }
    tx.onabort = function () {
        alert('修改数据失败');
    }
    var store = tx.objectStore('orders');
    var idx = store.index('codeIndex');
    var range = IDBKeyRange.only(data.Code);
```

```
    var direction = "next";
    var req = idx.openCursor(range, direction);
    req.onsuccess = function () {
        var cursor = this.result;
        if (cursor) {
            var value = {
                code: data.Code,
                date: data.Date,
                linename: data.LineName,
                employee: data.Employee,
                num: data.Num,
                price: data.Price,
                customer: data.Customer,
                mobile: data.Mobile
            };
            cursor.update(value);
        }
    }
    req.onerror = function () {
        alert('修改数据失败');
    }
}
//删除订单
function btnDelete_onclick() {
    var tx = idb.transaction(['orders'], "readwrite");
    tx.oncomplete = function () {         //删除成功之后触发
        alert("删除数据成功");
        showAllData(false);
        btnNew_onclick();
    }
    tx.onabort = function () {
        alert('删除数据失败');
    }
    var store = tx.objectStore('orders');
    var idx = store.index('codeIndex');
    var range = IDBKeyRange.only($("orderID").value);
    var direction = "next";
    var req = idx.openCursor(range, direction);
    req.onsuccess = function () {
        var cursor = this.result;
        if (cursor) {
            cursor.delete();
        }
    }
    req.onerror = function () {
        alert('删除数据失败');
    }
}
function btnNew_onclick() {
    $("form1").reset();   //reset()方法设置表单中元素的默认值
    $("orderID").removeAttribute("readonly");
    $("btnAdd").disabled = "";
    $("btnUpdate").disabled = "disabled";
```

```
        $("btnDelete").disabled = "disabled";
    }
    function tr_onclick(tr, i) {
        $("orderID").value = tr.children.item(0).innerHTML;
         //innerHTML 是一个字符串用于获取位于对象起始到结束的内容
        $("orderDate").value = tr.children.item(1).innerHTML;
        $("lineName").value = tr.children.item(2).innerHTML;
        $("employeeName").value = tr.children.item(3).innerHTML;
        $("num").value = tr.children.item(4).innerHTML;
        $("price").value = tr.children.item(5).innerHTML;
        $("money").value = tr.children.item(6).innerHTML;
        $("theCustomer").value = tr.children.item(7).innerHTML;
        $("theMobile").value = tr.children.item(8).innerHTML;
        $("orderID").setAttribute("readonly", true);
        $("btnAdd").disabled = "disabled";
        $("btnUpdate").disabled = "";
        $("btnDelete").disabled = "";
    }
    function showAllData(loadPage) {
        if (!loadPage)
            removeAllData();
        var tx = idb.transaction(['orders'], "readonly");//创建事务
        var store = tx.objectStore('orders');
        var idx = store.index('codeIndex');
        var range = IDBKeyRange.lowerBound(1);
        var direction = "next";
        var req = idx.openCursor(range, direction);
        var i = 0;
        req.onsuccess = function () {
            var cursor = this.result;
            if (cursor) {
                i += 1;
                showData(cursor.value, i);
                cursor.continue();
            }
        }
        req.onerror = function () {
            alert('检索数据失败');
        }
    }
    function removeAllData() {
        for (var i = datatable.childNodes.length - 1; i > 1; i--)
            datatable.removeChild(datatable.childNodes[i]);
    }
    function showData(row, i) {         //cursor.value 相当于 row（是对象）
        var tr = document.createElement('tr');                  //生成一个新控件 tr
        tr.setAttribute("onclick", "tr_onclick(this," + i + ")"); //为控件添加属性
        var td1 = document.createElement('td');                 //生成一个新控件 td
        td1.innerHTML = row.code;
        var td2 = document.createElement('td');
        td2.innerHTML = row.date;
        var td3 = document.createElement('td');
        td3.innerHTML = row.linename;
```

```
    var td4 = document.createElement('td');
    td4.innerHTML = row.employee;
    var td5 = document.createElement('td');
    td5.innerHTML = row.num;
    var td6 = document.createElement('td');
    td6.innerHTML = row.price;
    var td7 = document.createElement('td');
    td7.innerHTML = parseInt(row.num) * parseFloat(row.price);
    var td8 = document.createElement('td');
    td8.innerHTML = row.customer;
    var td9 = document.createElement('td');
    td9.innerHTML = row.mobile;
    tr.appendChild(td1);          //添加节点
    tr.appendChild(td2);
    tr.appendChild(td3);
    tr.appendChild(td4);
    tr.appendChild(td5);
    tr.appendChild(td6);
    tr.appendChild(td7);
    tr.appendChild(td8);
    tr.appendChild(td9);
    datatable.appendChild(tr);
}
```

18.4　客户管理模块设计

客户管理模块的主要功能是进行客户信息提交，提交后的数据保存在 indexedDB 数据库的 customer 对象仓库中，由于各模块的增、删、改、查功能类似，本模块只提供了数据增加提交功能的实现。显示效果如图 18-3 所示。

图 18-3　订单管理模块的显示结果

18.4.1 页面结构代码和 CSS 代码分析

页面的上半部分是公司信息展示，用列表来呈现，并通过 CSS 控制样式。下部的信息是一个表单，并通过 span 标记和 input 标记控制样式。

```
<!--客户管理 HTML 代码 customer.html-->
<!DOCTYPE html>
<html>
<head>
    <meta charset="UTF-8">
    <title>联系我们</title>
    <script src="../js/customer.js" type="text/javascript"></script>
    <style>
        body {
            background:url("../img/bg_seal.jpg") #F4F9FF no-repeat center top;
        }
        section {
            width: 700px;
            margin: 0 auto;
        }
        h2 {
            font-size: 24px;
            padding-left: 10px;
        }
        ul {
            padding: 10px;
            margin-left: 20px;
        }
        ul li {
            list-style: none;
            font: 18px/1.6 宋体;
        }
        form {
            width: 240px;
            border: 1px dotted #999;
            padding: 10px 6px 1px 16px;
            margin: 30px;
            font: 14px Arial;
        }
        form span {
            display: inline-block;
            margin: 4px 0;
            padding-right: 10px;
            width: 40px;
            text-align: left;
        }
        input[type="text"] {
            width: 160px;
            border: 1px solid darkgrey;
        }
    </style>
</head>
<body onload="window_onload()">
```

```
<section>
    <h2>公司联系方式</h2>
    <ul>
        <li>地址：大连高新技术园区 新新园艺创业中心</li>
        <li>电话：86-411-65134242</li>
        <li>传真：86-411-63134120</li>
        <li>E-mail:xinxinparker@dl.cn</li>
    </ul>
    <h2>请您留下联系方式</h2>

    <form>
        <span>姓名</span><input type="text" id="tbxName" autofocus required>
        <span>电话</span><input type="text"  id="tbxPhone" required>
        <span>地址</span><input type="text" id="tbxAdd"><p>

        <input type="submit" id="btnAdd" value="提交"
               formaction="javascript:btnAdd_onclick();"/>
    </form>
</section>
</body>
</html>
```

18.4.2 JavaScript 代码分析

JavaScript 代码首先在页面加载时执行 window_onload()方法，重点是实现数据提交功能，代码如下。

```
<!--客户管理 JavaScript 代码 customer.js-->
window.indexedDB=window.indexedDB||window.webkitIndexedDB;
window.IDBTransaction=window.IDBTransaction||window.webkitTransaction;
window.IDBKeyRange=window.IDBKeyRange||window.webkitIDBKeyRange;
window.IDBCursor=window.IDBCursor||window.webkitIDBCursor;
var dbName='Data';
var dbVersion='2017';
var idb,datatable;
var data;
var NAME;
function window_onload() {
    var dbConnect=window.indexedDB.open(dbName,dbVersion);
    dbConnect.onsuccess=function (e) {
        idb = e.target.result;
       alert("连接数据库成功")
    };
    dbConnect.onerror=function () {
        alert("数据库连接失败");
    };
    dbConnect.onupgradeneeded=function (e) {
        idb = e.target.result;
        var storename='customer';
        var optionalParameters={
            keyPah:'id',
            autoIncrement:true
```

```
        };
        var store = idb.createObjectStore(storename, optionalParameters);
        alert('对象仓库创建成功');
        var indexname='nameIndex';
        var keyPath='name';
        var optionalParameters={
            unique:true,
            multiEntry:false
        };
        var idx=store.createIndex(indexname,keyPath,optionalParameters);
        alert('索引创建成功');
    };
}
//单击“提交”按钮时执行
function btnAdd_onclick() {
    data = new Object();
    data.Name=document.getElementById("tbxName").value;
    data.Phone=document.getElementById("tbxPhone").value;
    data.Add=document.getElementById("tbxAdd").value;
    var tx=idb.transaction(['customer'],"readwrite");

    var store=tx.objectStore('customer');
    var idx=store.index('nameIndex');
    var range = IDBKeyRange.only(data.Name);
    var direction="next";
    var req =idx.openCursor(range,direction);
    req.onsuccess=function () {
        var cursor=this.result;
            var value ={
                name:data.Name,
                phone:data.Phone,
                add:data.Add
            };
            store.put(value);
    }
    req.onerror=function () {
        alert('上传失败');
    }
}
```

思考与练习

1. 简答题

（1）请详细分析系统管理模块的功能。

（2）弹性盒布局与使用 box 描述的盒布局有什么区别，请举例说明。

2. 操作题

请参考 18.1 节留言管理模块的功能设计，完成该模块的设计，效果如图 18-4 所示。

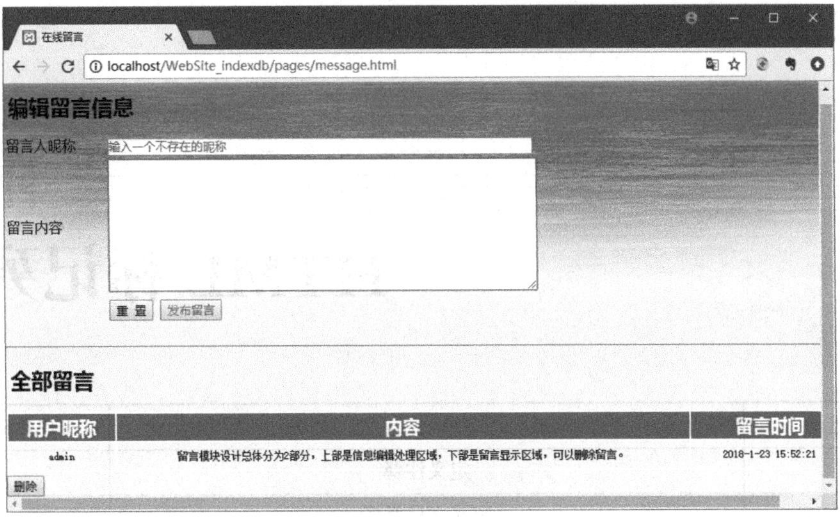
在线留言
localhost/WebSite_indexdb/pages/message.html
编辑留言信息
留言人昵称
输入一个不存在的昵称
留言内容
重 置
发布留言
全部留言
用户昵称
内容
留言时间
admin
留言模块设计总体分为2部分，上部是信息编辑处理区域，下部是留言显示区域，可以删除留言。
2018-1-23 15:52:21
删除

图 18-4　页面效果

附录 HTML 标记列表

标记	描述	HTML5 支持情况
<!--...-->	定义注释	
<!DOCTYPE>	定义文档类型	
<a>	定义超链接	
<abbr>	定义缩写	
<acronym>	定义首字母缩写	HTML 5 中不支持
<address>	定义地址元素	
<applet>	定义 applet	HTML 5 中不支持
<area>	定义图像映射中的区域	
<article>	定义 article	HTML5 新增
<aside>	定义页面内容之外的内容	HTML5 新增
<audio>	定义声音内容	HTML5 新增
<b>	定义粗体文本	
<base>	定义页面中所有链接的基准 URL	
<basefont>	用 CSS 代替	HTML 5 中不支持
<bdi>	定义文本的文本方向，使其脱离其周围文本的方向设置	HTML5 新增
<bdo>	定义文本显示的方向	
<big>	定义大号文本	HTML 5 中不支持
<blockquote>	定义长的引用	
<body>	定义 body 元素	
 	插入换行符	
<button>	定义按钮	
<canvas>	定义图形	HTML5 新增
<caption>	定义表格标题	
<center>	定义居中的文本	HTML 5 中不支持
<cite>	定义引用	
<code>	定义计算机代码文本	
<col>	定义表格列的属性	

续表

标记	描述	HTML5 支持情况
<colgroup>	定义表格列的分组	
<command>	定义命令按钮	HTML5 新增
<datalist>	定义下拉列表	HTML5 新增
<dd>	定义定义的描述	
<del>	定义删除文本	
<details>	定义元素的细节	HTML5 新增
<dfn>	定义定义项目	
<dir>	定义目录列表	HTML 5 中不支持
<div>	定义文档中的一个部分	
<dl>	定义定义列表	
<dt>	定义定义的项目	
<em>	定义强调文本	
<embed>	定义外部交互内容或插件	HTML5 新增
<fieldset>	定义 fieldset	
<figcaption>	定义 figure 元素的标题	HTML5 新增
<figure>	定义媒介内容的分组，以及它们的标题	HTML5 新增
<font>	定义字体字号等信息	HTML 5 中不支持
<footer>	定义 section 或 page 的页脚	HTML5 新增
<form>	定义表单	
<frame>	定义子窗口（框架）	HTML 5 中不支持
<frameset>	定义框架的集	HTML 5 中不支持
<h1> to <h6>	定义标题 1 到标题 6	
<head>	定义关于文档的信息	
<header>	定义 section 或 page 的页眉	HTML5 新增
<hgroup>	定义有关文档中的 section 的信息	HTML5 新增
<hr>	定义水平线	
<html>	定义 html 文档	
<i>	定义斜体文本	
<iframe>	定义行内的子窗口（框架）	
<img>	定义图像	
<input>	定义输入域	
<ins>	定义插入文本	
<keygen>	定义生成密钥	HTML5 新增
<isindex>	定义单行的输入域	HTML 5 中不支持
<kbd>	定义键盘文本	
<label>	定义表单控件的标注	
<legend>	定义 fieldset 中的标题	

续表

标记	描述	HTML5 支持情况
<li>	定义列表的项目	
<link>	定义资源引用	
<map>	定义图像映射	
<mark>	定义有记号的文本	HTML5 新增
<menu>	定义菜单列表	HTML5 新增
<meta>	定义元信息	
<meter>	定义预定义范围内的度量	HTML5 新增
<nav>	定义导航链接	HTML5 新增
<noframes>	定义 noframe 部分	HTML 5 中不支持
<noscript>	定义 noscript 部分	
<object>	定义嵌入对象	
<ol>	定义有序列表	
<optgroup>	定义选项组	
<option>	定义下拉列表中的选项	
<output>	定义输出的一些类型	HTML5 新增
<p>	定义段落	
<param>	为对象定义参数	
<pre>	定义预格式化文本	
<progress>	定义任何类型的任务的进度	HTML5 新增
<q>	定义短的引用	
<rp>	定义若浏览器不支持 ruby 元素显示的内容	HTML5 新增
<rt>	定义 ruby 注释的解释	HTML5 新增
<ruby>	定义 ruby 注释	HTML5 新增
<s>	定义加删除线的文本	HTML 5 中不支持
<samp>	定义样本计算机代码	
<script>	定义脚本	
<section>	定义 section	HTML5 新增
<select>	定义可选列表	
<small>	将旁注 (side comments) 呈现为小型文本	
<source>	定义媒介源	HTML5 新增
<span>	定义文档中的 section	
<strike>	定义加删除线的文本	HTML 5 中不支持
<strong>	定义强调文本	
<style>	定义样式定义	
<sub>	定义下标文本	
<summary>	定义 details 元素的标题	HTML5 新增
<sup>	定义上标文本	

续表

标记	描述	HTML5 支持情况
<table>	定义表格	
<tbody>	定义表格的主体	
<td>	定义表格单元	
<textarea>	定义 textarea	
<tfoot>	定义表格的脚注	
<th>	定义表头	
<thead>	定义表头	
<time>	定义日期/时间	HTML5 新增
<title>	定义文档的标题	
<tr>	定义表格行	
<track>	定义用在媒体播放器中的文本轨道	HTML5 新增
<tt>	定义打字机文本	HTML 5 中不支持
<u>	定义下划线文本	HTML 5 中不支持
<ul>	定义无序列表	
<var>	定义变量	HTML5 新增
<video>	定义视频	
<xmp>	定义预格式文本	HTML 5 中不支持

参考文献

[1] Jon Duckett Web（美）著．杜静，敖富江译．编程入门经典——HTML、XHTML 和 CSS [M]．2 版．北京：清华大学出版社，2010.

[2] Elizabeth Castro（美）著．陈剑瓯，张扬译．HTML XHTML CSS 基础教程[M]．6 版．北京：人民邮电出版社，2007.

[3] 陆凌牛．HTML5 与 CSS3 权威指南[M]．3 版．北京：机械工业出版社，2015.

[4] 唐四薪．基于 Web 标准的网页设计与制作[M]．2 版．北京：清华大学出版社，2015.

[5] 温谦等．CSS 网页设计标准教程[M]．2 版．北京：人民邮电出版社，2015.

[6] 刘玉红等．HTML5 网页设计案例课堂[M]．北京：清华大学出版社，2016.

[7] 陈婉凌．网页设计必学的实用编程技术 HTML5+CSS3+JavaScript[M]．北京：清华大学出版社，2015.

[8] 刘德山．HTML5+CSS3+JavaScript 网站开发实用技术[M]．2 版．北京：人民邮电出版社，2016.